1,200+ SUDOKU

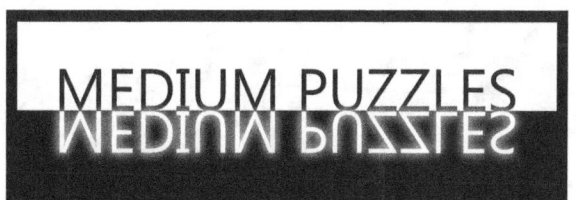

MEDIUM PUZZLES

MEDIUM PUZZLES

Collin Deloach

Your Mission

is to solve the puzzle by filling in the empty cells with numbers from 1 to 9 without repetition in each row, column, and sub-grid.

The goal is to use logic and deduction to find the missing numbers and complete the puzzle.

						3		2
				8		4	9	1
	1				3			
2			7	4	1	9		6
6			8	9	2			7
9		1	6	3	5			4
			4				8	
8	4	6		7				
7		9						

Without repetition in each sub-grid

						3		2
				8		4	9	1
	1				3	5		
2						9		6
6			8		2	1		7
9		1				8		4
			4			7	8	
8	4	6		7		2		
7		9				6		

Without repetition in each column

Without repetition in each row

						3		2
				8		4	9	1
	1				3			
2						9		6
6			8		2			7
9		1						4
1	2	3	4	5	6	7	8	9
8	4	6		7				
7		9						

Enjoy!

Puzzles

Medium # 1

				5			8	9
		5	2					4
6	4	7			9			
7		2						
			1		8			
						5		7
			9			6	5	8
3					4	9		
8	6			2				

Medium # 2

7			5				9	3
5	8							
			8			4	6	
3			1				8	
		2				5		
	1				6			2
	9	1			3			
							4	8
2	3				4			1

Medium # 3

6					9			
		8						3
	9				3		2	5
			7		6	4		
		5				2		
		3	9		1			
8	2		4				6	
9						7		
			6					8

Medium # 4

	9	6		8				
					5	9		
5		4	1		3			
	8	7						9
2								7
3						4	8	
			2		7	6		8
		3	4					
				5		2	3	

Medium # 5

		5		7	3			
	6					8		
		1	9			6		
6					8	2		5
2		7	1					4
		3			4	9		
		9					1	
			2	5		7		

Medium # 6

3				2		9		
9		8			5			
			3				4	1
				8	7	3		
		7				1		
		3	1	4				
2	9				6			
			9			6		7
		4		1				9

Medium # 7

		9		6				
		7		9	2	5	6	
	4		5		1			
6							5	
			4		3			
	7							2
			1		9		2	
	6	5	2	4		7		
				7		3		

Medium # 8

		9				8		
8	5		7				2	
				4	2		1	
6						3		
			4		6			
		3						2
	9		2	6				
	1				5		9	6
		6				1		

Medium # 9

	6			1	3			7
		4			5			1
1						8		
4	8				1	3		
		1	2				8	9
		8						5
6			9			1		
9			4	7			2	

Medium # 10

		4			9			
	9				2	3		
	6				3	8	2	
	2		5				6	
		6				7		
	4				1		5	
	5	2	1				9	
		9	3				4	
			4			2		

Medium # 11

	1				3			
				2			4	
5	3	6			1		9	
1			7			8		2
7		8			4			6
	2		6			5	3	4
	6			3				
			8				6	

Medium # 12

				9		3		
	9			8		4		6
			7		6		1	8
				4	8			1
4			5	2				
5	7		2		9			
2		6		3			7	
		9		6				

Medium # 13

			8				2	
		8			2	6		
	4	7	1				8	
					9			3
4			5		3			2
6			2					
	2				7	3	5	
		4	6			1		
	1				8			

Medium # 14

	6	1	7		2			
		8				6		9
		3			4			
6							1	
			3		7			
	2							7
			6			9		
8		5				2		
			9		1	7	5	

Medium # 15

						8		
	5	7		1				9
	8		9	2				
1				3	6		5	
2								6
	7		1	8				2
				4	3		2	
3				9		1	4	
		4						

Medium # 16

	3					5		
8				9			1	
			2				6	4
			9					3
7			6	1	4			9
6					2			
5	6				3			
	9			5				1
		7					5	

Medium # 17

				6				4
4		8	1					
							2	
		9	2	1			4	
	5		8		7		6	
	2			3	6	9		
	3							
					8	5		1
2				4				

Medium # 18

					6	1		
			1	5		4	7	
6								2
		3			1		8	9
5								3
9	6		4			2		
8								1
	7	5		4	2			
		6	9					

Medium # 19

	8			4		7		5
1								
		2	6					
	9		7		4	2	6	
	2						1	
	4	5	3		2		9	
					8	3		
								9
3		7		9			4	

Medium # 20

	3		7					
9				4			2	
	5		2				9	8
				3				9
8	4						6	1
1				9				
6	1				7		8	
	2			1				5
					8		7	

Medium # 21

			4				3	
					1		7	
1		7	3	5			8	
		5					6	9
			7		9			
6	8					1		
	1			9	3	2		4
	6		5					
	9				4			

Medium # 22

3								5
	4					3	6	
9			8	5				
2	9			4	8			
			7		5			
			9	1			2	4
				8	1			2
	7	6					9	
8								1

Medium # 23

4								3
	5	2	9					
1				2		7		
6		9	7					
	3		8		1		6	
					4	2		1
		3		4				6
					9	3	1	
8								5

Medium # 24

				5	3	7	6	
5								4
	3			9	2			
4				2			3	
			3		6			
	8			7				9
			5	6			4	
7								8
	4	9	2	8				

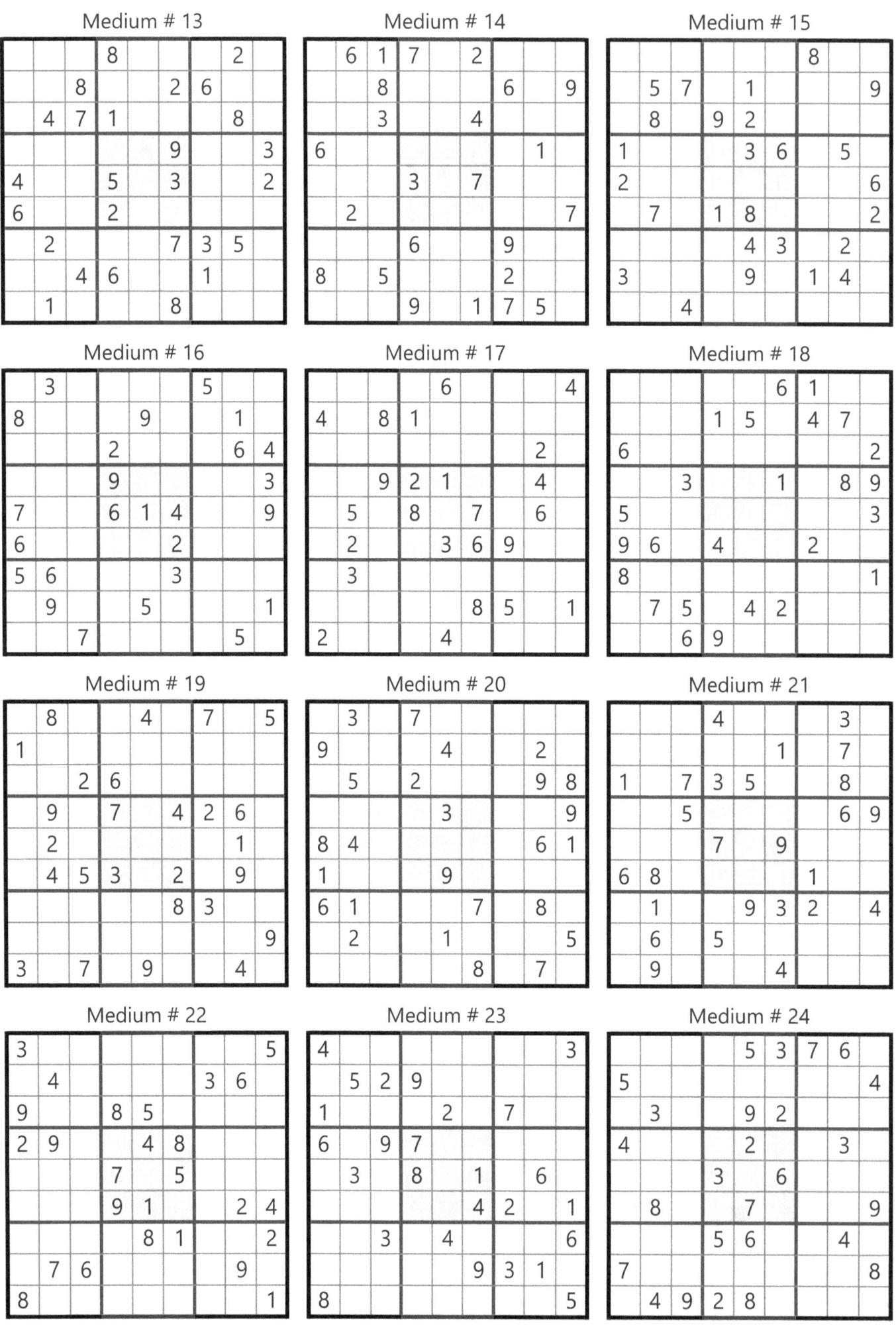

Medium # 25

	9				1	6	2	
		6	7		4			
				9		4		
				2		5		4
	7						8	
9		1		8				
		2		6				
			4		3	2		
	6	8	2				1	

Medium # 26

6		9	8					5
2	8				4	1		
				6	7			
	2	1						
8								6
						7	8	
			7	2				
		5	4				3	8
3					1	6		9

Medium # 27

	4	1	7					
	9					6		
				3	1			8
6								2
		5	9	2	8	1		
9								4
5			4	6				
		2					6	
					2	8	3	

Medium # 28

2					9	4		
		5	2					
4		6					1	
		7		3	5		6	
	9		6	7		1		
	8					2		1
					8	7		
		2	1					4

Medium # 29

9		4	6		2			
	5		9					
7	2					9		
			3	1				8
	3						2	
1				8	7			
		2					3	9
					4		8	
			1		9	7		2

Medium # 30

7		4	1					9
			8			1	2	7
4					1		9	2
				3				
1	9		2					6
8	3	7			6			
6					2	3		1

Medium # 31

				6		5		9
1			7					8
	8		9	5			1	
		8	3				4	
	4				8	1		
	7			3	6		5	
6					7			1
4		5		9				

Medium # 32

3							7	6
		1		2				9
	9			5				
5	7			6				1
			1		5			
8				4			5	2
				8		3		
6				3		9		
2	8							4

Medium # 33

		3						
9	5			7		6		
			9	6	5			
3	9							
6		1	7		2	8		5
							4	1
			3	2	9			
		8		4			1	9
						7		

Medium # 34

					7		4	9
9								
	1		4			3		
				8			7	
	3	4	2		5	6	8	
	6			4				
		5			4		2	
								3
8	9		6					

Medium # 35

						1		
		2			9			6
4		6	1				5	
	6		2	1				
7	9						2	4
				7	8		3	
	3				6	9		5
8			4			7		
		5						

Medium # 36

	9							3
8			9	4				
	5		3	7				
	3	4				6	1	
7								2
	8	2				7	4	
				3	8		5	
				1	4			9
5							6	

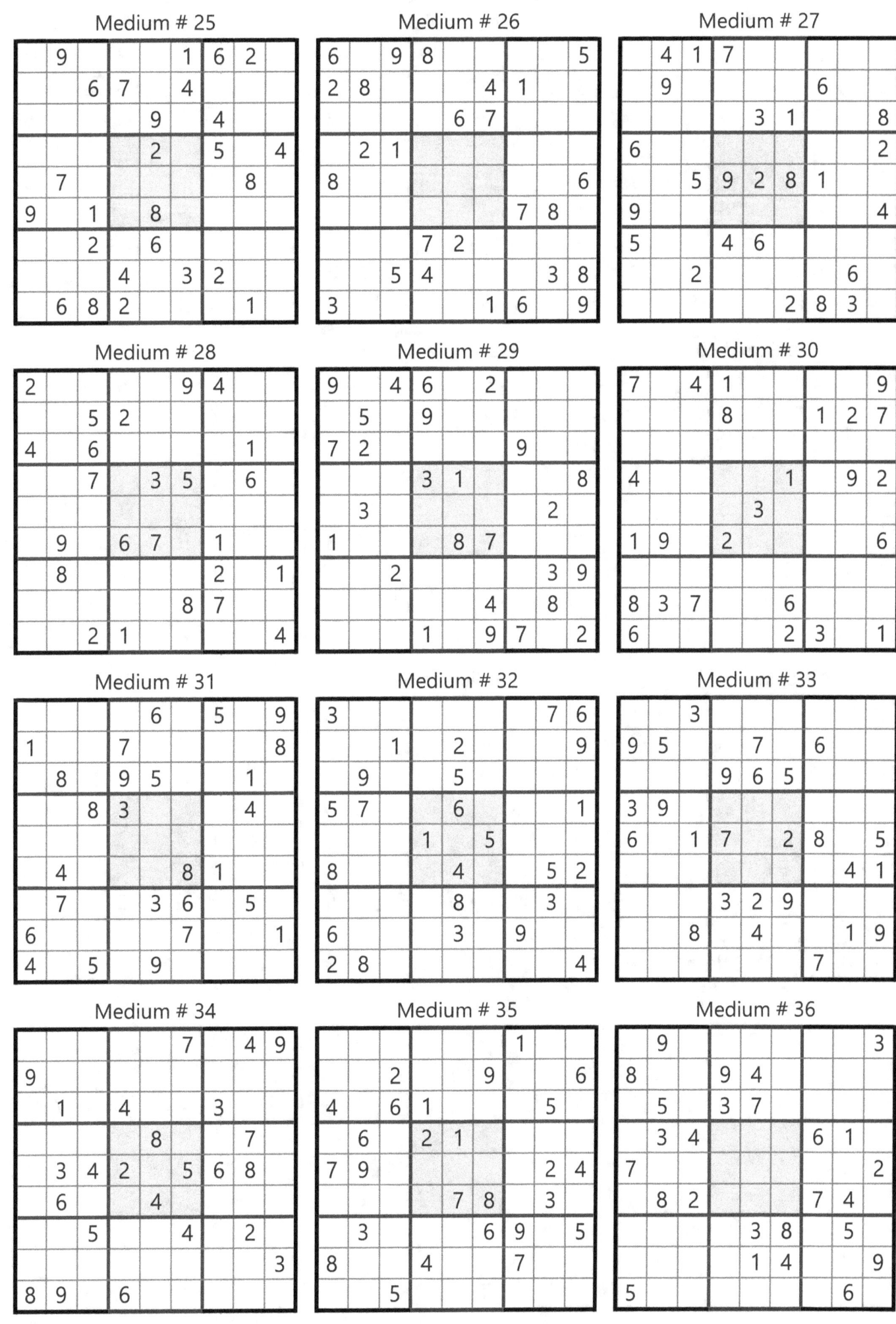

Medium # 37

		2				5	7	
3			6			1		
		1			4			
4			5		1			
5				9				7
			7		8			9
			8			7		
		6			7			2
	9	4				8		

Medium # 38

					9	4		
5	7			4				
	3			7	2			8
4						1		
		5	1		4	7		
		6						2
6			4	8			1	
				9			8	4
		3	6					

Medium # 39

				7	3			8
					9		7	
				5			2	6
7		9				5		
4		2				9		3
		1				8		7
1	7			2				
	9		8					
2			3	4				

Medium # 40

		4			2	8		
				6	8		4	3
4		1			7			2
	3		8		6		5	
2			3			7		9
1	4		5	8				
		9	6			2		

Medium # 41

			5	1		6	3	
		8						
9		5		7				
8	4	7	2					
				9				
					6	1	4	8
				4		3		1
						8		
	3	4		8	7			

Medium # 42

3			8		9		2	
		7			5		8	
		2				9		
4		1			2		5	
	7		5			4		8
		8				3		
	1		9			8		
	2		7		1			9

Medium # 43

3		6	4				5	9
		8			5			
2								
	2			1	8		4	
	7						1	
	9		5	6			2	
								1
			7			3		
1	8				9	5		4

Medium # 44

1	3		6					
			8				4	
2				3	1		5	
		6					2	8
			5		2			
5	4					9		
	1		4	6				5
	2				7			
					3		7	9

Medium # 45

	4							6
5			7					
2	3		6			7		
	7				8	3		
		1	2		7	9		
		9	1				7	
		2			9		1	3
					4			7
7							5	

Medium # 46

				2			6	
9	7	3					2	
		6			4	1		
			8				7	
	2		4		3		5	
	5				1			
		2	7			5		
	4					2	1	9
	3			9				

Medium # 47

					4		9	
	7			5		3		
5							4	6
	6		3		1			
	1	8				4	3	
			2		7		8	
2	4							9
		6		9			5	
	5		7					

Medium # 48

4		2	6				3	
6								
	3	5				1	7	
	5				6			
7				8				1
			3				9	
	8	3				9	2	
								5
	7				1	4		3

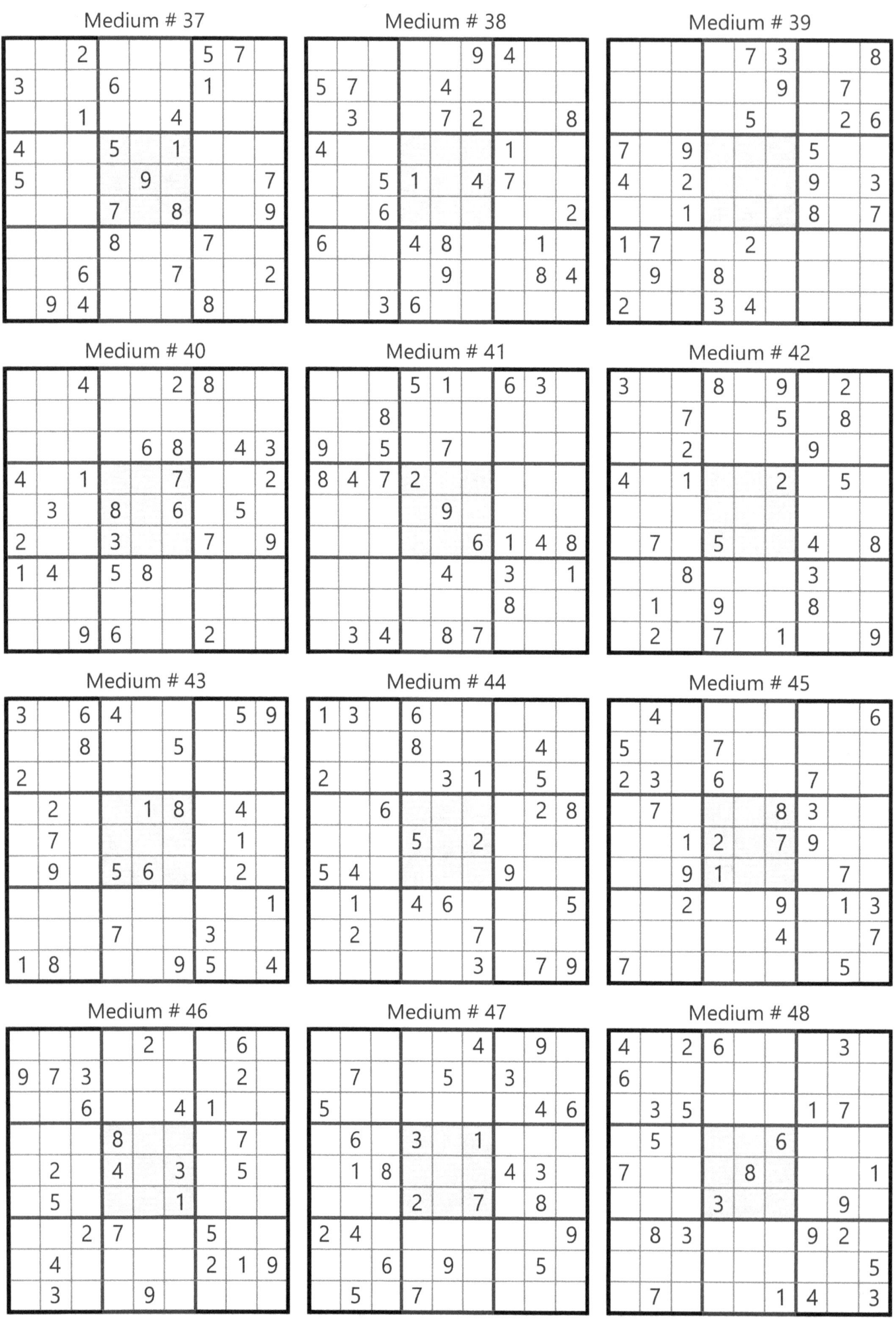

Medium # 49

		6	9					7
9	8				4	5		6
	5							
1					7	3		
	4						2	
		2	4					9
							8	
5		4	7				3	2
6				5	2			

Medium # 50

					1		7	6
3		6						
7					9	5		2
				3		9		
	9		6		4		2	
		1		8				
5		3	4					7
						3		5
1	8		2					

Medium # 51

	4			2			8	3
2								
3		9			5			
5	1		7					
			9		6			
				2			4	8
			1			5		3
								9
	9	2		4			7	

Medium # 52

	1	6					5	4
			5					9
4	8			2				
	5		2	8		4		
		7		5	6		3	
				1			6	2
5							2	
3	7						8	4

Medium # 53

		5	7		4		6	
		1						8
6			5			7		4
	3	6		2				
				4		3	5	
8		4			6			3
9						2		
	2		1			7	4	

Medium # 54

8							9	7
					7			
	7		1	6	2			
		1	3		7		9	
2								3
		7		9		8	4	
			5	4	9		3	
			8					
5	6							4

Medium # 55

		6						4
				1	8			
		2		8		5	7	
	2	3	8					
7			4		9			1
				7	3	5		
	6	8		1		4		
		4	9					
9					2			

Medium # 56

		5				1		2
	2		6					7
					2	1		
	4		2					9
8			9		7			6
6				5			8	
			1	6				
4					2		5	
9		1				4		

Medium # 57

	1		8	2				6
9				1			5	
	3				4		2	
		5					7	4
7	9					1		
		1		5			2	
	7				4			5
4				1	3		8	

Medium # 58

8						5		9
	3		2					7
		4	3					6
	5		1					
2			7		5			8
				3		5		
6					7	2		
3				8		9		
5		2						3

Medium # 59

		5					4	
				2				
2		4		5		8	9	
9			6	7				8
		7				2		
5				8	4			3
	8	9		4		5		1
				6				
	3					9		

Medium # 60

	3	9				4		1
2	8				1			
				6				
			7	8		6		
8		5					9	7
			1		4	5		
					8			
				5			9	3
5		6				1	7	

Medium # 61

						8		
8	2	4			6		3	
3	9			7				
	7	2		8				
			5		3			
				2		9	1	
				5			9	4
	4		7			5	2	8
		6						

Medium # 62

9	8							5
			8			9		
2				3		7	6	
	9				3			2
		6				4		
8			1				9	
	5	8		6				7
		2			4			
7							5	1

Medium # 63

	9	7	4				8	1
		3	9			7		
					2			
					6	8	1	
	5						3	
	6	9	3					
			2					
		1			8	4		
6	8				4	1	5	

Medium # 64

					5		7	8
6								
				8	4	5		
8		6			1		9	
7	5						3	1
	9		5			8		6
		1	2	9				
								7
3	2		4					

Medium # 65

2	6	7		9				
1				5				
	4		7				9	
			8				4	
	7		5		1		6	
	3				7			
	9				6		3	
				4				5
				7		2	8	9

Medium # 66

					1	8		5
4					6		9	
	2							
		7	9	3		2		
9		2				5		1
		5		1	8	7		
							2	
	3		6					4
6		4	3					

Medium # 67

8	9				7			
	7		8		6			
	3						5	8
	2	5		7				
1								6
				4		3	7	
4	5						6	
			7		8		1	
			2				8	3

Medium # 68

								9
6				1		3		
	2	7			5			1
	8	9			3			
7	3						5	6
			7			9	4	
3			6			2	7	
		6		3				4
4								

Medium # 69

6								1
			7		3		4	
						6	9	
	6	9		4		3		
2			9		8			7
		8		2		1	5	
	2	7						
	8		4		5			
3								5

Medium # 70

		2		3				
4			2			1		
		1			4		3	9
	4		3	7			9	
	3			8	9		5	
6	1		9			3		
		5			3			7
				5		6		

Medium # 71

		4					1	
1			4			6		2
	7		5	1				
			9				2	
	2			8			5	
	3				7			
				3	8		9	
2		6			9			1
	1					4		

Medium # 72

		2	7	1			3	5
					2	7		9
					5			4
				8			9	2
3	6			4				
6			9					
4		5	6					
2	1			3	7	9		

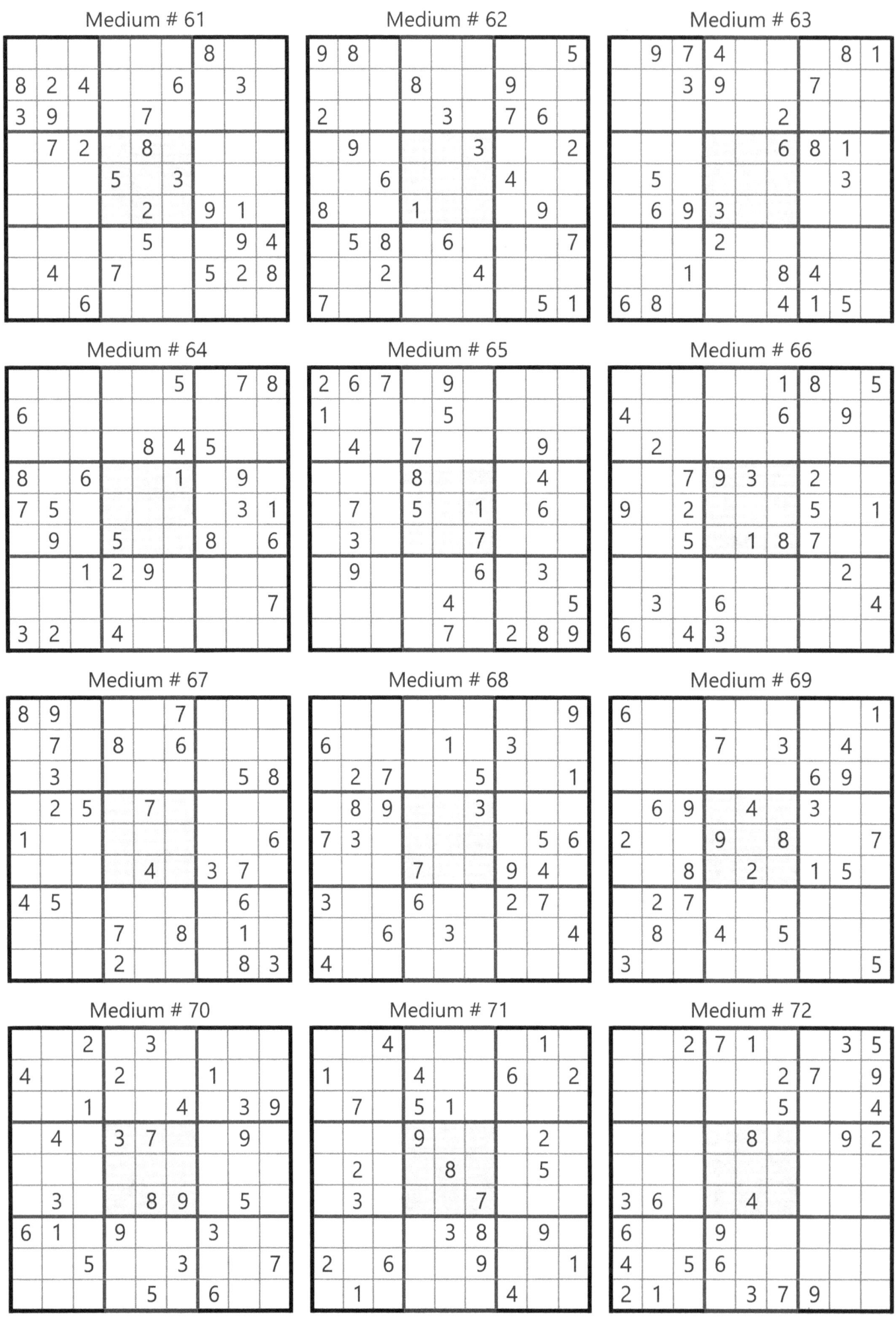

Medium # 73

					2	5		6
	5	7			3			
9								4
		9		6				5
	6		5		7		9	
4				1		2		
5								2
			7			1	3	
3		6	8					

Medium # 74

			3				8	
	2	1			8			
		4			2	3	7	
4				8		1		
			7		6			
		6		4				9
	7	8	6			5		
			2			7	1	
	5				7			

Medium # 75

							9	3
	9			4				1
			2		3			7
9		8	5	3				
	6						1	
				1	7	8		6
7			4		2			
4				8			7	
2	5							

Medium # 76

7		6	8			5		
		4		3	5			
		5	6					
					6	3	7	
	5						2	
	6	9	4					
					9	7		
			2	5		8		
		1			8	9		6

Medium # 77

8		9	1					3
						4		
1		7		5	4			
			6		5			2
	7						6	
5			4		7			
			5	8		3		6
		8						
4					2	7		8

Medium # 78

3	4						7	2
		7	9		4		1	
	1			9				3
	6		7		2		4	
9				1			5	
	3		1		7	5		
4	8						2	6

Medium # 79

		4			3			2
	2	8	9					4
			5				8	
	6	3						
	4		3		1		7	
						3	1	
	7				2			
5					9	8	2	
8			7			9		

Medium # 80

						7	3	
	4					6		
3				6	9			2
	5			8				4
		7	3		6	5		
4				1			9	
2			7	9				3
		6					4	
	1	5						

Medium # 81

		9						7
7					3		8	
5	3				8	9	1	
							6	
6			1		9			5
	4							
	7	1	4				2	9
	9		6					1
8						5		

Medium # 82

		2	4	6				
7			3				8	5
	5						2	
				9		5	6	
9								2
	8	4		7				
	6						5	
2	7				4			8
				8	6	2		

Medium # 83

	8		3		4			9
		2	5		1			
						3		
6		7		9		1		4
9		5		3		6		8
		1						
			1		2	4		
5			7		3		1	

Medium # 84

			3				8	
5	1						2	
			8	1				4
		1						8
9	2			4			1	6
7						3		
2				9	1			
	9						7	2
	4				7			

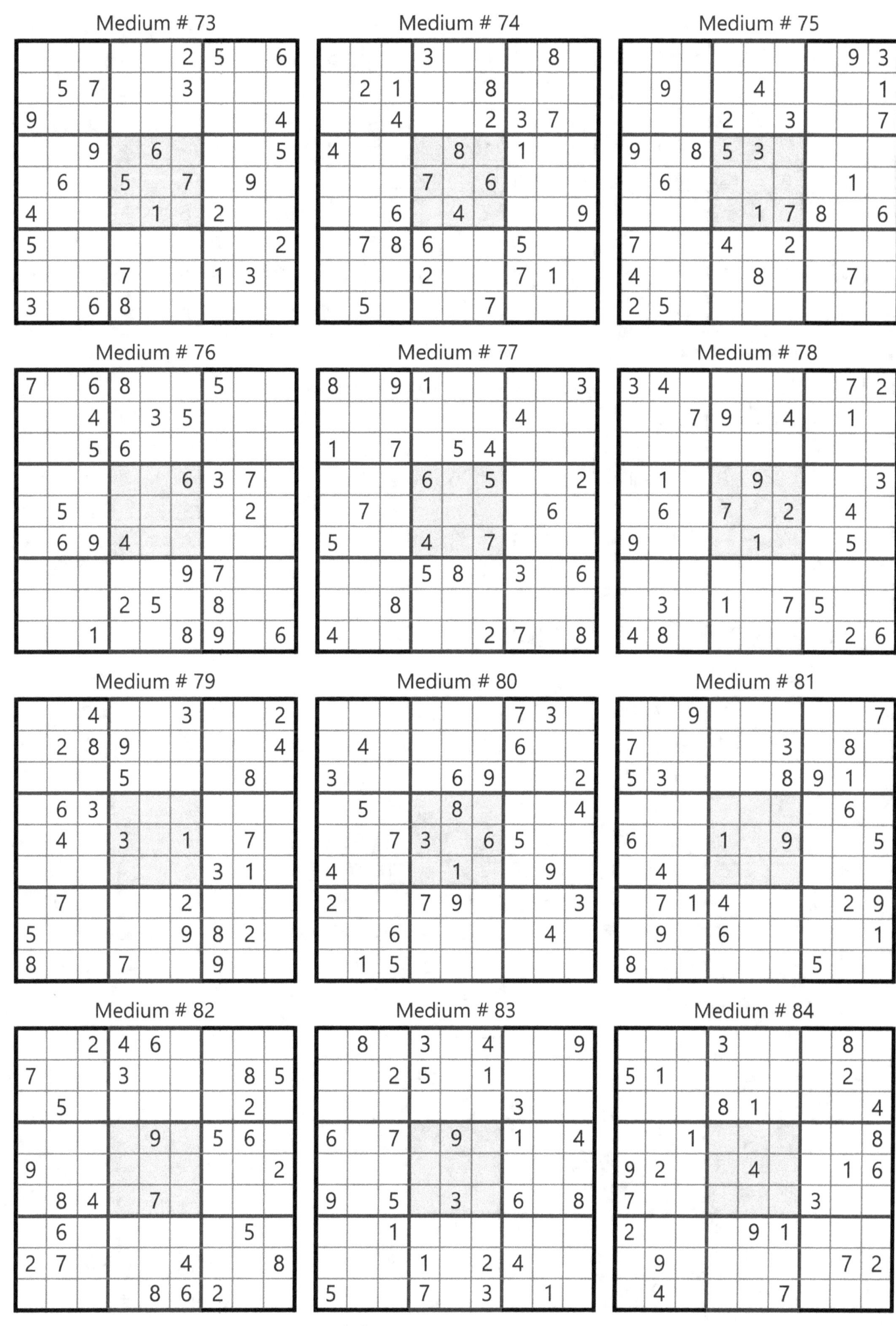

Medium # 85

	7							
2	5		1				9	
			5	9	6		8	
							2	4
	6		2		3		5	
3	2							
	1		9	2	4			
	4				5		1	7
							6	

Medium # 86

4		2						8
	9		8			6	1	
		1				9		
			1		4			7
		9				3		
1			2		3			
		5				2		
	7	8			6		3	
9						1		5

Medium # 87

4					1			
	1		8		6	5		3
						1		6
		7			9	6		
1								7
		4	5			3		
7		8						
2		3	6		5		9	
			4					5

Medium # 88

							7	
	4			5			6	2
			6		3	4		5
					6		5	1
			9		5			
5	8		2					
7		4	8		1			
6	5			4			2	
	2							

Medium # 89

8		2			6	7		5
				7				
	7				9		2	
				6		2	5	
		7				6		
	4	9		3				
	6		4				3	
				9				
5		3	7			9		6

Medium # 90

		9	3	5				
2		1			7			
		7		4				1
	5		1			9		
		8				2		
		6			4		7	
7				8		1		
			7			3		5
				9	6	7		

Medium # 91

		3					7	
	2		3		1		4	
					2	3		8
			9				5	
5			4		3			7
	8				5			
8		7	6					
	1		2		4		3	
	9					4		

Medium # 92

	5	3						
				1		4		
				7	4		8	3
		7			6	5		
	9	2				3	4	
		8	2			1		
3	6		7	9				
		4		2				
						6	9	

Medium # 93

		6			1		7	
9			5			8		
	1	3		7				
			7			6	4	
		8				9		
	5	2			4			
				2		5	9	
		1			6			3
	9		3			2		

Medium # 94

9	4					7		
7				2	6			
8			9	7				
	8						5	
		2	8		3	4		
	9						1	
				5	4			2
			6	9				1
		1					9	7

Medium # 95

		5		6				1
1		6	7		9			
		8		5			9	
		7						
9	5						6	8
						2		
	1			8		6		
			2		4	8		9
2				3		5		

Medium # 96

			9	4		7		8
		9			1	4		6
7								
			6			8		2
	4						9	
2		8			3			
								3
3		6	7			5		
1		7		6	2			

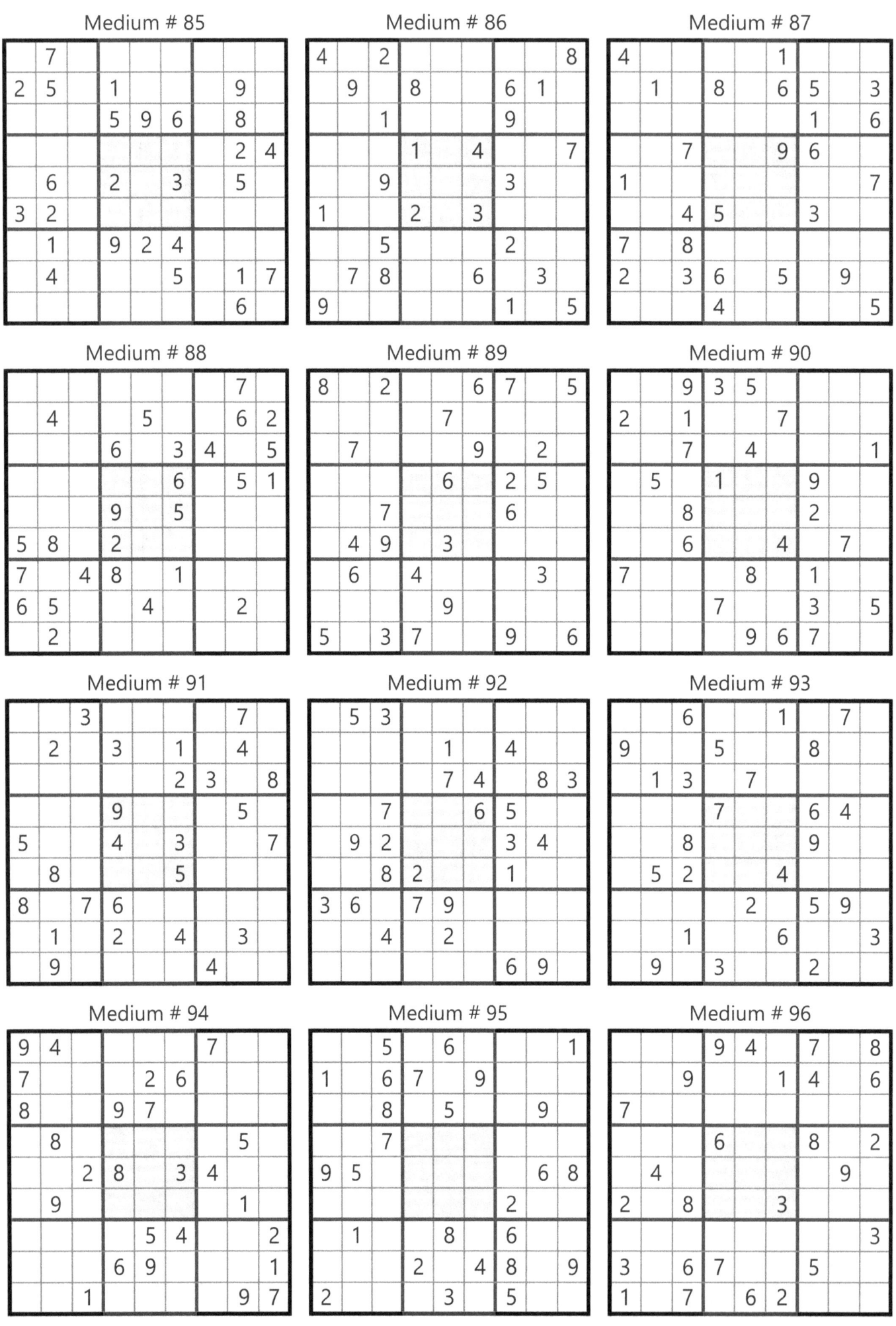

Medium # 97

	9		4					
6								
2	4	1		7				9
		2	7		6			
7				1				4
			8		9	3		
8				2		7	6	1
								2
					1		3	

Medium # 98

7	8		2				9	
		6						
	3	2	8			6		
			1					9
6	7						4	3
1					3			
		5			8	3	7	
						9		
	4				9		2	8

Medium # 99

	5				4			
	7			2		8		
9			7	6	5		4	
		2				7		4
5		1				9		
	1		3	7	6			8
		4		9			3	
			1				7	

Medium # 100

		9				3	5	
		6			2			
	1		4		3		9	
5			6					
		3		7		1		
					1			8
	4		5		7		3	
			1			8		
	5	7				2		

Medium # 101

1		8			4		5	
			7	1			3	2
	4	3					2	9
		5				4		
9	2					5	6	
8	3			9	7			
	9		8			3		6

Medium # 102

		2	7					
					1		5	
		3			5	2		6
4	8			5			7	
6								8
	7			8			1	9
1		6	3			9		
	4		9					
					8	4		

Medium # 103

8	6		7	2				
9				1			5	
			8					4
	9			4		8		
		8				1		
		3		7			4	
5					4			
	4			3				1
				8	9		6	5

Medium # 104

	2		1					8
	4			3			6	
			8					
2			7	9				6
	5	7				9	3	
1				2	5			7
					9			
	8			4			5	
6					1		8	

Medium # 105

			7			3		
			3				7	5
		5					9	8
	5	7		9				3
	3						4	
4				7		6	2	
6	8					4		
7	4				2			
		1			6			

Medium # 106

			2		5			7
						4		
	9					8	3	
	4				6			8
5		8		7		3		4
9			1				5	
	8	4					6	
		9						
1			5		8			

Medium # 107

			5	2		8		1
	4	9				3	5	
				9				
	8					2		9
			6		2			
2		7					6	
				3				
	9	5				1	7	
8		4		7	9			

Medium # 108

				7	6	9		3
		5					1	4
4			8					
					7		2	
		6	2		8	5		
	2		6					
					4			1
9	3					7		
8		7	9	6				

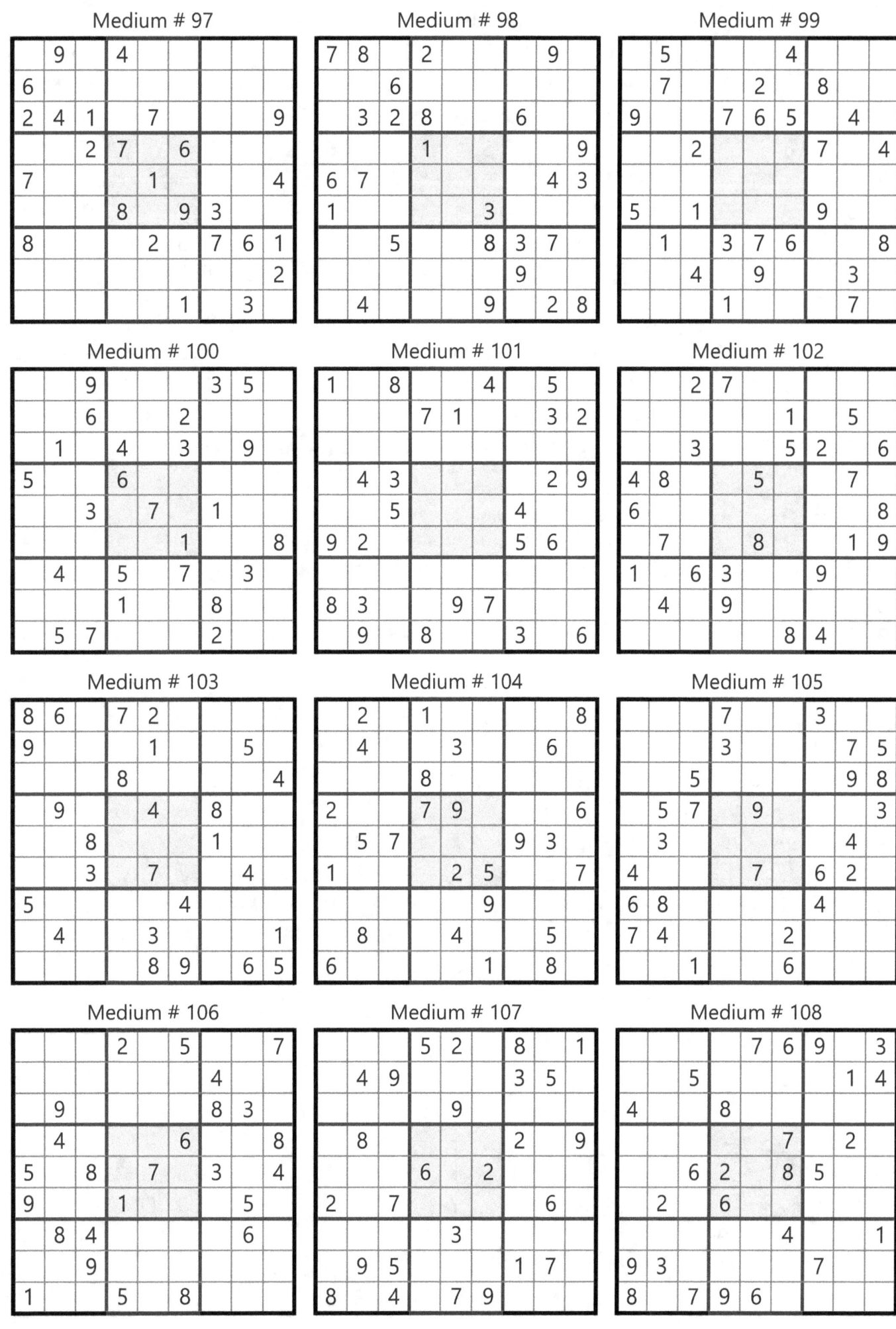

Medium # 109

		7				5		
	1				5			9
			4	3			6	7
			6				3	
9				5				2
	8				9			
1	4			9	8			
7			2				9	
		6				7		

Medium # 110

					2	7		
	1		7				4	
						3	8	2
			5		7			6
4		1				8		7
7			9		1			
8	7	2						
	4				9		6	
		5	8					

Medium # 111

				4			1	
	9			2		6	8	
	5		3		8			
3		1	2					
					6	9		7
			5		7		9	
	3	9		6			2	
	7			3				

Medium # 112

			2				3	7
				7				4
	3		5				9	
						3		1
	7	4	3		1	5	2	
1		3						
	4				2		6	
6				1				
2	5				7			

Medium # 113

		5		2			3	
		8	6			1		
4	1		9					7
		4		7			5	
	3			1		6		
5					2		7	9
		9			1	2		
	4			9		5		

Medium # 114

				1	9			
6			2	3		9	7	8
						3		2
	4	7			2			
			7			4	6	
3		5						
8	9	4		6	1			5
			4	2				

Medium # 115

	3				5	4	7	
		2	9					
1	5			6				3
8						7		
9								1
		1						2
5				1			6	4
					4	8		
	1	6	3				9	

Medium # 116

8			5					
	5	1				8		
9				3		7		
	9			6		3	2	
	7						9	
	2	3		1			7	
		7		5				9
		4				2	1	
					8			4

Medium # 117

2								
		4	1	6			9	
	3	5						
	2	1	6		9			
	7						1	
			2		5	6	8	
						1	2	
	6			5	4	9		
								8

Medium # 118

1				8			5	
	9		5				7	
5			3		6			
						8	2	
8			4		5			7
	3	5						
			8		9			3
	5				4		1	
	7			1				6

Medium # 119

5	2							
		8			2		4	
				8	5	1		
	6			3				9
		4	6		9	8		
2				7			1	
		2	8	5				
	5		3			6		
							3	5

Medium # 120

		5	7		9			
				2		8		9
								4
	2			8	7		3	
	1		5		3		8	
	7		9	6			1	
2								
8		3		7				
			6		1	2		

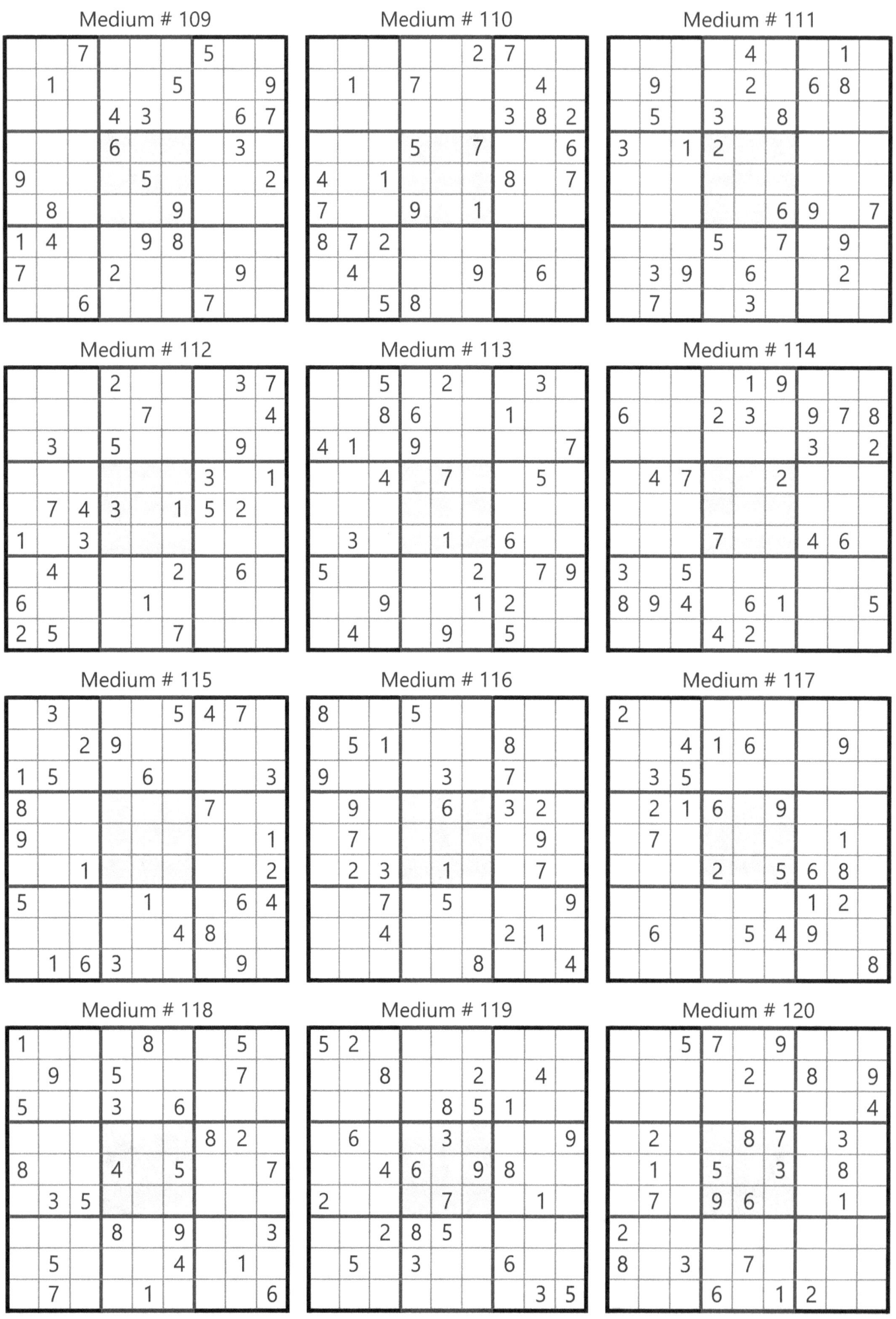

Medium # 121

				9			6	5
				3	4		1	
		3	7				4	
2						1		
5			2		6			9
		9						8
	8				3	7		
	2		4	6				
1	3			7				

Medium # 122

8				7				6
	6	4	5					
	7				2	4		
6		3	1					9
5					4	1		7
	2	9					7	
			1	5	8			
9				2				1

Medium # 123

						3	1	2
		7	5		8			
3				9		4		
						2		4
6	5						9	3
9		2						
	4		7					2
			4		1	5		
	1	8	2					

Medium # 124

	7	2	5		6			
							8	3
	9				1			7
	3	6				9		
8								1
	2				8	3		
4		9				1		
6	3							
		2		4	6	7		

Medium # 125

				5		3		
1		7	9			8		
	6		7					
7		1		3	8			
8								7
			4	7		9		2
					4		1	
		3			7	2		8
		6		9				

Medium # 126

4	7			3				
		2	9					
					1	9		
		8			7	3		
	9		8	4	2		6	
		5	6			7		
	3	5						
					8	6		
			1				7	9

Medium # 127

7		5		8				
2					3		1	
	6		9	1				
	2			9				
1		8				6		2
		1				8		
			3	7		6		
	5		2					7
			4		3			8

Medium # 128

	4		2					3
				3			5	9
		3		7				
5		6	7	2				
	8						1	
			5	8	9			7
			8		4			
2	1		4					
7				6		3		

Medium # 129

1		3		6		8		
5				9	8	4	6	
		4	7					
								8
			6		3			
2								
				7	3			
	3	7	5	8				4
		1		4		9		6

Medium # 130

	6		4					
2					6	9		
7		5	8	2				
			8		5			
5		4			6			9
	8		4					
			6	4	2			7
	6	9						4
				1		9		

Medium # 131

5			3			6		
	8		4	6		3		
6							4	
				4		5	6	
	3			8				
1	5	7						
3								9
6		1	8		5			
	4		5					1

Medium # 132

			3	6			1	2
8	1		9					
	4							9
		6				3		
	6	8		3		4		
	4		9					
2				5				
				2		8	7	
4	5		8	1				

Medium # 133

		5	7	8		4		
	2		3					
4	3		1		5			
		2						5
	7						3	
6						7		
			6		9		5	4
					4		8	
		9		5	7	6		

Medium # 134

			4		1			
		4		8		6		
			6				9	5
3								9
2	7	9				8	6	1
1								4
5	8				4			
		3		1		7		
			2		7			

Medium # 135

				1		8	6	
1		5		7				
			2					9
	4		8	9			2	3
5	3			4	6		1	
7					9			
				2		5		6
	2	4		6				

Medium # 136

9					1		3	
				3	9	8	7	2
	4					1		
		4		9				
			7		5			
				2		3		
		8					6	
3	5	1	8	7				
	2		3					8

Medium # 137

		9	2					
6	1				7		5	
							9	7
9	4		1					
		2	6		8	3		
					5		1	8
7	2							
	9		3				8	5
					6	4		

Medium # 138

				2				
	5	2					3	1
6				1			7	4
			9					2
	9		6		7		4	
7					1			
3	2			7				8
4	7					9	5	
				8				

Medium # 139

	8	7				6		9
				5				
			8		7			4
8	3				4	2		
			2		8			
		2	6				1	7
6			3		5			
				2				
1		4				5	7	

Medium # 140

			1					8
5		1						
	6	9		7	4		5	
	1		6					
9			2		5			4
					3		9	
	8		9	3		4	7	
						2		9
6					2			

Medium # 141

2								
	3	4	9	5		8		
					1	7		3
	5			3				
		1	6		5	2		
				1			8	
5		2	7					
		8		4	3	9	2	
								4

Medium # 142

						3	2	
6			7				8	
	8	1			3			9
8			5	3			1	
	4			6	9			2
4			9			1	3	
	5				7			4
	3	6						

Medium # 143

		8						
			5	9			1	
1	2		8					7
	9			6	5			
	7	1				5	6	
			1	2			4	
9					1		7	2
	3			4	9			
						3		

Medium # 144

3		5						9
			3		1	5		
		8						6
7			1	8				
8				6				5
				2	5			7
6						3		
		7	8		9			
9						7		2

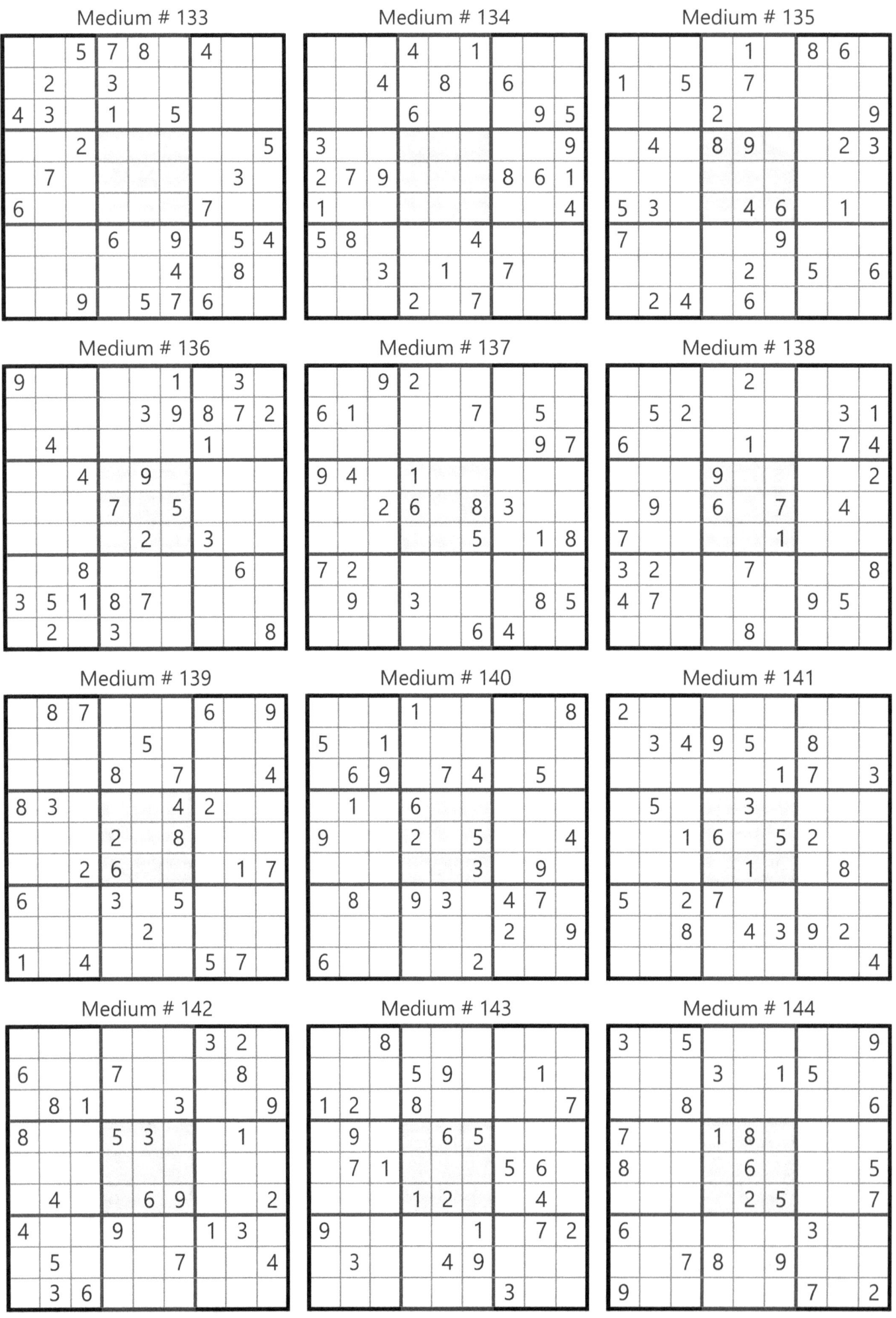

Medium # 145

	8	4	7				3	2
			5					4
		9		8				
		8			6	3		
7								6
		5	3			8		
				9		1		
9					4			
1	6				5	4	2	

Medium # 146

7							8	3
		4		2			1	
			8			5		
	5	3			8	9		
2								7
		1	5			2	6	
		5			6			
	9			5		4		
1	2							5

Medium # 147

						9	4	
					7			5
		6	9	5		7		
9					2		5	4
	5						7	
1	8		6					3
		3		8	9	4		
8			5					
	6	9						

Medium # 148

						4		5
	7	4			2			
6		5		9		7		
2				6				
1			7		4			3
				5				9
		2		4		8		1
			3			5	7	
7		1						

Medium # 149

					5	2	3	
	9			6				
4			2	8			7	
					7	8		
3								2
		8	1					
	7			9	6			8
				2			9	
	2	5	7					

Medium # 150

							3	
3			7	6		8		
6	2			8				
	1				7			9
8		5				1		2
4			1				8	
				7			2	1
		8		9	6			7
	9							

Medium # 151

8					9	5		
1					4			3
	5				3		9	
6		7		8				
		5				3		
				5		7		2
	4		6				5	
2			7					6
		3	1					8

Medium # 152

	8			5	9			6
		3	6			2	8	
		5			1			7
3	1						9	2
4			2			3		
	5	6			7	4		
7			8	2			1	

Medium # 153

				1			9	
4				7		5		
5	9			4				
	5	6	1				3	
8								4
	3				8	9	1	
				8			5	6
		3		5				1
	2			6				

Medium # 154

3					2			5
						3	8	4
			9		1	2		
2		8						
5								9
						7		1
		1	4		6			
7	4	3						
8			2					7

Medium # 155

8		2			3		5	
	6				2			9
3			7			6		
			8					
	7		5		4		3	
					7			
		5			1			6
2			9				1	
	1		6			9		4

Medium # 156

		4			5		3	9
		5		9				
6				3				2
	4	6	8				7	
	1				6	2	5	
2				6				1
				5		3		
9	3		1			4		

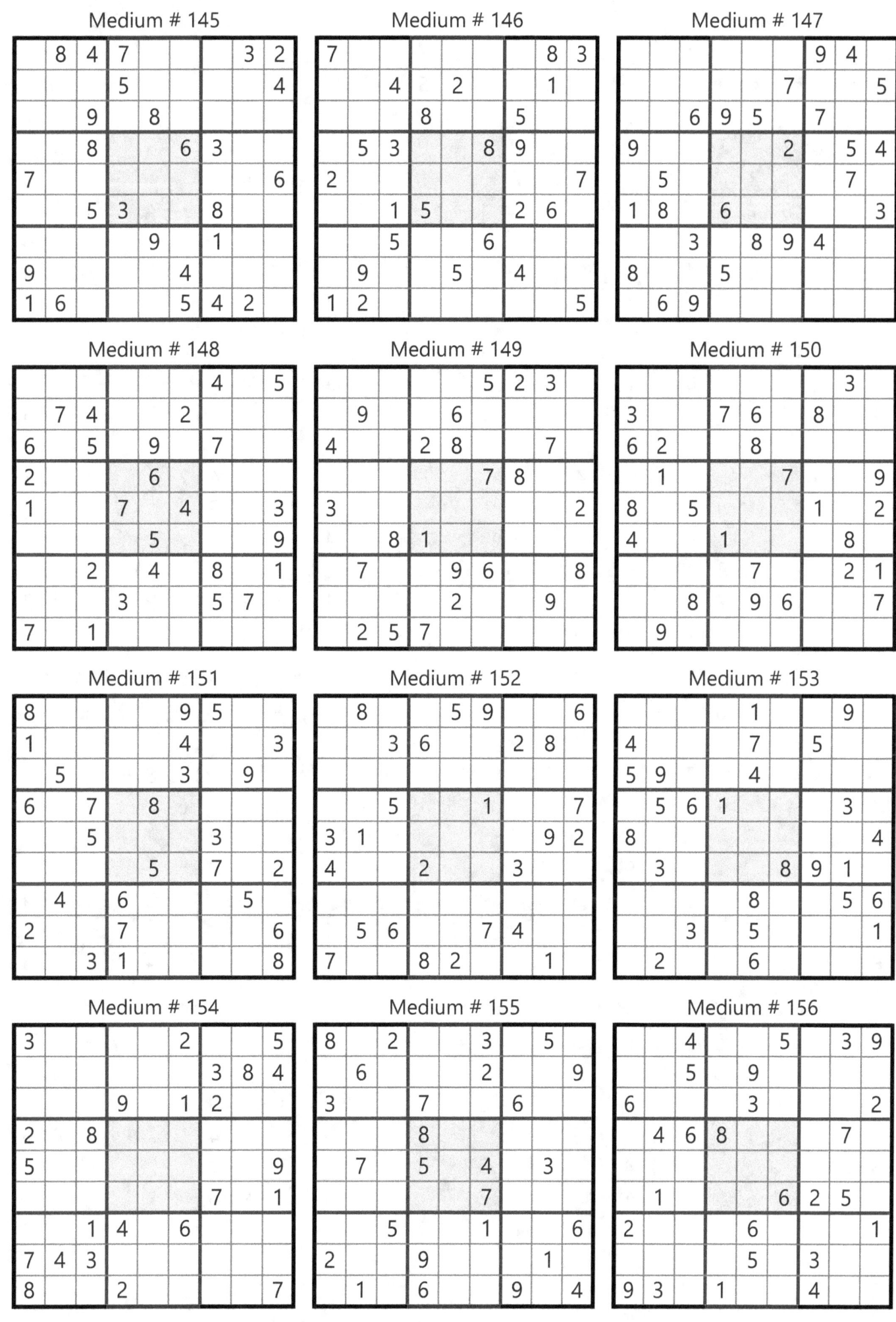

Medium # 157

6	7					2		
	9	3		4	8			
								4
	1	8	7		3			
				2				
			5		6	8	9	
4								
			2	8		4	7	
		7					1	8

Medium # 158

3					7		5	9
	9		2		5			
						3		
	3			6	9		7	
		7				4		
	2		4	7			1	
		9						
			6		3		4	
7	4		8					2

Medium # 159

7								
9			6					2
5	3						9	
		1		8			3	
6	4		3		5		8	9
	5			4		1		
	8						2	6
3					2			5
								1

Medium # 160

	5					6		1
9			1					
3			5			7	9	
		1		2			6	
			4		9			
	7			1		4		
	4	6			8			9
					7			3
2		3					7	

Medium # 161

						2		5
7			9	6		3		
6				1	2			
4					8	7		
				2				
		5	1					4
			6	8				2
		3		4	9			1
5		9						

Medium # 162

	2			4				
8				7			9	5
		9						
		4	7					2
5		8	1		9	4		6
1					3	7		
						5		
6	1			9				8
				1			2	

Medium # 163

		1		9	6			4
	6						8	
		2		4		5	9	
7					1			
				6				
			5					9
	4	9		2		6		
	5						4	
2			8	7		9		

Medium # 164

					3		1	
1	5	9		7				
	8				2			5
4							6	
3		6				2		8
	1							9
6			9				8	
				5		9	3	1
	3		4					

Medium # 165

8			2	7			3	5
								4
9		1		8	4			
1			6			7		
		9			5			3
			7	3		5		9
4								
2	7			4	1			6

Medium # 166

								6
	9				6	1		
			8	4	1		7	
5				7			3	
3	7						8	4
	6			5				1
	4		6	2	5			
		8	3				5	
9								

Medium # 167

3	1	2				8		
		9	5				3	
7			8			4		
8				4				
			3		1			
				7				3
		8			7			5
	9				6	7		
		6				3	2	8

Medium # 168

	2				6	9		
8				7			6	
4	6							
		4		2		7	8	9
1	9	5		3		4		
							5	2
	7			6				3
		1	3				7	

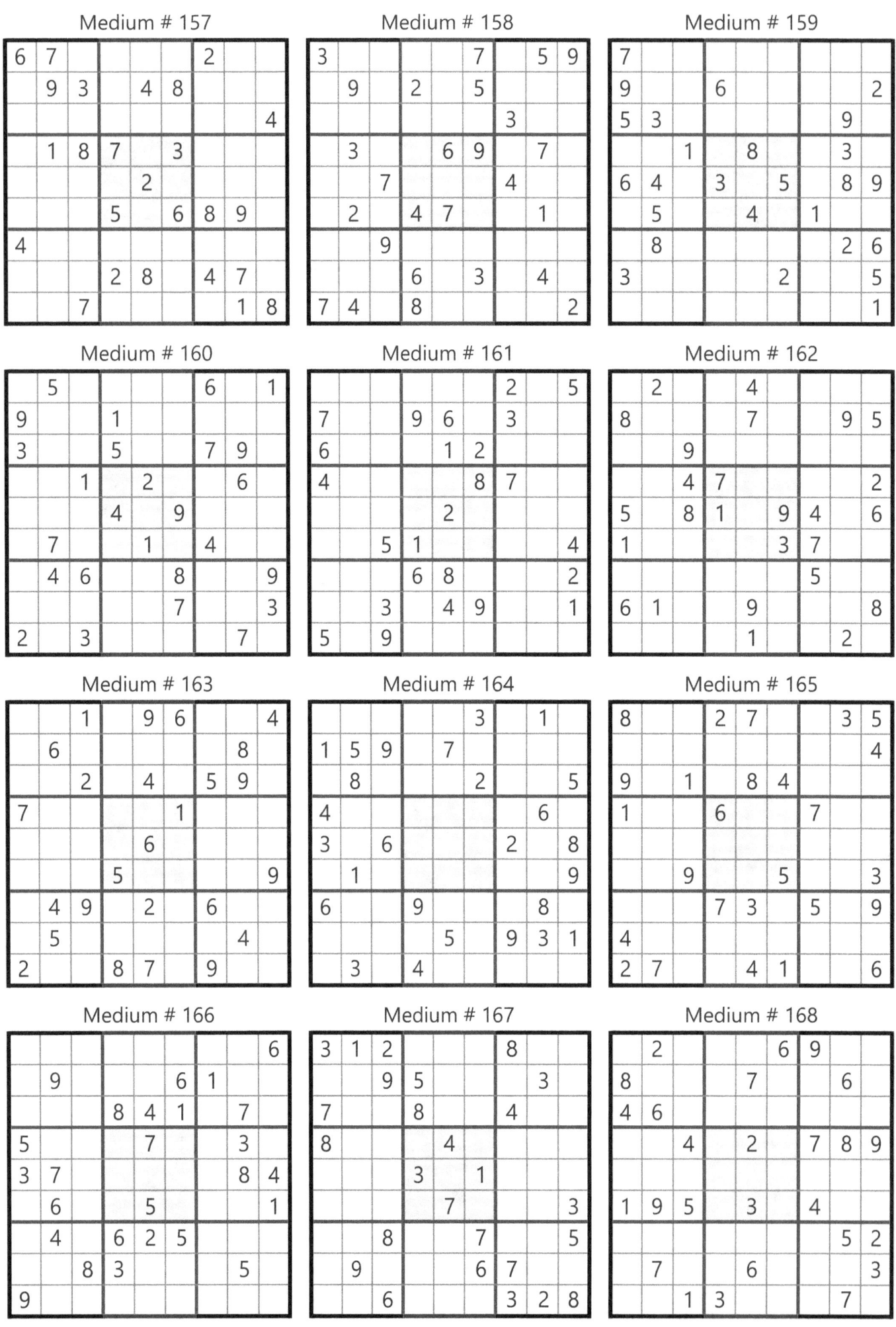

Medium # 169

				4			1	5
		2	5		3			6
							3	
		5	4			2		
6			2		7			9
		9			8	3		
	6							
7			8		1	9		
9	4			7				

Medium # 170

	7				3	9	2	
		3					5	
				2		1		8
	3		6					
8				1				2
					7		1	
7		8		4				
	9					7		
	5	6	3				9	

Medium # 171

5							1	2
						4	6	
7	9	1		4				
			3		1	7	8	
	8	6	7		2			
				7		5	3	4
	5	8						
3	7							1

Medium # 172

		2		4				
	4	5		9				
		8	2				4	3
							5	2
	8		6		3		9	
5	1							
3	6				4	5		
				3		2	6	
				8		1		

Medium # 173

			2	8	3	7		
4				5			3	
		5				1	6	
						2	4	
9								1
	5	8						
	4	7				3		
	1			6				8
		3	5	4	1			

Medium # 174

			2		3			
	7					6	2	1
	1			8		9		
3		4			9			
	2						1	
			5			7		3
		1		2			7	
5	6	7					4	
			6		7			

Medium # 175

9			8		7			
	5			9	1			2
6			2					
		1				4		5
	7						3	
4		5				7		
					4			8
5			7	2			6	
			9		5			3

Medium # 176

			7	2			6	
			3	8		2		4
	6						9	
		8						2
	3			4			8	
1						6		
	8						5	
9		4		1	5			
	2			6	4			

Medium # 177

						2	7	
	9		8				4	
					2	5		6
3			1	8			9	
		7				8		
	1			7	6			4
9		2	7					
	7				8		5	
	4	3						

Medium # 178

		2				1		
		9	4	5	2			
	8							5
2			1	9				6
	9						7	
6				2	5			4
3							2	
			3	6	4	5		
		4				7		

Medium # 179

				7			3	2
		8	3	9				
6		5			2	1		
				8	9			4
4			7	1				
		4	1			7		6
				3	4	5		
5	9			6				

Medium # 180

						9		
	1		6					8
	4				5		1	6
						1	4	
4	8		2		3		7	9
	5	6						
6	7		8				9	
8					2		5	
		3						

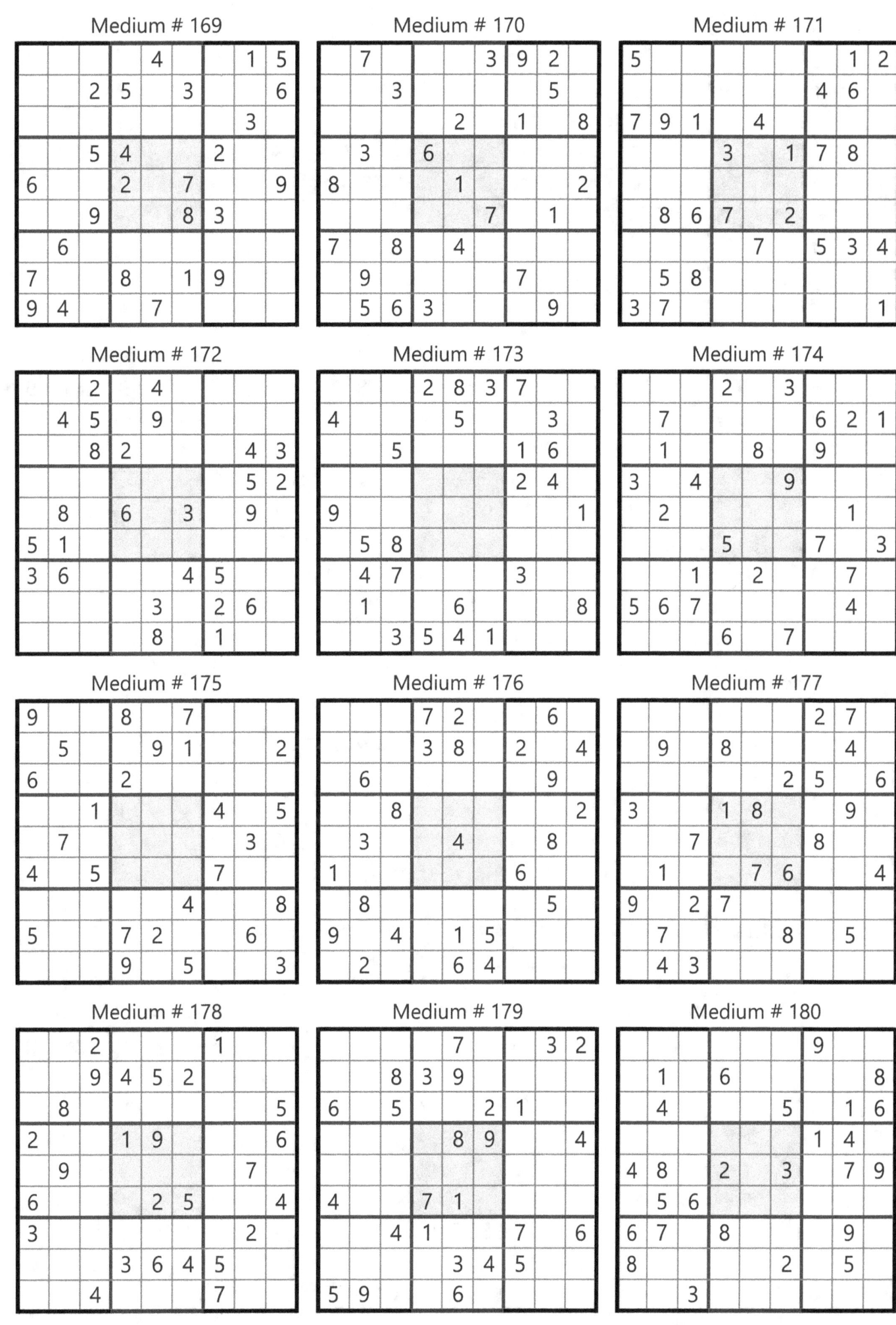

Medium # 181

			7		3			
	4	1			9			8
				8		4		3
	9		3				4	1
1	7				2		6	
9		3		6				
8			9			1	5	
			2		5			

Medium # 182

	7	1		4			9	
							2	1
		6		8				
					2	5		
7	1						6	8
		2	4					
				7		6		
8	2							
	5			2		3	7	

Medium # 183

6			9					8
					7			
2				5		9	4	
5	7			3				
		6	1		2	7		
				8			9	6
	9	2		6				7
			3					
7					4			5

Medium # 184

		6	7					5
	3		2		4			
		5				7		
3				7		1		
1	9						6	7
		7		6				8
		9				8		
			4		6		3	
6					7	9		

Medium # 185

1				2		7	8	
	6				9		4	
4			3		7			
							1	5
			9		5			
5	7							
			2		8			9
	1		4				3	
	2	4		9				7

Medium # 186

					3			9
			8				1	
3		1	4			5	7	
		3						7
8		6				4		2
2						6		
	7	9			2	1		6
	5				7			
6			1					

Medium # 187

		6				9	7	
				3			5	
8				5		4		
3	8				2		6	
			7		8			
	4		3				2	9
		7		2				5
	6			4				
	5	4				6		

Medium # 188

		6	8					
		7		5		4	8	
							3	7
		5	3			7	4	
6								1
	7	2			1	5		
5	2							
	9	8		1		6		
					7	2		

Medium # 189

5	4		7					
					9			
	8			5		6		
		9	4		1		7	
6	7						3	8
	2		6		8	1		
		3		8			2	
			3					
					7		9	5

Medium # 190

	5			3		9		
					8		7	
	8		2					6
8				9			4	1
			3		6			
7	2			8				9
5					2		1	
	9		4					
		6		5			9	

Medium # 191

6		3		1			9	
		5			2			1
				4	7		6	
								4
9			6		3			2
5								
	1		5	7				
2			1			4		
	9			2		6		5

Medium # 192

	5	3						9
		7		2			6	3
					9		7	
	4			5		9		
			8		4			
		9		1			3	
	2		6					
4	3			8		6		
5						4	1	

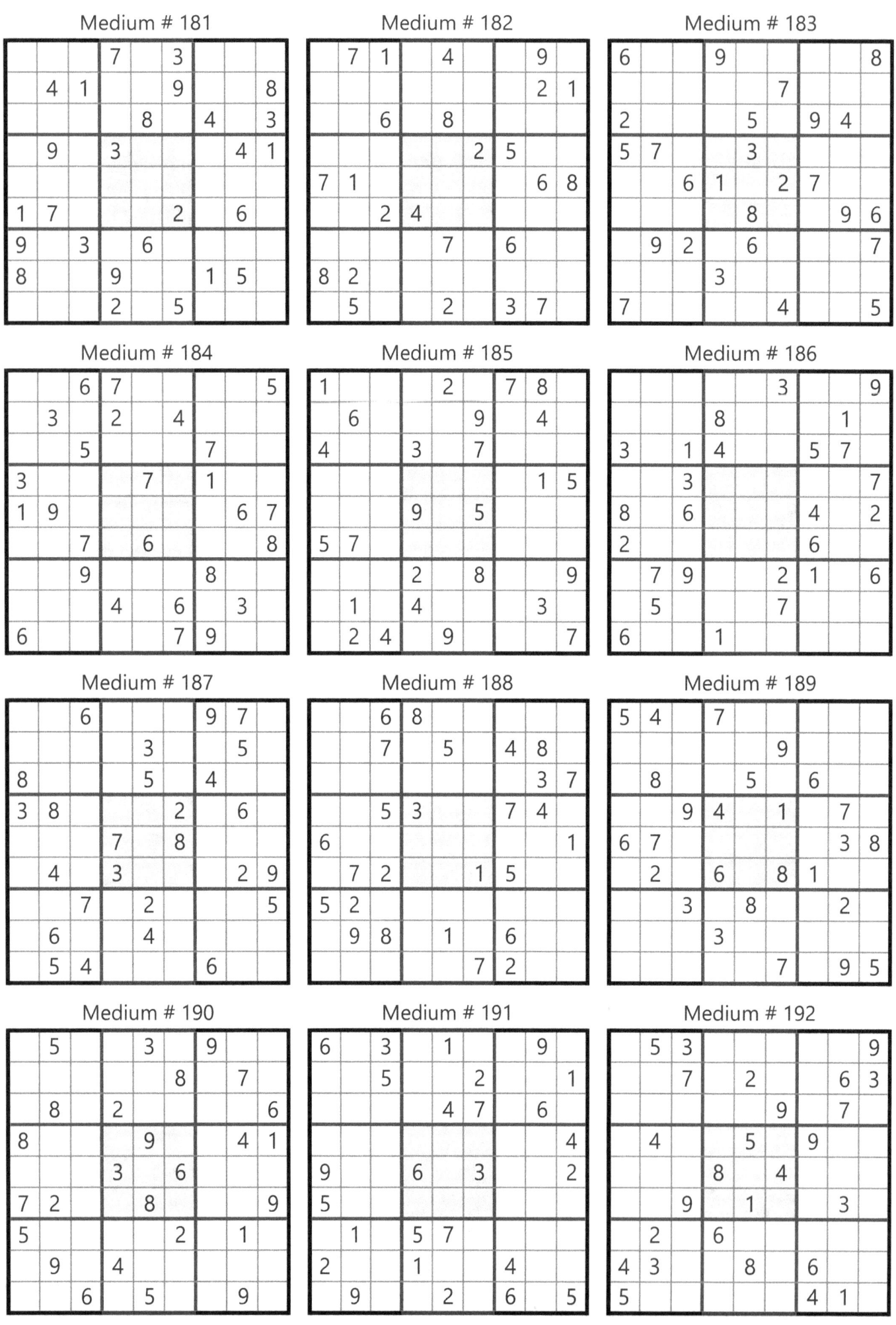

Medium # 193

8		7			9			
		7		2	6			4
	5							
		1		8				7
5		9				4		8
2				9		1		
							3	
1		8	5		6			
			8			7		6

Medium # 194

	6							1
			6				5	
5				4	7	8	3	
		8		7				9
2								4
1				8		3		
	1	7	4	6				2
	2				1			
8							6	

Medium # 195

	8	4					1	
3		8	5			4		
		4					7	
	1			6				5
				3				
7				8			9	
	2					5		
	3		9	8				4
	5				2	3		

Medium # 196

8	6				5			
	9			4				3
	3	1		7				
			9	8	4			
		4		3				
8	6	7						
	8			1	2			
6		9				5		
	2					3	8	

Medium # 197

2	3		7	8	6			
								5
				3		8		
	9	8					7	
		3		9		6		
	4					3	9	
		4		7				
1								
			4	6	3		2	1

Medium # 198

			7			2		5
	8					3	9	
2			8					
				6		4		
1		4				5		6
		6		3				
					4			9
	7	8					6	
4		3			8			

Medium # 199

		5				9		
	6							8
	7	2			8	1		
	3	8		9				
1			4		6			5
			7			2	3	
	4	7				3	1	
2					7			
	8				2			

Medium # 200

	4			8	3		5	
		2		4				1
1	8		7					
					6			
8				3				9
				2				
					8		7	5
6				7		2		
		9		5	6		8	

Medium # 201

			7			5		
				6	3			
6			4				9	
	6	5						4
		2	5		9	6		
4						8	3	
	8				6			1
			1	8				
		4			2			

Medium # 202

	2	9			6			
1			5		4			3
				7				6
5	3					8		
		4			3			
	1						7	5
6			7					
4			8		5			1
			2			9	5	

Medium # 203

4				9	5	7		
				1			4	
	1		8					
7					4	2		
6		1				8		4
	3	9						7
					1		3	
	6			8				
		4	2	7				8

Medium # 204

5				6				
	9			1	3			6
		2			7			
		4				6		2
	1		7		6		5	
2		9				1		
			3			2		
8			1	5			3	
				7				1

Medium # 205

		1						
3	7		6		9			
	9					2		1
4	6			9	3	8		
		8	5	7			2	4
1		4					5	
			8		5		6	3
						7		

Medium # 206

				5	7			9
		2	9					
7	3		1					
		6			5			
	1	5	7		3	6	2	
			2			1		
					8		3	5
					2	4		
3			6	9				

Medium # 207

		2		4	7	5	8	
					3	4		
		6	2					
4	9				1			
			5				4	2
					8	1		
		8	7					
	5	3	6	9		2		

Medium # 208

							4	3
6		9		2				
	4	5	6					
		1			7			9
		2		5		3		
3			8			1		
					2	5	6	
				1		9		8
5	2							

Medium # 209

7		4			1			8
8		6						2
			4	8				
			9	1			2	
		9				4		
	3			7	5			
				6	8			
5						7		3
2			3			5		9

Medium # 210

					1	6		5
1								4
		5	8	7				
		9		4		5	7	
				3				
	8	2		6		1		
				8	9	4		
7								9
4		1	3					

Medium # 211

	2		1	4				6
							7	
	3	6	7				8	
5	4			8				
		8				6		
				9			3	5
	6				1	7	2	
	1							
2				5	4		1	

Medium # 212

6			8				1	
	7	3						
				7		9		
	2		1	5				6
1			2		8			5
8				6	9		7	
		6		1				
						4	6	
	8				5			3

Medium # 213

		4	1					5
	2							1
			3	5		7		
	4						9	7
3		8				6		2
7	9						1	
		7		6	2			
1							7	
9					1	8		

Medium # 214

3							4	
		5		3			7	
		7	4			3		6
		1		8	9			
	8						1	
			6	7		2		
9		3			2	6		
	5			1		9		
	1							3

Medium # 215

		2				6		9
	3	5					8	
9					8			
		7	1					3
4			9		3			5
3					2	9		
			5					7
	4					2	5	
7		1				8		

Medium # 216

	1							
6			2	7	5		3	
					6		4	2
3					8			
		7	9		4	3		
			1					5
2	4		3					
	9		5	2	7			4
							1	

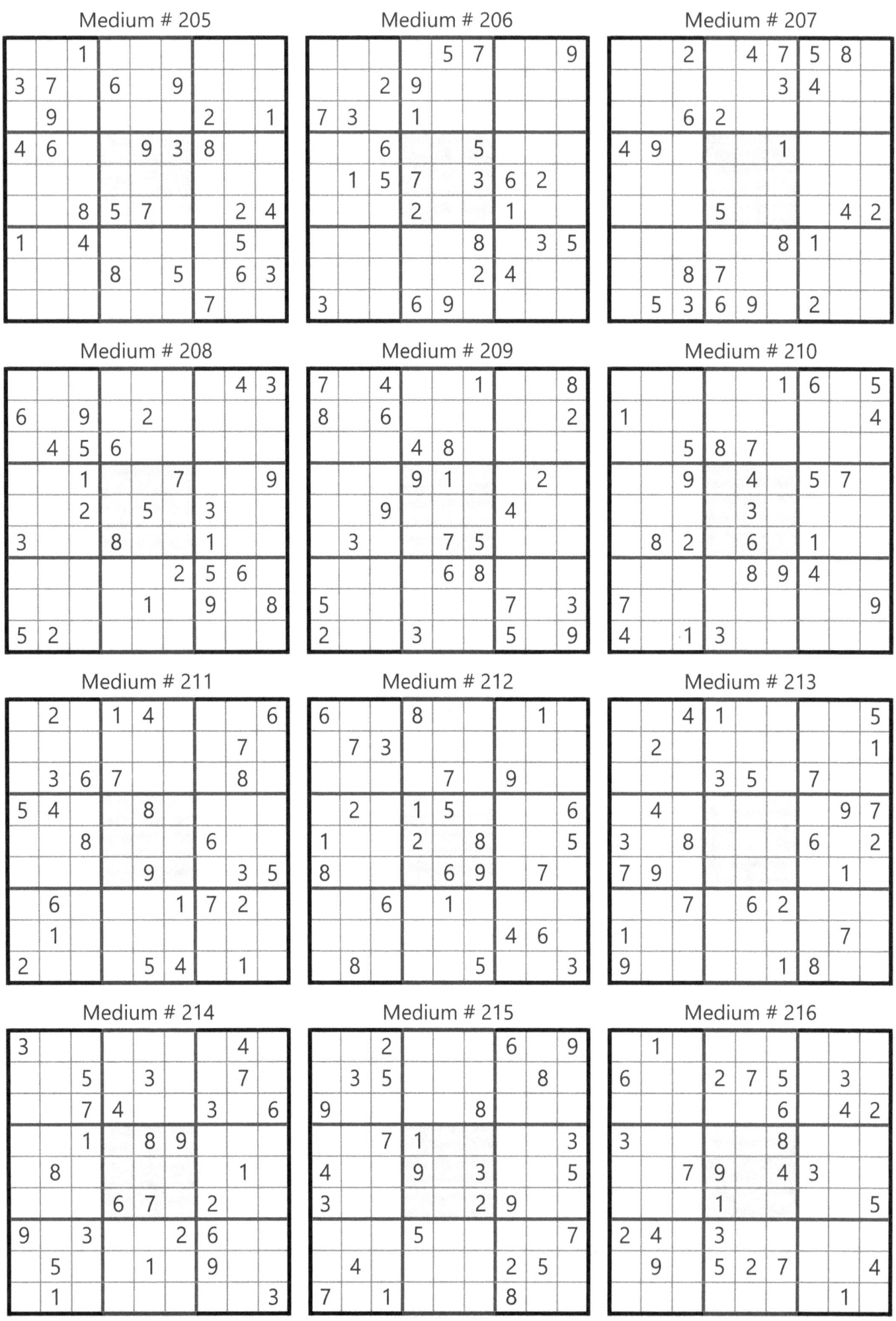

Medium # 217

		2			3		9	7
			6	7				1
1		3			9			
								8
		7	1		5	4		
4								
			8			2		4
8				9	4			
3	6		7			5		

Medium # 218

		3					7	5
				7	5			4
	1		6					
7				9				
2		4				1		3
				5				6
					9		8	
6			8	4				
4	5					9		

Medium # 219

8			7				6	
	5	4		1				
						5		3
	8				7			6
	4		5		3		7	
2			1				4	
7		2						
				8		1	3	
	1				6			5

Medium # 220

9	6			3				
					7	5		1
			5	2		9		
				8			7	
	2		4		5		9	
	3			1				
		3		4	6			
7		1	2					
				9			1	8

Medium # 221

					6			
	5		7				8	6
1					2			
		7		9		6		8
6	4						7	3
2		8		4		1		
			8					9
9	8				1		2	
			3					

Medium # 222

			8				5	6
		9	6					
	8			5	7			2
						7	3	
8	9						6	4
	4	1						
6			7	4			1	
					5	6		
5	2				3			

Medium # 223

4		8			3	5		
2								3
					9	7		8
1			6			3		
	6						8	
		4			5			1
3		1	7					
8								6
		5	1			9		2

Medium # 224

				7		9		
		1			2			5
9	2		6					
8			1		6	3		
		2				1		
		6	9		3			4
					7		2	3
6			2			8		
		8		5				

Medium # 225

		6					3	7
	3	4		9				
	9				6			8
5					8		7	
				1				
	7		3					1
9			2				1	
				8		3	6	
1	5					4		

Medium # 226

				8	6			
				2			9	3
6					9	5		8
	9						3	
	6	3				7	1	
	7						8	
2		6	3					7
1	4			5				
			6	4				

Medium # 227

	5			3		8	1	4
			1	8				
			7				9	
		2	6				7	
8								6
	7				8	4		
	3				5			
				1	2			
6	9	5		7			4	

Medium # 228

				2		8		
	9	8			3			
6			8		5			
	2		5				9	6
	5						1	
3	1				7		2	
			9		8			2
			4			6	3	
		9		7				

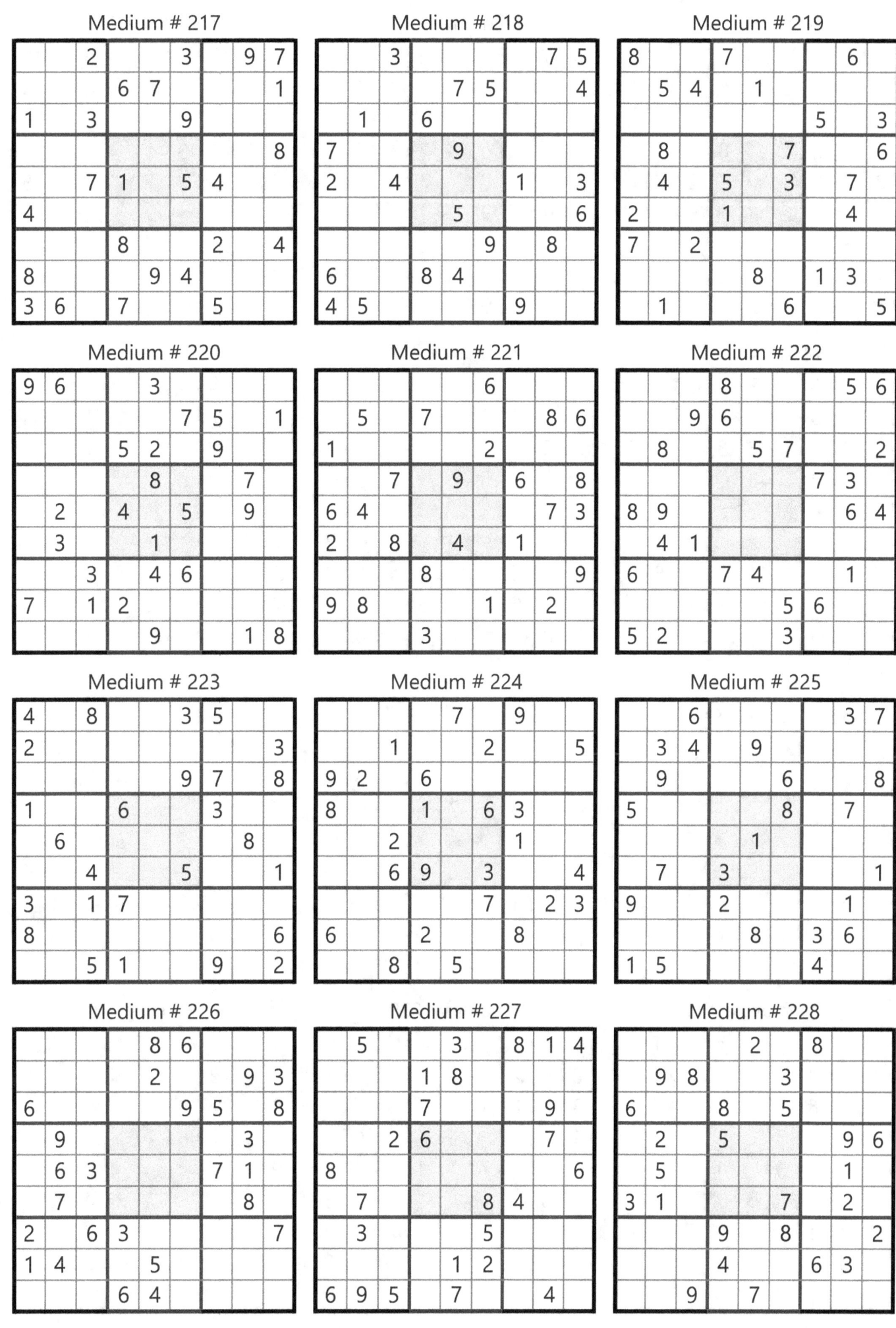

Medium # 229

				1				
			8			3		5
	2	3			7		8	
		2			8			
8		9	1		5	2		4
			2			6		
	5		3			1	4	
7		4			6			
				5				

Medium # 230

2	5				6			
9							5	
	3		1		4			
			6		7		2	1
	6						4	
7	9		3		1			
			2		8		7	
	7							9
			9				3	6

Medium # 231

6						5	7	1
			8			4		3
	4			7				
	3		5	4				
7								5
				9	8		4	
				6			2	
8		1			3			
3	2	7						4

Medium # 232

	7	6		2	5	8		
		3						
	2			6	8			3
		2		8				
	9						1	
				9		4		
7			6	1			5	
						7		
		5	9	3		6	2	

Medium # 233

			2	8			4	9
		4	7			6		
8	5							
4				2			3	
			5		3			
	3			9				7
							5	3
		6			8	4		
5	2			7	1			

Medium # 234

				4		6		
	1					9		3
	5		2			7		8
		1	8				2	
			7		4			
	7				2	1		
9		3			6		8	
7		5					6	
		4		2				

Medium # 235

	5		6	1	3	7		
			4					
		1					2	
				3				9
5		9	2		1	6		8
8				9				
	8					1		
					7			
		7	1	4	2		9	

Medium # 236

	1			2	3	7		
						6		3
					7	5	4	
4		9		7				
		3				1		
				6		3		8
	9	1	7					
8		4						
		2	8	1			5	

Medium # 237

	5	6		3		4		
						8		
	2		8		4			7
5	6							
	7		5		3		9	
							6	4
9			6		8		3	
		3						
		7		2		1	8	

Medium # 238

			7		4		1	
		3					2	
		6				8	4	
9			8	6				
			5		1			
				3	7			8
	3	1				7		
	8					6		
	4		9		3			

Medium # 239

				7				6
8		2				5		
3		6	1				7	
1				9			6	
			7		1			
	6			2				5
	9				6	2		4
		1				3		9
2				3				

Medium # 240

							7	
		2		1	8			6
8			9	6			5	
		7	6	2				
9								2
				7	3	4		
	5			8	2			4
7			3	4		8		
	3							

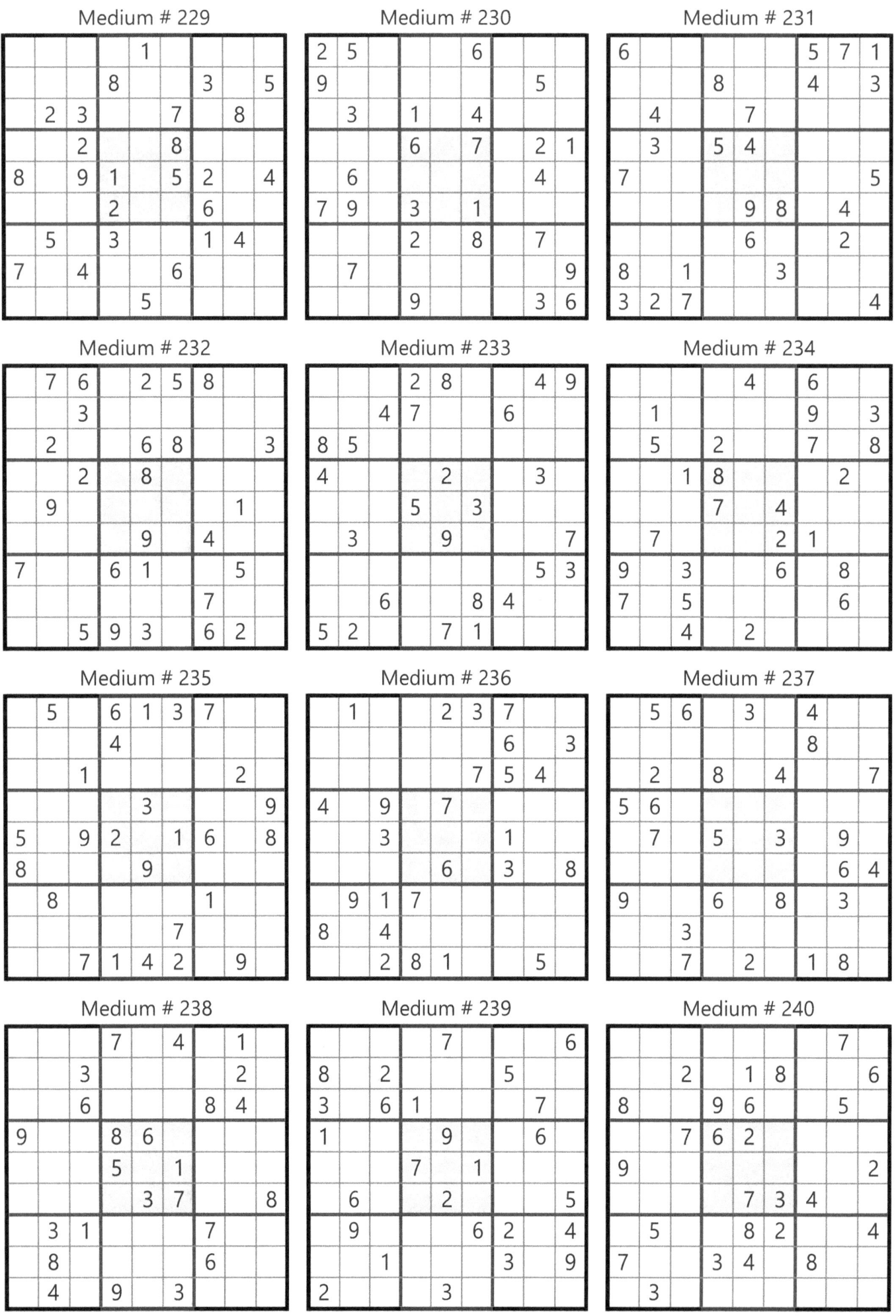

Medium # 241

	5		3	1	9			
8	2				5			
3							1	
6			7			2		
		7				6		
		2			3			4
	4							8
			5				6	1
			2	8	1		5	

Medium # 242

5				4				
	8	7	9					
3	2				8		7	4
8						3	9	
	3	6						1
7	1		2				3	9
					5	2	4	
				6				8

Medium # 243

				3	6			9
	9		1			8	7	
				2		3		
		4				6		
	6		4		1		2	
		5				1		
		2		1				
	7	1			2		5	
3			7	5				

Medium # 244

	5		2	9				
	4				5			
7		1					8	
	1						2	
9			5		8			7
	6						3	
	7					3		8
			8				6	
				1	2		9	

Medium # 245

	1					4		
	6			8			7	2
			3		1		6	
9				5				
	7	5				3	1	
				1				7
	3		8		6			
2	9			7			5	
		7					9	

Medium # 246

4					5	9		
1					3			
		2		7				
9	5				2	4	6	
	8	7	6				9	2
				1		2		
			9					6
		6	5					7

Medium # 247

5		3	6	2		8		
					9		7	1
			8					
2	9				5		8	
	1		9				6	2
					2			
8	4		3					
		9		5	6	2		8

Medium # 248

							7	
		7	1				2	3
	9		3	6				
		9			4		8	
	2	1				3	5	
	3		5			2		
				2	6		1	
2	8				1	6		
	5							

Medium # 249

		7		6				
9			4			6	7	
3			5		9			
4					2	5		
	5						3	
		8	3					1
			8		6			7
	7	3			4			2
				1		8		

Medium # 250

4		5	2					1
		7						9
		6			5	7		
	4			2				8
				3				
8				1			6	
		1	3			2		
9						8		
2					9	5		7

Medium # 251

5						4		
		8				9	3	
3				6				
	7				1	3		
9			6		3			1
		5	9				2	
				4				6
	2	7				1		
		1						7

Medium # 252

			6				2	
2			3			9	4	5
					9		7	
	7	2		9	6			
			5	4		8	9	
	9		1					
5	6	7			8			1
	2				7			

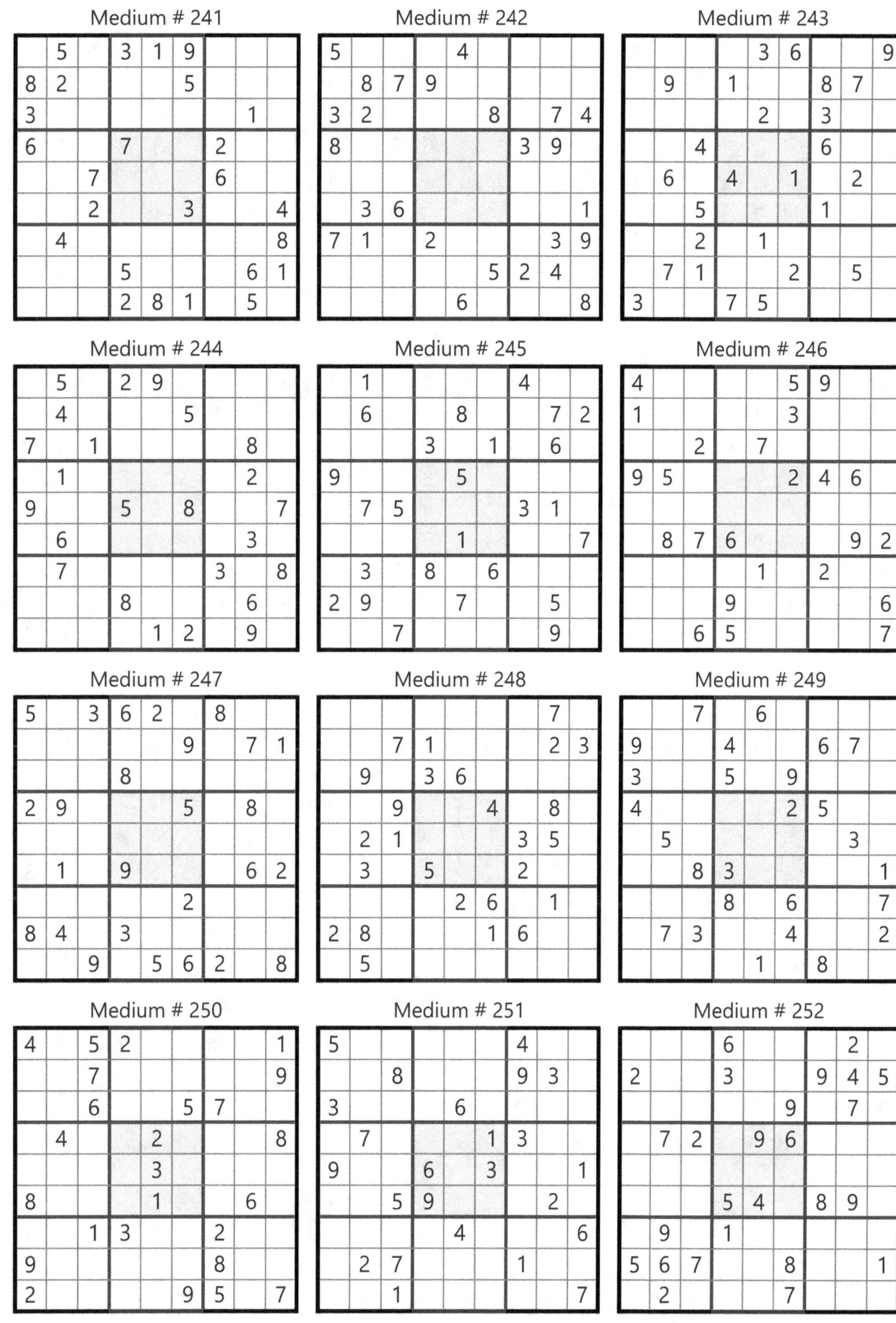

Medium # 253

9	7				6			
	6		1	4		5		
1								
2			7	6			4	
4								5
	3			5	8			9
								2
		3		2	7		8	
			5				6	4

Medium # 254

6	9			8		4		
					2		3	9
7					9			
		8			6	9		
1								3
		7	3			8		
			1					8
8	6		2					
		2		5			6	4

Medium # 255

			4			5	6	
	4							
	3	9	1			8		
		5		7	3		9	
		8				3		
	2		9	8		6		
		7			2	1	5	
							4	
	5	2			7			

Medium # 256

1		9	8					
				2	4		7	
	2		6					5
	4			5	3	6		
		1	7	8			9	
2					6		3	
	6		5	3				
					8	9		7

Medium # 257

				8	5			2
3	1	4						6
		2			6			
					8		3	9
		9				2		
1	3		4					
			6			9		
9						5	1	7
7			8	5				

Medium # 258

4			6					
		1				2		
	5		8			9	7	
	6				5	3		
8				9				6
		5	4				2	
	3	2			9		8	
		4				1		
					6			3

Medium # 259

				3		1		4
	7	2		8			6	
			1		9			
							8	1
3	4						2	5
9	1							
			2		3			
	3			7		8	4	
6		9		5				

Medium # 260

	8						1	2
4		3	8					
			6	1				
	3		9					7
	5	1				8	6	
9					8		5	
				8	7			
					1	6		8
7	4						2	

Medium # 261

4			9					
5				3		1		7
					4	5		8
8				1			6	
	7						5	
	2			8				3
3		1	6					
7		2		9				4
					7			2

Medium # 262

	4	8	6					
					2			
3			8	5		7		
9	5		4				8	
4								9
	2				9		3	7
		5		3	6			1
			2					
					1	3	9	

Medium # 263

	5					6		
		4				2		1
		2	4	8	1			
9	4		1	6				
				9	5		7	2
			6	2	4	8		
4		1				3		
		9					6	

Medium # 264

5		4			7			
9	6							
8				1		7		
		2		6				
7			3		1			9
				7		2		
		6		8				1
							8	2
			9			3		5

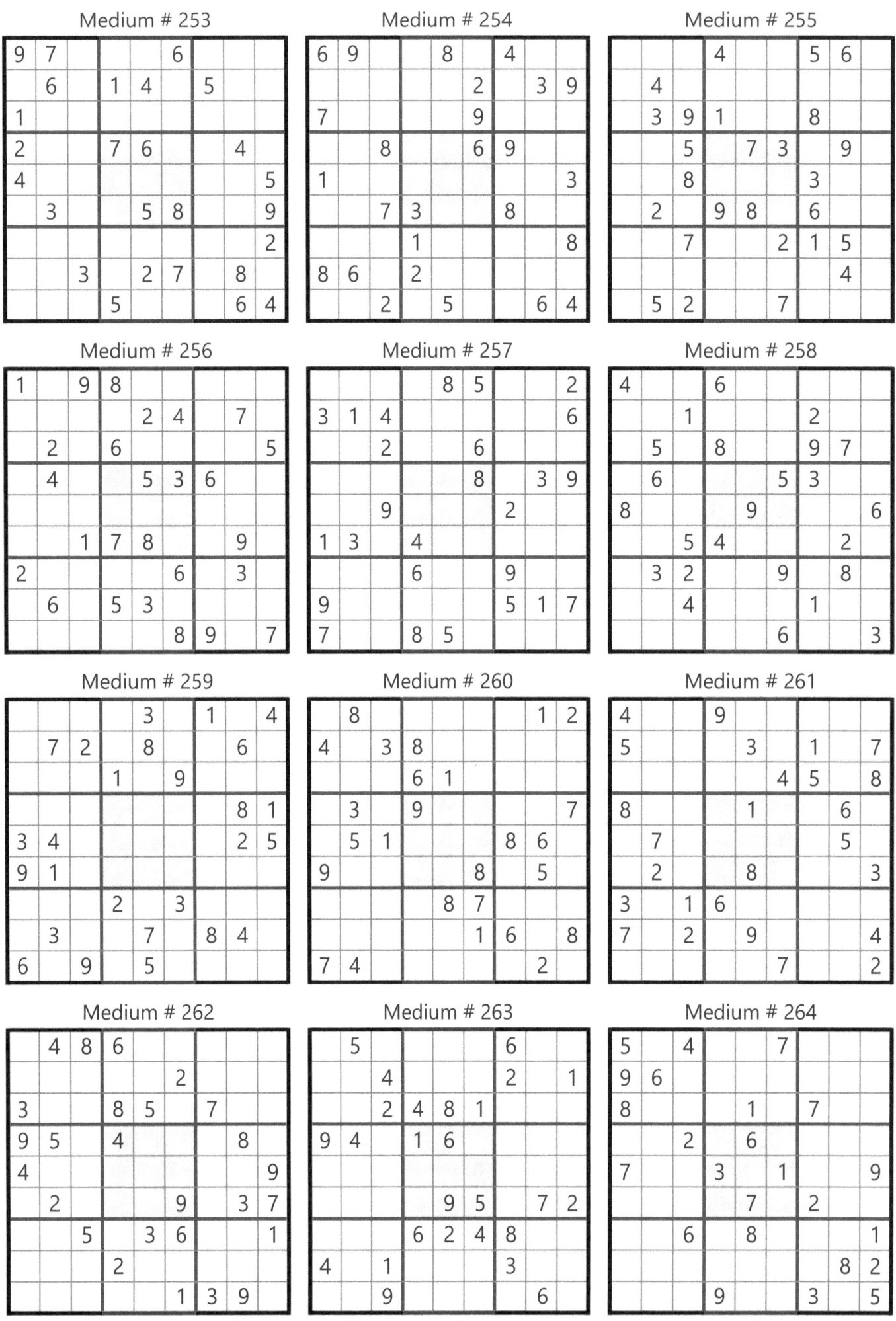

Medium # 265

		3		8				
	9	5						
	6		1			8	5	
5		7			2			6
			9		1			
1			7			5		8
	2	1			8		3	
						7	4	
				4		1		

Medium # 266

		4	6		8			
9							1	8
		2	4		5			9
		8					7	
				6				
	6					1		
6			9		1	7		
1	7							3
			2		3	5		

Medium # 267

3				4			1	
	8	4	9			6		
					8			
9	2			7		8		
		3				5		
		1		3			6	4
			6					
		8			9	7	4	
	6			1				2

Medium # 268

6		7		3				2
	1			6	2			
		2				8		
	2				9		6	1
1	7		6				3	
		3				9		
			1	5			4	
4				8		6		7

Medium # 269

					1		8	5
1		3				2		
5			8	4			3	
6	5					1		
		8					9	4
	1			8	5			3
		2				4		6
7	6		3					

Medium # 270

	6			8				4
	4	9		1	6			
7		2		5				
				6		9		
6								5
		7		9				
				4		8		6
			2	3		7	4	
3				7			9	

Medium # 271

6	1							7
		5	3					2
					8	9		
		1	9		6	4	7	
	3	2	4		7	6		
		3	8					
1					5	3		
4							5	6

Medium # 272

	8	6	3					
7		3				2		
	4		7		2			
8						5	2	
			1		8			
	1	2						7
			9		7		6	
		4				9		5
					3	7	4	

Medium # 273

3		6		1	2			
			4				9	
		2		7				6
8							6	
6			9		4			8
	7							2
4				5		3		
	5				7			
			6	9		8		4

Medium # 274

5	6						7	9
					4	1		
			2				4	
2		7	4		5		9	
	3		9		8	4		5
	1				7			
		2	1					
3	5						1	8

Medium # 275

4							2	
	8	6		2			3	9
			7	4				8
	9		3			2		
		4			8		6	
6				8	3			
1	2			9		6	8	
	5							7

Medium # 276

		7			3			
			8			6		
	8			2	5			4
6	7		9					
	2	3				8	4	
					2		6	5
4			6	3			1	
		8			9			
			4			5		

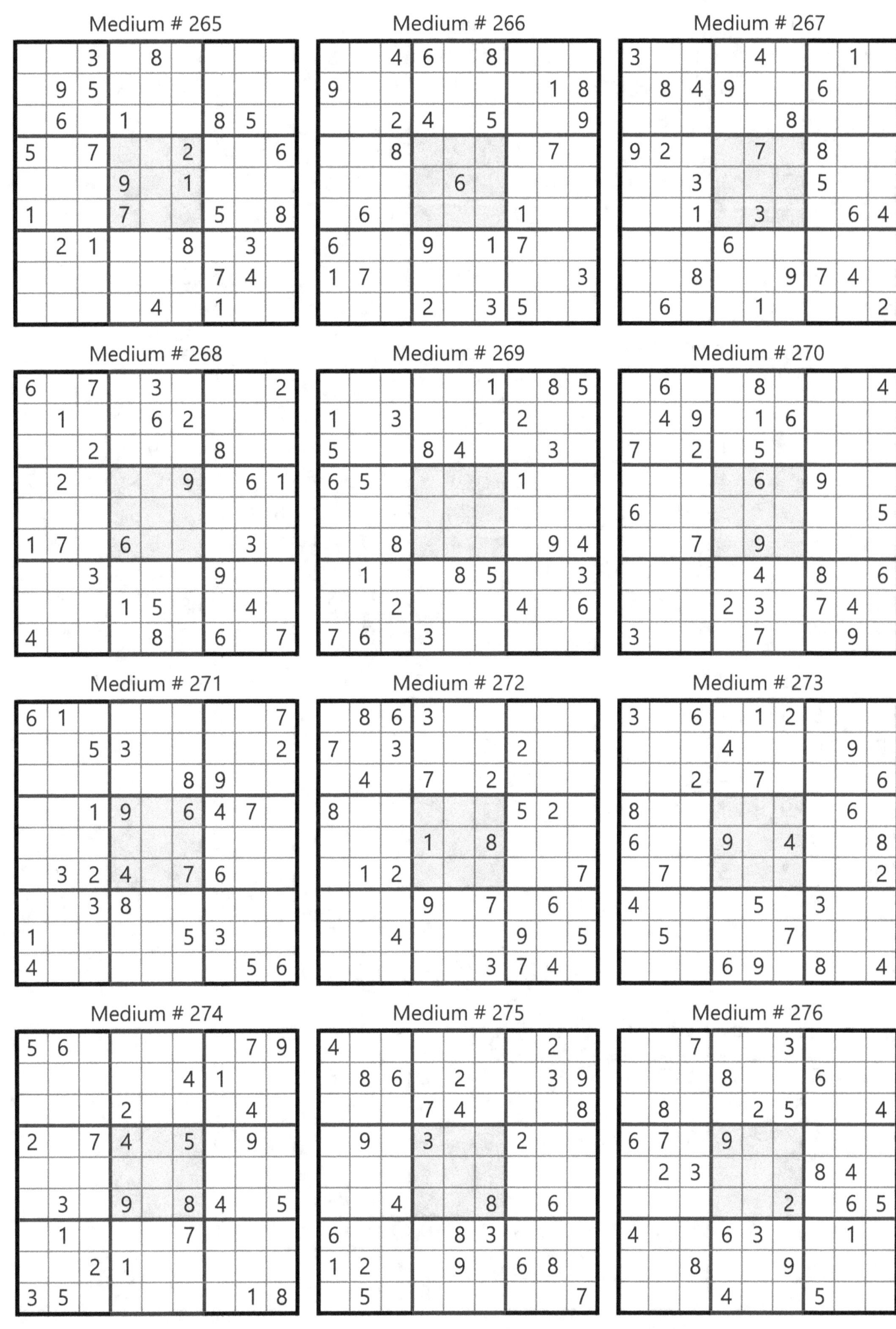

Medium # 277

						8		3
					8	6		2
2			6				9	
		1	4					
5	3		2		1		6	8
					7	3		
	8				2			7
3		6	7					
4		5						

Medium # 278

	9		4		2			5
				1		8		4
						7		
		1	9	2		4		
	6						7	
		9		5	4	1		
		6						
1		2		4				
5			3		8		2	

Medium # 279

						7		5
		7			5	6	3	
6			4				8	
					4			
	6	3				8	7	
			6					
	4				1			2
	8	6	3			1		
7		5						

Medium # 280

	6			5				2
5	7			9				4
					1	8		
				8	4		1	
			9		5			
	2		3	6				
		8	1					
9				2			4	1
2				4			7	

Medium # 281

		8			3	1	5	
3								
	2				4		7	
	3	2	1	8				
		7				4		
				4	9	7	2	
	9		5				3	
								2
	6	3	2			8		

Medium # 282

				3	5			
	9				2			8
		2		9		1		
	5			2			4	7
6								3
8	2			5			9	
		9		1		3		
5			8				7	
			2	6				

Medium # 283

		5	6			2		4
7							8	
					4	1	6	
	7		9		1			2
6			2		5		3	
	2	4	1					
	3							9
1		7			3	4		

Medium # 284

	7		9	3		4	5	
3			6					2
				1				8
	1	8						3
9						8	6	
4				2				
6					1			5
	5	3		4	9		8	

Medium # 285

		2		4				
					5			
8	9		7	6			3	
	4						1	6
		6	2		3	4		
7	1						2	
	8			3	4		6	7
			1					
				7		5		

Medium # 286

	4		2					
		5		8			7	6
8	9			5			4	
		1			7	8		
		2	5			4		
	3			6			8	7
9	6			2		5		
					3		1	

Medium # 287

	5		8			9		
			7		2			8
		3			9	4		
2							3	
	7		5		6		9	
	4							6
		6	4			2		
8			6		5			
		9			8		1	

Medium # 288

2								1
		4	6		2			9
		6		9		2		
	4	3		8				6
9				7		5	1	
		7		5		6		
8			9		7	3		
3								4

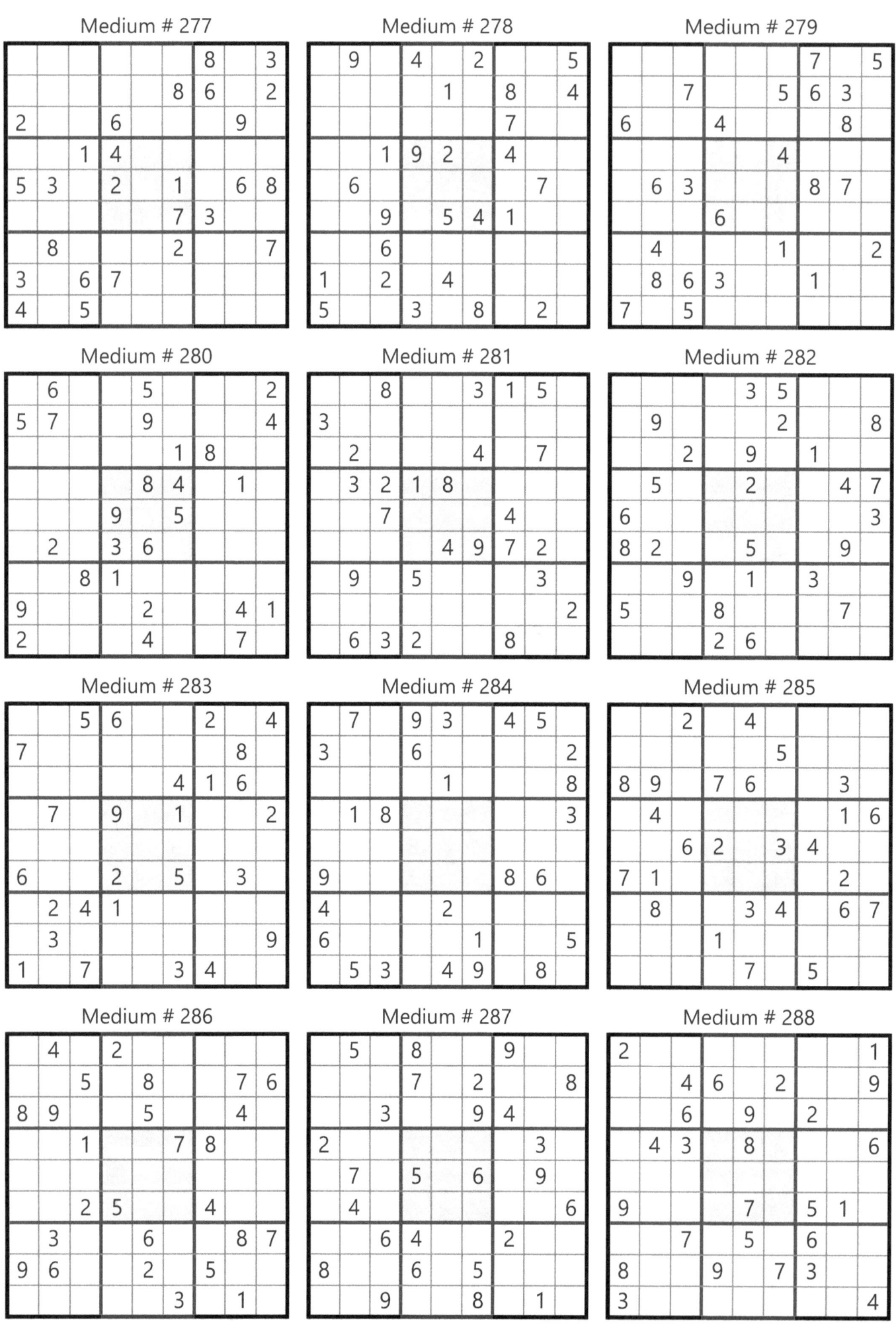

Medium # 289

				8		1		
9			4	3				
	2		6				9	4
					6	2		
	8	1				5	3	
		9	3					
4	3				7		8	
				4	8			7
		6		5				

Medium # 290

	1			2	9			
			1		7		6	
	5					9		
8				9	3	7		
9								3
		3	7	1				4
		8					2	
	2		8		1			
			2	6			5	

Medium # 291

					2			6
			3		8	4		
8		1					3	
	4			7			2	3
			1		5			
6	9			8			5	
	1					9		5
		7	2		9			
5			7					

Medium # 292

	5		6			2		
1			5			7		
		4				8		
3		9			8			
		2	7		1	3		
			3			1		9
		3				9		
		1			9			8
		7			5		2	

Medium # 293

				7		3	8	
8			1		6			
		1				7		2
	2			6		4		
6								8
		3		5			9	
4		8				2		
			7		9			3
	5	9		8				

Medium # 294

		1						5
	5		8					
				5	6		2	
2	1				8		4	
6			3		4			9
	3		7				1	8
	4		1	9				
					3		5	
3						4		

Medium # 295

4					7			
	7	2	1		9			8
			8			3		
	4	5						
		9	5		2	4		
						9	6	
		4			3			
3			7		6	5	2	
			9					6

Medium # 296

3			8			6	7	
6				7		3		
						1		5
4			6	5				
	9						8	
				8	2			4
5		6						
		9		2				7
	3	2			7			9

Medium # 297

4	6				2			
	7			6	8			5
	2		5					
		7				1		8
	8						7	
3		4				6		
					7		9	
8			1	3			2	
			2				3	1

Medium # 298

9		7						1
		3	4			7		
	4				8	2		
						5	3	
			9		5			
	6	1						
		9	1				7	
		2			9	8		
6						9		2

Medium # 299

		7					3	
3	4				2	5		
			8		7			1
		8	4				2	
2								9
	9				1	8		
6			2		9			
		4	6				8	7
	3					9		

Medium # 300

9							7	6
		1	8	4				
					5	8	2	
	1			5			9	7
8	3			6			4	
	9	8	1					
				3	4	2		
4	2							9

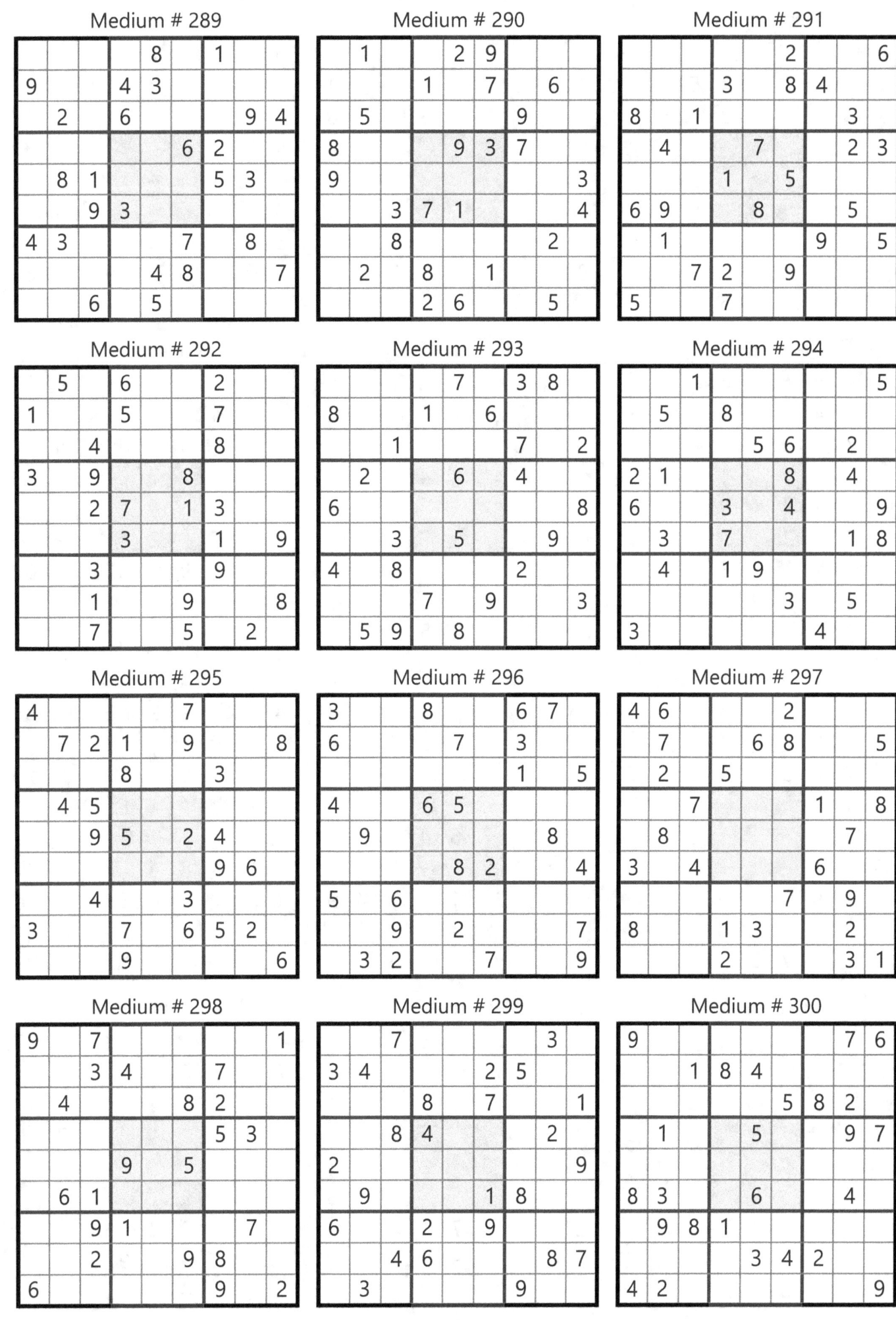

Medium # 301

2			4					
					1	5		8
7				5	2		6	
4		9		6				
3								5
				3		9		1
	8		7	9				3
9		3	5					
					3			4

Medium # 302

		3				8		
		2	9					4
				7	3			6
		7					5	8
			1		2			
5	6					2		
1			6	2				
9					8	5		
		5				1		

Medium # 303

5			9	7	1			
2						4		
	9							1
	5		6					8
		1		4		6		
4					3		9	
3							7	
		5						6
			2	9	8			5

Medium # 304

					6		4	
		4				8		
	7		9	2				
8					1		7	
7		1	4		8	3		5
	9		3					1
				3	5		6	
		2				7		
	4		7					

Medium # 305

		8	4	9				
	1				2			8
		6		3			7	
	7				4	6		
8								1
		4	7				5	
	6			1		5		
3			6				9	
				4	5	3		

Medium # 306

	3		8					
		4		6				7
8			3		4		5	
	8			7		6		3
4		6		2			9	
	7		9		5			6
2				3		5		
					2		3	

Medium # 307

4				9	3			
		5					3	
	7	2	5		4	9		
	1							7
		7				5		
6							1	
		6	2		5	7	4	
	2					6		
			7	8				1

Medium # 308

		4			9			3
	5				6			
1	3			5				
					1			2
	2		7	6	4		9	
8			5					
				1			4	9
			8				1	
6			4			5		

Medium # 309

4			2	9				8
							5	
			5		1			7
		2		1	6	7		
		8				9		
		3	8	4		2		
1			6		5			
	5							
2				3	8			9

Medium # 310

	1	2			8			
8				6				
	7	3				8		
2	4			8				3
	6						2	
1				7			5	6
		1				2	6	
				1				7
			5			9	1	

Medium # 311

			3		5			
	4	1		2			6	
	3			6				1
4							7	9
			8		9			
9	1							6
2				7			4	
	7			9		2	5	
			6		2			

Medium # 312

4					2			
7	1	2	6					
		6		4	8			
	6				4		2	
1								3
	4		9				7	
			3	2		4		
					9	5	8	6
			4					7

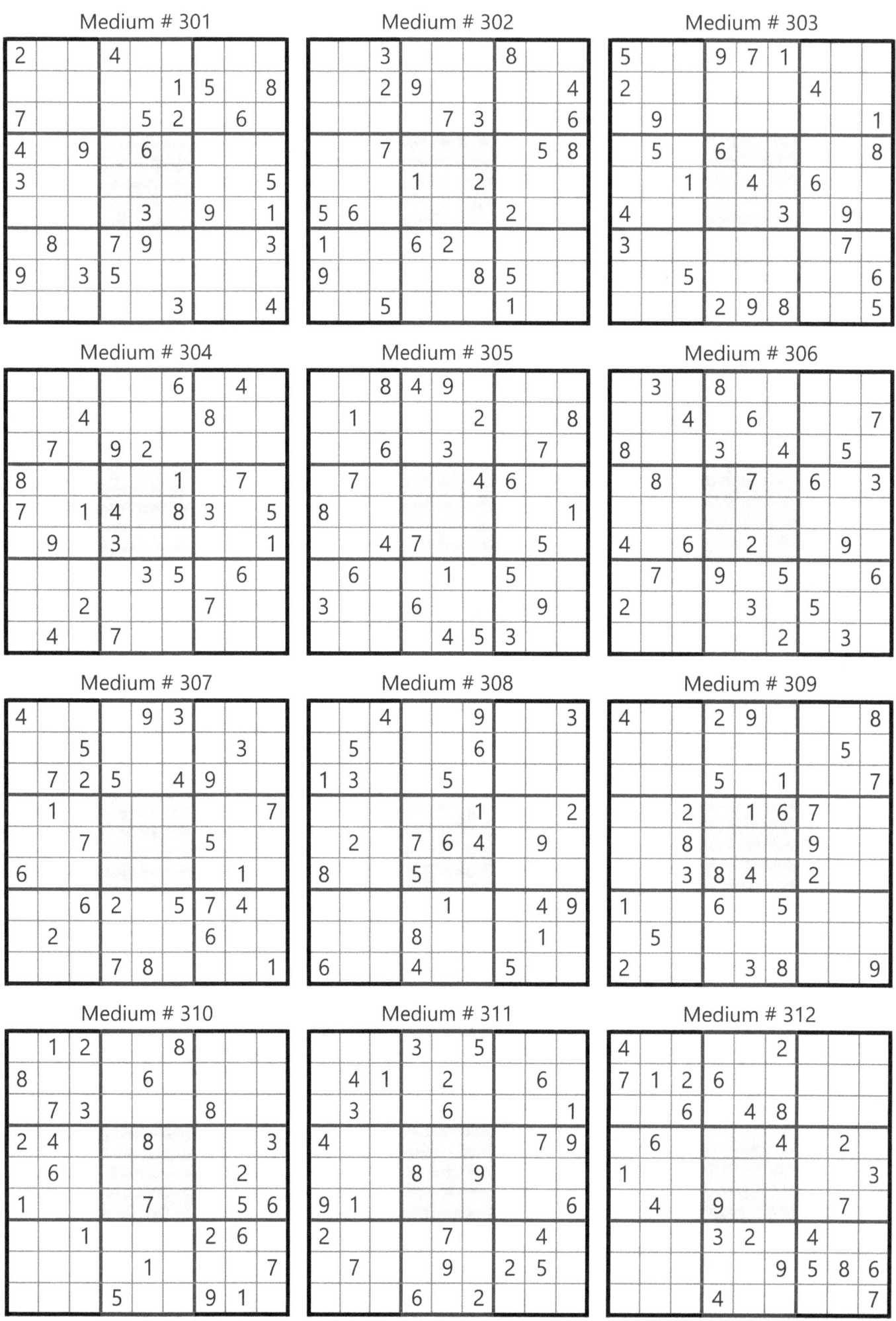

Medium # 313

			9		3			
9				5		3	4	
	4				6			5
			5				7	8
	6						5	
2	1				7			
5			7				3	
	3	1		6				9
			4		8			

Medium # 314

			2					
5		6					2	
9			4	8				3
4				3		9	8	
		5				6		
	8	3		5				4
3				4	9			2
	4					7		1
					2			

Medium # 315

2		7			3		5	
5		1						
			9				3	
	4	6		2			7	
8								5
	5			4		8	6	
	1				9			
						7		9
	8		1			5		2

Medium # 316

		5				4		1
		6	8					2
			4			7	8	
2	8							
		1	7		4	5		
							9	7
	7	3			6			
5					7	1		
1		9				2		

Medium # 317

	3							6
		4	2	5			1	
	8			6	7			
			8			3		
1		2				8		5
		3			2			
			9	4			7	
	9			8	1	6		
7							8	

Medium # 318

	3					1		
8	7			9				
9					5		6	
			9	7				
6								2
				5	3			
	8		2					6
				6			1	9
		3					5	

Medium # 319

	8		1					
5			2		4			
		3			5			1
8	5					2	6	
		9				7		
	1	2					8	3
6			5			9		
			3		9			8
					6		3	

Medium # 320

	2	5		7				9
		8			9			5
9			3					1
			1	9			7	
	7			8	6			
5					8			3
1			7			9		
4				1		5	6	

Medium # 321

		7		6				8
5						6	7	4
1			2					
	3		7					
		6	8		2	3		
					4		6	
					9			5
9	8	4						1
3				7		4		

Medium # 322

					9			8
		8			4		6	9
				3		1	5	
				4			2	
		4	2		5	6		
	7			9				
	6	5		8				
2	3		4			7		
1			6					

Medium # 323

	7		8			9		
						3	4	
	1	4			2			
1				5				8
2				4				5
3				7				4
			9			8	6	
	3	8						
		2			3		7	

Medium # 324

								6
	4		9					
		1					4	2
9				7	1		2	
	7	2	8		5	3	1	
	3		6	4				8
2	6					8		
					8		5	
7								

Medium # 325

					5	7		
		4			9		3	2
	8		4					9
	4		9	1				
		1				3		
				3	7		5	
1					2		6	
7	5		3			4		
		9	8					

Medium # 326

					6	1		3
6			4			7	5	
2				8				
5				6			7	
		6				8		
	7			9				4
				1				7
	5	3			2			6
4		1	3					

Medium # 327

			1	7	2		8	
		4					9	
				4			3	6
	5	7	9	2				
				1	7	3	4	
5	1			6				
	8					2		
	9		2	5	8			

Medium # 328

		5			8			
		1		7	5	8		6
3			1					
				4				1
	5		2		1		7	
7				5				
					7			8
9		8	5	6		1		
			3			2		

Medium # 329

6		3						
	2	8	6					1
				4				3
			4		7	2		
		9				6		
		5	8		2			
1				7				
3					6	4	2	
						5		7

Medium # 330

	6				5	7		1
		4			7			9
5								
	1			8	3			
3	4						8	7
			4	2			1	
								2
1			6			8		
8		9	2				7	

Medium # 331

3				6		7		
		9	5				8	4
			8			1		5
	5				6			
	2						1	
			4				7	
2		7			8			
8	9				2	6		
		3		9				8

Medium # 332

9		3	6					
2			3	4				
		5		1		2		
8							1	
		2	5		1	7		
	4							2
		4		2		1		
				6	5			9
					7	4		8

Medium # 333

						1		
2	8			6	4			
1				2		3		4
	4		9	8				
		2				8		
				5	7		4	
5		4		3				7
			6	4			9	2
		8						

Medium # 334

		6				8		
			6				3	2
8				4	9			
	3	2			8			
		9	4		7	2		
			9			4	5	
			1	3				8
2	1				4			
		4				9		

Medium # 335

		6			4	1	5	9
					9			7
		5	8	7				
	3			6				
		1				3		
				1			9	
				3	1	2		
4			7					
1	8	3	9			7		

Medium # 336

			1				7	2
		2			8	1		
			3	9				6
7			8				2	
		5				9		
	4				1			3
1				5	4			
		8	9			4		
4	7				3			

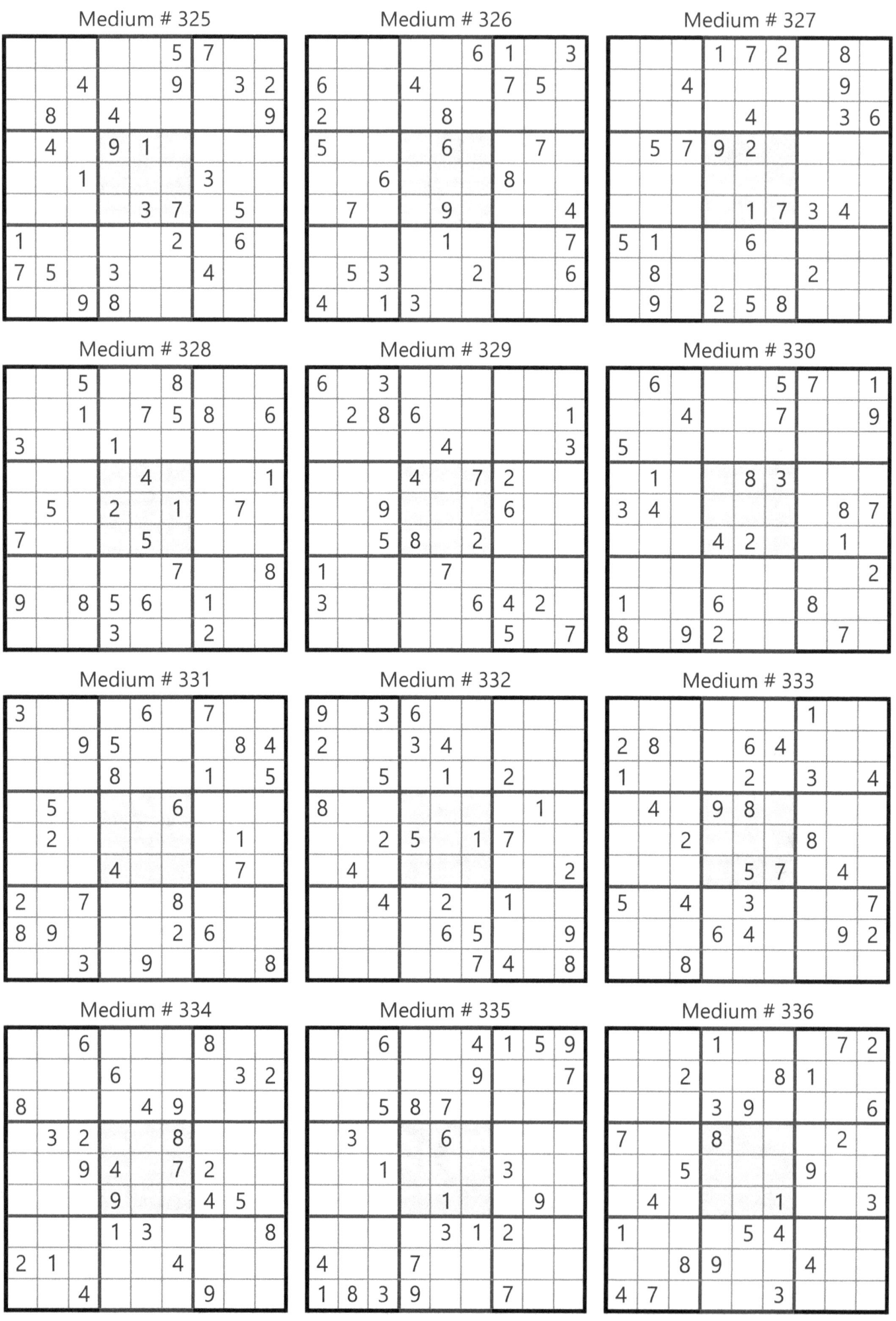

Medium # 337

8						9		
3					4	7		
6	9			3			5	
				4		6		2
			3		8			
7		3		6				
	4			9			2	5
		5	2					7
		6						9

Medium # 338

		2		3			5	
	1	9	8					
			6	9		1	3	
							2	1
		3				7		
7	4							
	5	7		4	1			
					5	8	9	
	9			2		5		

Medium # 339

			7	2				
		6				8		4
					4			5
	6	4			1			
	9		3		7		4	
			2			3	8	
2			6					
1		8				9		
				5	3			

Medium # 340

				5			1	
7		2				6		
	1				7	9	4	
					9			5
	9		2		5		3	
5			8					
	2	1	9				7	
		3				4		9
	8			2				

Medium # 341

		4	3		1			
2			9					
				4			6	9
		2			4	6	3	
7								8
	5	6	2			9		
8	4			2				
					3			7
			1		6	3		

Medium # 342

	3			6				1
6	7					3		
9			1		2			
					6			5
3	2						6	4
1			7					
			5		3			6
		3					1	7
2				4			8	

Medium # 343

				3			5	7
4		3						8
	7			5	4			6
			7				6	
		6				8		
	2				5			
8			9	1			2	
1						3		9
7	9			8				

Medium # 344

							1	6
				5	7			
	6				3	9	8	
	7		2	8		1		
	2						7	
		5		1	9		4	
	5	6	4				3	
			8	3				
7	8							

Medium # 345

	6		8		2		7	
					1	6		
		2			3		9	
1		5	9				2	
	4				7	8		1
	3		5			4		
		8	3					
	2		7		8		1	

Medium # 346

			5					4
						3		
		5	6	1		9		7
5			2				1	
	1	6				4	3	
	3				4			2
9		8		7	6	5		
		4						
6					9			

Medium # 347

7		3	9			5		
			1	8				
5			7				6	4
		5					4	
2								1
	3					9		
9	5				7			2
				6	9			
		1			2	3		7

Medium # 348

	1					6		
			9				2	4
				4	7	5		
	3		2					7
8			4		1			9
5					8		3	
		5	1	6				
1	6				5			
		3					6	

Medium # 349

								3
	3			5	1	9	2	
	6			8			1	
3	8					5		
			4		5			
		9					7	6
	1			3			5	
	5	2	8	7			3	
9								

Medium # 350

					3			7
		4	7					5
	5	2			6			3
	4			3	2			9
5			1	6			4	
4			6			8	1	
1					8	9		
9			5					

Medium # 351

	4		3					5
8		5	7				3	
		2		5				
			4		5	9		8
7		4	1		6			
				8		5		
	6				9	3		2
1					7		6	

Medium # 352

3				7				
		2			1			7
6		5	9			1		4
					6		8	1
2	4		3					
4		1			8	7		5
5			7			3		
				2				6

Medium # 353

					9	1		
	2	9	1					
1		6						
	8	1		3			7	
	7	2				3	1	
	3			5		2	9	
						8		6
					6	7	2	
		5	9					

Medium # 354

		1	4				6	9
	2			6			7	
5			7				8	
9						2		
			6		4			
		4						5
	4				3			8
	5			7			2	
1	3				9	7		

Medium # 355

		2			9			7
7			2	6				
4							1	3
					3		5	
	4		6		2		8	
	3		4					
8	2							9
				1	7			8
3			9			1		

Medium # 356

			4		9		1	
				1		7		
				2		5	8	
					2	1		
	6	5	7		8	9	4	
		8	6					
	2	4		7				
		1		5				
	5		2		4			

Medium # 357

				1	2			9
			4			1		7
							2	6
	2	3		9		5		
			1		4			
		1		2		6	8	
9	3							
2		6			8			
7			5	4				

Medium # 358

						5		
9			4	1	6			
3		1					8	
				7		4		8
2		4				3		7
1		8		9				
	9					6		4
			6	5	7			9
		6						

Medium # 359

1				2	9			3
	4		5					
				7		8		5
			6			1		
		3				7		
		2			3			
6		7		5				
					2		4	
5			9	3				1

Medium # 360

	5	9			8		3	7
7			1				9	
	3							2
				3	5			
1								8
			4	6				
3							7	
	8				7			6
4	7		3			2	8	

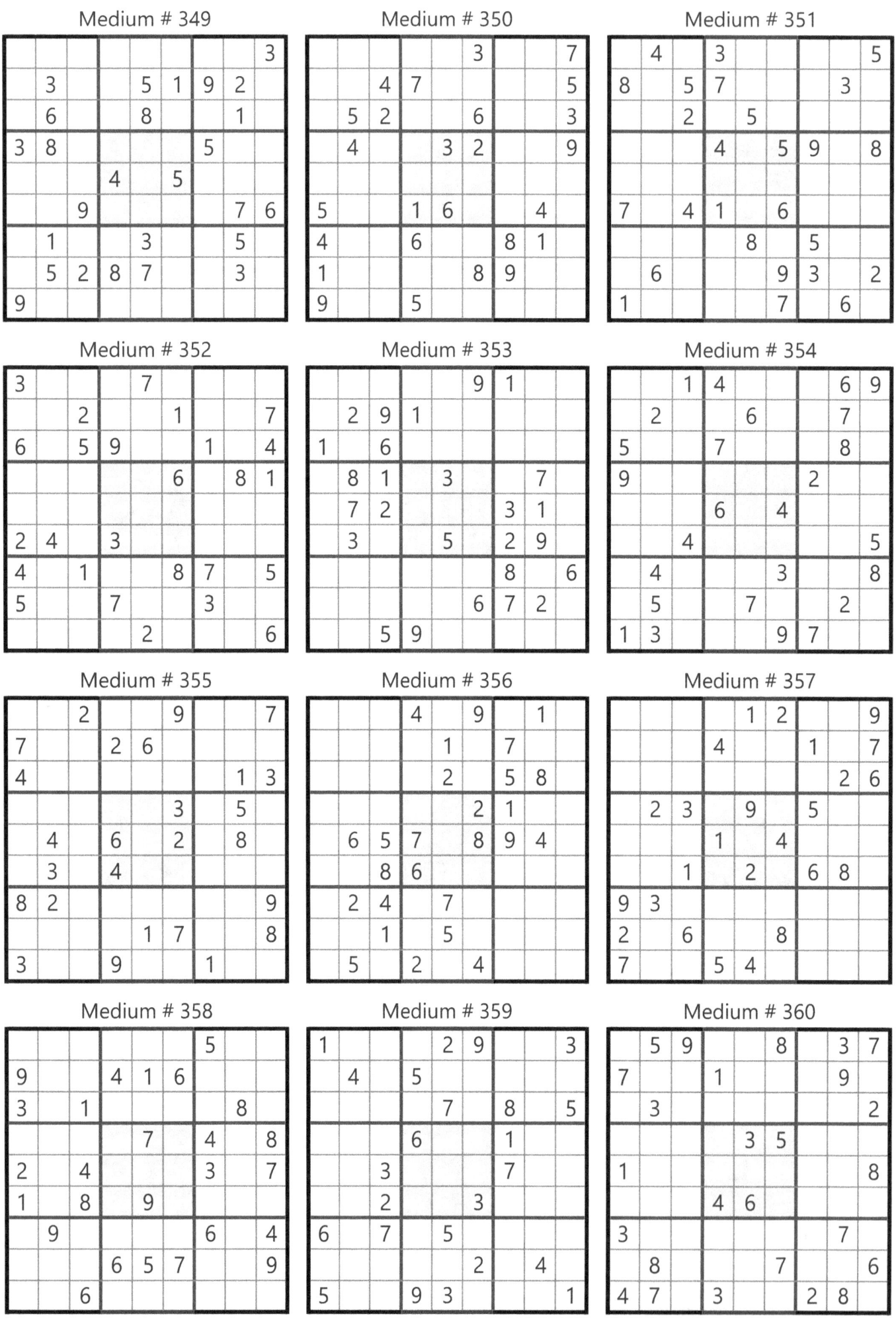

Medium # 361

				5		9		
6					9		3	
		7			8	6		
	1		4			5	2	
		6				3		
	2	4			1		7	
		5	3			2		
	4		9					3
		1		2				

Medium # 362

					6			
1			8					
		8		4		3	6	9
			6	3		7		2
	7						5	
6		3		2	4			
2	1	6		5		8		
					8			5
			4					

Medium # 363

7							2	6
	6		1				4	
			7			8		1
		4		7		9		
			5		8			
		6		9		3		
3		5		4				
	4			3			8	
6	8							2

Medium # 364

			1	9	8			
		5					9	
6						4	8	
					1		5	
7		9	6		3	8		1
	4		9					
	3	8						4
	7					2		
			5	3	2			

Medium # 365

7		2		4			8	
					5	4		2
			7					3
5			9	3				
		6				8		
				8	2			1
8					3			
9		1	6					
	3			9		1		6

Medium # 366

		5		4		9		
2					9	8		6
6			5	2				
	6	1						
	3						7	
						6	3	
			2		1			8
9		8	7					5
		7		6		2		

Medium # 367

3				5		1	9	
					8			
7			4	1				
8	9		7				6	
		2				7		
	6				3		5	1
				3	7			2
			8					
	7	6		4				8

Medium # 368

					5		7	
		9				8		3
			3			4		
3	7			6			5	
	6						4	
	9			4			8	7
		2			4			
8		6				9		
	5		1					

Medium # 369

		8		4	6			5
	2		1					
		3	8				6	
8		6					5	
		1				9		
	7					2		8
	8				3	7		
					9		1	
4			5	1		6		

Medium # 370

		2	4					3
	5			9			8	2
			2	8				
	2		8	1		6		
		1		2	6		3	
				4	1			
2	7			3			1	
9					2	7		

Medium # 371

				8			1	7
					4	8	3	
			3	1				
		9			3			8
1		5				6		3
8			9			1		
				2	8			
	1	4	6					
9	7			5				

Medium # 372

		9		4	2			
			8					1
2			3					5
	6			1	4	3		
		4				5		
		2	7	9			6	
6					5			8
9					7			
			4	8		2		

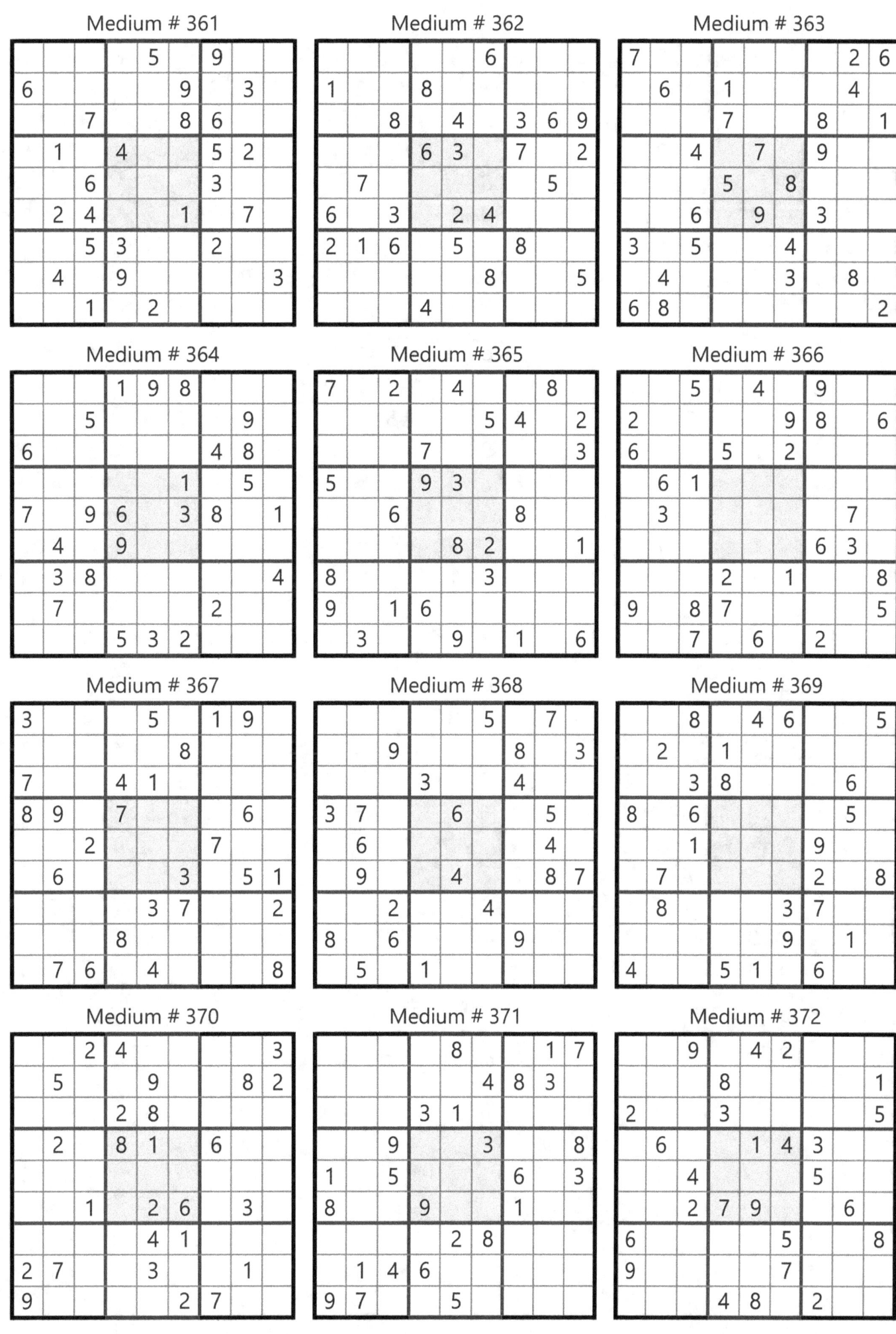

Medium # 373

7					4		8	
				7		9		
6	1	3					7	
				5		3	2	
			9		1			
	7	5		3				
	2					6	5	4
		9		8				
	5		4					1

Medium # 374

2		6						
5						9	2	
7	4		2			1		
	5			9	7			
			8		3			
			6	1			7	
		8			9		5	2
	2	4						6
						7		1

Medium # 375

				6	8	3		
6		9					8	1
				3		9		
				9			5	6
		4				8		
8	1			7				
		3		1				
7	9					1		4
		8	3	4				

Medium # 376

		5	3		8			7
4			9			6		
	6		5	2				
	9						1	
7								2
	5						7	
				7	1		8	
		1			2			5
2			4		9	7		

Medium # 377

					7	4		9
		2				5	7	
			9	8				
		8		3	6			
5								1
			2	5		7		
				1	4			
	5	1				2		
9		6	7					

Medium # 378

		2			3	7		
			7	6				
5								3
3	1				7		8	
		7	6		4	3		
	2		5				7	6
1								4
				9	2			
		4	1			9		

Medium # 379

				3	4			5
1				6				
		3				6		2
	4	6		8	1			
	8						1	
			4	5		7	9	
6		7				5		
				9				7
3			2	4				

Medium # 380

		9		8				
		5	7			8	4	
			5		6			2
		4	6			2	5	
	7	2			3	9		
1			3		5			
	6	7			1	4		
				6		7		

Medium # 381

1		6				4		8
				8	4			2
	2		3					
				5			9	7
			6		8			
5	1			3				
					1		6	
3			7	4				
6		4				7		5

Medium # 382

7			5	3		2		
		5			1	7		
3			4				8	
						6		
	9	7				1	3	
		2						
	5				9			1
		3	8			4		
		1		5	7			9

Medium # 383

	4		6			2		
					7			9
5			8		9			6
	9							5
	7	6				4	3	
3							8	
9			2		8			7
2			4					
		8			1		2	

Medium # 384

		8		2			3	
	3				7		5	
			6	5				2
	8							5
4	1						9	3
7							6	
9				4	1			
	7		5				4	
	6			7		3		

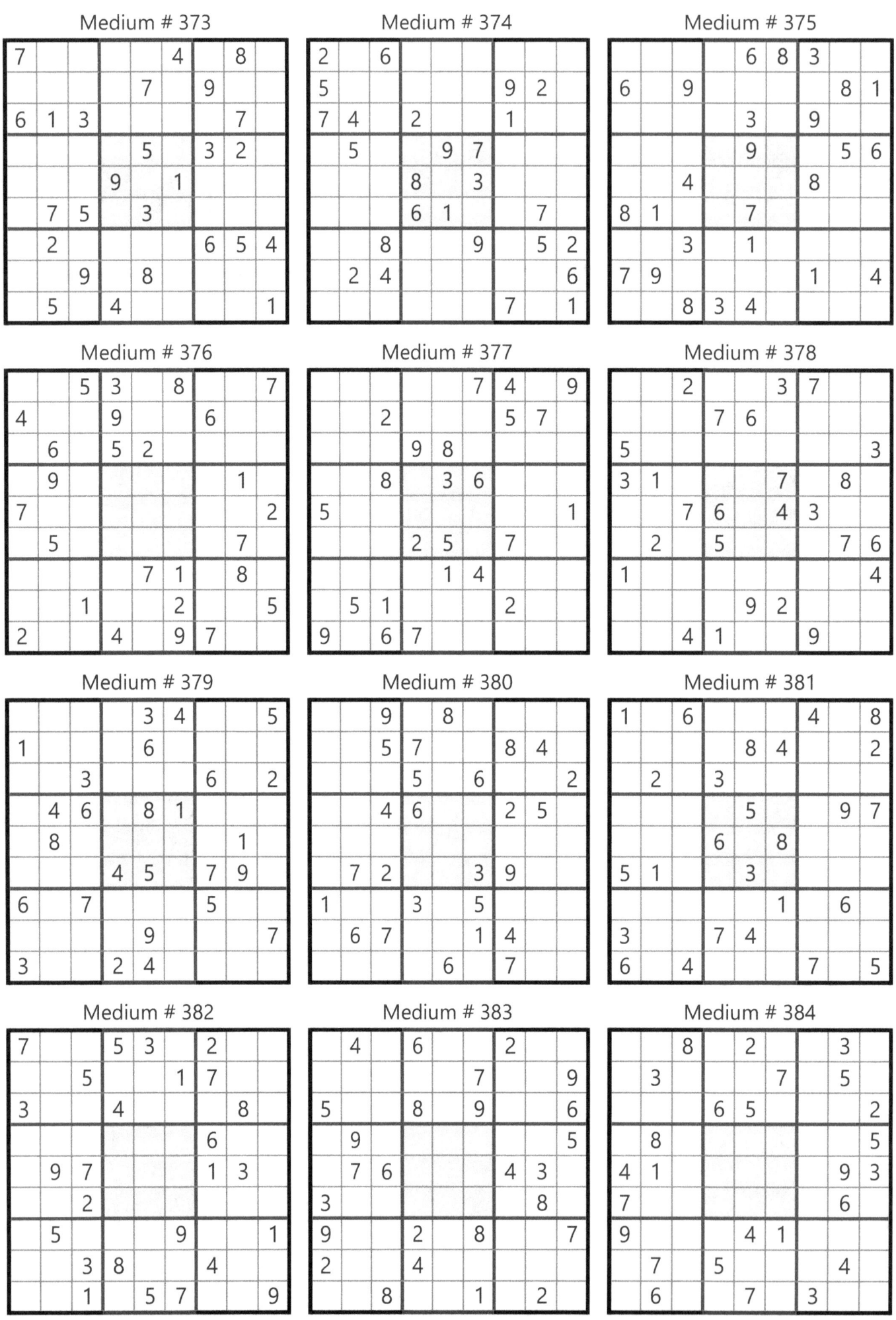

Medium # 385

		6		9			4	8
	3		5			6		
			8		1	7		
					4		1	7
8	6		1					
	4	9		3				
		7			1		9	
1	2			6		7		

Medium # 386

4		6		9		8		
7					4			
			6		1			
6		9			3		8	7
2	1		4			3		6
			1			9		
	2							9
	4			8		7		2

Medium # 387

		3	5				2	
								7
5	4		8			6		
	9			1			3	
7		1				2		9
	6			9			7	
	5				2		6	1
1								
	2				4	9		

Medium # 388

	8	4	6					
	6		9	2		1		
3								9
			8			9		
9		1			5		3	
	8			1				
4								5
	5		9	3		2		
				2	8	9		

Medium # 389

		5	3				8	7
1	3						6	
			8					
			4	1		5		
		4			9			
	2		5	6				
					8			
	6						2	1
4	9				7	5		

Medium # 390

		7	3					
	1						4	8
3			6			1		
	5			4				7
8			5		2			6
6				1			9	
		8				3		4
2	3						8	
				9	6			

Medium # 391

		4	6	7				
				9			4	
					8	5	9	
	7				1		3	
		9				1		
	6		4				7	
3	5	8						
	4		9					
				1	5	7		

Medium # 392

			3			1		
5								9
		1	7		8	4	5	
	6			7				
	3		1		4		8	
				6			4	
	4	7	6		9	3		
6								4
		9			1			

Medium # 393

			6	8				
		6		4		8		7
	8					4		
		8		2	1			
5	6						1	9
			5	3		7		
		3					2	
9		4		1		6		
				5	7			

Medium # 394

			4		3	7	5	
			3				2	
2		9						
	8		5			6	4	
9								8
6	4			2		9		
				7			1	
8			7					
3	5	7		6				

Medium # 395

				2				3
	5		8			4		
8	2			1				
		8			9			5
	9	2		4	7			
2			3			1		
			2				4	1
	6				8		5	
7			9					

Medium # 396

				7	4			1
				9				
	3	9						6
		8	9	4				
7		4	3			6	9	2
				2	5	6		
5						1	7	
						3		
9			7	6				

Medium # 397

		9	3	6				
		6		2			1	
	2					8		4
			6				7	
		2		7		3		
	1				9			
3		8					2	
	5			1		4		
				4	6	5		

Medium # 398

	1							3
			8					4
			2	1	3	5		
	4							7
	8		5	7	6		9	
5							3	
		3	7	8	4			
7					9			
2							8	

Medium # 399

1				3			6	
3		7			4			9
							1	
					2			7
		8	9		7	5		
7			8					
	2							
6			7			4		2
	7			6				5

Medium # 400

			9		4			
8	3							1
1		9			7	5		
			3			9		
6	9						1	7
		5			9			
		1	4			3		2
2							6	8
			1		8			

Medium # 401

		7	9					2
						1	6	
					5		9	4
	3		5		9		4	
1								6
	7		4		2		8	
9	2		6					
	4	8						
7					8	2		

Medium # 402

			5			7		
			2		8		6	
4		5		9				8
2	5					3		
3								2
		1					8	7
5				6		9		3
	1		3		9			
		8			1			

Medium # 403

1				6	2			
5	7				1		2	
						8		5
	8	9						6
			2		3			
2						1	5	
4		1						
	3		4				8	7
			9	2				1

Medium # 404

		2				9	6	3
	3		2	9			4	
		7	5		6			
3					9			
			8					2
			1		2	7		
	7			6	5		3	
2	8	6				4		

Medium # 405

6								8
				5	6		4	
			7	3	1	6		
					4	9		6
		5				8		
3		8	2					
		2	9	1	7			
	1		3	4				
9								3

Medium # 406

4			1	8				
	1		9			6		3
		9	5					
9							6	
	6		7		9		5	
	7							4
					5	2		
3		5			8		4	
				1	2			6

Medium # 407

9			7				1	4
	1							2
	2		6		8	7		
							8	6
			9		6			
4	3							
		7	3		1		5	
1							7	
8	5				2			1

Medium # 408

6	5				4			2
1		2			5			
			9			4		
9		8						
			7		3			
						5		7
		1			2			
			4			6		8
7			6				1	9

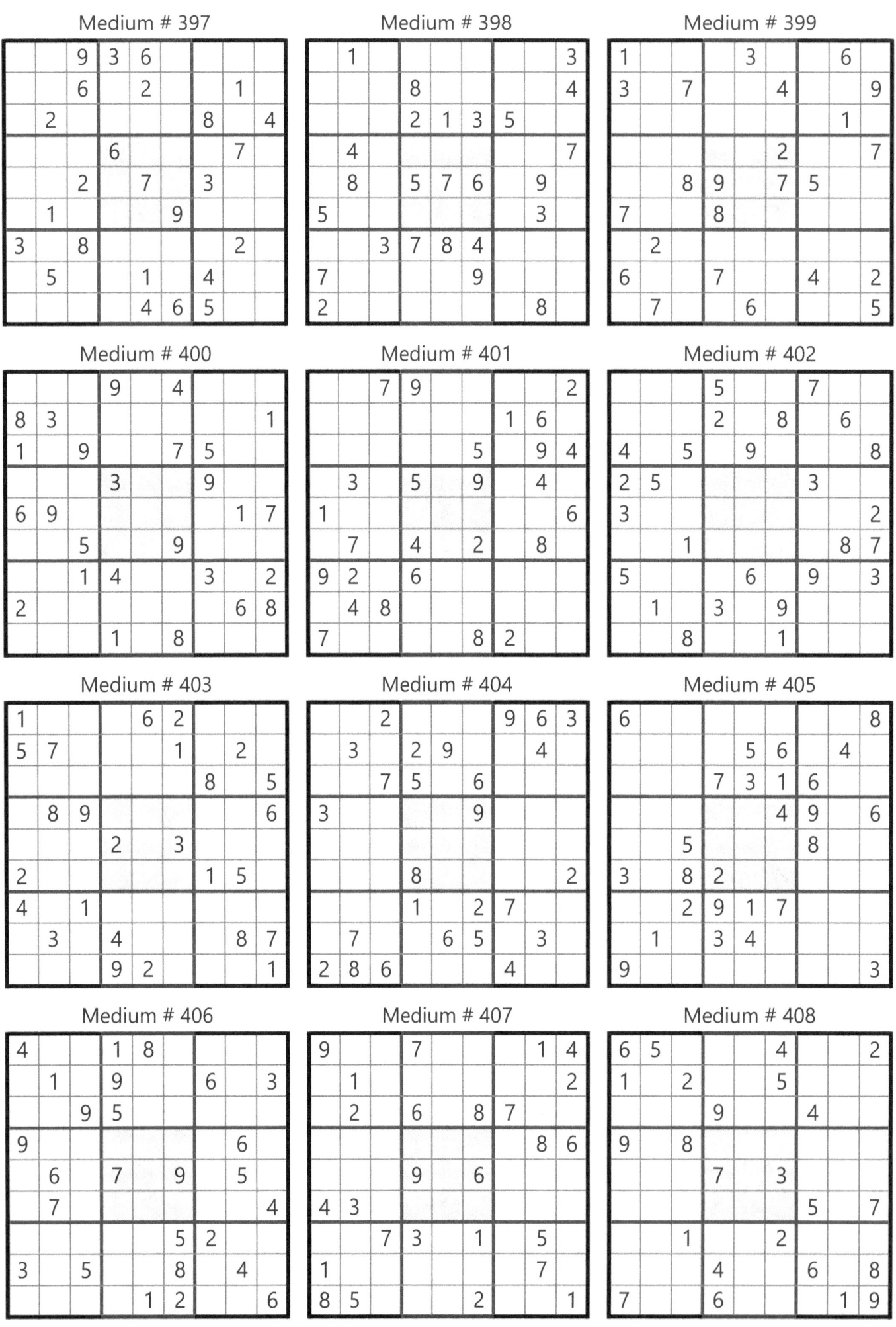

Medium # 409

				4	1		8	2
	1	6		7				
	3						4	
			9					3
		1				7		
2					8			
	4						7	
				8		4	2	
9	2		1	3				

Medium # 410

						9		5
2			4				3	
	6		1	5			8	
				6	2	8		
		9				7		
		2	9	4				
	2			7	4		1	
	4				6			2
8		6						

Medium # 411

	7				5			1
			4	3				
		3				7		9
			7		2	4		
1	9						3	7
		7	3		8			
5		9				8		
				8	6			
3			5				1	

Medium # 412

							7	9
7		1	5			4	8	
			4				5	
				2	3			6
		3				5		
2			7	5				
	3				4			
	8	5			2	9		1
6	2							

Medium # 413

		2				3		
1				2				
	4		1		3			2
			9	7		2		6
	5						7	
6		7		5	1			
4			6		8		1	
				1				3
		3				8		

Medium # 414

		5	8				3	
9							4	
8				4				6
	1	3		5	9			7
5			6	1		3	9	
3				9				2
	8							3
	2				1	8		

Medium # 415

		3	4				7	
		4						8
	2		3	8	6			
4				5		8		2
7		2		6				4
			2	3	7		6	
2						1		
	5				9	4		

Medium # 416

				2		8	3	
9								
8				7	6		9	
	9		7					1
6		8				9		3
3					5		4	
	3		5	4				9
								7
	5	1		6				

Medium # 417

		8		6	4			
			2			6		
3						8		
				4	6		3	
2	1		9		3		6	8
	3		7	2				
		7						5
		9			7			
			8	9		2		

Medium # 418

1	8			4	7			
		7		3	5			
								6
2	4	6				8		
7								3
		9				4	1	2
8								
			4	9		2		
			5	2			8	9

Medium # 419

6				5			1	9
	3							
9					2			
				8	4			7
2		8	9		1	6		4
1			3	2				
			7					6
							4	
7	6			3				8

Medium # 420

		9		1	2			4
		5	4			7		
				7			8	
	1	4	7	9				
				4	6	9	5	
	2			3				
		6			4	2		
7			1	2		5		

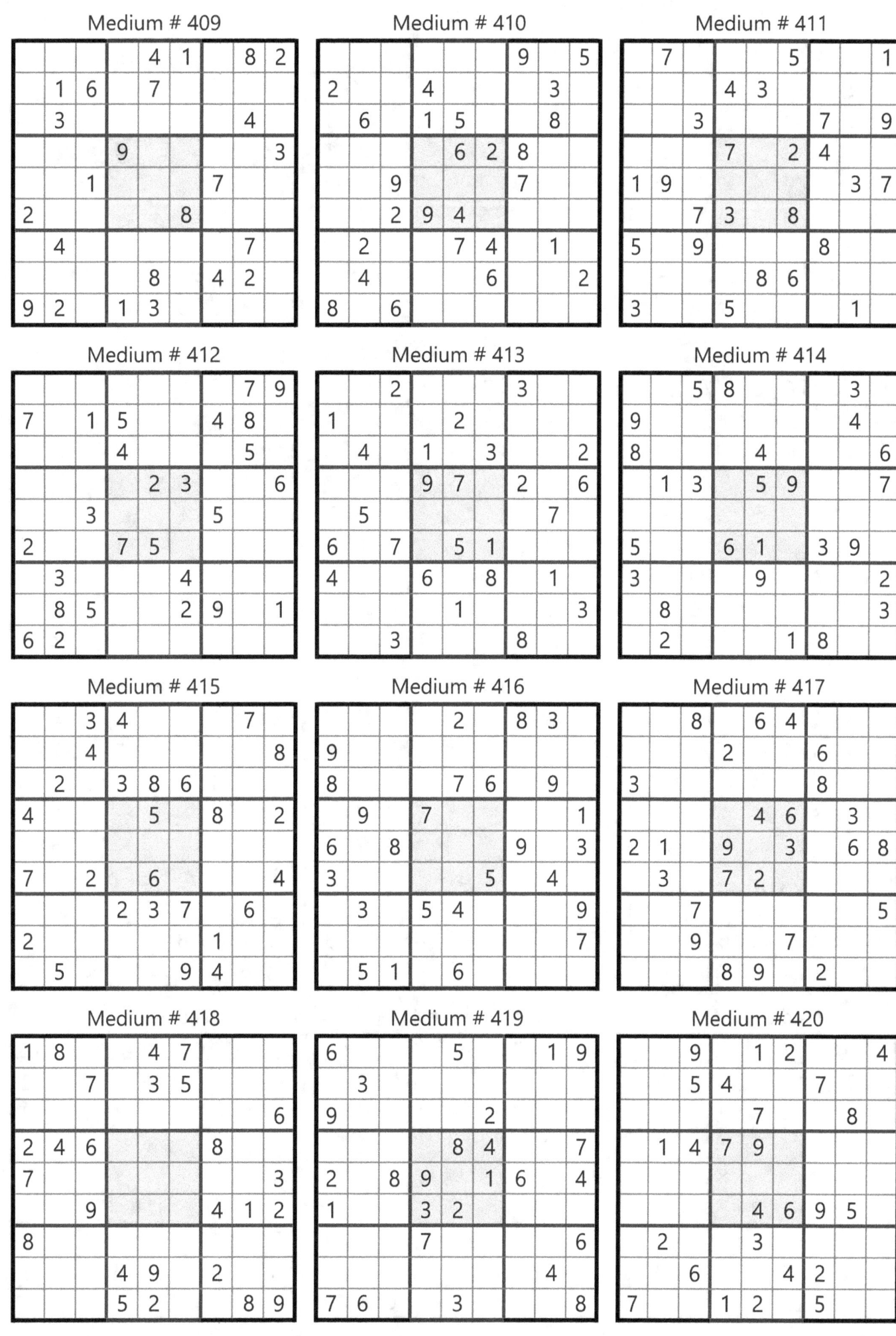

Medium # 421

		4		2			7	
	2				1			5
	8		9					
4							9	3
	9			4			2	
7	3							8
					9		8	
8			1				6	
	1			3		5		

Medium # 422

3						1		
			1	7				
	6	8						3
	3	4						1
	1	9	7		4	5	3	
6						4	8	
5						7	9	
				2	9			
		1						4

Medium # 423

7					5	9		
		9	8	6				
	2	3		4				
8					4		5	
		7				1		
	9		1					4
				1		3	4	
				2	6	7		
		5	3					6

Medium # 424

8		4	6	5				9
		3			1			
9		6				2		
					5			
	7	9				1	4	
			3					
		7				4		2
			8			6		
1				2	6	7		5

Medium # 425

6			7			1		
		9			5		4	
			8	9				
		2			8	4	7	
7								5
	9	5	1			2		
				8	3			
	8		2			9		
		1			4			2

Medium # 426

	3					5		7
2		1			8	9		
	6				4			
		9	8	3				
				2				
				5	1	8		
			7				8	
		6	9			7		3
5		7					2	

Medium # 427

			8					
		8	1	6			4	9
3		2		4				
		3			1			5
2								7
1			7			8		
				9		3		4
4	2			1	6	7		
					2			

Medium # 428

	8			6			3	
7	9			2				5
	6		7					
9							4	
	4	2				9	7	
	5							8
					3		5	
6				5			8	3
	1			4			2	

Medium # 429

3		5			1		4	
		2			3		7	
		1		5	2			
						7		5
	8						6	
4		3						
			1	7		6		
	1		8			3		
	6		3			1		9

Medium # 430

	9		3			6		
	7				6		2	8
						5	1	
			4	5				
		2	9		8	7		
				1	7			
	8	6						
5	4		1				3	
		1			4		5	

Medium # 431

8	1	7						
							7	6
		5			4	9		
	2		7					4
		8	3		5	2		
7					2		3	
		2	4			7		
1	5							
						6	5	9

Medium # 432

			9	4				2
	5				7	1		8
	2			3			1	
4			2		1			7
	3			7			4	
5		1	4				9	
2				5	8			

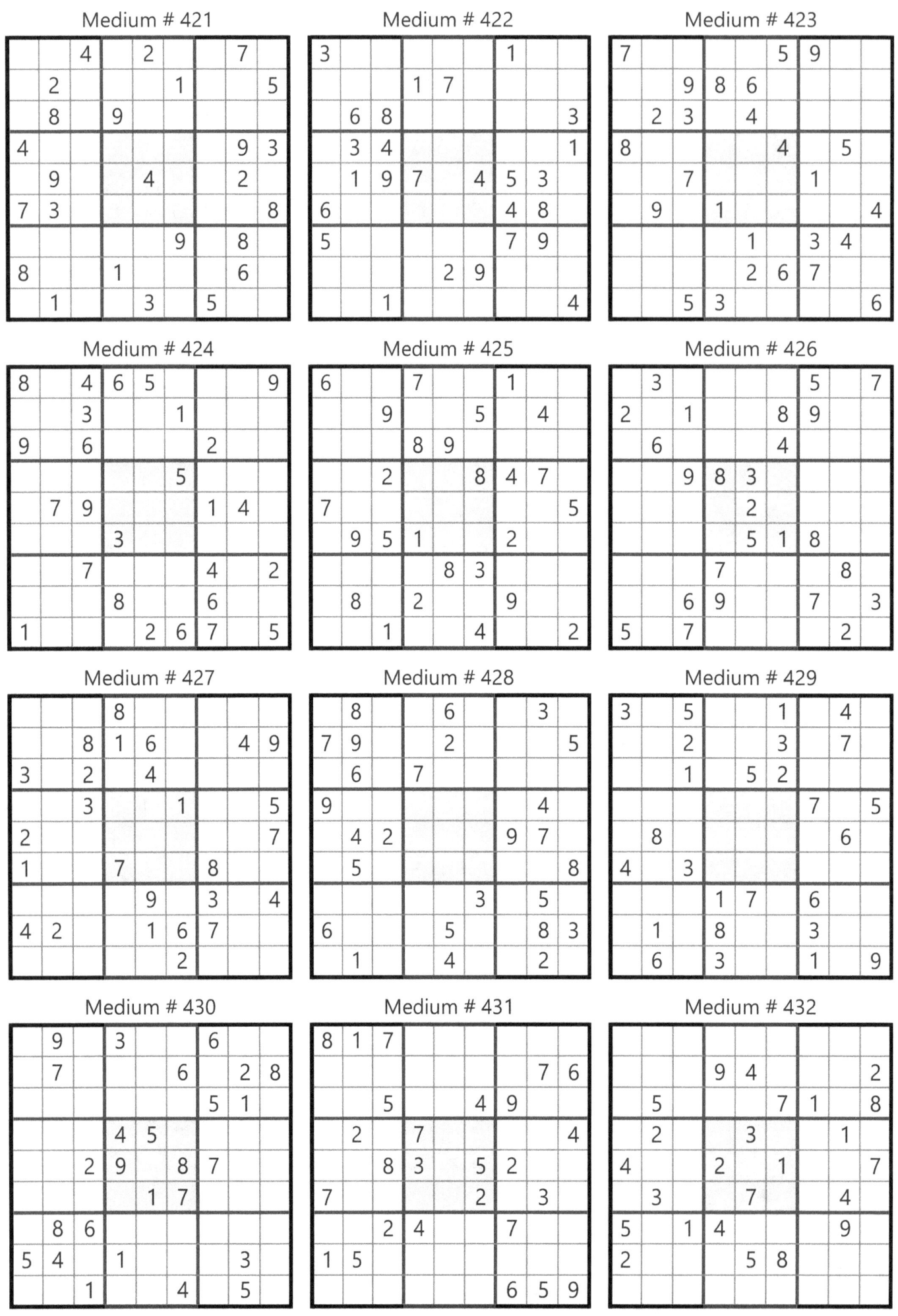

Medium # 433

7				5		4	3	
5							6	1
				4		5		
		1	4					9
			9		7			
6					2	8		
		6		9				
1	5							3
	9	2		1				4

Medium # 434

	3			9	1	2		
1		8				7		
	9				2	4		
			2	1				
		1				3		
				8	4			
		7	5				3	
		6				5		4
		3	4	7			1	

Medium # 435

	3		8				9	
	8		4	2		6		
				6				2
4				3				
7	9						8	5
				5				9
3				1				
		7		9	6		1	
	6				7		3	

Medium # 436

		4	9					7
6				1				5
		7	3	5				
7		2					1	
	9						5	
	4					2		3
				2	5	3		
3				8				6
9					6	4		

Medium # 437

9		6	4				1	7
	5	1						3
6				7				
2		5	9		1	4		8
				3				9
4						3	6	
1	3				9	5		4

Medium # 438

					6	4		
	2	7						
6							3	5
	8			6			4	7
		1		9		3		
2	9			8			1	
4	5							9
						1	8	
		8	2					

Medium # 439

	4	6	5					2
5								
1	2		8			6		
				2			9	
2			9		5			7
	6			7				
		5			3		6	4
								9
8					6	3	1	

Medium # 440

				8		6		4
			6				1	7
	6	9		2				
1			2					6
	4						2	
9					5			1
				1		4	8	
3	1				9			
2		7		4				

Medium # 441

		8		1				4
1							7	
					5	9		2
		1			4		3	
		4		5		8		
	9		1			4		
7		5	8					
	6							3
2				7		5		

Medium # 442

9					3	5	6	
7		5					3	
				6				
	8				6	9		
3			1		9			6
		2	7				4	
				2				
	2					6		9
	5	9	6					8

Medium # 443

	7							
2			3			9		
9		3	7		4			
					5	2		6
		1	9		3	7		
3		5	6					
			2		8	4		5
		4			7			8
							9	

Medium # 444

3	8		4			9		2
5	1		2			6		
	5			9	1			
				2				
			6	3			9	
		3			6		2	4
2		7			9		5	3

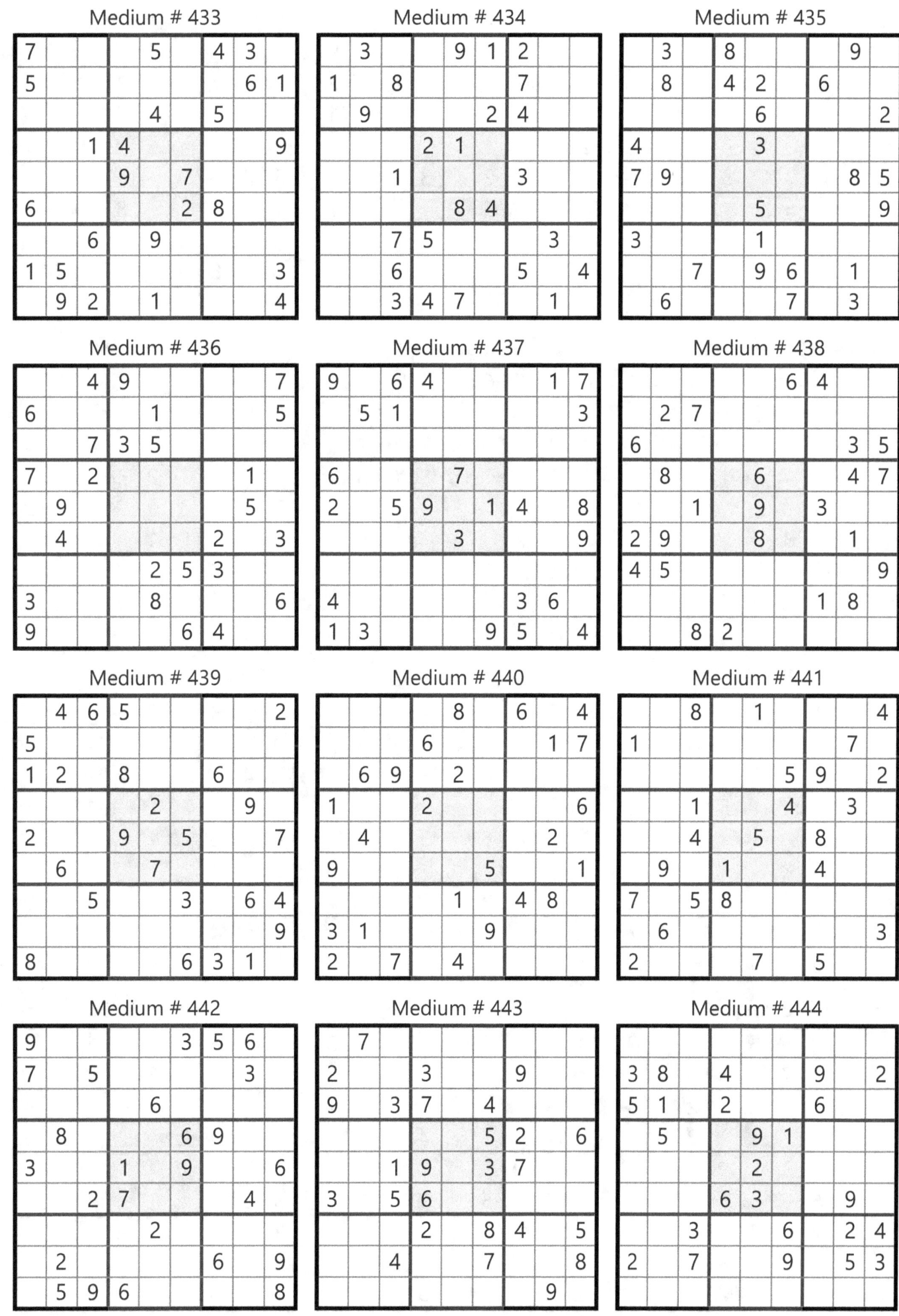

Medium # 445

							7	1
3	9			4				
		1		8				5
				6	8		9	
	8		7		3		2	
	4		5	2				
4				7		8		
				3			5	4
7	2							

Medium # 446

		4		7	5			9
		7		4		8		2
9								1
2						3		
			9		3			
		9						7
3								6
4		2		9		7		
7			2	3		1		

Medium # 447

				1				8
	8	7			3	5		
			2		5			
		6	4				3	
5	2						6	9
	7				8	1		
			8		2			
		8	6			3	4	
7				5				

Medium # 448

						3		2
			5	6				
6				9		7	1	
	3				1		9	
2		8				4		6
	6		8				2	
	2	9		7				4
				4	3			
4		1						

Medium # 449

	9	8	6					
			2	3				
	1				7		2	
				7		6	5	
8								3
	5	2		4				
	3		7				1	
				8	1			
					9	3	4	

Medium # 450

							5	3
6	9		5					7
			1			4		
				9	4			
5		1	3		7	9		2
			8	1				
		8			2			
9					8		2	1
7	4							

Medium # 451

		1		2		4		
6	7					8		
9			5	8	3			
					5	7		
	8						9	
		6	8					
			9	6	7			2
		3					4	7
		9		5		6		

Medium # 452

8	3		5					7
		5					4	
				6	3	9		
9								
		4	6	7	5	1		
								6
		1	9	5				
	5					2		
2					4		5	8

Medium # 453

		3		9	4			
9					1	7		
5	4				2			
	5					1		6
		6				3		
2		1					9	
			4				3	9
		4	5					2
			1	6		8		

Medium # 454

			8	5	1		3	9
			7					
				6		2		5
5						8		
		4	3		9	6		
		6						3
7		2		3				
					8			
8	4		1	7	2			

Medium # 455

1		6	9					3
	3		4	6			7	2
			2		4		9	
		9				5		
	7		5		9			
3	4			1	2		5	
2					5	7		8

Medium # 456

8		6				1	9	
				8		7		
			7	5				4
			2				4	6
	2						7	
5	3				4			
2				1	8			
		5		6				
	6	8				3		1

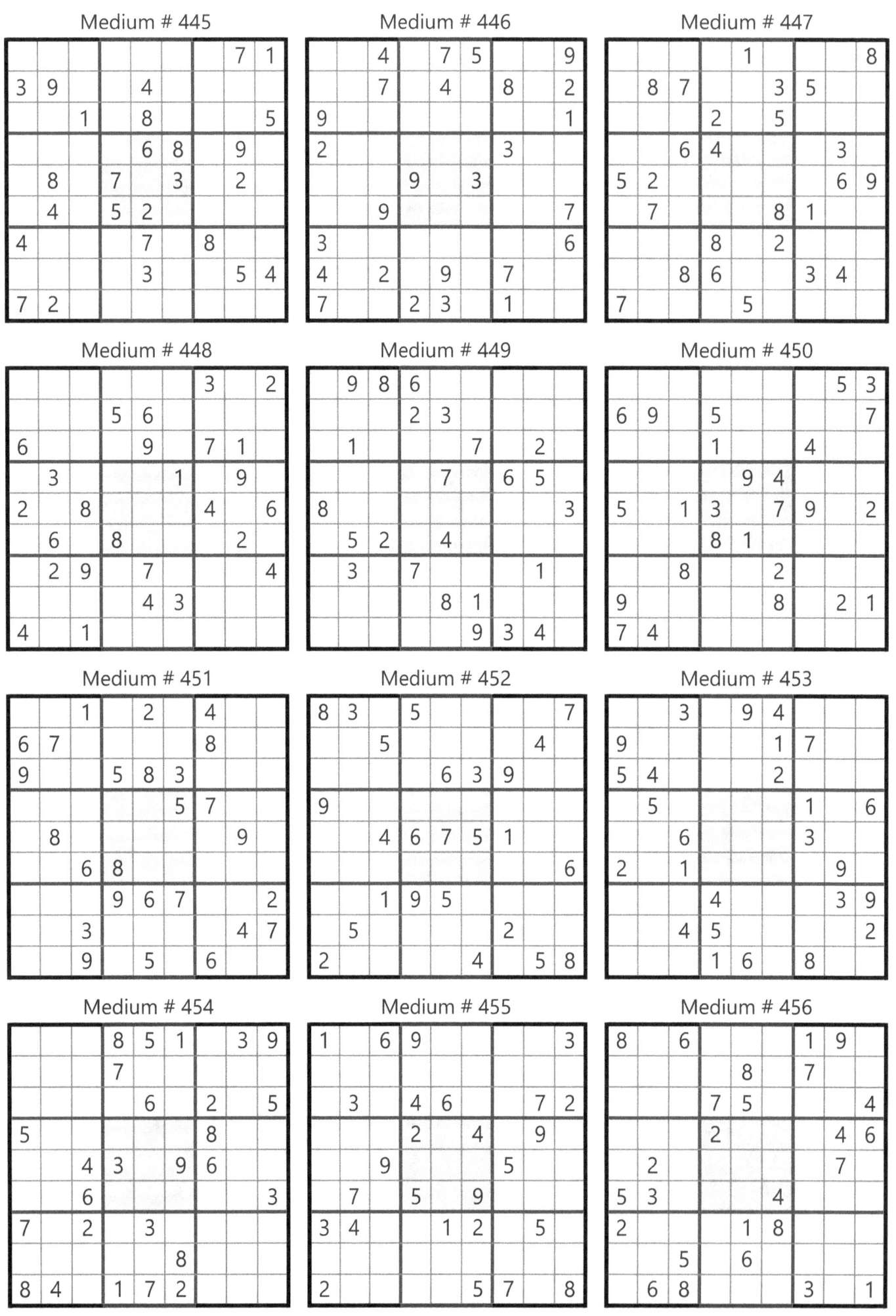

Medium # 457

		7			2			
		6		3				1
						3	6	
				4	5	8		
	4		8	9	1		7	
		1	3	2				
	5	8						
2				5		4		
			1			9		

Medium # 458

3						6		4
				4	5			
		5			8			
1	9					4		2
		2	8		1	7		
7		6					1	5
			5			2		
			9	3				
5		1						3

Medium # 459

			2	1				
9						7	5	
		6		3			8	
			8			9		7
6								1
7		8			6			
	3			6		5		
	2	9						4
				7	9			

Medium # 460

	7				8	1		
	2			3		5	9	
	3		2	6		7		
			4					
3								9
					7			
		1		2	5		8	
	5	9		1			7	
		3	6				5	

Medium # 461

4			5			2		
	3		7			5		6
				9			4	
9			4	5				
	2						7	
				7	3			8
	6			2				
8		4			6		3	
		2			7			5

Medium # 462

1					3			2
			4			9		
		2			9		3	4
				4		5		7
	1						6	
7		5		2				
2	8		7			6		
		9			1			
3			9					5

Medium # 463

					3		6	
4						9		
5	2	3	6			1		
7				2			3	
		9				2		
	3			4				6
		4			9	8	7	5
		6						9
	5		1					

Medium # 464

4		9		2	6			
6					5			3
	1			9				
3		1						
		7		5		8		
						5		4
				4			9	
5			6					7
			9	7		3		1

Medium # 465

5	6		3					2
		7		5				
2					8			
1	8						9	
			2		7			
	4						8	3
			1					5
				4		3		
9					6		7	8

Medium # 466

2	8			5	3			
			1					
	7	3				8	9	
	1				9			5
		2				6		
4			2				3	
	4	5				2	1	
					8			
			3	4			8	6

Medium # 467

6	1		8	2				
	3		1		7			
	9	5					1	
2								
	5	7				9	8	
								3
	2					5	7	
			3		6		4	
				1	5		3	8

Medium # 468

1			5	2	8			
		6		1				
3	2	7			6			
						9		3
			6		3			
8		4						
			8			6	5	9
				6		1		
			1	3	4			8

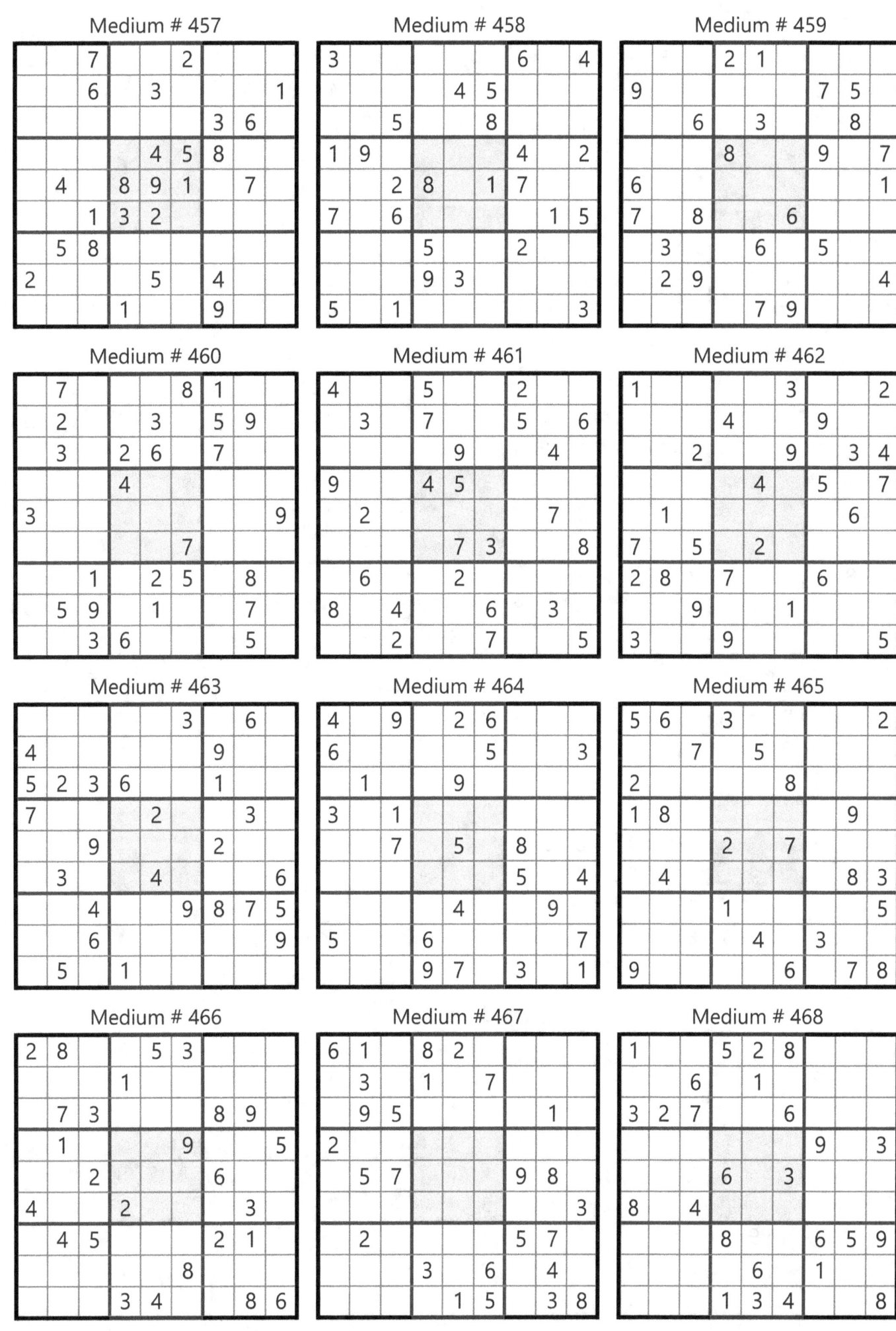

Medium # 469

2							5	
	7	5			1			9
	1	3	7				8	
8		7	2					
					5	1		2
	4				2	9	1	
9			1			8	6	
	3							5

Medium # 470

8			6			2		9
			3					1
7	9			1			5	
		1					9	8
3	2					6		
	5			7			8	6
2					4			
1		8			6			4

Medium # 471

		1	7					5
2	9							
	6		9		3		1	
7				6				
8	2						6	4
				3				2
	4		6		9		3	
							2	6
3					4	5		

Medium # 472

		1						
				9			5	
2	6	3	4				8	
9			7	8				
7			3		6			1
				5	2			6
	8				7	2	4	5
	7			1				
						7		

Medium # 473

4				2				
						1		9
3	7							
		3	5					
9	6		8		3		4	2
					1	9		
							3	4
5		8						
				6				8

Medium # 474

				2		4	7	
1					4			5
			5				8	
9				7		8	5	
		8				1		
	7	2		3				6
	2				3			
3			7					9
	9	6		4				

Medium # 475

			2		5			
	3	4	9					
2		1						5
6	4			7				
1		8				9		3
				9			8	6
3						1		4
					7	6	2	
			4		1			

Medium # 476

		2	8		7			
	1	5				8		
				1		4		
			2					9
8	6						5	3
7					9			
		6		9				
		8				3	6	
			5		1	7		

Medium # 477

	8			5		1	7	
		2			4			9
1							2	
					3	2		
	7		2		1		9	
		1	6					
	6							3
2			4			6		
	3	7		9			8	

Medium # 478

3						9		
9		2						7
			3	6			2	
1						3		2
		4	2		6	1		
5		3						4
	7			9	4			
4						6		8
		1						5

Medium # 479

				1	3			
	4				9			1
	9			7				6
6		8			1			
	3	4				6	1	
			6			8		3
7				2			5	
1			9				4	
			8	5				

Medium # 480

	2				1			
7		3	6	8		1		
	8		3					
	3	6						
			2	9	8			
						5	1	
					5		7	
		5		6	7	8		3
			1				2	

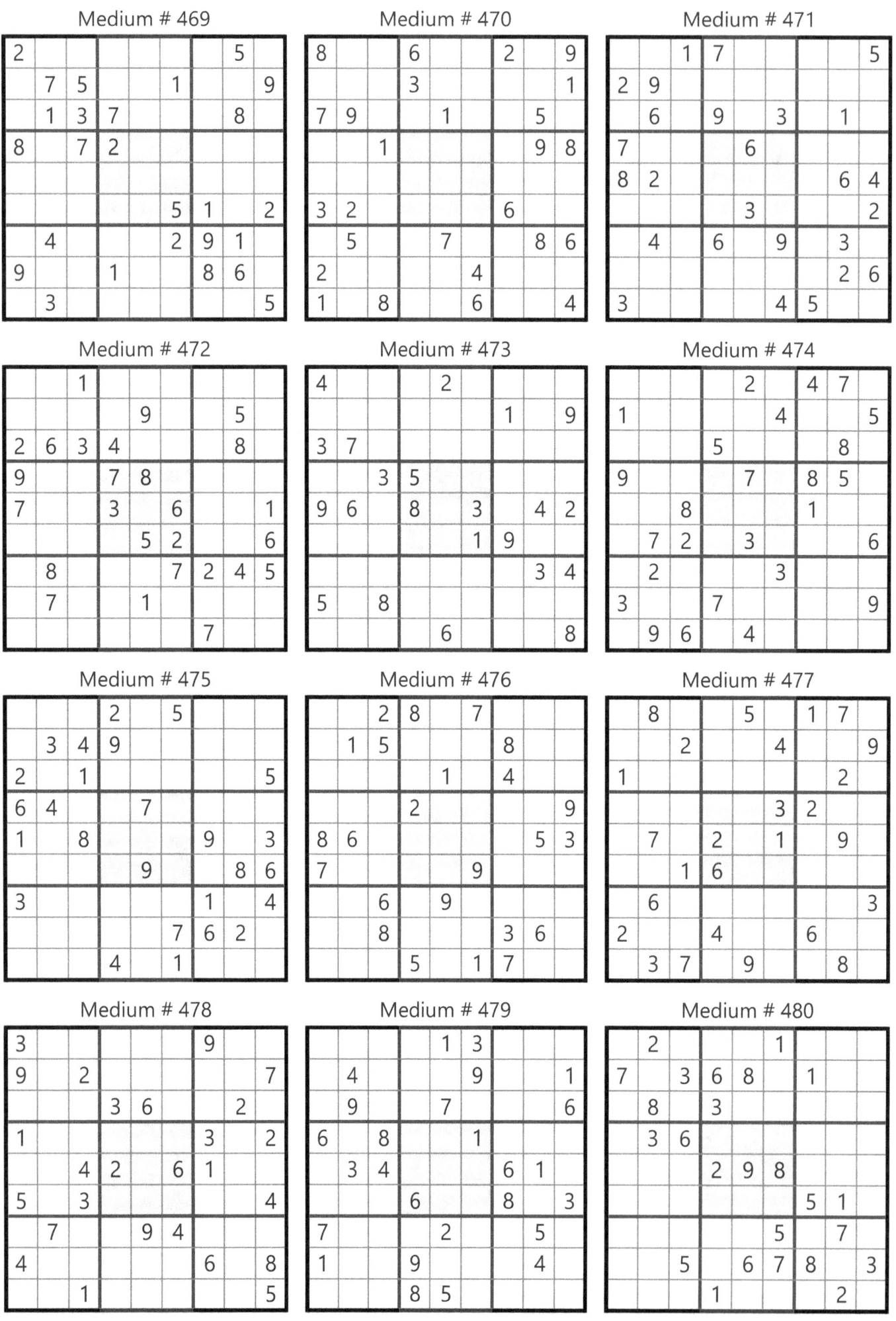

Medium # 481

	8							3
	6	3	7					
		1			2	9		
8				2				
	9		3	1	7		2	
				8				5
		2	5			4		
					8	1	7	
7							6	

Medium # 482

		2					1	
	4		9				3	
9		8		7	1			
		7		8				
6			5		7			1
				4		2		
			3	9		4		7
	2				4		9	
	6					8		

Medium # 483

				1				5
					6		9	
		9			7	8	2	1
						4	5	
			9	8	5			
	1	2						
9	4	8	6			7		
	5		7					
6				4				

Medium # 484

7						5		
	8	5		1			4	
6					3			1
4		9			8			
			3		6			
			1			9		7
5			9					3
	9			5		4	2	
		6						9

Medium # 485

	1		8				3	
7								2
5			9			1	8	
				3				1
		5	4		2	3		
9				8				
	2	1			9			5
8								7
	6				8		9	

Medium # 486

					3		9	1
8					5			
9			1				8	7
			8		6		7	
		2				3		
	6		7		9			
2	9				8			6
			3					5
3	1		2					

Medium # 487

	9			4			3	
2		6	7		3			
						2		
				5	9		2	
	3		6		2		4	
	8		4	1				
		1						
			9		1	7		6
	6			7			8	

Medium # 488

				8	2		4	7
	4				6	1		
	9		4		3			
9						4		
6								8
		2						9
			8		1		7	
		7	9				6	
4	1		7	6				

Medium # 489

		6	8		9			
9	8			5	3	7		
						9		
				7				1
	6		4		1		2	
5				9				
		1						
		8	7	3			4	2
			1		4	5		

Medium # 490

		7				5		
	2	8		4				
	5		6					
	9				3	1		
3	7						6	5
		1	4				8	
					8		1	
				7		9	3	
		9				2		

Medium # 491

		9	8			6		3
		2			1			
	7	6			9			
	9						8	
1		4				3		7
	6						5	
			6			8	1	
			5			7		
8		5			3	2		

Medium # 492

				2			4	6
	9	3					5	
			9			8		7
							6	1
5				8				9
7	6							
1		7			4			
	3					4	7	
6	4			5				

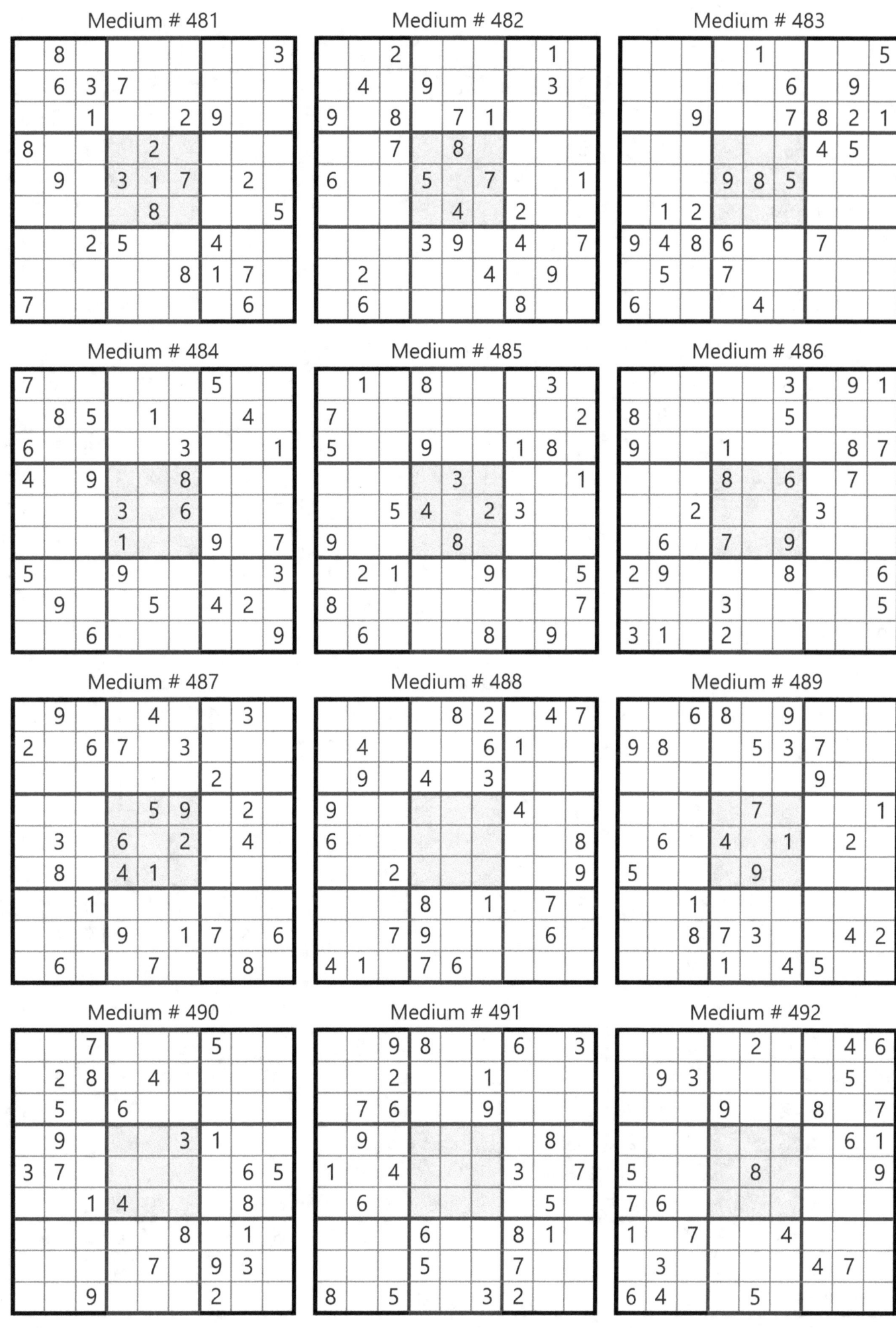

Medium # 493

					1	5		
	1	9						
2					7			3
	2		5		4	8	1	
	8						2	
	3	1	6		2		5	
5			3					2
						9	3	
		8	2					

Medium # 494

				7		6	2	
2			1					
				6			1	3
5			6	2		9		
		9				3		
		2		4	8			5
9	8			1				
					9			7
	1	7		3				

Medium # 495

	9		8				7	
				9	6	1	3	
4							8	9
				6	1	9		
		6	4	8				
9	8							2
	6	4	3	7				
	3				4		6	

Medium # 496

	5		8			7		6
7			5				9	
					7	3		
	9	3		4				
	4						2	
				6		8	3	
		5	1					
	8				9			7
9		6			5		4	

Medium # 497

	1			7				
	8		2			6		
4			8		1	2		
	2		1					
6		4				1		9
					2		4	
		5	7		6			1
		9			5		6	
				4			3	

Medium # 498

	3		5	1				
			6					7
					8	6	5	
	6				3	2		8
7								5
1		2	4				6	
	4	5	3					
3					2			
				8	5		1	

Medium # 499

		5		1		4		
		1	8					
9		2		4	7			
6			5					9
		9				2		
5					4			6
			2	6		3		7
					9	1		
		4		8		9		

Medium # 500

				1				
9	6		3					2
				6		1		5
8	3					7		
	9		7		4		1	
		7					9	3
3		9		4				
5					8		7	1
				2				

Medium # 501

	2	6		9				
		7					2	
		5		6	7			
	3				1		7	
8								9
	4		5				8	
			6	1		3		
	5					9		
				8		2	1	

Medium # 502

	9			8				
			1	5				3
		1	2		3			8
			6			9		2
8								6
6		5			1			
1			4		2	8		
5				7	8			
				1			4	

Medium # 503

		4	7	3			5	
					6			
1						6		
7		6		2	9	3		
	4						9	
		5	6	1		8		2
		2						7
			3					
	3			5	8	2		

Medium # 504

			6			5		
9		1		4		8	6	
			8				9	3
8				1				
7								9
				6				2
5	9				6			
	2	8		3		7		1
		3			4			

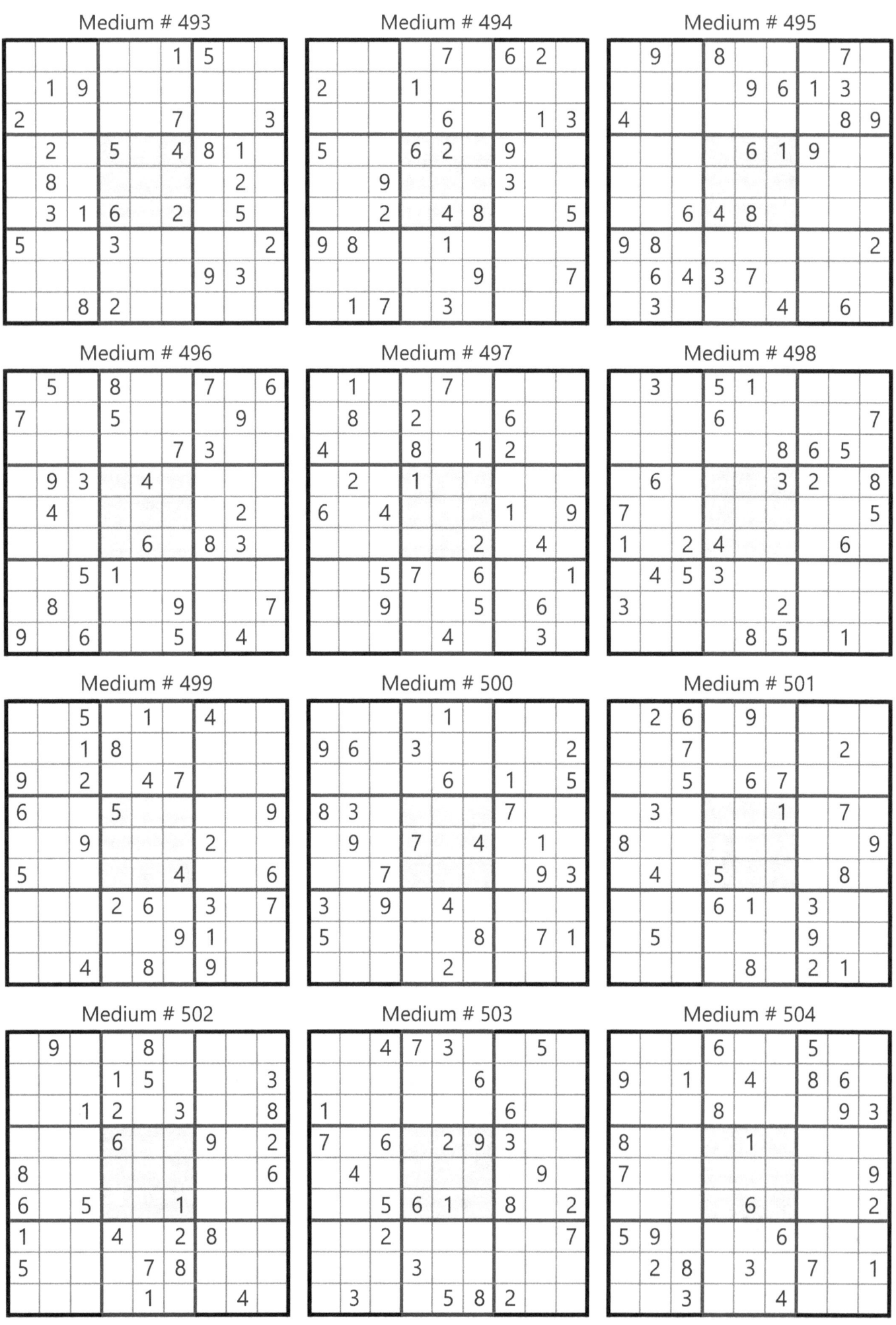

Medium # 505

		2	3				9	
	7		2			8		
	9			6				7
					7		4	
	8	6				7	5	
	5		1					
8				9			2	
		7			4		1	
	2				1	5		

Medium # 506

3				2		6		8
4								1
			5					
			8		7	4		6
7		6				1		3
5		3	9		6			
					4			
1								7
2		7		6				5

Medium # 507

3				9				4
		9				5		
		5					8	
9				2	8			
4		2		3		9		1
			7	4				5
	2					3		
		8				1		
1				6				8

Medium # 508

2							5	
	8			2			6	
		3	5	8		1		
	2			3		6		
			1		6			
		8		7			9	
		4		5	3	7		
	7			4			2	
	3							9

Medium # 509

5			8					3
		3	4	2		5		
		6	9					
1	5							
	6		7		9		1	
							9	8
					1	7		
		7		9	3	2		
3					4			6

Medium # 510

		8						9
			9	1			5	
6			8				4	
					8	2		1
	6	4				7	8	
5		1	6					
	1				7			8
	4			8	9			
8						6		

Medium # 511

					5	6		
6			3		2			
1		7					5	3
	6		8			4		
			6		7			
		2			9		6	
4	5					1		8
			1		8			9
		8	4					

Medium # 512

	8	6	5	3				
7			8					2
	9	3						
					8			4
		9	2		1	8		
1			9					
						5	3	
5					4			1
				9	5	4	7	

Medium # 513

5		7					2	
1			4	3				
		4				8		
	7		6	1				5
		1				6		
6				9	8		1	
		9				3		
				5	4			2
	1					4		7

Medium # 514

3							2	
	2		6		3			
5				8		3		
			9		7	1		
1		9				6		4
		7	1		4			
		8		4				2
			2		9		4	
	3							1

Medium # 515

8	9					2		
	1			2	5			
			9				7	
			4			5	2	6
	7						9	
5	2	3			1			
	3				8			
			3	7			4	
		1					6	8

Medium # 516

	4					5		8
				6			2	
	5			9	1			
8		9		5				
6			9		7			1
				3		6		9
			2	7			1	
	9			4				
2		3					6	

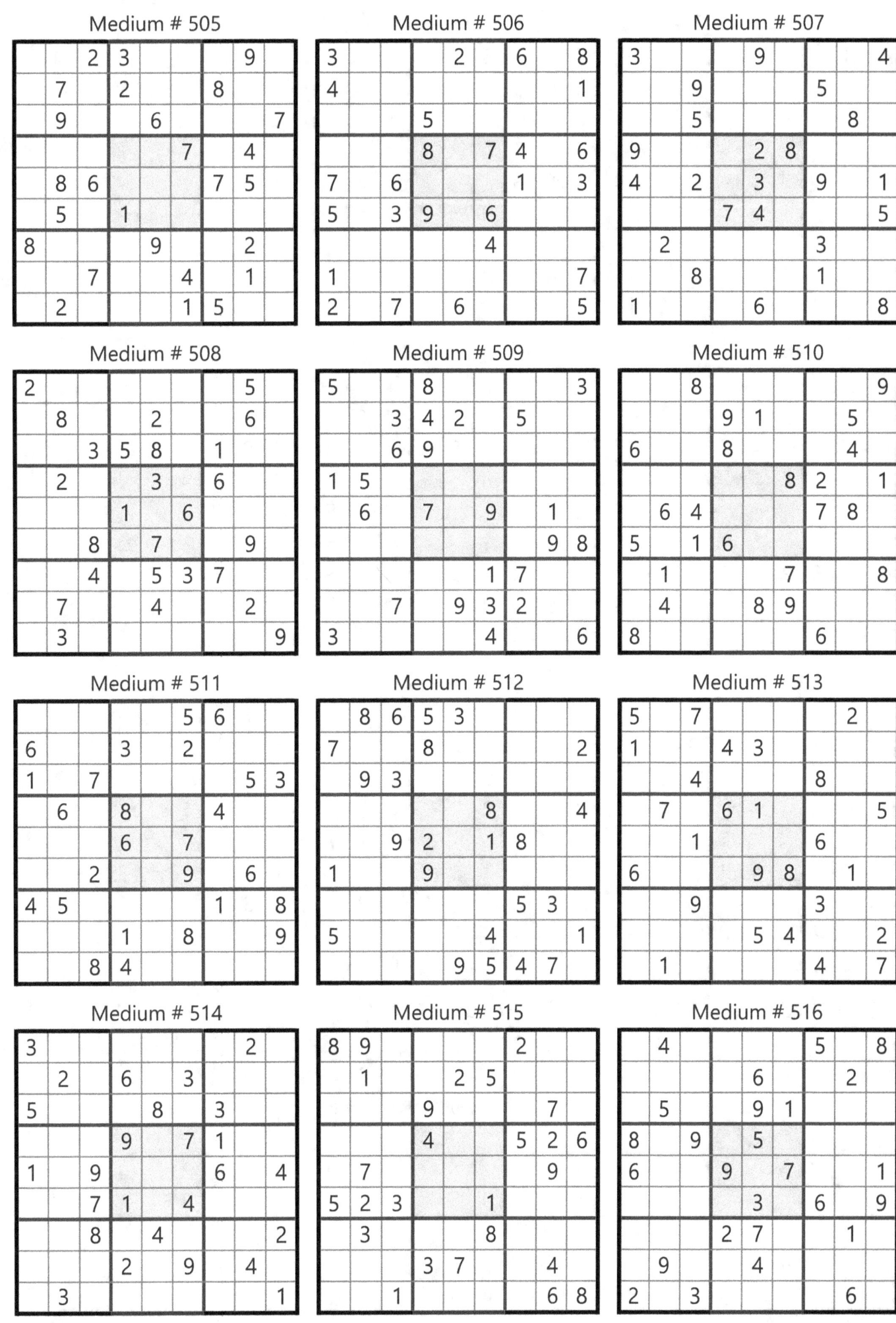

Medium # 517

4	8				2	1		
		9		1	6			
		7	9					
					4	9		
5				7				8
		2	1					
					9	2		
			3	8		6		
		3	2				8	1

Medium # 518

7			5	2				
		9			1		4	
6						1		
		7	6		4			
	9	3				7	2	
			9		2	3		
		2						7
	4		2			9		
				8	5			3

Medium # 519

					5		4	
				6	9			2
	7		2			1		
2				9				4
6	5						9	1
9				8				6
		6			4		5	
5			6	2				
	3		1					

Medium # 520

	2						7	
			5					9
			1	4	8	6		2
8	1		6					
7								4
					7		3	5
5		6	2	8	1			
2					3			
	4						8	

Medium # 521

	3					4		
9		5			4		8	
				8	5	1		
2		3			7			
8								5
			1			6		8
		2	7	9				
	9		2			8		7
		6					4	

Medium # 522

							2	
7	2			6				
8	9	4		3				5
3			1		4			
		7				6		
			6		2			9
6				1		9	8	7
				5			1	3
	3							

Medium # 523

				5		1		
7			6			9		
	4	1				2	5	
	1		4			8	6	
	5	6			1		3	
	8	4				6	7	
		7			8			9
		2		9				

Medium # 524

		8						3
				3	7			2
	2		9				6	
4			2	7			5	
3								7
	5			1	3			8
	1				8		3	
8			3	2				
5						6		

Medium # 525

	7		9		8			3
		3			5	6		
9							2	
1		8	7	2				
				5	3	7		2
	3							9
		5	3			1		
8			5		4		3	

Medium # 526

5							4	
	8		3	5	2			
	1					6		
		8					9	6
7			6		9			4
3	9					8		
		1					2	
			4	6	5		1	
	3							9

Medium # 527

	8	3	4	6	7			
		2					8	
				9				6
		6			8			4
2								9
4			9			7		
1				7				
	5					2		
			6	3	4	1	7	

Medium # 528

6	4				2			9
						5		
	5		7	3				
	2						8	3
5			3		4			1
9	8						4	
				1	6		7	
		2						
7			9				1	2

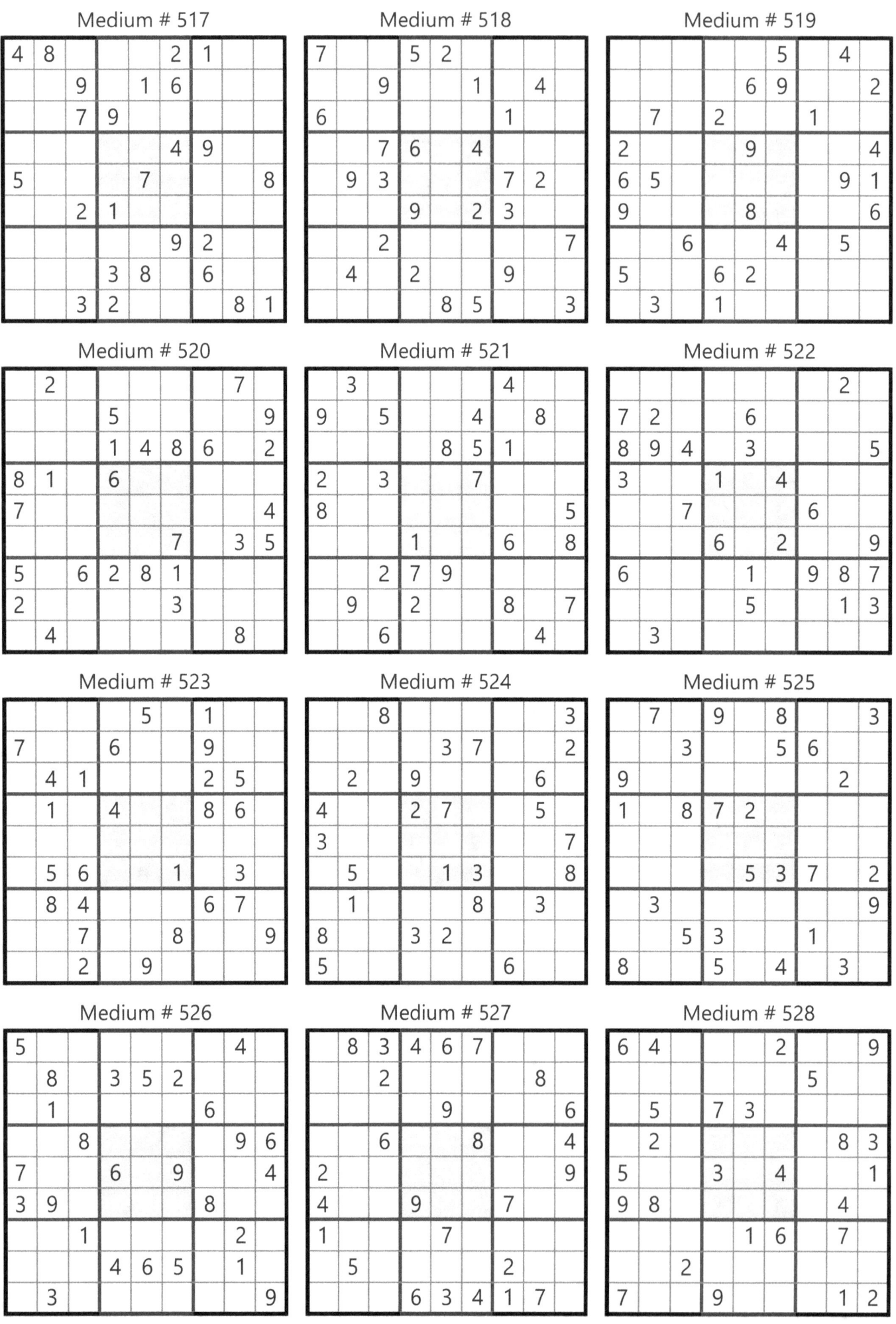

Medium # 529

	4			2				
1				3	9		6	
		5			4			
		4		8				3
6	1						2	5
9				7		8		
			4			2		
	7		1	6				4
				9			5	

Medium # 530

						7		5
		8	3				4	
4				2				1
		4		8			6	9
			7		1			
3	6			5		8		
7				9				8
	4				7	3		
2		6						

Medium # 531

					6	2		
4		9			3		6	
			4	5			9	
2		3		1				
			6		5			
				2		8		9
	3			4	1			
	7		8			3		1
		2	3					

Medium # 532

	6		4	3				
	4				1			5
		5	7			9		
	8	1						
4	7						6	8
						1	9	
		8			6	5		
6			9				4	
				5	8		7	

Medium # 533

		6	3			5	9	
					4			7
	5					3		
	7	9			1			8
2								1
3			7			6	2	
		2					4	
7			1					
	6	1			5	8		

Medium # 534

					2			4
2		5		4		7		
		9	8				5	
3				2	8			
1								3
			9	6				1
	1				5	2		
		8		7		1		6
7			4					

Medium # 535

7				6		5		
		6			5			
	3	2		7				
3		5					9	
		1	4		2	7		
	6					3		4
				1		6	5	
			2			9		
		8		9				1

Medium # 536

9						2	1	
		8			5			
5			7	3				
			9	2		4		
	7		1		3		5	
		3		5	7			
				7	8			6
			5			3		
	2	4						9

Medium # 537

	8		9		4	5		
		9		3		7		
				7	8			
					2	8		
1	6						9	4
		2	5					
			3	4				
		7		6		3		
		1	8		9		2	

Medium # 538

1							7	5
	9		1				3	2
		4	5					
	2			9				8
5				3			1	
					1	9		
2	1				6		4	
3	6							1

Medium # 539

		7					8	
						5	9	
	8		1	6				
			6		3	2		1
2								7
1		3	2		7			
				5	8		3	
	2	4						
	3					9		

Medium # 540

						4		1
	4		8	9				
				2	1			9
	5				2	1		
	6	9				5	7	
		4	3				6	
2			7	8				
				3	5		1	
7		6						

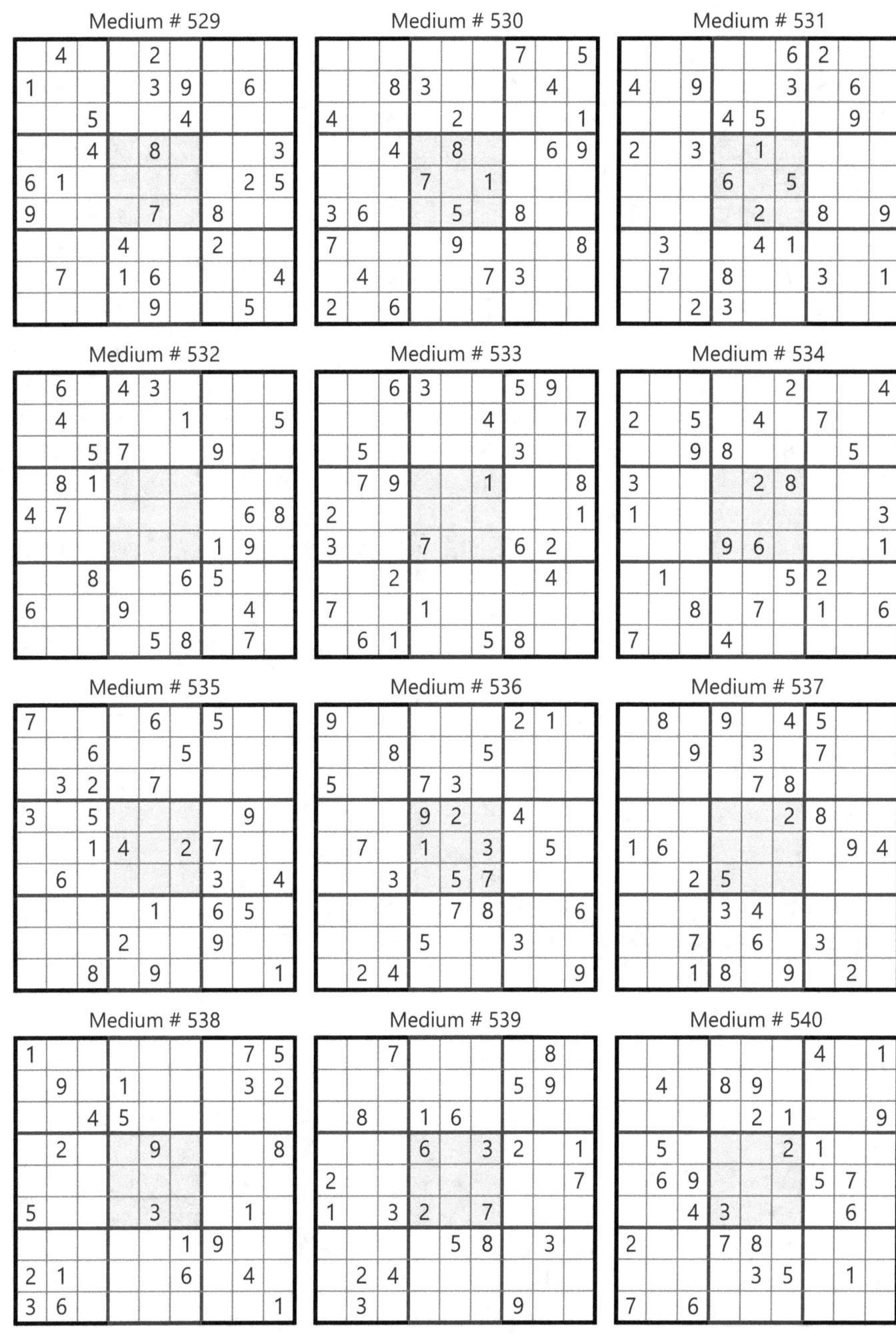

Medium # 541

		7				3		2
		5	1		2			
3			5					
8		9		7				1
			6		5			
1				8		4		3
					8			4
			7		1	2		
4		1				7		

Medium # 542

6	8				7		1	
		3			4		8	
1					9	3		
5								
		9		6		4		
								6
		1	2					4
	3		4			2		
	5		3				9	8

Medium # 543

						6	2	4
2				6		1	8	
			2			5		
		5	7	9				
	8						3	
				5	4	7		
		7			8			
	4	9		1				7
5	2	6						

Medium # 544

	1	9						
7	6		2				9	
			8			2		
8				6			2	
			7		9			
	9			8				1
		7			4			
	4				1		7	6
						1	3	

Medium # 545

					2	6		5
		5	8	6				
			7			2		
8	9		1					3
2					9		5	8
		1			7			
				9	6	7		
5		6	2					

Medium # 546

	5			2		4		
			6		8			
	9	7			4			
1	7				9	2		
6								3
		2	7				6	8
			5			6	2	
			8		2			
		3		9			7	

Medium # 547

4		5	7					
3				2				
2	7	1			3			
	5				9		2	
			5		7			
	1		3				4	
			1			9	6	7
				6				4
					5	3		1

Medium # 548

2					5			
				3			4	
9		5			7	1		
		2			8	6		
	6		7		3		1	
		7	2			5		
		8	4			3		1
	5			8				
			6					7

Medium # 549

8				1	5			3
6	7	3						
					2			
	9						7	4
5	6						2	9
7	8						3	
			4					
						7	9	5
1			6	5				8

Medium # 550

	7	5		2			6	
								7
3					8	1		
			3			4	9	2
				5				
6	9	2			7			
		6	9					5
4								
	2			6		3	7	

Medium # 551

1			9				5	
				7	8		1	
4				5				
		7	2	1		3		
9								8
		2		4	5	7		
				3				6
	1		6	9				
	5				1			7

Medium # 552

		7					6	
	1	5			7			9
		6		3	4			
				9			3	
	4						1	
	7			1				
			9	6		3		
9			2			5	8	
	2					9		

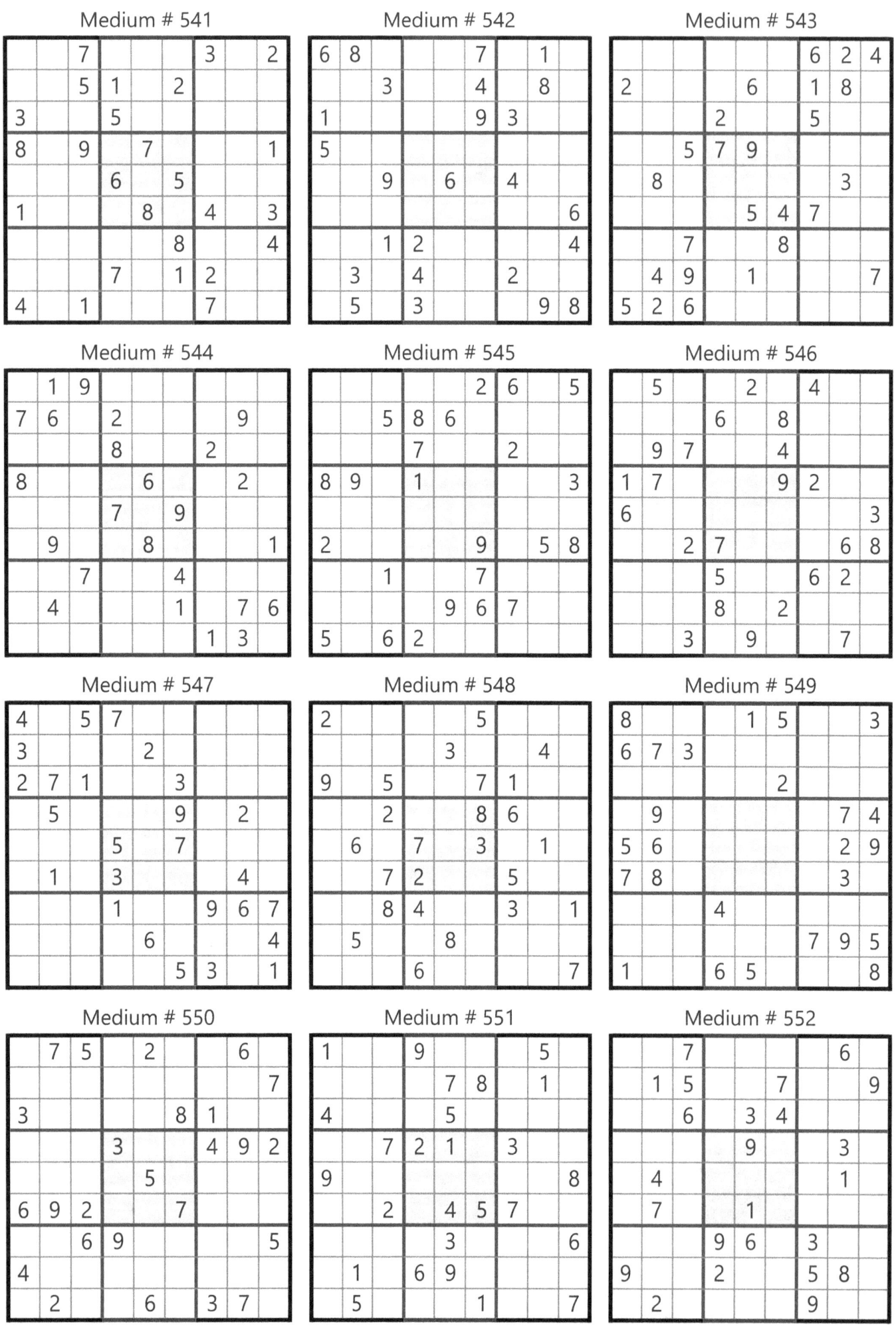

Medium # 553

			9		8	4		
		8				6		1
	6			5	3			
					4			5
	8	5				7	4	
2			7					
			5	3			1	
9		2				5		
		7	4		2			

Medium # 554

1	5						4	
4					5		2	3
			3			5		
9					4			
2	8						3	9
			2					4
		7			8			
8	9		7					1
	3						8	5

Medium # 555

4		6						8
5				2	7		4	
						7		
6		8			5		3	
			4		3			
	1		2			8		7
		7						
	4		6	9				1
1						9		5

Medium # 556

				6		1		
7		3		1				6
			9		7			5
4						9		
		5	3		1	8		
		9						2
3			1		4			
2				8		5		3
		1		2				

Medium # 557

					4		6	9
3	7						8	4
	6			1				
				2	3			1
		1				3		
5			9	6				
				9			7	
6	9						4	3
2	8		7					

Medium # 558

1	4	9				7		
					5			8
	8							
5		6		3	4			9
			2		9			
4			6	5		3		7
							2	
3			8					
		1				4	3	5

Medium # 559

		1		5		3		
					6		8	
	4							
	7	5	2			1		
9	3	6				7	5	2
		2			5	6	9	
							6	
	5		1					
		8		3		2		

Medium # 560

	8		6	5		7		
		6				9		
			7					8
			8	2		1		4
	1						8	
8		5		7	6			
3					4			
		1				5		
		9		6	5		4	

Medium # 561

							1	4
	7		4		9			
	1	9			5			
	6					5	7	
			8	4	7			
	9	7					4	
			6			7	3	
			2		8		9	
6	5							

Medium # 562

				2	1			8
	4				6	9		3
						5	6	
	7		4					2
			6		9			
3					2		5	
	9	8						
6		7	9				8	
1			2	8				

Medium # 563

	8		6	3				
	6					2	7	
4		5		7				
		9			4		6	
	3		2			7		
				4		9		8
	9	3					1	
				6	8		5	

Medium # 564

						2		1
				6				8
			2		8	3		6
			4				1	3
7			8		5			2
3	4				6			
4		7	6		1			
8				7				
2		3						

Medium # 565

		3	4					2
	1			9	3			
				5		3		
3	6			8			2	
5								1
	9			2			6	4
		6		4				
			1	6			4	
9					8	2		

Medium # 566

5	1		7			9		
2				3			8	6
	8							
					1		9	
		8	9		5	4		
	6		2					
							6	
1	2			9				5
		4			8		2	7

Medium # 567

			2	6		5		
	1						4	
					9		1	6
9					8		6	1
	7						9	
8	2		9					7
7	4		8					
	6						7	
		2		3	4			

Medium # 568

		4						
			9	7				2
		6	3	1				5
8	5		1			2		7
6		3			5		8	4
5				2	9	7		
9				6	8			
						6		

Medium # 569

4				5			6	
		8	7					3
		3			6			
	4			1	3			
	2	1				6	3	
			9	7			8	
			1			9		
7					4	3		
	6			2				4

Medium # 570

6					1		5	
	5						9	
				4		8		2
		1	5		4		2	
	3						4	
	7		3		2	1		
8		5		1				
	1						6	
	6		9					5

Medium # 571

2	5					4	3	
			5			2		
6	3						8	
1				8			7	
			1		6			
	2			3				1
	4						5	3
		3			8			
	1	7					4	9

Medium # 572

	3	5			2		4	
							6	
		6		4		5	7	8
		1						
5			2		8			3
						4		
2	5	3		7		6		
	1							
	6		3			7	9	

Medium # 573

	7			3				4
1				8				5
	3	6			5			
			7		9	2		
				4				
		5	6		3			
			1			5	4	
3				7				1
2				6			7	

Medium # 574

			3	6				7
	1	7					5	
		9				8		3
			9				6	
7			5		3			8
	9				1			
1		8				9		
	7					4	3	
4				9	5			

Medium # 575

			1				3	
1	2					4		
7	4		5					8
	1				3			
	6	7				8	9	
			4				7	
5					6		8	7
		2					6	1
	3				8			

Medium # 576

7					1	2		5
6	4			7				
3			9			7		
8					5			
	7						6	
			2					9
		8			6			1
				2			9	8
1		3	8					2

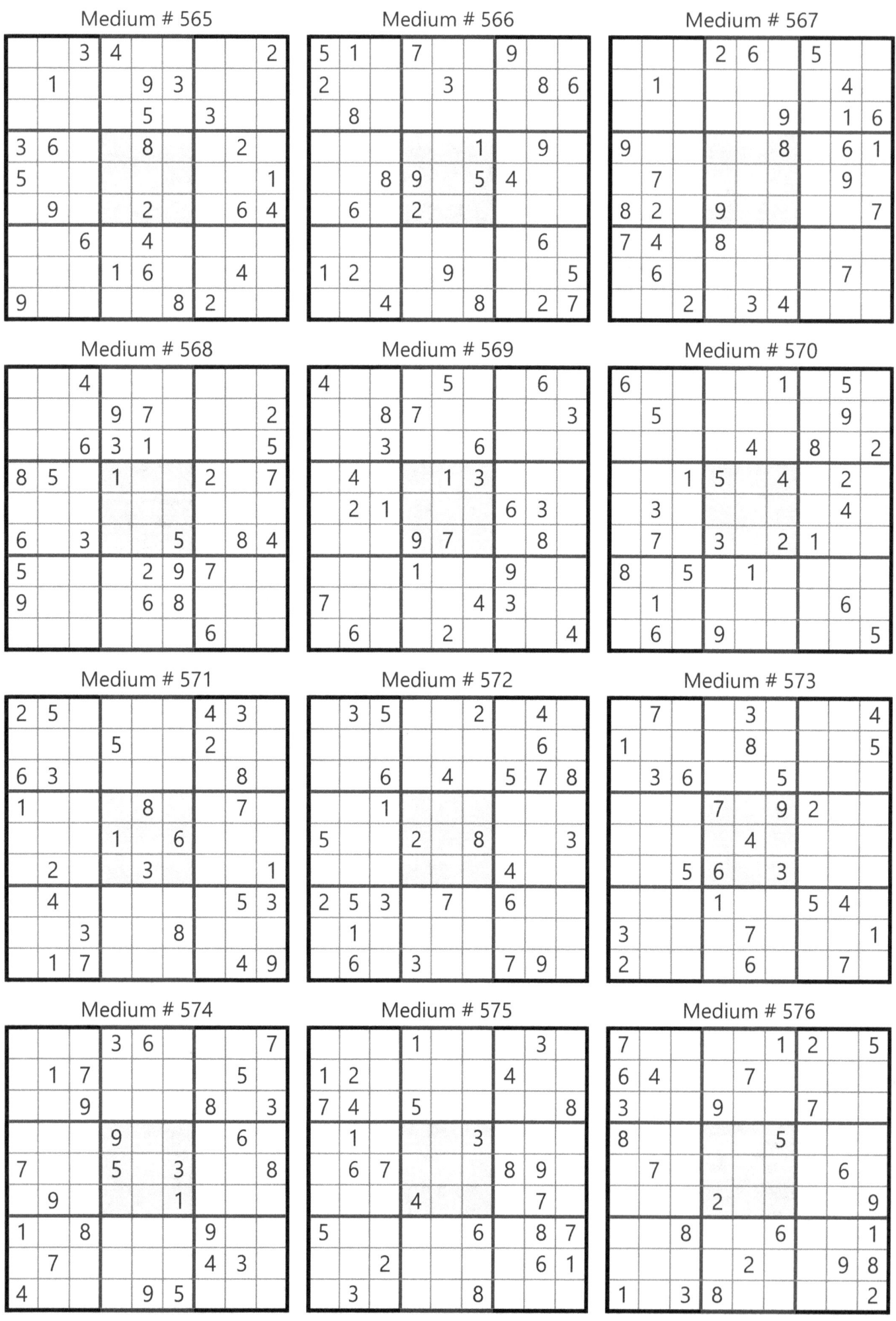

Medium # 577

					4		2	
1	8			9				6
		9					1	3
		3	4					2
2								9
8					7	3		
6	4					2		
5				8			6	4
	7		1					

Medium # 578

	4				3			
8	2	6					1	
			8	9				
		1	9	4			6	
				5				
	7			2	8	5		
				8	4			
	5					4	8	2
			7				5	

Medium # 579

		6			3		7	
		2			9			
	3		1		8		9	
3						2	8	
1								4
	2	9						7
	5		8		1		3	
			9			5		
	6		4			9		

Medium # 580

			3		8		1	
					9		2	
	3			5		9	4	
			4		1	2		7
3		1	6		7			
	4	8		1			3	
	9		5					
	2		8		4			

Medium # 581

	6							9
				7	8			
2				5		4	7	
	1		7				2	3
			2		5			
5	4				3		1	
	2	1		8				7
			3	6				
9							3	

Medium # 582

			3	5			7	
				8		9		
	2	3			6			
	3		9					2
2		9				8		4
5					3		9	
			8			5	4	
		6		2				
	1			9	5			

Medium # 583

1						9	6	8
5						2		
		2	6		7	4		
		5		2				
			7		1			
				8		6		
		3	4		5	7		
		9						1
6	4	7						9

Medium # 584

	8						7	
			6					
		9	8	3		4	2	
6				4	3			
3		8				1		4
			2	8				6
	1	3		5	6	7		
					2			
	4						5	

Medium # 585

	1						9	6
			6	2	5	7		
							4	
		9			1		5	
		6	5		4	2		
	4		7			8		
	8							
		7	1	5	8			
1	3						2	

Medium # 586

3	1		9			6		
				1	7		3	9
				5		8		
					4		2	
		2				5		
	3		7					
		3		2				
5	2		1	7				
		1			5		8	3

Medium # 587

		5	9	2				
8					5		4	
3	1	6				9		
		8						
9			6		8			5
						4		
		7				2	1	4
	2		4					9
				1	6	3		

Medium # 588

5		9		2		6		
7					3	2		
				4				
						7		1
	1		6	3	5		2	
4		5						
				6				
		2	7					4
		4		8		9		2

Medium # 589

		5		1				
6					3	7		
			2				4	5
				8			5	
8		9	7		5	1		2
	5			4				
3	8				1			
		7	4					9
				3		6		

Medium # 590

	7	2	1					
				4			7	
3						1	8	
			9	7		4		
		1		3		6		
		8		1	6			
	1	6						7
	9			5				
					3	9	1	

Medium # 591

	8	4						
			3				8	
	5		8	9		1		3
		8	1			5		9
2		3			7	8		
7		1		6	8		9	
	6				4			
						6	3	

Medium # 592

		7		8				5
		3	9			6	8	
2			7					3
	9	6					5	
	7					3	1	
9					1			4
	4	8			3	5		
5				7		9		

Medium # 593

	7	3				4		
4			5		9			
	5		2					8
	6				5			
1	9						8	2
			9				5	
5					6		4	
			7		1			6
		6				7	2	

Medium # 594

					2		6	
	9							
	4	6		8	5			
5			7				4	8
	7		3		9		2	
1	3				8			9
			4	6		1	3	
							5	
	1		8					

Medium # 595

5		6		8				9
							7	3
	7	1	2	5				
				6			3	
			5		8			
	1			2				
				9	2	3	6	
7	8							
9				4		7		5

Medium # 596

		7		6				8
	4				1		3	
			2		5			4
	9						7	
	7	4				2	5	
	5						8	
4			1		6			
	2		3				1	
3				7		5		

Medium # 597

		3				1		
		2		4				
4		5	9				2	7
	9			2				
2			1		7			5
				5			6	
1	8				4	5		6
				7		3		
		4				8		

Medium # 598

		6						
1			2					5
		4		7	3			
	8	3	7			9		
	5		9		6		3	
		9			2	7	1	
			1	4		3		
3					7			9
						6		

Medium # 599

	5			3		7	8	
4	6		1					
7			9		4			3
3		9				5		6
6			3		2			7
					8		4	5
	7	1		9			3	

Medium # 600

	9				5			
1					4	6		
5				1		3		
2	1			8		4		
		4				1		
		8		3			5	2
		5		6				8
		2	1					4
			8				6	

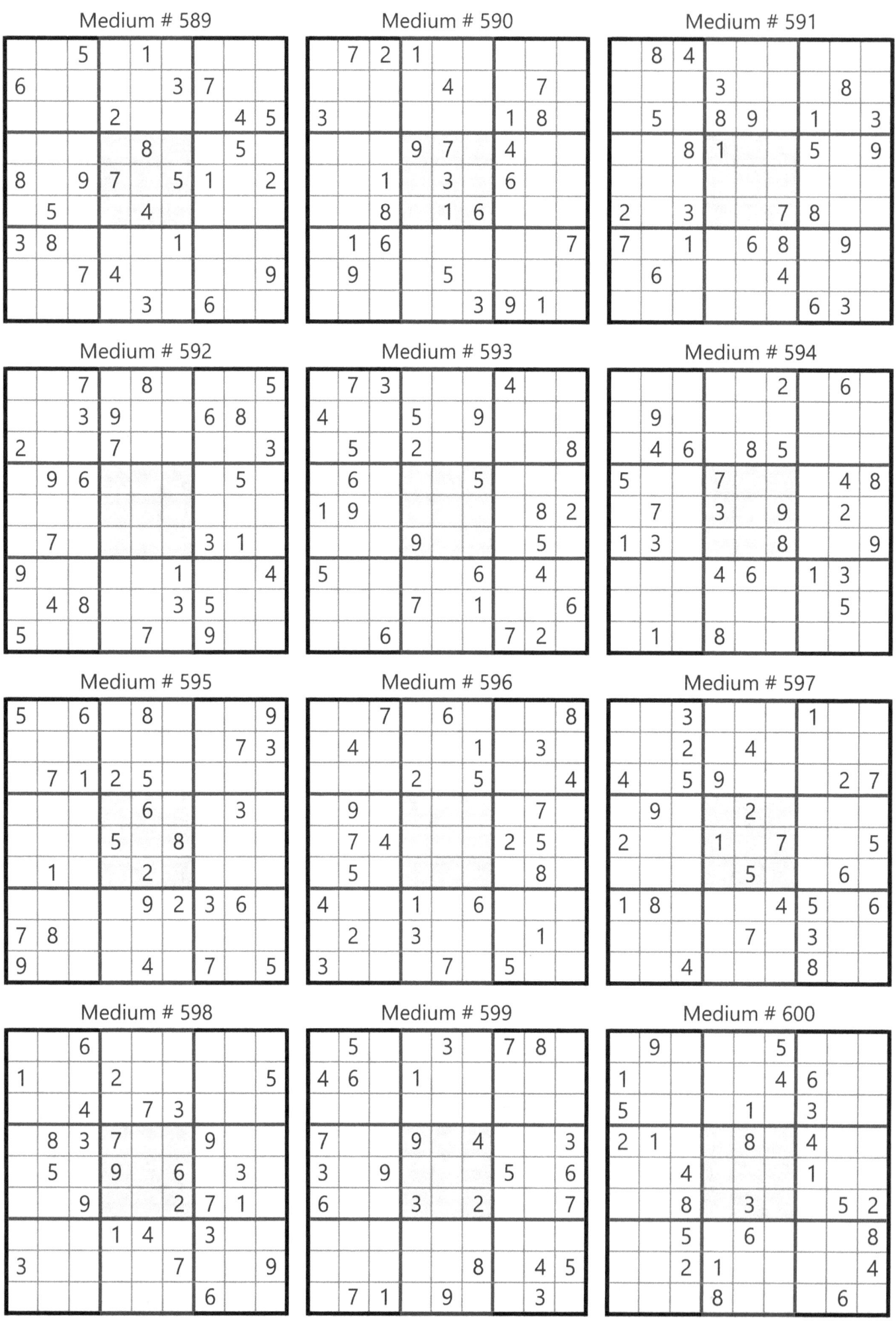

Medium # 601

			7	9	6			
		3					6	
4		8		5				
		2	6				1	
3		1				6		4
	4				9	2		
				2		4		8
	3					5		
			9	1	8			

Medium # 602

					4			3
		1	7	9				
3	5			8				
	6			7			2	
		5	3		2	1		
	3			5			7	
				1			9	8
				4	7	6		
8			2					

Medium # 603

1			9			5		
3						6		1
5			7				9	
	3		8		9			
8								7
			4		7		6	
	5				4			9
7		2						6
		4			1			2

Medium # 604

9						8		
	3			4			2	
4			8		3			
						6	4	2
		7		3		9		
2	8	9						
			1		9			7
	2			6			9	
		3						8

Medium # 605

	8	7			2			
9				1				3
		5	7				6	
		9		4				
	1		9		5		3	
				3		7		
	2				6	1		
6				9				4
			4			3	8	

Medium # 606

9	8			4	3			
		4			8		7	
	1	7	6			4		
								9
		8				7		
6								
		1			7	2	9	
	3		8			1		
			2	3			4	7

Medium # 607

		4	1	5			6	
							5	2
		5	2	4				
						9		4
	5		3		4		1	
6		9						
				1	2	8		
9	6							
	2			3	8	5		

Medium # 608

			4			7		
1		2					3	
3				6	2	8		
2			6	5				3
5				3	1			9
		8	2	1				7
	1					4		8
		3			7			

Medium # 609

		4						
	7		8			9	3	
		6		9	5			
		9		2	6			8
8								4
5			3	1		7		
			6	7		4		
	2	7			9		1	
						6		

Medium # 610

9				1	8	6		
2			6					
	3	6			9			
	8	7	4					
	2						9	
					6	8	3	
			9			5	8	
					4			7
		8	2	6				9

Medium # 611

		4	7		9	2		
	2	7	8					9
						8		
				6	2	7		4
2		8	1	7				
		9						
7					8	3	1	
		1	4		6	9		

Medium # 612

5	8				1			9
					6	8		
2	3			5			7	
					9			
8	1						6	3
			4					
	2			4			9	6
		5	6					
1			7				5	2

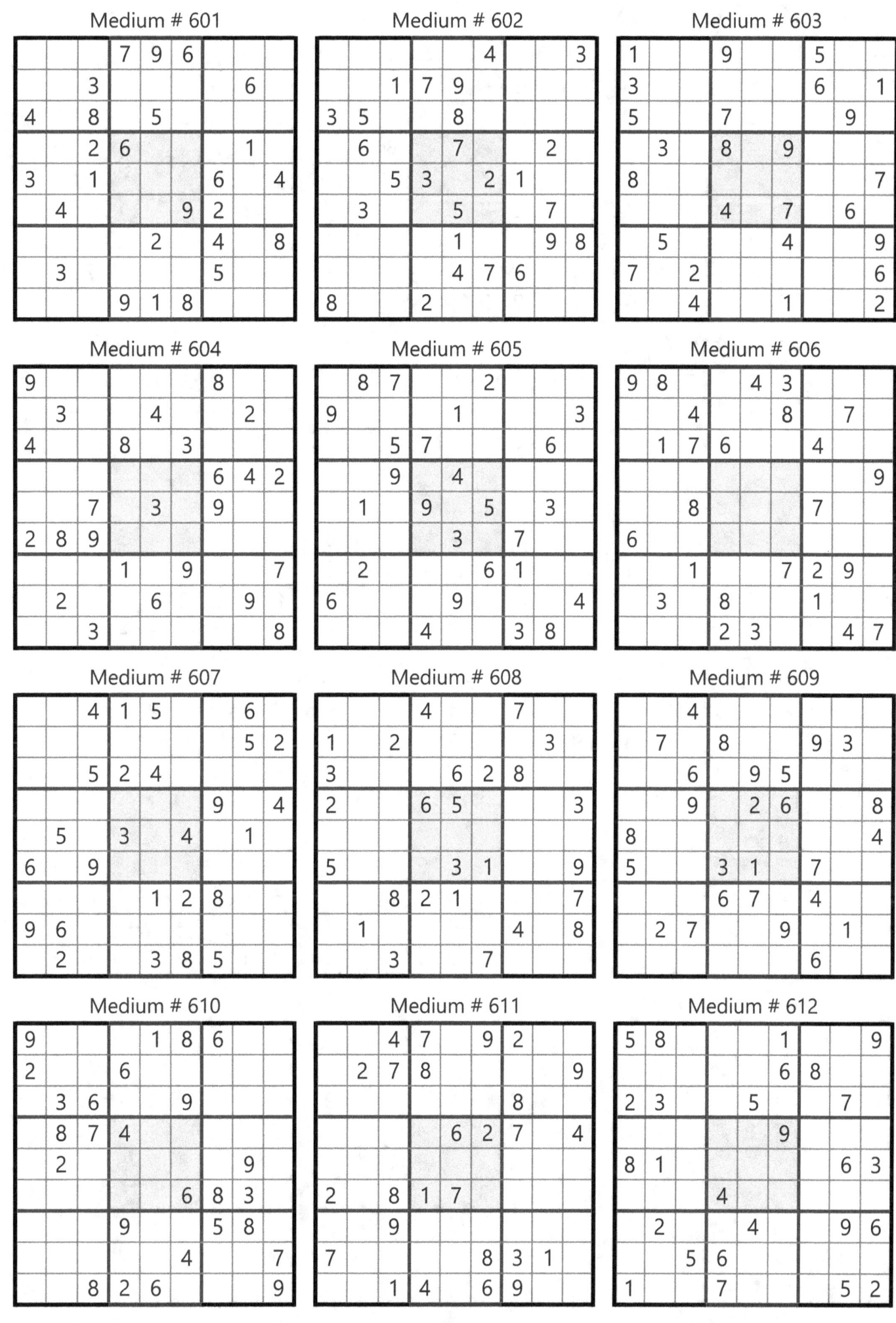

Medium # 613

6	7				8			1
				6				
	5		9	2			8	
1					6			
4		7				9		3
			8					4
	1			3	4		9	
				7				
7			5				4	6

Medium # 614

1					5	9		
8		3		7				
5	2			6			8	
						6		
			7	9	6			
		2						
	6			8			9	4
				4		1		2
		7	9					8

Medium # 615

				8				
		3		9		5		
8	4		5				7	6
		2	4				9	
			9		6			
	3				1	6		
6	1				5		2	8
		4		6		7		
				2				

Medium # 616

				2		7	4	
			3	6				
6	2						3	
			4	5			2	
		5	7		8	9		
	1			3	9			
	7						5	1
				7	3			
	4	9		8				

Medium # 617

9			4	5				
		2		6				
1		4	8			9		3
3	1							
		7				2		
							3	8
8		5			2	1		6
				1		5		
				7	5			9

Medium # 618

4		8	3	6				9
		2			1	4		3
					2		5	
		9	6					
					5	6		
	9		5					
8		3	2			9		
5				9	4	1		2

Medium # 619

		1			3	7		6
								4
9	8				4	3		
8			1				5	
			9		5			
	1				6			8
		8	4				7	2
5								
2		3	7			6		

Medium # 620

8			7	4				
9		7		5				
	6	3						8
7	1		8				4	
	5				6		1	3
2						6	5	
				6		3		4
				2	9			1

Medium # 621

	7			2			3	1
	8	1						
4	6		1					7
	4			7				
			4		6			
				8			5	
6					7		2	8
						1	7	
3	1			5			6	

Medium # 622

					6			
7				2	8		5	
6			9			8	7	
	7		8	9				
	3						4	
				3	1		8	
	5	9			2			6
	8		3	4				1
			5					

Medium # 623

						3		
5	9							
	8	3		5		1		9
4					9			
3		8	1		5	7		2
			3					1
8		7		3		9	4	
							6	3
		2						

Medium # 624

9	1							
			5			6		4
				1	7		3	
6					1		5	
			8	2	5			
	3		4					9
	4		7	9				
5		7			4			
							7	2

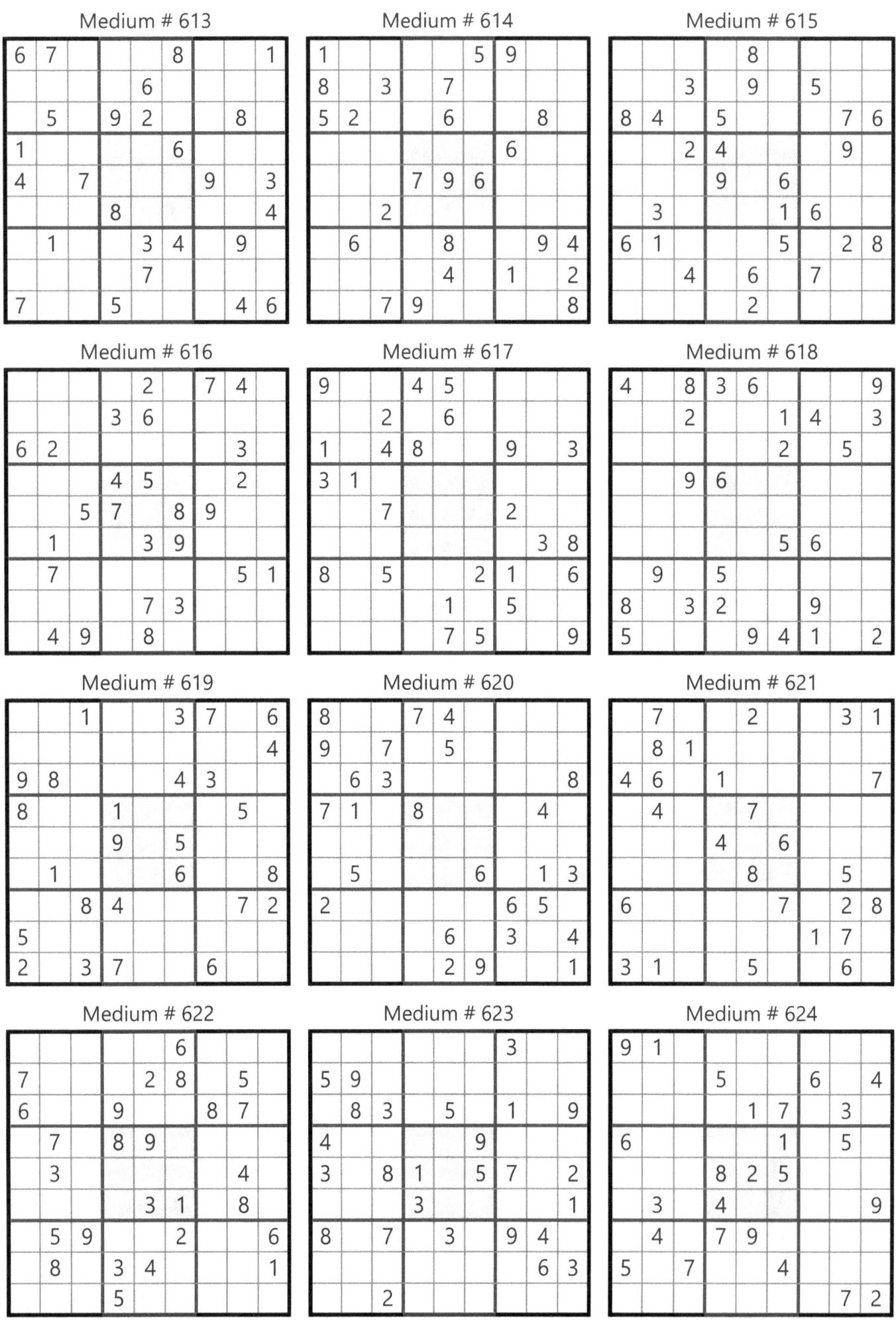

Medium # 625

3		8	6		2			
	9							5
2		1		3				
		6		1				7
	4						6	
7				5		1		
			4			5		9
8						7		
		1		7	2		6	

Medium # 626

5			6			7		
		8			2			3
	7			9		6		1
				1		3	6	
	2	1		6				
2		9		3			1	
8			5			2		
		7			6			9

Medium # 627

	2			4	1			
	7		6			8		
		1		5			2	
3			8	9				
	9					3		
				7	4			5
	8			2		1		
	2				7		4	
			4	6			3	

Medium # 628

	3	5	7	1				
	8				3			
6			8			4		
3	7						5	6
9	2						3	1
		9			7			8
			3			6		
			8	6	2	4		

Medium # 629

		1	2				5	
		4	9		3	7		
	6			5				
	2			9				
	9	3				5	7	
				8			2	
			7				1	
		8	1			6	9	
	4					8	3	

Medium # 630

						7	3	4
8		6	9				2	5
		5	7			6		
6			3		5			8
			4			3	5	
9	8				1	6		2
2	3	4						

Medium # 631

	1		6		2			3
		4						
5		8		7	9			
9	5			8				1
1				5			3	9
			2	1		3		5
					6			
2			3		4		9	

Medium # 632

		8	6					
		5		4	7			9
	2	1						
	1				3			5
	6		7		4		8	
2			9					1
						3	6	
7			1	3		8		
						6	9	

Medium # 633

		1	8			4		7
	2			1	7			6
9								
6		8		2				
	5						4	
			7			6		9
								2
2			1	6			9	
1		9			8	3		

Medium # 634

1		9						
3			1		6	9		8
			3			4		
		8			7		2	
			9					
	2		4			6		
	1				4			
7		2	5		8			3
					5			9

Medium # 635

				8		7	9	
2	8			6				
				2				6
		1	5		7		3	
	5						2	
	6		8		3	5		
3			9					
				7			1	3
	2	7		5				

Medium # 636

	4			1				6
		8				2		
2			4				7	5
	7		2			6	1	
	3	9			8		4	
8	5			6				4
	9					2		
7			4				5	

Medium # 637

	5		1			6		
				2	3		1	
	2			7				4
			3	5				9
		5				1		
2				9	8			
6				1			9	
	4		2	6				
		7			4		8	

Medium # 638

	8		1			7	2	5
9					6		4	
				3				
						6		4
	2	6				1	8	
3		5						
				4				
	1		7					2
4	6	7			2		1	

Medium # 639

		5	1			9		4
							7	1
3	8						2	
		3	8		9			
4								2
			7		1	5		
	2						5	3
5	4							
7		9			6	4		

Medium # 640

		5			7			
8		4					5	
1	6		3			9		
9			5					
7			9		3			8
					6			9
		7			5		4	1
	5					8		6
			1			2		

Medium # 641

4			3	8	1			
							5	
3	7	9	2					
			1				3	5
5								7
1	3				4			
					5	1	8	3
	6							
			4	7	8			9

Medium # 642

		1	4				7	
4					6			
3	9				2			
5						6		
9			7	3	1			8
		8						2
			5				4	7
			6					3
	8				4	2		

Medium # 643

	9						2	
1					6			
7				4	8	9	3	
5							1	
6			8		4			7
	4							6
	8	6	7	2				5
			5					3
	5						8	

Medium # 644

				3			7	
	5	3			2			
		8	6					1
	1		4			6	5	
			8		9			
	3	9			7		1	
3					1	2		
			3			4	6	
	7			5				

Medium # 645

	3		8				2	
9	7			2				
		8	4					5
8		1			5			
			1		4			
			9			5		2
3					1	7		
				8			9	3
	9				3		8	

Medium # 646

		4	8					
	1	8			3			5
		5				9		8
	4	6		2				
5								2
				7		6	9	
9		7				5		
6			3			2	8	
					6	7		

Medium # 647

		6		4				2
			8	5			3	
2		5				8		
4		9		3				
	3						7	
				6		3		1
		1				6		7
	6			7	9			
9				8		5		

Medium # 648

7		2						1
	1			3			8	
			8			2	7	
					2	6		
			4	8	6			
		9	5					
	9	4			3			
	7			6			1	
3						5		8

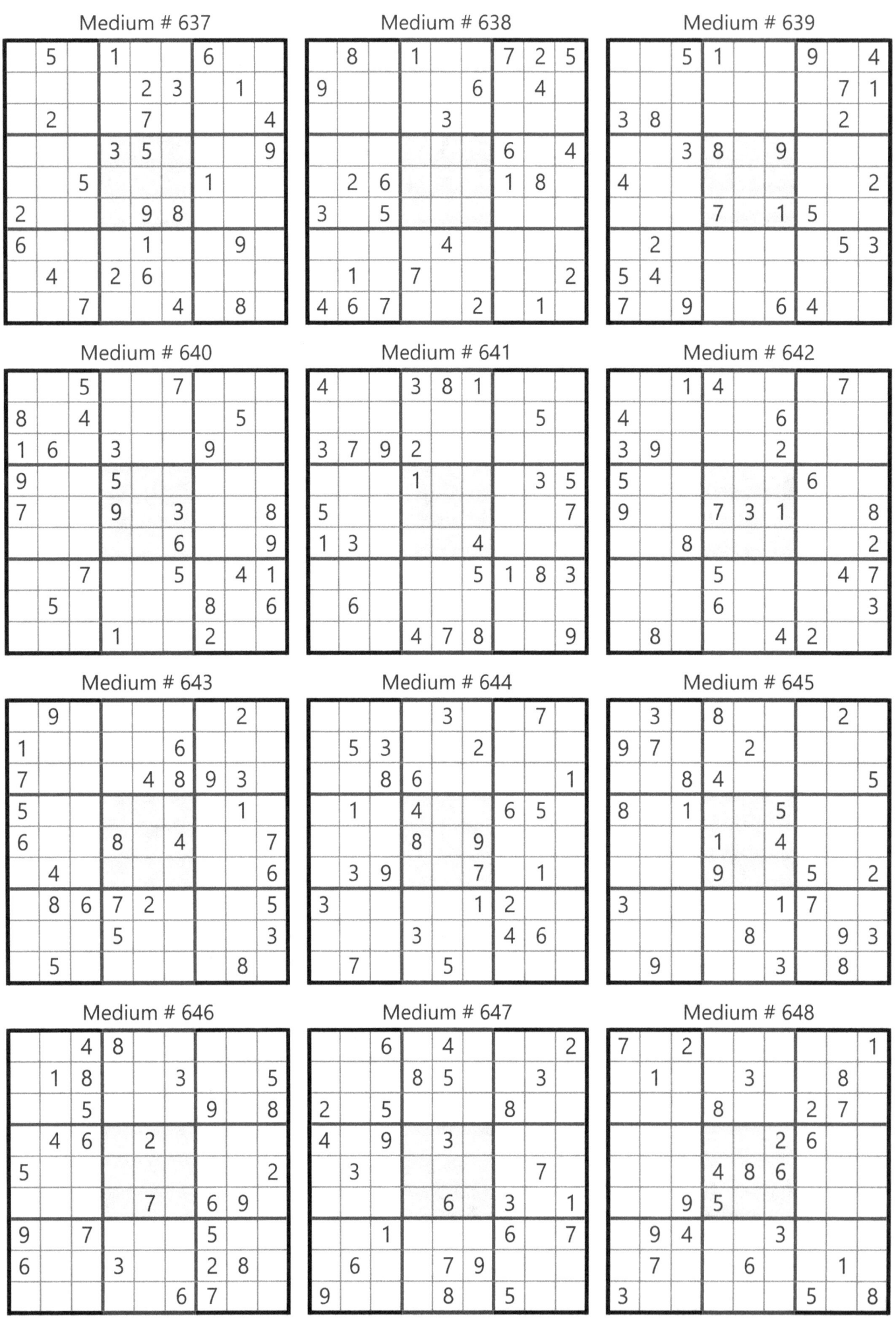

Medium # 649

4				3		7		
8			9				6	3
		2			4			
2					7			
3		6				5		7
			4					2
			8			3		
9	1				6			4
		8		2				1

Medium # 650

	5			6				
	2		4			5		6
				8	5			
		8		1		4		
		1	2		7	3		
		9		4		6		
			1	3				
6		7			8		3	
				9			4	

Medium # 651

3					2		6	
	1	5	7			3		
			8					5
5	9			2				
		3				4		
				4			8	3
4					5			
		2			3	7	5	
	5		6					9

Medium # 652

	1	4						
6		2	1				4	
7					4	5		
9					6		3	
			2		7			
	6		5					8
		8	4					3
	3				5	9		1
						2	6	

Medium # 653

	3		2			8		
8							5	
	9			3	6			
9				7	8	2		
7								6
		2	3	6				9
			6	4			3	
	8							1
		4			9		7	

Medium # 654

	8	2			7			
			1		3			
		6			2			4
	9			2		5		7
	4						6	
3		5		4			2	
8			2			3		
			7		8			
			5			6	9	

Medium # 655

6	8				2			
		7					2	
			9	4	8			
8		6				1		
		5		3		7		
		1				9		8
			2	7	4			
	2					6		
			5				8	7

Medium # 656

9					7	4	8	
				6		1		
	3							
1					9			5
	6		7		2		4	
4			5					7
							2	
		5		8				
	9	4	3					1

Medium # 657

	6		4					8
	4					5	1	
	5		7					4
				9		7		
6		7				2		3
		2		4				
1					8		9	
	7	9					3	
5					2		8	

Medium # 658

1		7			8			
5	8					4		
			7	4		1		
			4	8		2		
8								9
		6		3	9			
		5		6	2			
		3					5	4
			9			6		2

Medium # 659

	6	9					3	
				6	4			8
2							1	
		2			1		7	
9			7		3			2
	3		5			6		
	9							1
4			1	5				
	2					7	8	

Medium # 660

	1			9				2
		4					9	
9		2			8	1		
7	3							
	6		9		4		2	
							3	5
		7	1			6		8
	8					5		
3				5			1	

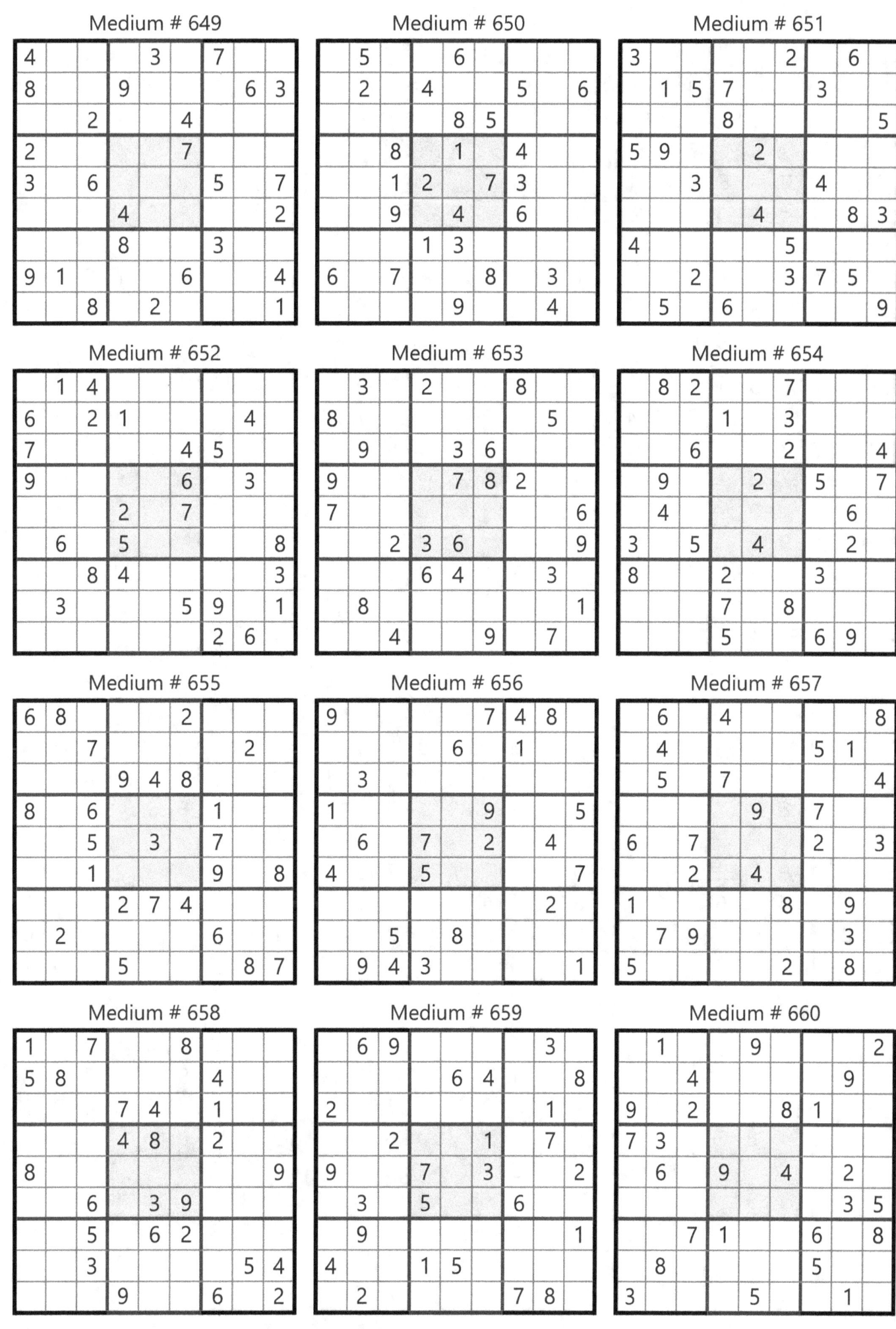

Medium # 661

8	4			2				
			4			8	2	
				1			4	
1						7		
9			2		6			1
		3						6
	3			5				
	5	6			7			
				4			1	5

Medium # 662

	2		4	9				
8		6						9
3	9						4	
				4				3
	3	8				6	7	
9				2				
	5						2	1
1						8		7
				7	1		9	

Medium # 663

		5				4		1
	6	3	7	2				
		2						
	5			6	4			
3								6
			1	9			4	
						3		
				3	7	9	8	
6		4				2		

Medium # 664

				5		8		
					6	3		4
		7	8	2				
9		8			7			
	5			8			7	
			9			1		5
				7	1	2		
7		5	3					
		3		4				

Medium # 665

				8			2	
4	2						7	3
			2		3	5		
9		7	5					
			3		6			
					2	3		5
		5	1		8			
2	4						6	9
	6			2				

Medium # 666

			4	2		5		6
		1			8		7	
		6		7				
	5							3
	2	3				4	1	
7							9	
				6		8		
	3		2			1		
1		9		8	5			

Medium # 667

	5		6			8		2
		9					4	
	6		3		8	7		
			8		7			
2								1
			9		2			
		3	4		6		9	
	2					4		
6		1			3		2	

Medium # 668

		7	6					
		2			9			
	5			2	4			1
	1	5		8		4		3
9		8		4		7	2	
8			1	6			7	
			2			3		
					8	1		

Medium # 669

6	7			3				8
1								4
9					5	6		
3		5	6	9				
				8	2	7		3
		3	8					9
2								6
7				5			3	1

Medium # 670

				3	6			2
	1	8						
	4		2				1	
		7		8	2			
8								6
			7	5		9		
	6				7		9	
						5	4	
1			8	4				

Medium # 671

9	2	4	8					
		1		3			9	
						7		
	4		7	8		6		
		2				8		
		3		1	2		5	
		9						
	3			5		1		
					1	2	3	8

Medium # 672

	7						1	
			9			5		8
					8	4	9	6
9			6				3	
		2				6		
	8				1			5
4	3	8	7					
6		5			3			
	1						6	

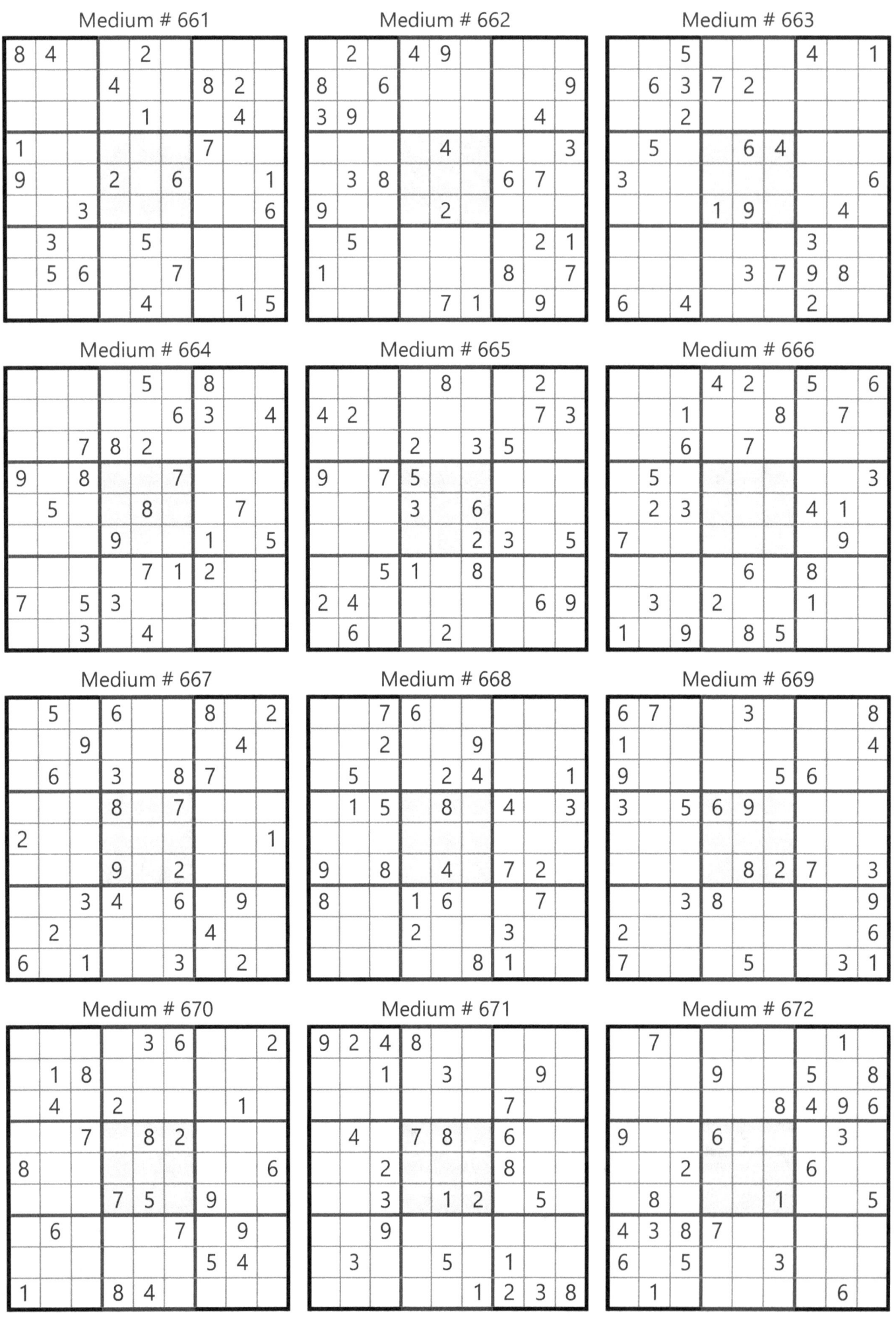

Medium # 673

						7		5
	2	9			5		6	
				1	9			
		4			6		3	1
1								2
8	5		9			6		
			1	8				
	9		4			2	8	
5		8						

Medium # 674

6	3	4		1		5		
						4		
7			8		9	1		
		9		3				
8								2
				9		8		
		5	7		1			4
		8						
		7		6		2	8	1

Medium # 675

				3	2		5	
		6	8	5				
		5	1				2	
		2	6					1
		7				4		
3					4	8		
	8				1	2		
				2	6	1		
	6		9	7				

Medium # 676

			2	4		5		
1	2							
		3		6	5		7	
4	9							5
			1		9			
7							6	9
	5		3	9		8		
							3	6
		9		2	4			

Medium # 677

	9		3	1				
					9		6	4
		2						9
	1			2	6			8
		7				4		
2			1	4			7	
9						5		
5	2		9					
				6	8		2	

Medium # 678

					2			
		3	5	4				8
2	4			1				
							9	5
6		9	8		5	2		7
4	2							
				7			5	6
8				9	6	4		
			4					

Medium # 679

6			3			4		9
	4					1		
			7	4		5		
		9					8	
2	1						3	4
	3					6		
		2		5	4			
		4					1	
1		7			6			2

Medium # 680

		4	1					
7		2				8		
1			2				3	7
			4	3				6
	6						8	
2				9	6			
6	7				5			2
		9				4		8
					7	3		

Medium # 681

	3	2		6	5			
	7		3					6
							7	
	2				3	5		4
		8				9		
1		5	8				3	
	6							
2					7		1	
			6	1		7	4	

Medium # 682

	3							
					1	7		2
5	8	1	9					
8			7					
4		5				9		1
					4			6
					3	4	6	7
6		4	1					
							5	

Medium # 683

2	9			1				
					7			2
					5	6	8	
3				7		4	1	
		5				8		
	7	6		8				9
	6	9	2					
8			7					
				3			2	4

Medium # 684

		9		3	5			7
1			9					
7		5		6				2
							7	
	7	6				9	3	
	1							
3				7		2		8
					9			1
6			2	5		3		

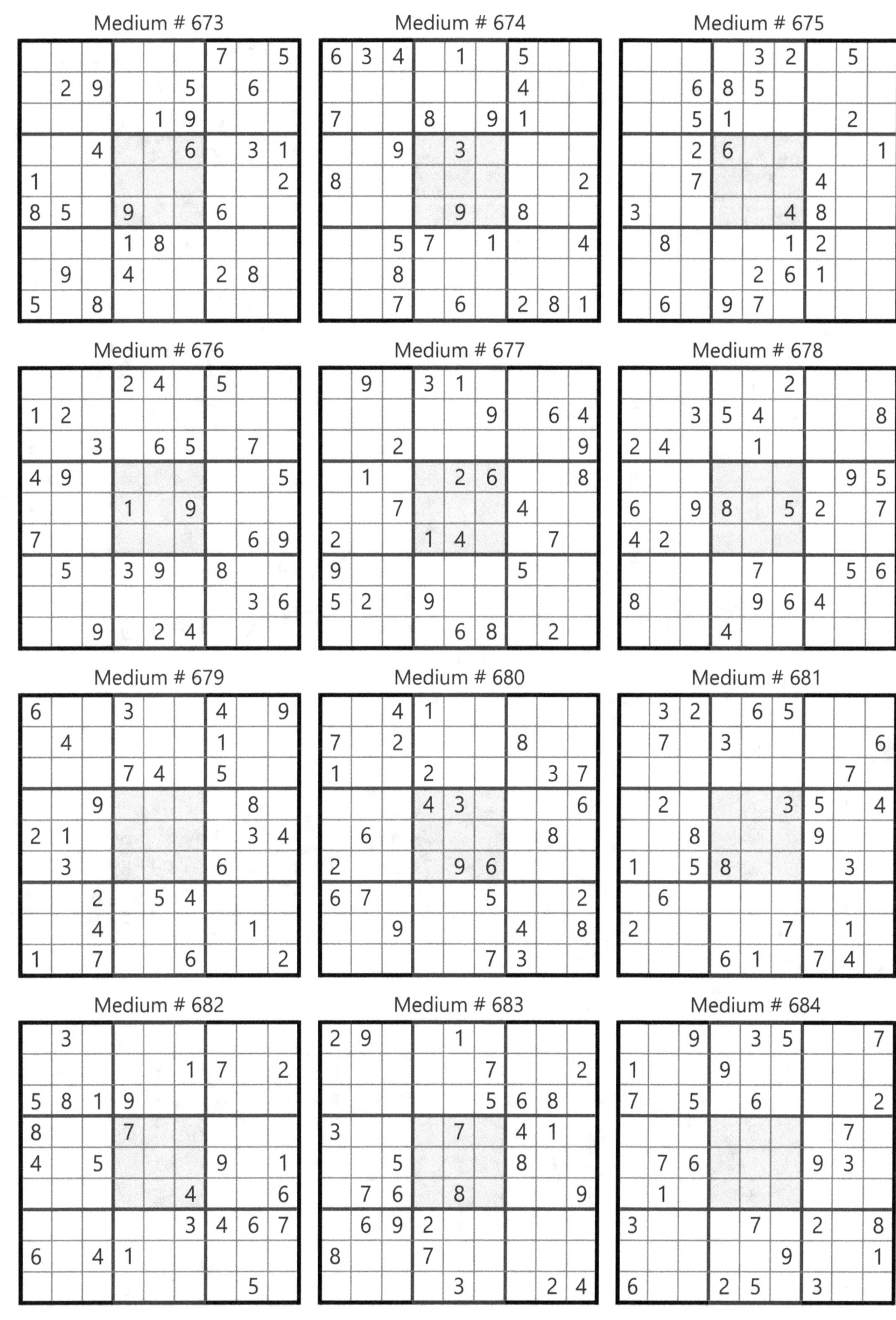

Medium # 685

	2							9
	7				5	6	3	
	6	9			3			8
					8	1		5
5		6	4					
7			2			5	6	
	8	2	3				4	
6							2	

Medium # 686

			7	2				4
4							1	6
				6		8	2	
		1		4	6		7	
	5		3	7		2		
	9	3		1				
2	6							8
8				3	7			

Medium # 687

	6					9	5	
				8				
	9	8	5	2	6			
		5		9				6
	7						9	
1				7		3		
			7	3	9	2	4	
				4				
	1	3					8	

Medium # 688

				4	3			
		6	1			2	4	7
								6
7					6			8
1		5				9		2
4			7					5
5								
3	2	7			4	5		
			9	1				

Medium # 689

					2		1	
	9			5	1			
1	5			8		4		
7			3	6				
3								2
				9	7			8
		6		4			7	9
			1	2			8	
	2		6					

Medium # 690

		7	8	4	1		6	
				3				
						9	3	8
				1	4	5		
7								6
		1	5	7				
9	2	8						
				6				
	5		7	8	9	4		

Medium # 691

	6			5		8		
7		3		8				
			2					1
	2				9		5	8
				6				
8	9		1				6	
4					6			
				3		7		6
		5		4			8	

Medium # 692

		7	4			5		1
			8			6	2	
			9		5			
5			2				8	
		2				4		
	9				7			2
			1		3			
	7	6			8			
8		1			6	9		

Medium # 693

6		3					2	
			8				5	
		2		3	4			
			2	7		1		
		4	1		6	2		
		1		9	8			
			7	6		4		
	9				2			
	3					8		6

Medium # 694

6			4			9	7	
		2	8					
	7			5				
	6			8		7		
2	5						1	3
		1		3			9	
				9			2	
					4	1		
	3	7			6			4

Medium # 695

3	4		1					
			5					6
		6	2	3			9	8
	3							
2	6						7	3
							4	
9	2			8	1	5		
4					5			
					4		1	9

Medium # 696

		1	3	9				4
				6			8	
		2				1		
6			7	1		3		5
9		5		4	6			2
		4				5		
	7			5				
3				7	8	6		

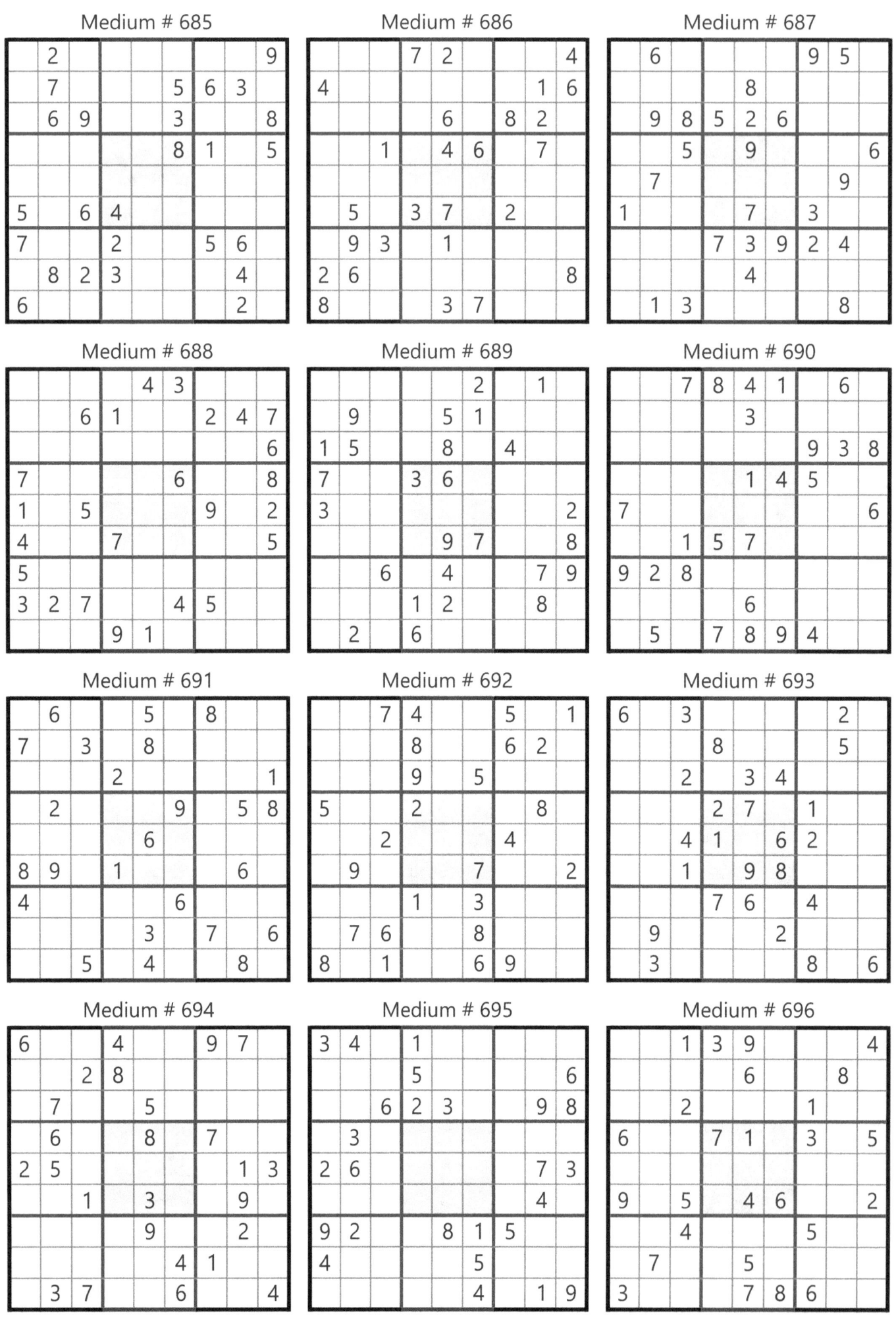

Medium # 697

7		6	5					
	3			9				
		2					3	5
		8		5	4			7
			7		1			
5			2	8		3		
3	1					4		
				7			2	
					5	9		6

Medium # 698

			2		1	5		
3				9				
		7	3				8	9
	7	3				1		
		5				6	7	
8	3				5	9		
				1				8
		6	7		8			

Medium # 699

	2	7	1					3
5				6	8			
							7	
4	9					6		2
			5		9			
3		2					5	1
	8							
			4	5				9
2					7	4	3	

Medium # 700

	7	8		6				9
				5				
	5		4			8	1	
	4	5						
	1	2				5	9	
						4	3	
	6	4			1		8	
				2				
8				7		3	2	

Medium # 701

		7	5		4			
					6			
1	8						5	9
	6					5		4
3			9		7			8
4		8					9	
8	2						7	6
			8					
			4		9	3		

Medium # 702

					1	7		
				9			5	4
	7	1		2		3		9
							6	3
		4				5		
7	5							
6		8		4		2	7	
5	2			8				
		3	5					

Medium # 703

						1		2
3		7	6					
	5		9	8				
4				1				8
	3		5		4		9	
9				6				7
				7	3		2	
					5	3		4
1		3						

Medium # 704

	5			2				8
8		2						
	4				5	9		
7			8			4	2	
	2						3	
	9	5			6			1
		7	3				5	
						3		6
9				6			1	

Medium # 705

			5	9		8		
1	3			2		7		
					3			
	4							9
	8	9	1		7	4	3	
5							7	
			7					
		5		3			6	1
		4		1	6			

Medium # 706

		7	1					
1			8		7	5		
					9	1		2
				2		3	9	
		4				2		
	5	3		4				
4		8	5					
		9	2		3			6
					4	7		

Medium # 707

	1		3					
		7				8		
6		8						5
	5		2		3			7
3			7		9			4
2			6		5		3	
8						2		1
		2				9		
					4		8	

Medium # 708

					4		7	
			1		6	8		
	4			2				1
		2						5
4		9		8		1		2
8						6		
2				6			9	
		8	3		1			
	9		5					

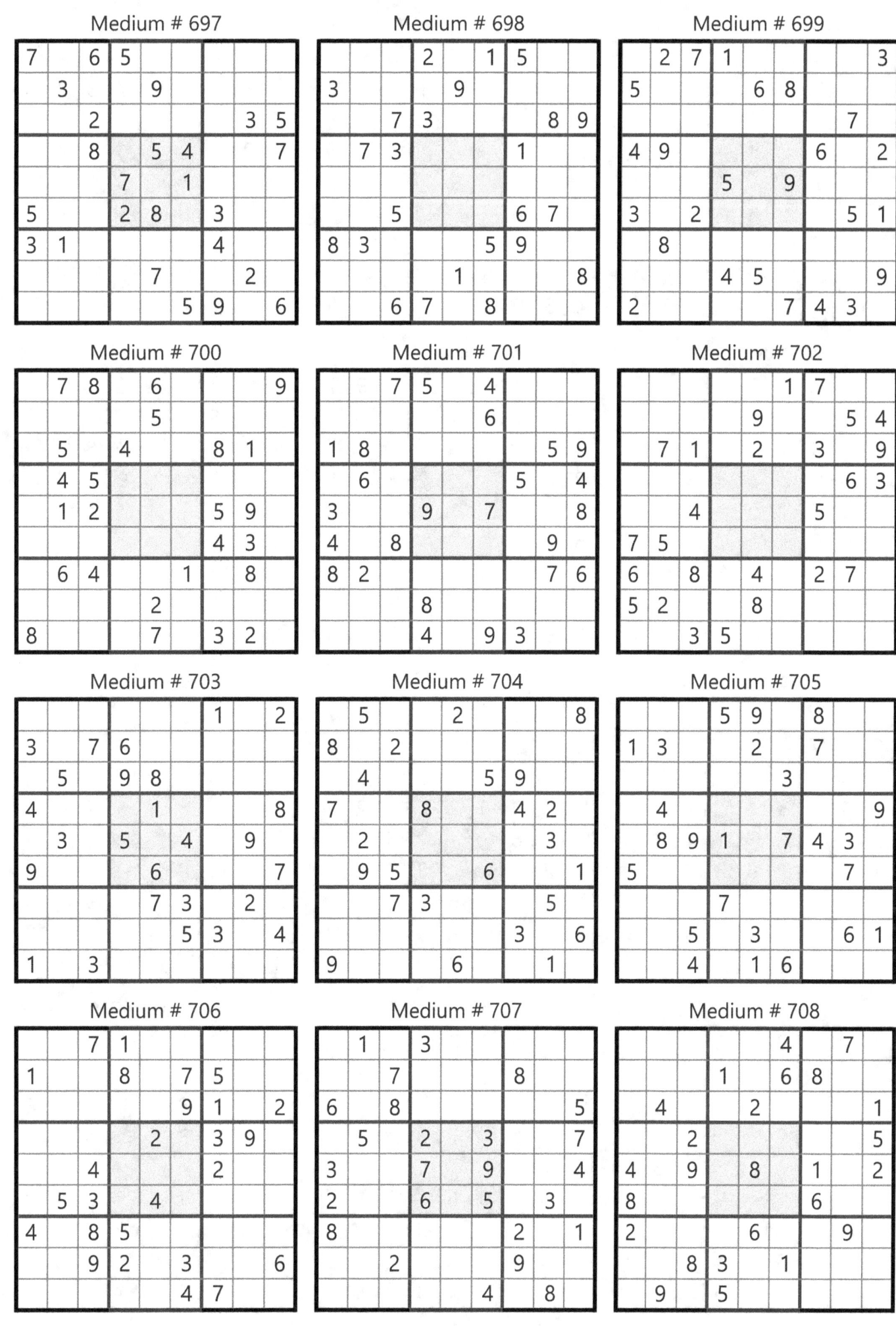

Medium # 709

		1			2			8
		3						4
8						7	2	6
				8				3
		7	5		3	2		
5				6				
1	4	2						5
6						3		
3			9			4		

Medium # 710

		4		5		6	9	3
					1			
	2	7	9					
						4		6
	8			9			5	
1		6						
					6	1	4	
			8					
4	5	9		7		3		

Medium # 711

				6	3			
	8			4	7	3	1	
7								
	2				6	9	4	
			4		5			
	9	5	8				6	
								2
	7	4	3	8			9	
			6	1				

Medium # 712

1	9			7				
4							2	
		3	1			6		
3			2		6	5		
		7				1		
		5	3		7			9
		4			5	9		
	8							4
				4			7	8

Medium # 713

8							9	7
		7	4	1	9			
4					5			
9	2					3		5
6		3					7	1
			6					4
			3	8	2	5		
1	9							8

Medium # 714

		3			6			5
4		6		2				
5						8		
					9		1	3
		9				4		
8	6		7					
		4						8
				3		6		2
1			5			3		

Medium # 715

	2				3			5
6		7					3	
				6		2		
	4		3	1				2
	6						7	
1				8	5		4	
		9		5				
	3					5		9
2			4				6	

Medium # 716

9		1		4		3		7
3								
				9			5	
	1	9	6				2	
		8				5		
	2				9	4	8	
	8			6				
								4
1		5		3		2		8

Medium # 717

	1		9					7
2				6	4			
3		6						
					5	7		
9			8		2			3
		8	3					
						9		2
			2	4				8
4					1		3	

Medium # 718

			9		6			
8				1	3		7	
						4	8	
	5		2					
	1	6				7	5	
					9		4	
	3	2						
	4		3	7				1
			1		5			

Medium # 719

	1		3	2				6
						9	3	
4		6	1					
	4	1		7	8			
			9	6		7	5	
					9	5		2
	8	9						
2				4	3		9	

Medium # 720

8			7		6	5		
	9							2
			8				7	6
1		5	3			4		
		9			5	6		1
7	6				9			
4							9	
		2	4		1			7

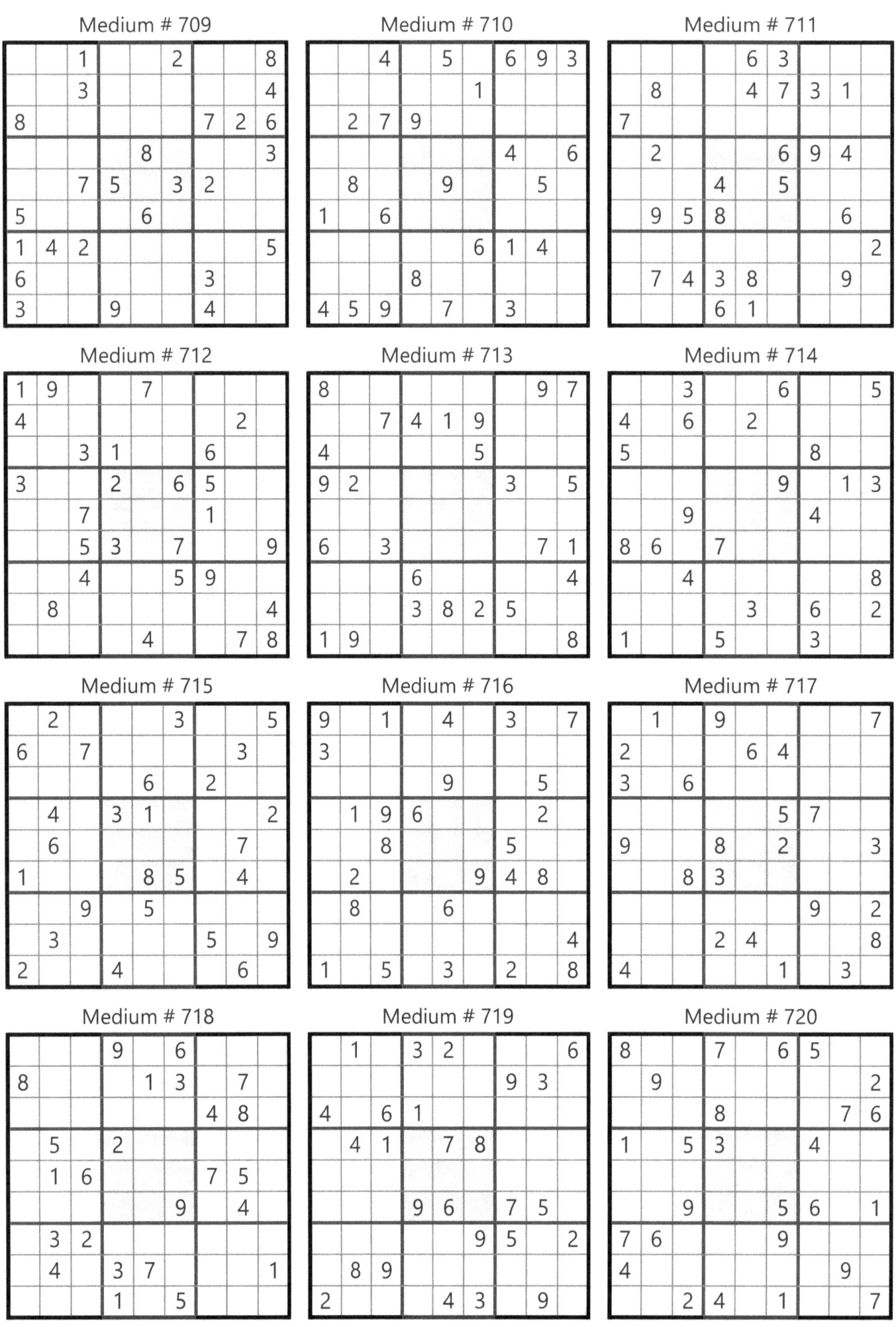

Medium # 721

1	2			9			3	8
							2	1
					4	6		
		9			2			
		3	8		6	2		
			7			1		
		2	4					
3	7							
4	6			7			5	9

Medium # 722

2			8			1		
	4	5					7	9
				9			3	
		8			6		2	
			3		9			
	6		1			5		
	3			1				
5	7					2	8	
		4			3			5

Medium # 723

1	4		9					
3	5	9						
			1				7	
5	3		2	7				
			4		3			
				9	5		1	7
	8				2			
						2	8	6
					6		3	9

Medium # 724

	6		4	8		5		
	1		9		7			3
		3			9			4
8				6				9
9			1			3		
7			5		8		3	
		1		2	3		8	

Medium # 725

1								2
		4	9					8
		3			6			
				8		9		6
		9	7		3	1		
7		6		1				
			1			5		
5					7	4		
8								3

Medium # 726

								5
7	3	6					9	
2		5	3					
				2				6
8	2		4		9		5	1
1				8				
					1	8		4
	7					1	6	2
3								

Medium # 727

1	8					6	9	
							7	
		3			4		5	
6				5	2	4		
			6		1			
		2	4	3				6
	9		2			5		
	2							
	6	5					3	9

Medium # 728

			1		9	6	4	
							3	1
			7	8				9
5	4				8			
	3						6	
			9				2	3
6				7	5			
3	2							
	8	4	2		1			

Medium # 729

	8			7				
		7	6				3	5
	3				5			1
2			4			3		
		6				5		
		3			7			4
8			9				7	
7	2				8	4		
				1			2	

Medium # 730

		1			5			
	4			2				
5				1	3	4		
4	6				1	3		
8								6
		9	3				4	8
		8	1	9				4
				8			6	
			7			2		

Medium # 731

			9				2	
7	2	5		6				
1						8		3
5						3		
			6	7	4			
		4						2
2		9						6
				8		2	1	9
	7				5			

Medium # 732

8					5			
	2		9		6			
		4		7			1	
				9		7	2	3
	4						5	
2	5	9		3				
	3			6		2		
			7		8		4	
			4					8

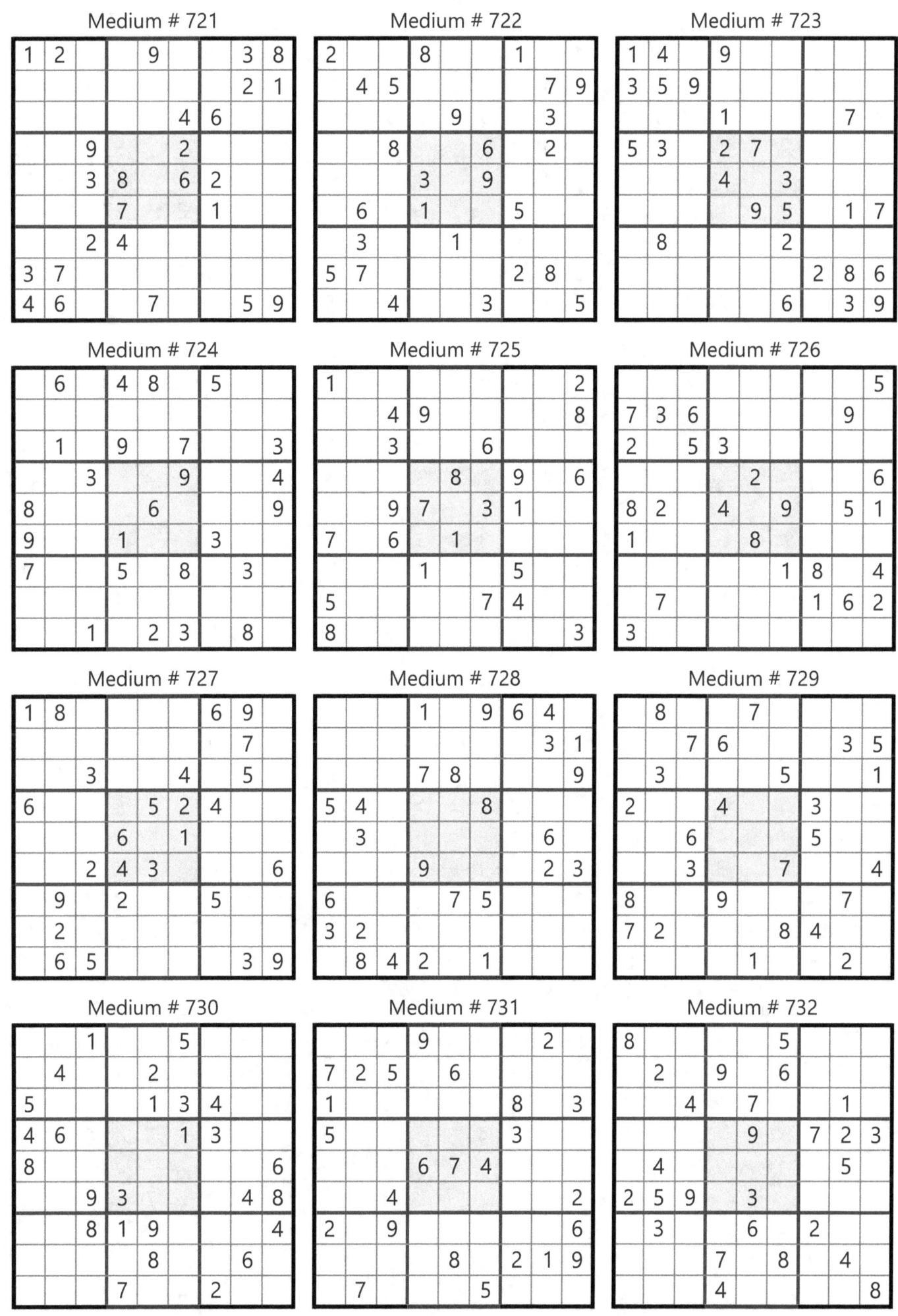

Medium # 733

2		5	9				6	
	6		5					
4							8	5
	8					2		3
	3						9	
6		1					4	
8	2							9
					9		5	
	7				2	8		4

Medium # 734

4							2	
	8			3				4
			9			5	1	
6	9	2						
	4						8	
						3	5	9
	6	9			7			
8				4			6	
	2							5

Medium # 735

			3	1				
	4				2	7		
		2			4	3		1
		7			5			
4	3						9	2
			8			4		
5		6	4			1		
		8	2				3	
				8	9			

Medium # 736

7					3	2		
							4	3
6		9			2			
8				2			7	
	7			3			1	
	4			7				8
			6			9		2
5	6							
		7	2					1

Medium # 737

1		2	9					7
					5	9		
			7			8		5
	7			2	9			
				1				
			8	7			9	
3		9			8			
		4	3					
8					2	3		6

Medium # 738

					8		9	3
		3				5		
6	5				4	8		
3			8	2				
9								5
				7	3			2
		4	1				6	9
		8				3		
2	6		5					

Medium # 739

2				5		3		
								6
			8			1	5	
3			1					9
	6	8		9		2	4	
5					3			7
	8	4			7			
7								
		3		6				8

Medium # 740

		5					3	
2			8					
7			5				4	6
		8		4	1			
	7	1				3	5	
			3	6		7		
8	1				2			7
					8			3
	5					9		

Medium # 741

			6	9				1
3		9	1					
		4					5	7
					8	5		
9				5				8
		8	4					
8	1					3		
					3	7		9
2				8	4			

Medium # 742

7	2						9	
			8			6		
				3	2	5	1	
8	1							
	4		1		7		6	
							5	8
	7	1	4	5				
		2			8			
	9						7	5

Medium # 743

		5			3	6		
				8	5	9		3
	7	4					2	
			4	5				9
6				3	2			
	4					8	9	
9		2	3	6				
		7	1			2		

Medium # 744

9					7		1	
	8			6	1		9	
7								
				3	4	6	2	
8								4
	9	2	6	7				
								2
	5		2	1			3	
	3		4					5

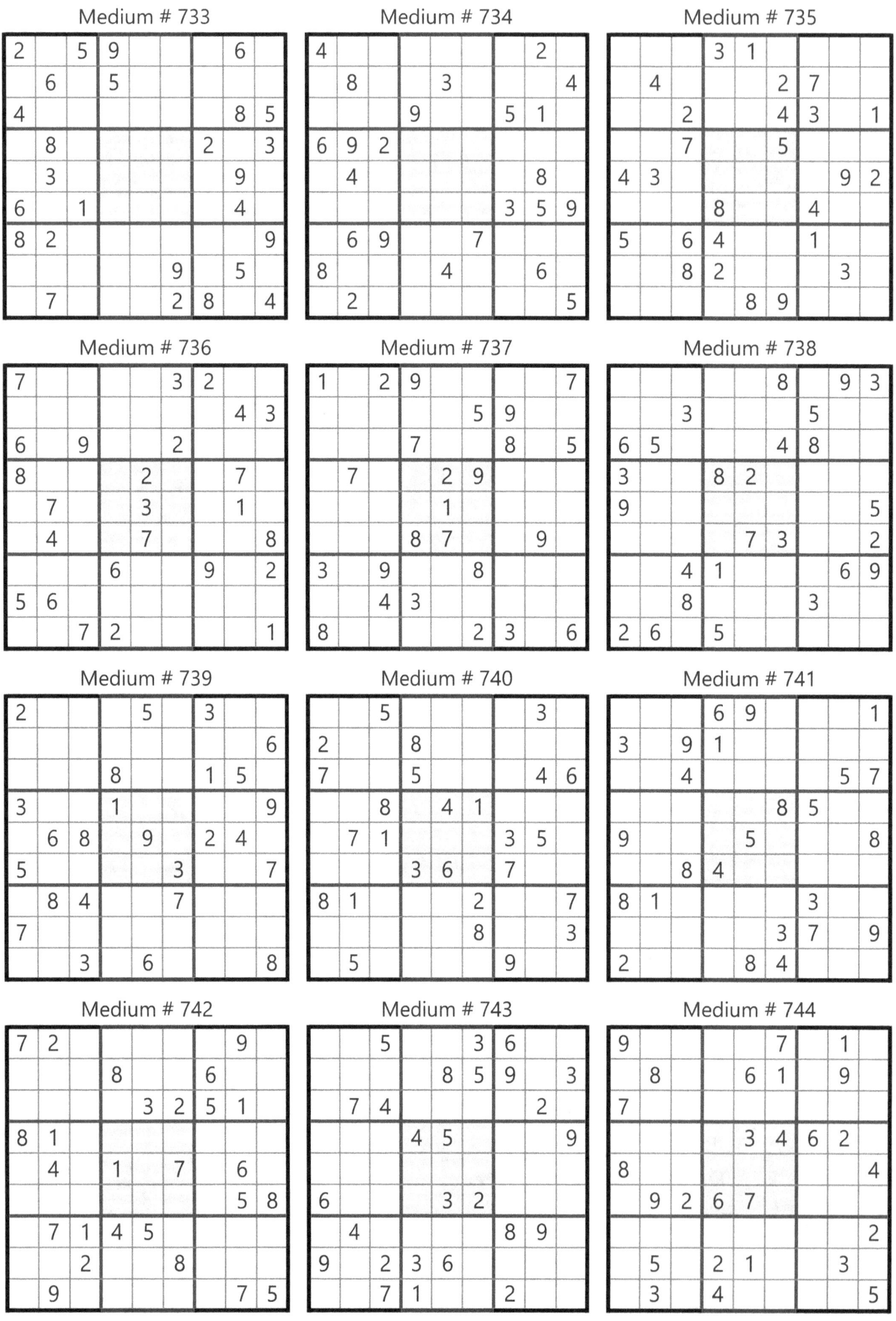

Medium # 745

			7	3				2
				6	1			5
				5				9
3				5	4			
4	2						1	8
			9	8				7
1			5					
7		6	3					
2				1	9			

Medium # 746

8		2		3			9	
			1					
		6			2			
2				9			1	4
7			3		5			9
9	6			1				7
			2			7		
				8				
		5		6		8		1

Medium # 747

		1	6	3		7		
	7			8				
3						4		
	2				4			
4	6		7		1		9	3
			6				8	
	9							4
				4			6	
	8		2	5	6			

Medium # 748

3								
7		2	9		6			
		9	1	7				
	9				1	6		5
				3				
8		4	2				3	
			6	8	5			
		3		5	4		2	
								7

Medium # 749

		4	3			8	1	
			9				2	
8	3		4					
			1			5		
7			2		9			8
	9				7			
					1		3	9
5				2				
1	8				3	4		

Medium # 750

	5		2			4		
4		9			3	7		
			8				3	
3				2	1			
		8				2		
		7	3					9
	1				4			
		5	6			9		8
		4			5		2	

Medium # 751

		7	1			2	8	
	3		2		8			
		4						
7		6			2			
5			2					6
	3			9				5
				9				
		9		7		8		
9	1			3	4			

Medium # 752

	9		6			7		
				1			8	
		2	8	9				5
		8						1
4			2		3			9
2					6			
3			2	6	4			
	2			3				
		9			1		5	

Medium # 753

				8				7
	2			4	1	5		8
5			3					
		1			4			2
3								9
4			9			1		
					5			1
2		5	6	3			7	
9				1				

Medium # 754

4					1	5		
				9		4		
			8		4	9	2	
		8					7	4
	1						9	
6	3					8		
	6	7	1		2			
		9		5				
		2	7					8

Medium # 755

7	1		5		6			
				2				9
						5	8	
1	6	4						
	7		4		8		9	
						4	1	2
	3	6						
4				9				
			8		3		2	7

Medium # 756

	7	5		2				9
					5			
				8		3		7
	2	6		1				
	5	4				2	9	
			9			5	8	
6		8		4				
			6					
3				5		6	1	

Medium # 757

5			7		2	8		3
			9	6		1		
					6			
3	6					7		
		1			4			
		5				9	2	
		7						
	1		8	2				
6		2	9		3			7

Medium # 758

9			1	6				7
6	3							9
		1		5	3			
	6				5			
	4					5		
		3				8		
		5	1		3			
5						9	6	
1			4	8				5

Medium # 759

	8			5		2		
	5		1		3			
4								9
	4	9	5			7		6
6		2			8	4	1	
3								1
			8		4		2	
		6		1			7	

Medium # 760

	2				5	1		7
	5				9		3	
8					2	5		
			8					5
5								4
6				3				
	9	4						3
	1		9			6		
4		2	6			9		

Medium # 761

	3		8					
				6		2		
	1	5			9			6
			4			5	9	
		2	1	9				
3	7			8				
7		8			5	9		
	6		9					
				2		7		

Medium # 762

8	6			5		3		
7			8					
	1			9	6			
	9		8			6		
2								3
	7			4		5		
		3	6			2		
				1				8
	6		2			1	7	

Medium # 763

4		9			3			
			4		7			
5	7			1				
	2		7	8		5		
9		5	6		8			
		9			7	3		
8		6						
	1				9		8	

Medium # 764

	5	4	6					1
3			7			8		
					3			
	2			8				3
		8	4		9	7		
4			1				9	
		3						
	9			1				2
5				7	1	4		

Medium # 765

		5				3		
3	6			7				2
		2		5				
9	3				2			
8								5
		4				1		6
			9		7			
7			3				8	4
	4			6				

Medium # 766

	6							5
	4		5	6				2
		2	7			4		
		8	1			9	4	
8	1			3	4			
	5			6	7			
3			5	8		9		
1					3			

Medium # 767

	5			1				3
2	6	4						
			6					9
4			9	8	5			
	7				9			
	8	3	5					4
1			5					
					6	4	2	
3			4			7		

Medium # 768

	4	5				8		
	8			6				
		8			6	5	2	
				2	3		6	
6								9
9	3	1						
8	1	5	3					
	2					4		
9			8		6			

Medium # 769

		1	8	4				2
	2					9		3
4					6			
	4					1		
2				6				9
		9					3	
			6					1
5		6					7	
1				2	7	8		

Medium # 770

	3			8	5			
8		4						
					2	9	7	
9		2		7			5	
4								2
	5			9		8		7
	1	6	5					
						2		3
			3	6			1	

Medium # 771

					1			
		5	6	8		2		
6	8	2						
2				5	6		7	
		3				8		
	9		1	3				2
						9	3	6
		9		4	8	1		
			5					

Medium # 772

3			7				9	2
				8				6
	2		4		1			
	3	4	6					8
7					8	5	2	
			8		5		7	
2				7				
4	1				3			5

Medium # 773

			9	7			4	5
		2						8
	1			8		2	6	
				6			2	
8								7
	2			9				
	6	8		3			7	
7						6		
9	5			1	6			

Medium # 774

9		6	7	2			3	
					5			
	2	8		1				
8		5			7			
	6						4	
			9			3		6
				7		9	5	
			2					
	7			9	6	4		2

Medium # 775

	1		5					8
	4				7		1	
5	9							7
	6			9	2	3		
		8	4	5			7	
9							8	6
	8		2				5	
2					4		9	

Medium # 776

	8	5						1
							5	4
			1	2			3	
9			5					
5		6	2		7	9		8
					9			2
	5			3	8			
3	1							
8						6	9	

Medium # 777

						5	8	
	2		9					4
	1		2	7		9		
8	3		1			2		
		9			2		5	3
		2		6	4		9	
6					5		2	
	8	7						

Medium # 778

			1		4			
				9				2
9			8	6		7		
1		7				5		
	3			1			8	
		5				9		3
		3		2	8			6
5				4				
			3		5			

Medium # 779

7			8				1	
			6		3	2		7
	2							
		2		4		9	5	
		8				1		
	1	7		2		6		
							9	
6		1	2		4			
	5				7			6

Medium # 780

				2	8		3	
	3			7				5
2						1		6
9		4					6	
	5						7	
	6					3		4
4		3						8
6				1			9	
	7		5	6				

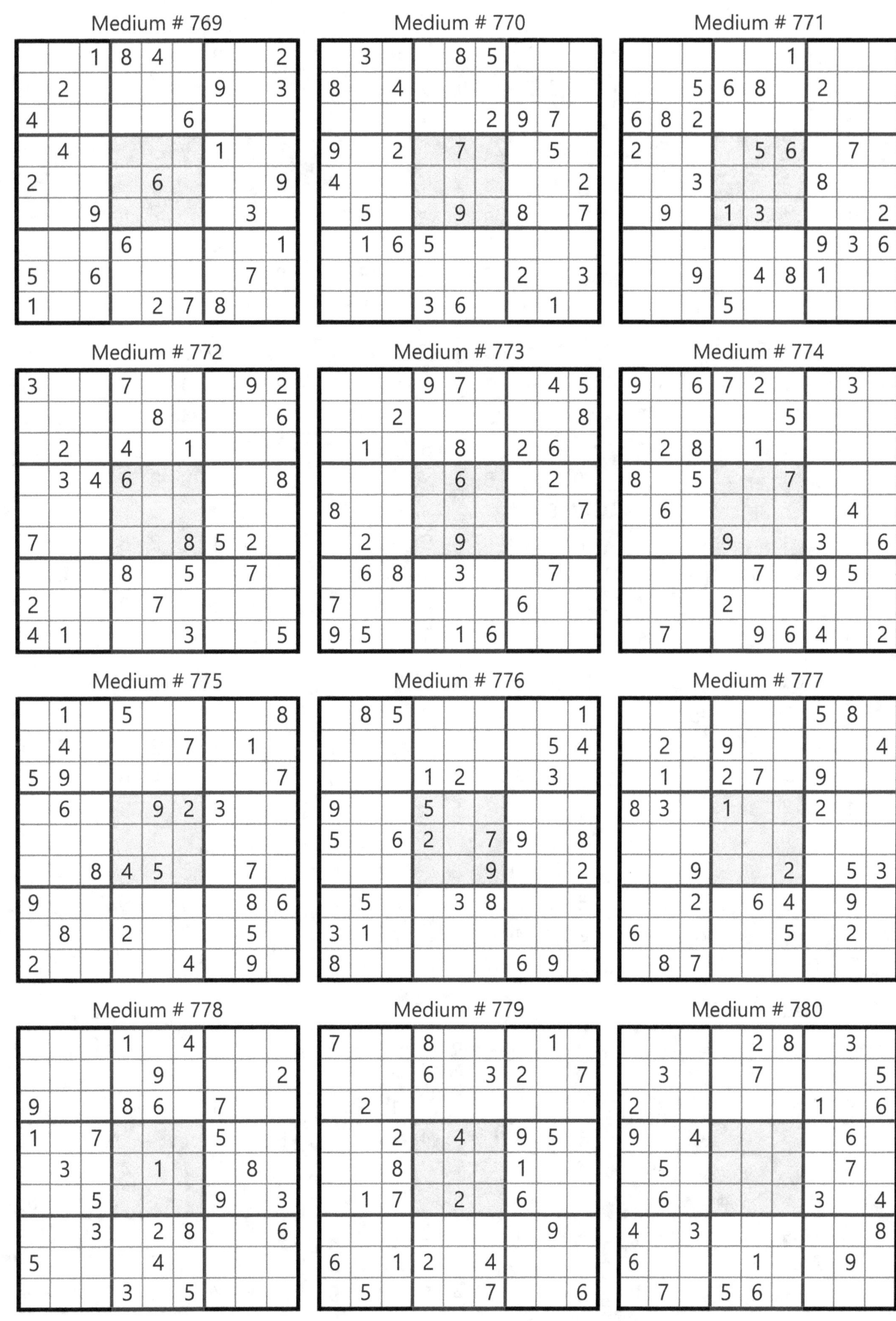

Medium # 781

		3		2				
	6			1	4	9		
						8		3
					7		5	6
		5	1		2	7		
7	4		9					
5		4						
		2	7	3			9	
				9		2		

Medium # 782

	9					8	2	1
	3				9			
2					4			
6					1			
5			3	7	6			2
			5					9
			1					3
			7				8	
8	1	4					6	

Medium # 783

		8					3	
		4			5			8
5	6					4		2
2			9	3				
3								7
				2	6			4
4		2					8	1
8			7			9		
	3					7		

Medium # 784

7					5	4	6	
	1							
		2	4	8				
		9	8		4		1	
	4						9	
	5		3		6	2		
				5	1	8		
							2	
	6	4	7					5

Medium # 785

			1	2				7
			3				2	
					5	9		
1			8	5			4	6
	6						3	
7	3			6	9			1
		5	2					
	9				4			
6				8	1			

Medium # 786

8			3					
			4	5		8	3	
	5	3					6	
			9	8		1	4	
	6	4		2	5			
	3					5	2	
	9	8		4	2			
					9			1

Medium # 787

	8		3			5		
7		2						6
	3		4		1			
	1		7	5				
2								3
				8	9		6	
			9		2		8	
9						6		2
		1			8		7	

Medium # 788

					9		5	
						6	9	1
		2		4				3
1				5				
3	7						8	6
				8				9
5				1		2		
2	9	4						
	3		7					

Medium # 789

							2	6
		4		2	8		5	
			5		6			1
		8			3			4
	3						1	
9			8			2		
6			4		9			
	8		2	1		9		
3	1							

Medium # 790

1				4			5	
6				2		8		
	3	5			9		2	
7			5					
	6						3	
					4			7
	7		4			2	1	
		2		3				8
	9			5				4

Medium # 791

5			3	6				8
9						4		
			4			1		
1		3			4	7		
		4	7			3		5
		1			2			
		6						3
7				4	8			9

Medium # 792

7				4		8	2	
				2				
		9	8				6	5
8						2	9	
			1		4			
	5	3						6
5	4				7	1		
				5				
	6	7		3				9

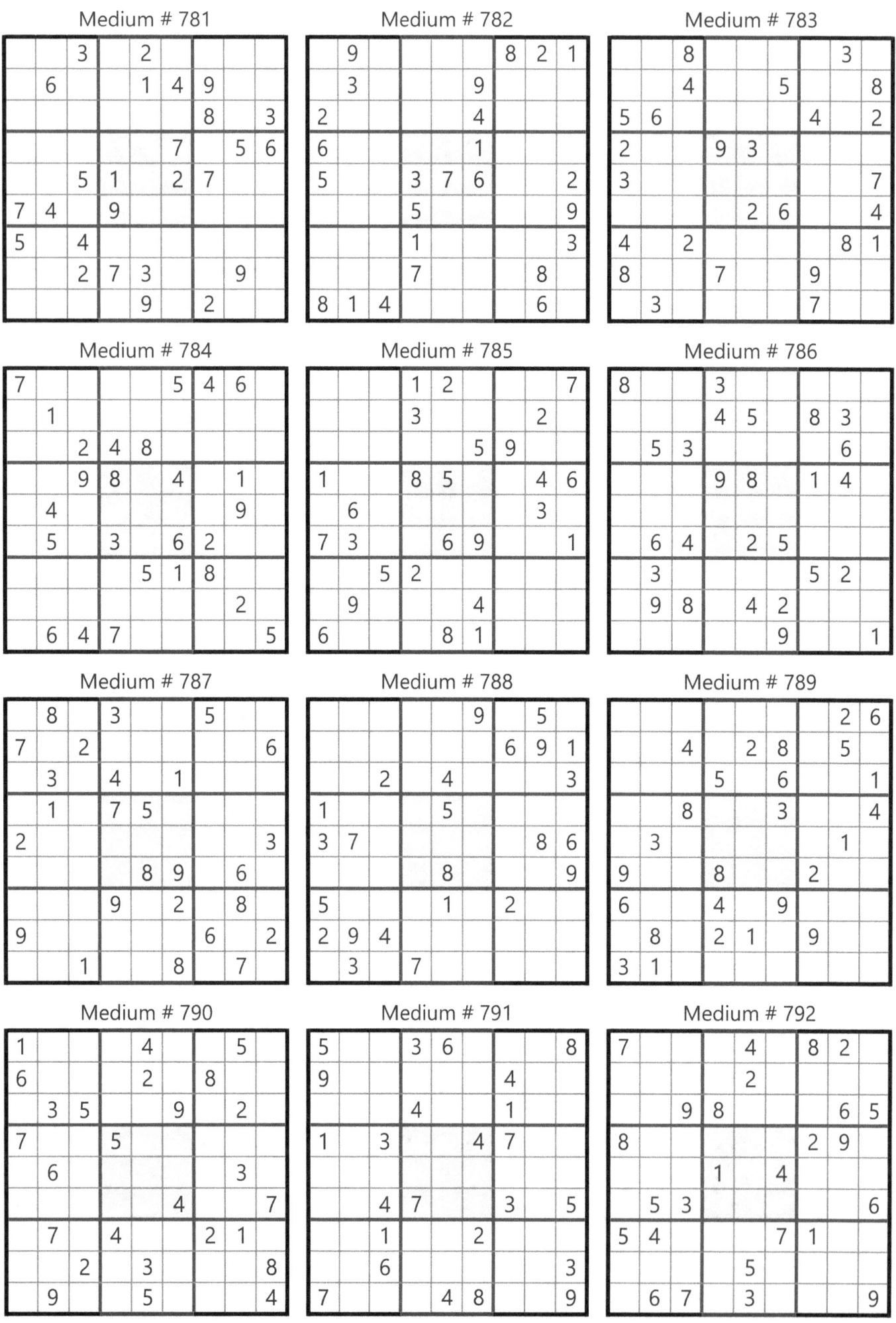

Medium # 793

				2		3		6
		3		4				8
8						4		2
					3	5		
	3		4		5		1	
		5	6					
3		8						5
7				3		2		
9		2		8				

Medium # 794

			8	2	6	1		
					5	8	7	
6				3		4		
		7			4			
2								1
			2			3		
		9		8				5
	8	1	6					
		2	3	9	1			

Medium # 795

	4	5		8				2
		6	9					
1	7	2						
	6	7			9		1	
	8		5			4	3	
						9	4	1
					1	7		
6				9		3	5	

Medium # 796

		2	8			1		
	5				4	7		
1					5			
	8				3			2
	1	9				3	7	
4			6				5	
			5					3
		4	2				8	
		6			7	4		

Medium # 797

			1				2	5
		8				1		
1			6	5	8			
					6		1	7
		7				9		
2	9		7					
			9	4	3			1
		4				7		
6	3				5			

Medium # 798

9				1				
	8	5			9		3	
					2			4
7		3	9					
		8				2		
					1	7		3
4			5					
	7		3			6	8	
				6				5

Medium # 799

	6		8					2
9		8	3					
		7						6
	9		2	1				
	5		7		3		6	
				5	8		4	
4						8		
					5	3		1
7					9		2	

Medium # 800

2					9		6	
		7			4			
8	5		2				4	1
				1		7	9	
	3	2		8				
5	9				1		8	6
			6			9		
	4		3					5

Medium # 801

9			3	1	5			
				7		1		
		3	4					
	1					8		2
2	7						9	4
8		5					1	
					1	3		
		4		9				
			6	8	4			7

Medium # 802

			2					
7		4	5	1				
9		1				7		2
		2		4				
	4	8				5	6	
				6		2		
5		6				3		8
				2	3	1		7
					1			

Medium # 803

				6	5			
	8		4		2			1
	2				8		6	3
	7				9			
9								4
			5				2	
2	6		8				4	
3			2		4		8	
			1	3				

Medium # 804

		9	2	4		8		
			1				5	3
				9	8			1
7						3		
	1						7	
		6						9
6			4	8				
9	8				1			
		2		7	9	6		

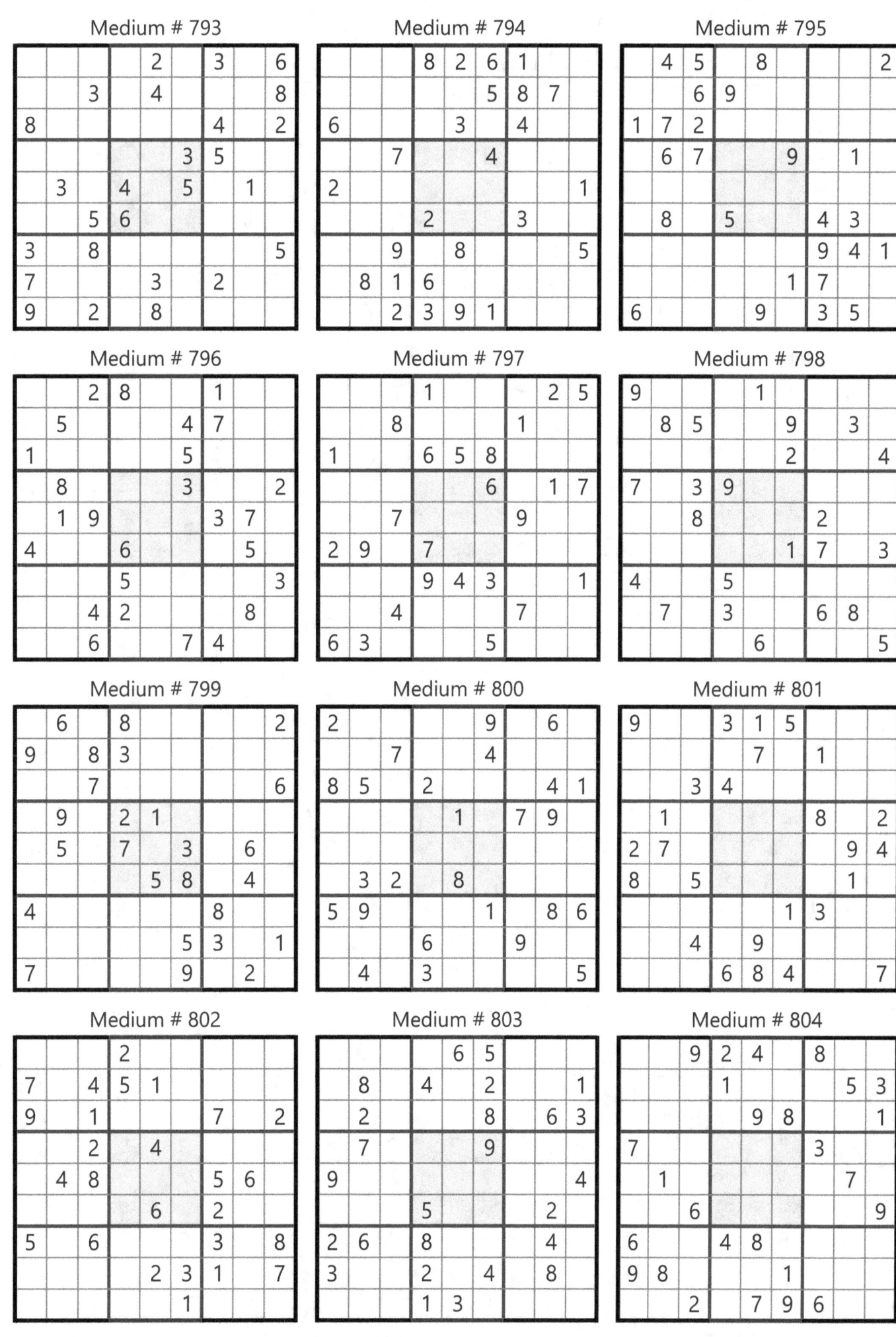

Medium # 805

	7		5		3			
			2	6				
	6	8					3	2
		4	6			7		
		9				2		
		7			5	1		
9	8					4	6	
				3	7			
			4		6		9	

Medium # 806

7	8			2				
		4	1	8				
3		6					9	
	6		8			3		
	3						2	
		1			4		8	
	9					6		8
				3	6	2		
				9			7	1

Medium # 807

		1					4	8
	2	5	9	6				3
				3				
		7					9	
			5	4	7			
	5					3		
				2				
8				9	3	1	6	
3	4					2		

Medium # 808

	6	9	8					
3			5	9			8	
7								
1				3				
		6	7	4	9	2		
				1				6
								8
	3			6	2			4
					3	7	1	

Medium # 809

	2	3			7			
8				4			1	5
			8					
	9			5			7	
		6	7		9	8		
	7			2			5	
					2			
2	5			6				3
			3			2	9	

Medium # 810

				6		1		
			4					9
	6	7			5	4		3
				8				2
	5		2		1		9	
7				3				
2		3	9			6	8	
6					7			
		4		5				

Medium # 811

3				1				5
		1		5			9	
			3			7	4	
			2				8	3
	9						5	
4	5				6			
	8	9			3			
	1			7		9		
5				8				2

Medium # 812

6			8	2				
			7			6		
4	5					8		
	1			5		4		
5	7						1	9
		3		1			7	
		8					3	4
		1			2			
				8	3			7

Medium # 813

8			4	6				
		2	9				5	
		9	3			7		
		5					3	
9	4						2	6
	1					4		
		1			6	3		
	9				3	6		
				5	8			9

Medium # 814

				5				
1		6					3	7
5					2		6	
9			8					
	3		1		9		5	
					5			1
	8		5					2
2	9					4		6
				7				

Medium # 815

					3		9	
				1			7	
		1			6		5	
	3			2		8	4	
		9	7		1	2		
	7	2		8			1	
	1		9			3		
	5			3				
	2		6					

Medium # 816

7						9		
3	2			7	6			
	6				3	8		
4			2	6			1	
	1			5	7			6
		3	6				9	
			9	1			2	5
		5						1

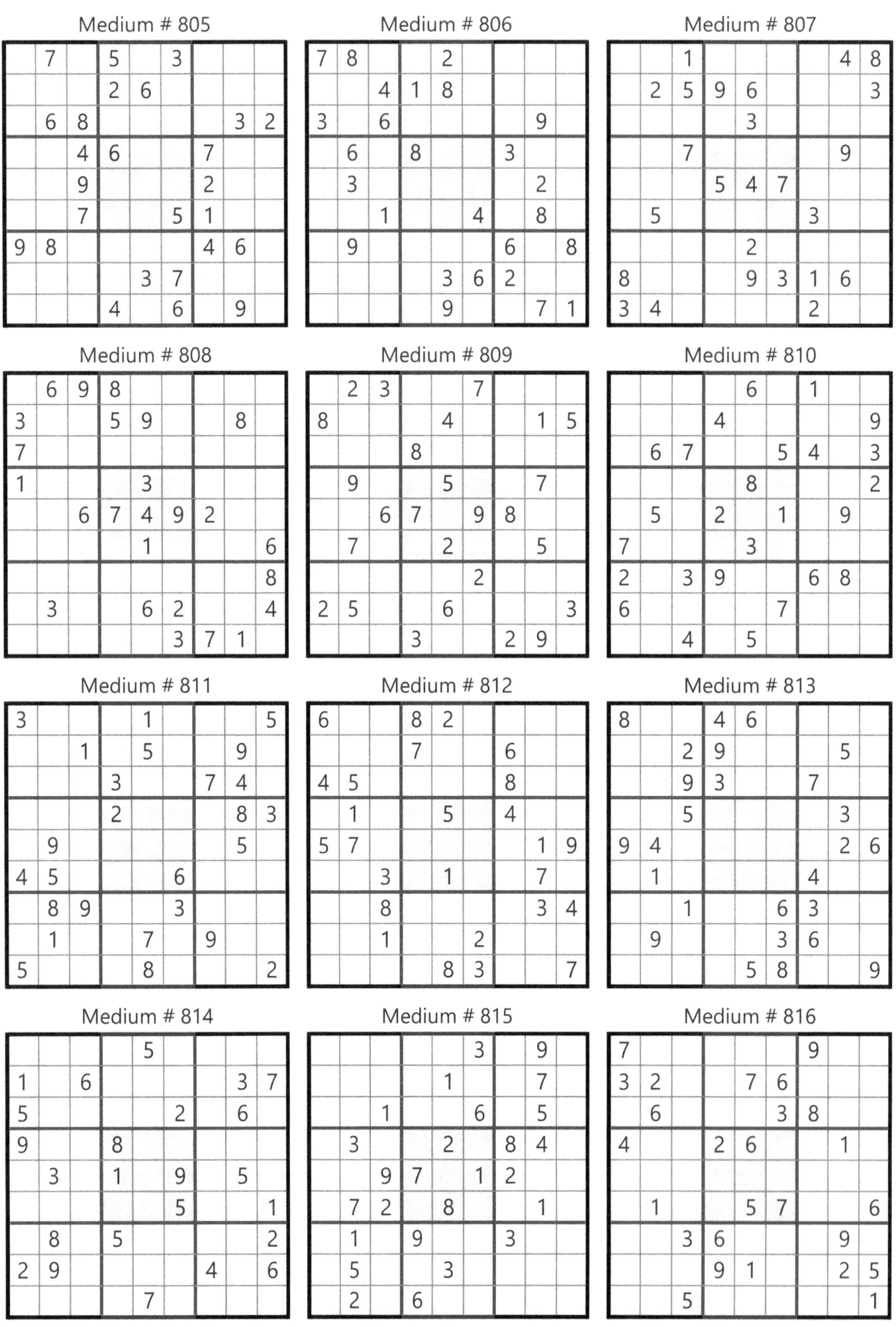

Medium # 817

8		6	7			3		1
4		5		3	9			
								9
		2	8				6	
	5				1	2		
6								
			2	4		1		6
9		1			3	8		4

Medium # 818

			8		9	3	7	1
	9	1	6		5			
	4	9						6
			5		4			
2						4	1	
			9		8	5	2	
9	5	6	7		1			

Medium # 819

5					6		9	
3		9		1			2	
			8				5	
		8			4			7
1								2
2			7			9		
	3				5			
	6			7		5		9
	2		1					8

Medium # 820

8				2				
	9		5				3	
					7	2		9
		4			5	1		
	1		4		8		7	
		7	3			4		
2		5	9					
	7				3		6	
				4				7

Medium # 821

	2							
4	6				8		2	
1			6	5				
9				6		4		
		8				5		
		4		1				2
				2	9			3
	1		3				8	7
							1	

Medium # 822

					2			6
7	3				6			
	8						2	1
9	4			6				
		1	8		7	5		
				4			3	9
5	9						1	
			9				6	8
8			7					

Medium # 823

	4			9				
5	7				6	9		
		9					1	
6				7		1		
		3		1		2		
		1		5				8
	2					8		
		7	8				9	3
				3			2	

Medium # 824

		1	8			5	7	
						4		
7	8	3						
9	6			3				
4			2		8			6
				9			4	3
						3	9	5
		6						
	5	2			4	7		

Medium # 825

4				9		7		
		6	1					
						5	9	3
				7	6			1
8								9
2			3	8				
3	9	5						
					5	3		
		7		3				4

Medium # 826

	6	1		2	9		3	
				8				
						4	5	
3			9					
4		9				7		5
					5			9
	8	2						
				3				
	3		2	9		6	1	

Medium # 827

	3	8	6					
2				5				
			8		7		2	3
			7			5		
	8	1				4	9	
		7			9			
5	4		3		1			
				8				1
					5	9	3	

Medium # 828

6				4	3		9	
			8	7				
		2						7
8			3			9		
7	6						1	2
		3			4			5
3						7		
				3	5			
	7		2	1				4

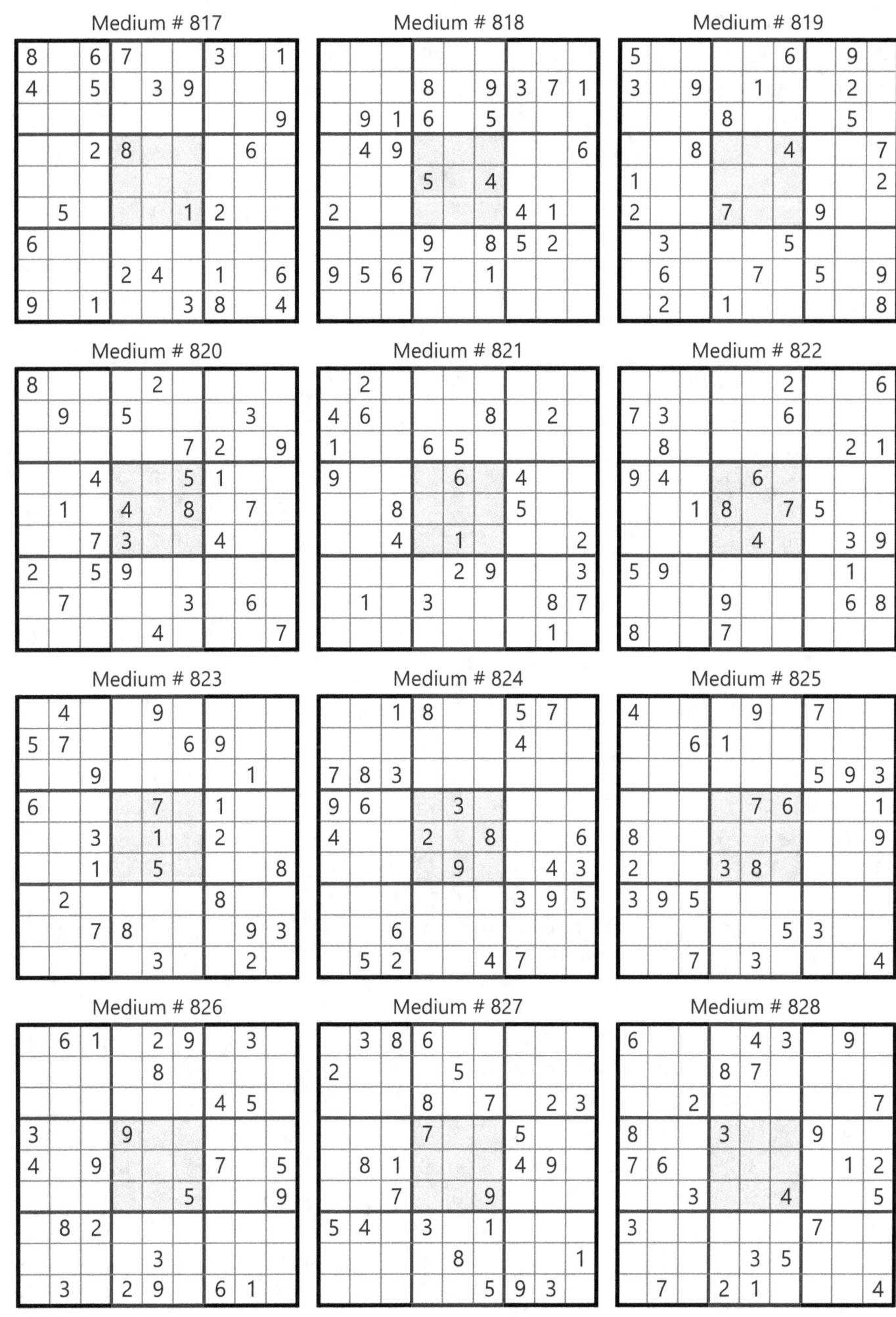

Medium # 829

4	6				5		3	
				1	9		7	
9			8				2	
	9					1		2
1		6					9	
	7				8			3
	5		2	4				
	2		6				5	8

Medium # 830

				7	9			5
3				6				
		6	1		2			
2	7			9			5	
	4						6	
	5			4			8	2
			6		3	7		
				2				6
1			4	5				

Medium # 831

1	6	8	9			3		
	4			2				6
			3		6			
				4		7	5	
	9	2		1				
			2		9			
4				3			6	
		9			1	2	8	3

Medium # 832

					6	8	7	
							2	3
	6		7				9	
7				5	8			
4		5				2		6
			6	3				4
	7				1		6	
1	5							
	8	3	5					

Medium # 833

				9				7
2	6		5					
8		7		3	6			
						2		4
	3	1				8	9	
9		5						
			6	5		1		9
					4		8	5
5				8				

Medium # 834

5		2	1					
				6		9	7	5
		9		8				4
1	3						5	9
4				7		1		
6	7	8		2				
					4	2		8

Medium # 835

						8		9
			8		2	4		
3	4						7	
		6		1				5
	1		2		5		3	
9				4		2		
	6						1	8
		9	6		8			
5		4						

Medium # 836

					4		8	
					3		7	1
2				1		5		
	9	7		4				
4		6				2		9
				8		7	4	
		9		6				7
1	5		9					
	7		8					

Medium # 837

								2
	6	2					7	
			9	7		1		3
4				1	8	9		
	8						5	
		9	5	4				7
3		6		8	9			
	9					2	8	
5								

Medium # 838

			9	8		1	7	
		2		6			4	
			7					
	9				8			4
	6			3			1	
5			2				8	
					3			
	8			7		6		
	7	5		4	9			

Medium # 839

						1	9	
	5	8	6			4		
			9		5			6
	1	4		2				
			5		9			
				3		8	6	
2			3		4			
		1			6	5	4	
	8	6						

Medium # 840

								8
			6	9				7
4	6						5	
	4	7			2			6
	1		5		6		7	
5			7			8	3	
	5						8	1
9				5	4			
8								

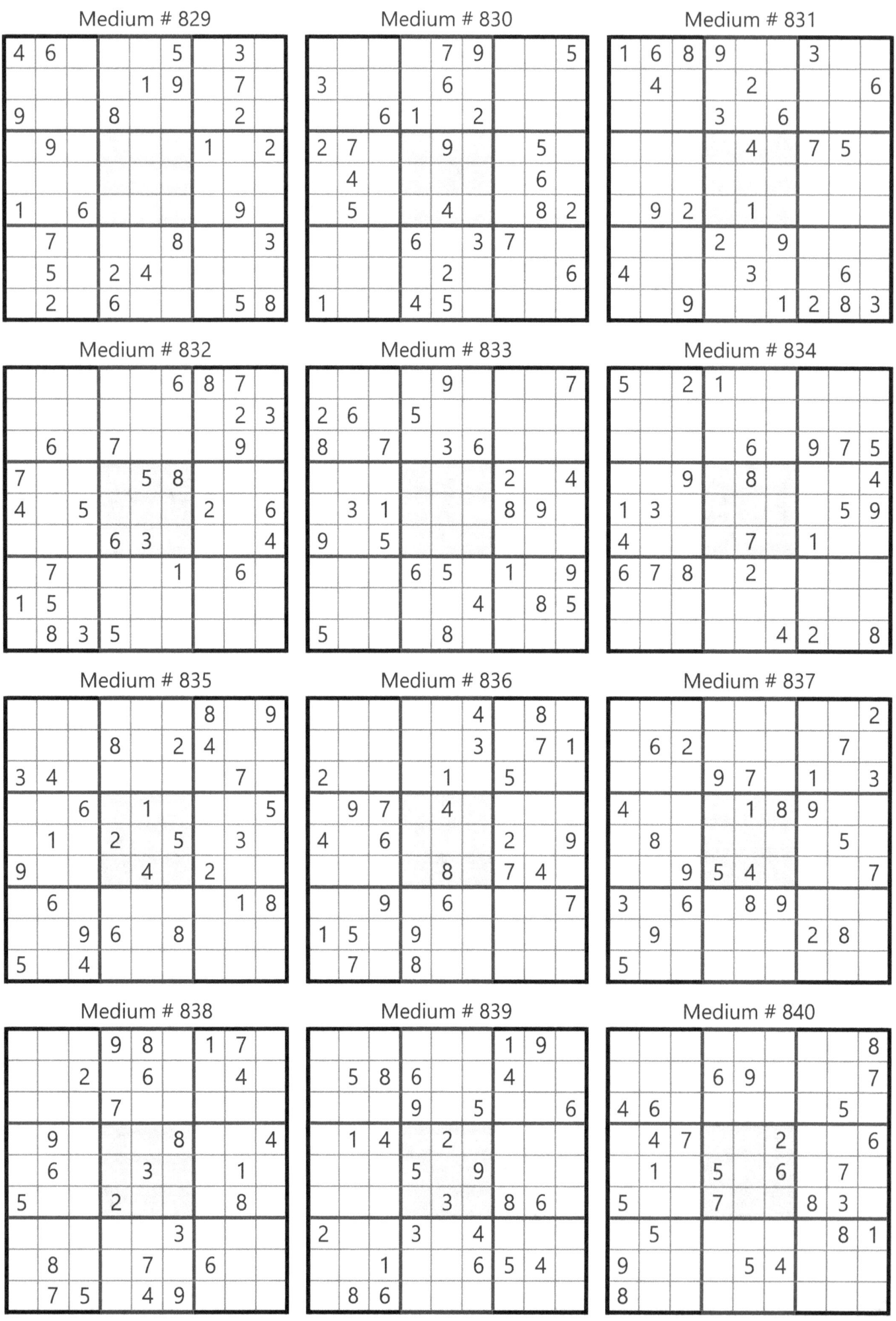

Medium # 841

	9		1					3
1	7		9		5			
		6		4			2	
					4		3	
4								1
	3		8					
	5			9		4		
			5		8		1	7
9					1		5	

Medium # 842

4			8			5	2	
		8	2					6
7			1				9	
		3	9					
		1				6		
					6	3		
	3				4			8
9					3	2		
	7	4			1			5

Medium # 843

6			3			1		
			6	2		4		
							7	9
	1			3		5		
3			1		4			6
		9		5			8	
5	7							
		2		6	3			
		4			9			2

Medium # 844

								9
		1		8	2			7
		2	9	5				8
2	6	7						
		3				6		
						7	4	5
4				6	7	5		
9			1	4		8		
7								

Medium # 845

		4				2	8	
7	8				5			
			1			7		
9		7	8					
	4		3		7		2	
					6	1		8
		2			3			
			4				5	3
	3	6				8		

Medium # 846

		5			3	4		
							5	3
			5	8			9	
5					2	1		
	2	8				6	4	
		6	1					7
	3			6	9			
6	7							
		2	8			7		

Medium # 847

					1		3	
9		5		3			2	
		7					8	9
	6		2					
2			1		8			4
					5		6	
6	7					2		
	5			2		7		1
	4		5					

Medium # 848

1			8					
		8						2
		9		5		8	1	
			2			6		8
3		4				7		9
6		7			9			
	6	2		1		5		
9						3		
					6			4

Medium # 849

3	8					5		6
				6	5		2	
				9				8
				3	1	4		
		6				7		
		4	7	2				
9				7				
	7		3	5				
8		2					5	7

Medium # 850

8						4		
	6							2
			5	1			7	9
	8		2		4			
9		2				6		3
			3		1		5	
3	5			2	7			
1							2	
		7						1

Medium # 851

4			7		5			
3						1		
				4	8		2	
	1					8		5
	9	3				2	1	
5		6					4	
	6		9	5				
		2						1
			1		2			8

Medium # 852

		1			3			
5	4						7	6
				6		4		
		6	3					9
4			7		5			2
7					6	3		
		9		8				
1	8						3	4
			9			2		

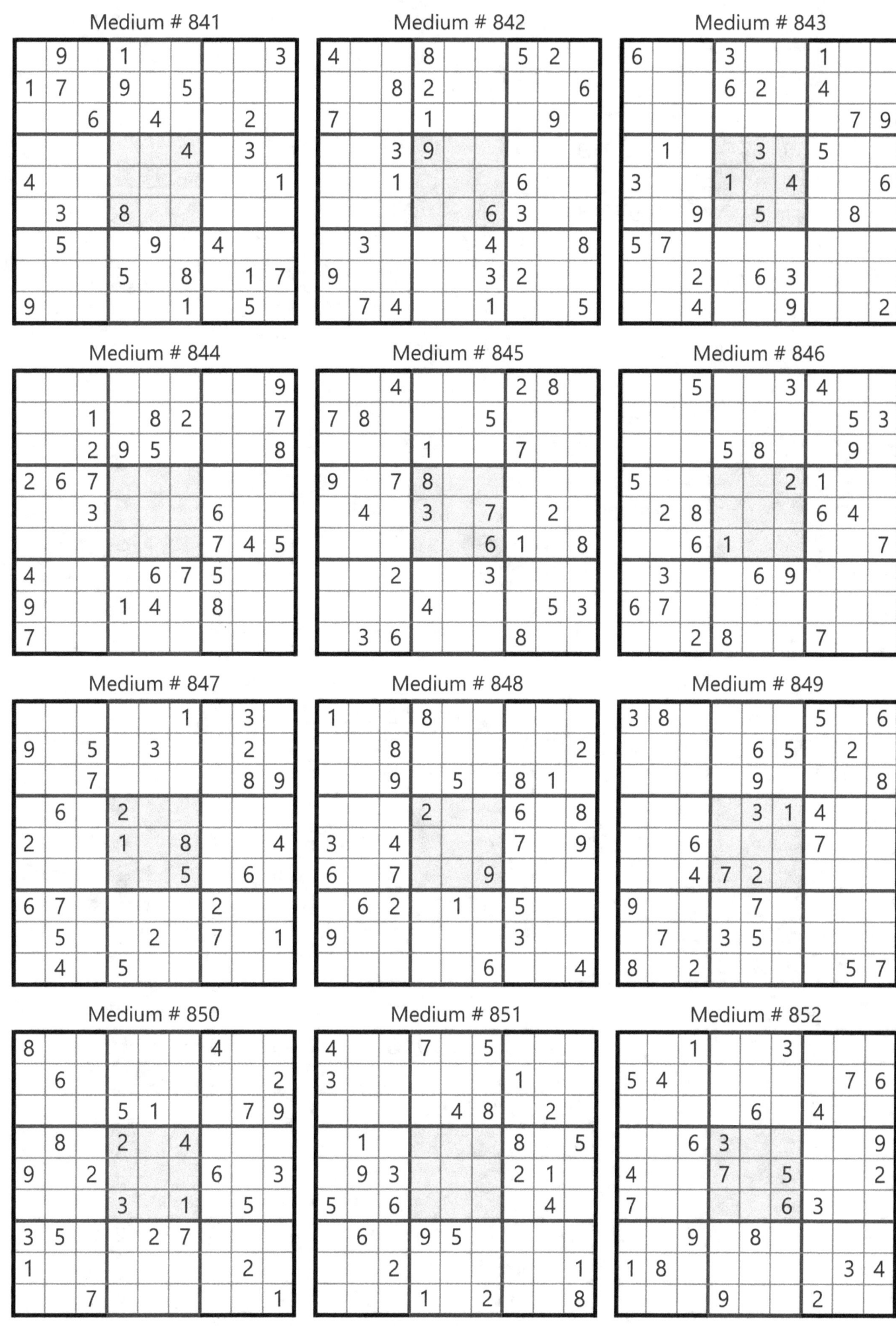

Medium # 853

			1	9				3
	9		6		5	8		
	5					7		
8			5	6	3			
			7	1	2			9
		7					5	
		8	2		6		3	
1				5	4			

Medium # 854

	8				9		6	
		6	2	5				
	4					2		8
9		4						3
			3		6			
3						7		6
8		9					2	
				4	2	3		
	2		5				8	

Medium # 855

	4					7		
		5	9		6			
		9			1			
	7			1			2	6
	8						3	
3	2			5			7	
			4			9		
			3		5	2		
		2					8	

Medium # 856

	3		8	7		1		6
	7		1	9			2	
						8		3
9	2						7	5
6		3						
	9			6	1		4	
2		1		8	3		5	

Medium # 857

				6				4
5				9		6	7	
	9				8			
		2			4			
7	3		8		9		6	5
			6			2		
			5				3	
	1	4		3				2
2				8				

Medium # 858

	9					4	3	
8		5	7	4				
		7			1	8		
			2	7		5		
		3		1	5			
		9	4			3		
				5	6	7		8
	2	6					5	

Medium # 859

		5	7	4	6			
								4
		1				6		
2			8				7	
9	3						4	2
	5				2			6
		7				5		
1								
			6	2	3	8		

Medium # 860

						2	7	3
	7							
		8		9	4	6		
		4		8			2	
	1			6			5	
	5			4		3		
		6	1	2		4		
							8	
3	8	7						

Medium # 861

	9							
			5			3		2
		5	4	8		9		
9				1	4			6
		4				5		
6			7	3				8
		2		6	7	1		
7		8			9			
							5	

Medium # 862

	6		9	1				
		3					1	
		9		3		7		
		7	5		9		2	
	9						3	
	8		4		3	5		
		8		4		1		
	4					3		
				2	1		6	

Medium # 863

	4				9	5		
				2	4		8	
	1	6	3					
3						8	7	
5								6
	6	9						2
					2	7	4	
	8		9	4				
		5	6				3	

Medium # 864

8		4	9					
		5		6		8		3
			8				5	
9		1		5			4	
	6			3		1		2
	1				2			
4		6		7		2		
					8	5		7

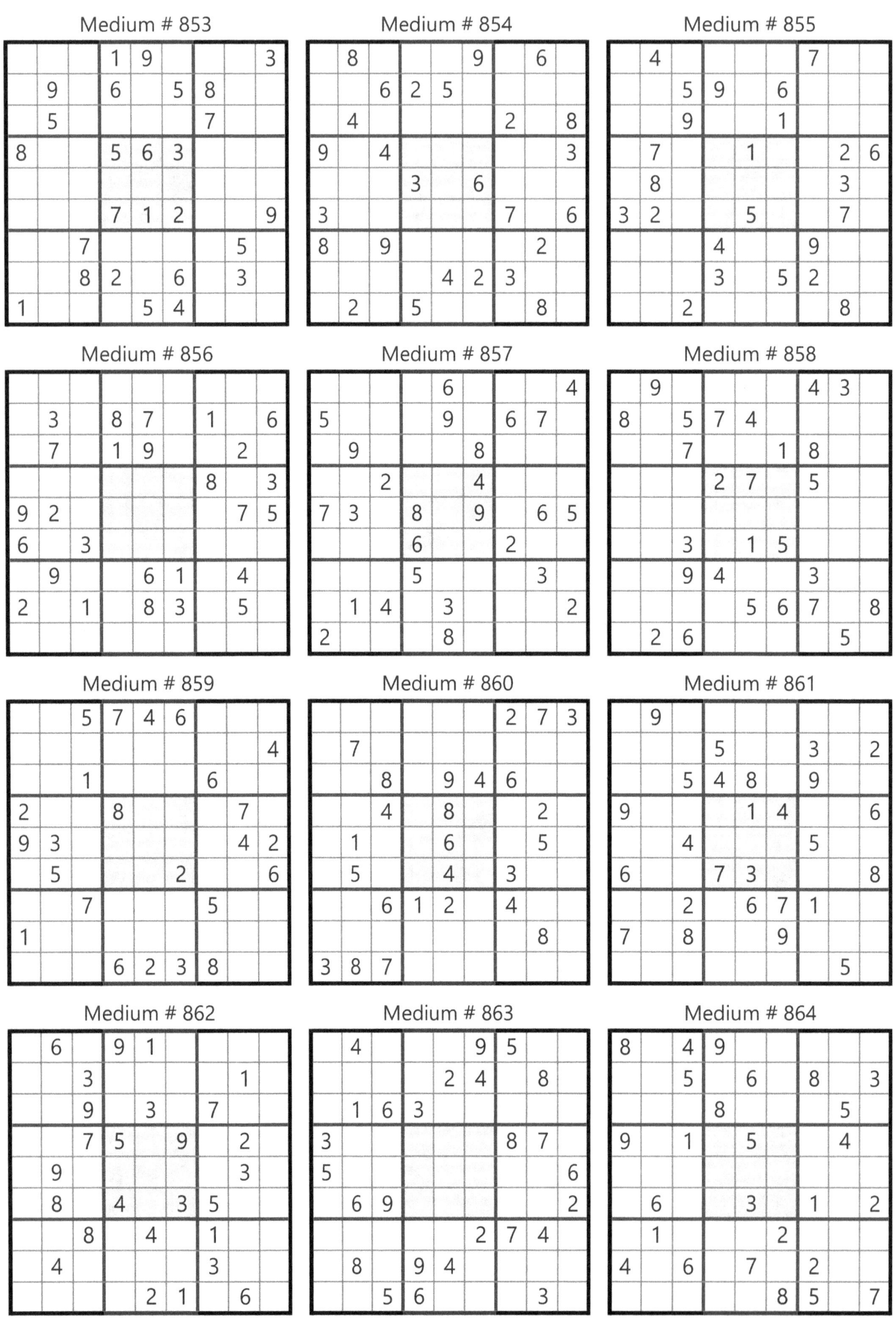

Medium # 865

		9	1			8		
3								
7			2	9		4		
8					2		7	1
		6				9		
2	5		4					3
		2		7	6			4
								9
		5			3	7		

Medium # 866

			7					1
	6			9	2		5	4
7						8		
		7	8					
5		1				3		6
					4	5		
		2						5
3	5		1	6			2	
8					9			

Medium # 867

					6	8		4
1		5		4				
	6	2			8			3
	9							2
		1				6		
3							1	
6			8			2	4	
				1		5		8
9		8	3					

Medium # 868

			9					
	4	9		6	8			1
	2						3	
					1	4	7	
	8		6		9		2	
	6	4	7					
	5						1	
6			2	5		7	9	
					3			

Medium # 869

	7		6				8	9
	6				4			
9				7	2			5
	8			4				7
4				2			1	
7			4	3				6
			9				3	
1	4				6		7	

Medium # 870

	7			4	9	2		
							4	
	5	3						1
9					3	4		
	1			9			6	
		2	1					8
6						5	7	
	4							
		1	5	3			8	

Medium # 871

8			5					9
		2			7	5		1
		3		9		4		
				8	4			
		9				1		
			9	5				
		7		6		3		
4		1	8			2		
5					2			6

Medium # 872

		3		4	5			7
		6	9					
5			6			8		
	8			1		7		
7								8
		5		9			3	
		7			6			3
					9	6		
3			7	8		1		

Medium # 873

	2			4		8	6	
			6			4		
9		6			3			7
		8			4			
3								6
			9			1		
4			5			3		8
		2			7			
	7	9		6			5	

Medium # 874

		9			4			
6	4			8			5	1
1				7				
		3	8				1	
		6				4		
	1				6	5		
				6				3
2	8			5			4	9
			7			2		

Medium # 875

	2					8		
7					9	3		
					8	7	4	5
				4		6	3	
			8		2			
	3	2		7				
9	4	3	6					
		5	2					7
		6					9	

Medium # 876

9					5	6	2	4
7	2			9				
4			3				8	
	7		6		9		1	
	8				1			7
				3			7	1
8	4	7	2					3

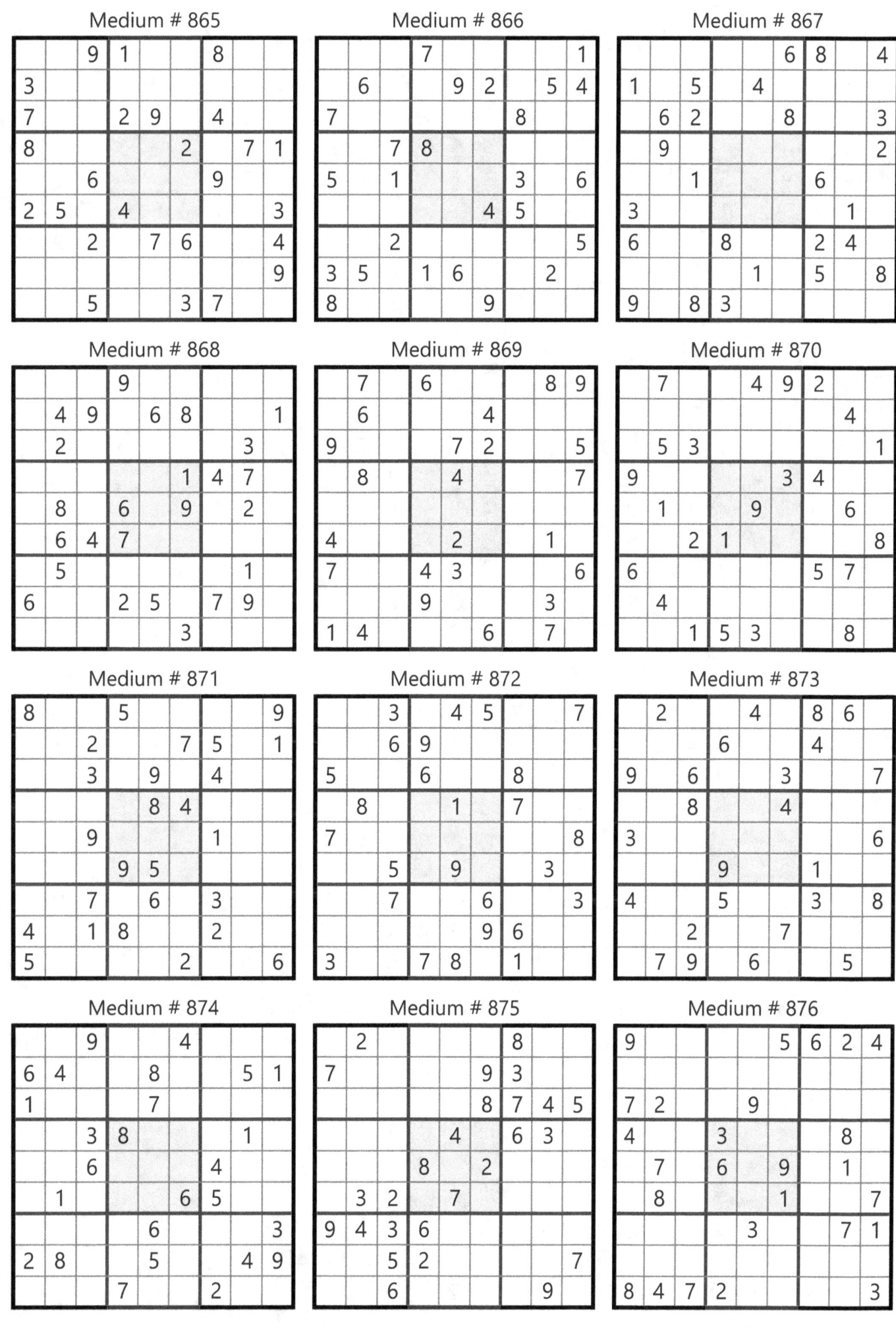

Medium # 877

		6						
	4	9		1			6	8
	3		8					4
	8		4			2		
			9		5			
		7			1		9	
4					3		2	
2	1			9		7	8	
						5		

Medium # 878

	5	9						
3		7	1					
	1		3		2	9		
7								3
	2	8				1	4	
4								6
		3	2		9		8	
					4	6		7
						3	1	

Medium # 879

						9	6	
7				1				
	8	3	9				4	
5		4			3	8		
	7						2	
		2	8			6		3
	5				1	3	9	
				7				4
	2	7						

Medium # 880

7	6				9	4		
1								
		5	1		8			
8				2				
3		6	8		4	7		9
				7				5
			6		7	3		
								1
		3	5				9	6

Medium # 881

3				2			6	
	2	8	3	1				
							8	2
						4		
		1	4	9	7	5		
		7						
8	3							
				3	9	6	1	
	6			8				5

Medium # 882

		5		2				
	7			8		6		
1					3		8	
	6	9						1
		8	4		1	9		
2						4	3	
	1		8					5
		7		5			1	
				1		3		

Medium # 883

		3		1	4			
		1				4	8	
					9	7		2
	3					8	7	
				4				
	7	4					5	
4		8	5					
	9	5				2		
			3	9		1		

Medium # 884

8		7			9			
		6	7	1	8			
3								5
	9		6			5		
	2						9	
		4			2		6	
4								1
			1	5	4	7		
			8			9		3

Medium # 885

			2				4	6
4			1	8			7	5
	7					3		
				9	5			
1								7
			3	6				
		1					9	
6	2			5	4			3
7	8				2			

Medium # 886

						5		
				1		6		2
3		7	2					9
			6				8	3
9				4				5
6	8				7			
5					2	4		8
2		4		3				
		6						

Medium # 887

		5		6			2	
		6			4			8
2	7						9	
3		8		4				
			6		2			
				5		4		3
	9						3	1
7			5			2		
	8			2		9		

Medium # 888

			1					9
7			6					8
		1		5				
	6				8		4	5
		5				3		
1	7		9				6	
				4		2		
9					3			1
2					6			

Medium # 889

7	9	4			1			
	8			7	3			
		1		4				
	7		2					
3		2				1		8
					9		3	
				8		6		
			1	5			7	
			7			2	4	1

Medium # 890

				8				
	3					7	1	4
	6				2	9	8	
				3	6			7
6								8
5			7	2				
	1	4	5				7	
7	8	9					4	
				9				

Medium # 891

		5		4				
	9			3	1			
2						7		
	7				5			3
6		3	7		4	1		8
9			1				7	
		8						4
			3	7			8	
				9		2		

Medium # 892

	5		8			2	7	
		6	5	9				4
		4			7	6		
2								8
		7	3			9		
5				7	3	8		
	2	1			4		5	

Medium # 893

6							8	
		8	4				1	
				8	7		6	9
4				1	3			
	8						5	
			6	9				4
8	2		9	6				
	3				2	5		
	6							7

Medium # 894

5				2		8		6
	9					7		2
		6			9	1		
				1	7			
	4						1	
			3	5				
		1	2			5		
6		8					7	
9		4		8				1

Medium # 895

		6	8		5	4		7
	8	4					6	
3	2			9				
5			2		7			9
				1			5	2
	5					2	8	
8		7	4		1	6		

Medium # 896

					5		7	
4				3			8	
		3				9	4	1
		5	6					3
			7		9			
2					3	1		
3	2	6				4		
	1			7				8
	4		2					

Medium # 897

		8				9	7	
			4			1		
	2			8		5		
9			8	6				1
1								4
7				4	1			6
		5		1			2	
		4			2			
	1	7				3		

Medium # 898

6			4					
4	9			5				7
		5		7				
		7					8	1
		4	1		8	5		
2	8					4		
				4		2		
3				1			6	4
					7			8

Medium # 899

	3	9			8		1	
7								5
	1		7					
				1	7	3		
		2	3		5	9		
		1	8	6				
					4		6	
5								8
	9		5			2	3	

Medium # 900

	3				5			1
	9				4	7		
			6				4	
			7					9
1	8			9			7	5
3					2			
	6				7			
		2	3				6	
4			9				1	

Medium # 901

				7			9	3
	8					1	2	6
			6	5				
		9		2	7			
	2						7	
			8	4		6		
				8	1			
1	7	8					4	
5	9			3				

Medium # 902

				7			6	
9			3				7	
7		5				9		
		3	8	2			4	
			4		9			
	4			5	7	1		
		4				6		3
	9				6			2
	5			8				

Medium # 903

5	9			3				
	6	7						
			6	8	4			
8		1	9			2		7
7		3			5	8		1
			3	5	7			
						5	7	
				9			8	2

Medium # 904

			2	1		4		
		2		8		1	7	3
								8
	5			4	9			
1								7
			5	7			1	
4								
8	9	7		6		5		
		6		2	1			

Medium # 905

5	9				7	4	1	
			6			3		5
	1			3				
			8				5	
		7				9		
	8				6			
				2			4	
1		5			9			
	3	4	5				9	2

Medium # 906

8	4						9	3
	3	2	4	1				
		8	7				4	
4			3		6			1
	2				9	3		
				7	8	1	5	
2	7						6	8

Medium # 907

	5	7		9			8	6
9				1	3			2
		3	6			2		
	9						6	
		6			5	4		
8			4	2				1
5	2			6		8	9	

Medium # 908

						9	1	7
1			3			2	5	
				5	9			
		9	4					
		5	9		3	1		
					6	4		
			2	4				
	4	1			7			8
8	6	2						

Medium # 909

		2	7			4		
7							6	1
		1		8	3			
6			5				9	
				7				
	3				4			8
			4	1		8		
4	5							2
		6			9	3		

Medium # 910

	9	4			7		2	
1			4		2			
7						1	9	
			1			2		
	3						7	
		2			5			
	8	7						1
			5		9			7
	5		8			6	3	

Medium # 911

		3	9			5		7
8		7						
	2			6	1			
	5	9	8					
	8						9	
					5	8	3	
			1	2			5	
						4		1
5		2			3	6		

Medium # 912

1			2				7	
		6						
2					5	8	6	
	4		5				1	6
				1				
8	7				3		5	
	9	4	7					1
						7		
	6				1			5

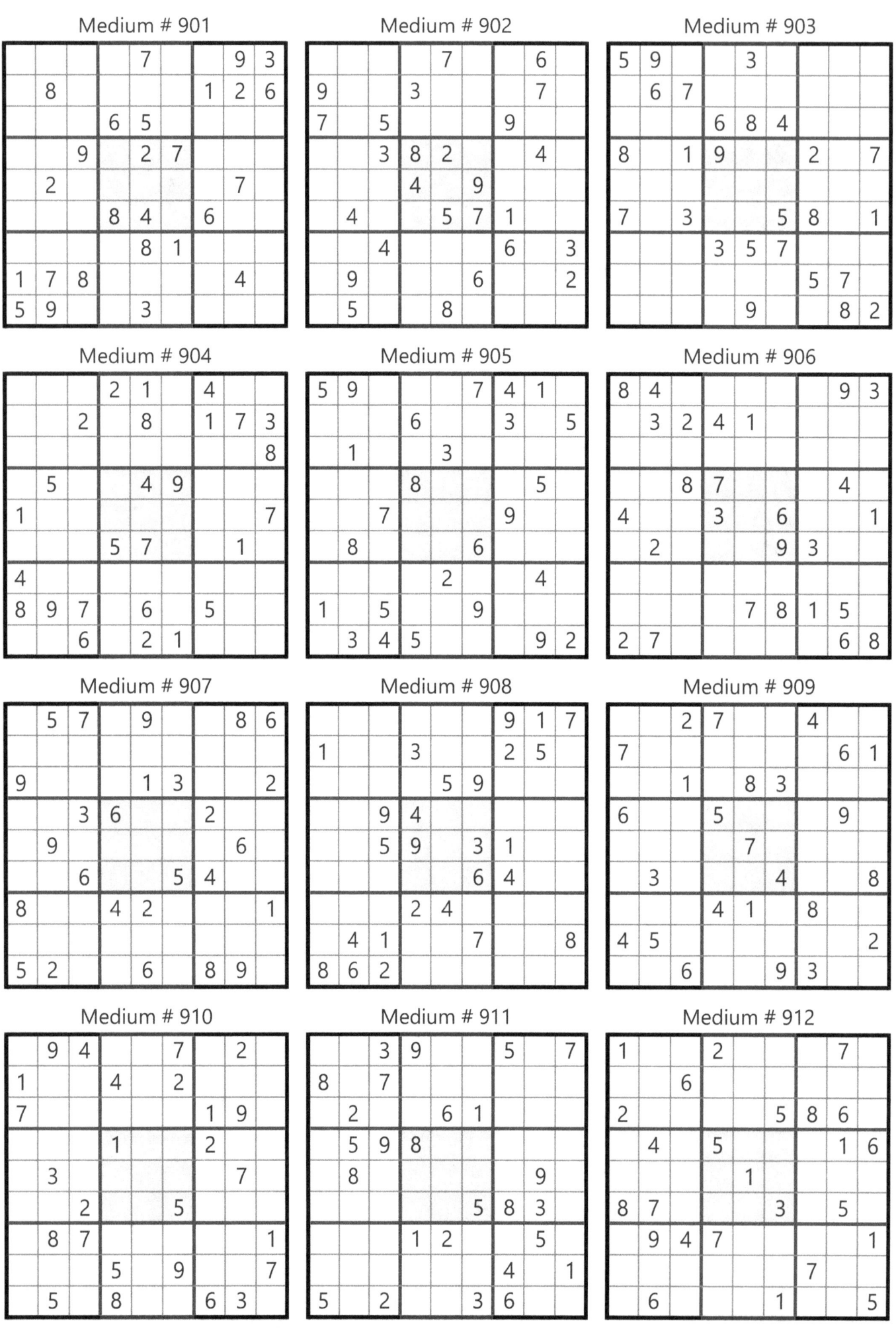

Medium # 913

		6			5	4		
9				8				3
			2		3	7		
						2	5	
1	4						9	6
	5	9						
		1	5		4			
4				6				8
		2	7			9		

Medium # 914

9					3			
				2	7	3	8	
	2						1	
		2		6			5	1
4								3
6	9			5		7		
	8						3	
	6	5	1	4				
			6					8

Medium # 915

	2	3		4				
	1	4		6	2			
					3		5	
9				7	6			
	5						6	
			9	1				4
	9		4					
			6	3		5	7	
				9		3	4	

Medium # 916

	7			9				
	2			4		1	8	6
	5	4						
1					9			
		5	8		7	2		
			6					8
						8	9	
2	8	6		7			4	
				1			6	

Medium # 917

		5		1				2
					3	8	9	
7		8						5
	6			8	1			
	4						2	
			4	3			8	
6						7		1
	3	4	6					
2				4		9		

Medium # 918

7		6	9			1	5	
	9	2		7				
		4						
2				3				
		5	2		9	8		
				8				7
						3		
				1		2	4	
	3	1			4	7		8

Medium # 919

		3			1			
	2				7	9	3	
9	6							
		8	3		9	5		
	9						4	
		1	6		4	3		
							8	4
	5	6	9				1	
			4			7		

Medium # 920

3				5				
			4			6		3
		7			1	2		5
8	1		5					
	4						6	
					6		4	7
9		8	3			7		
6		1			9			
				7				6

Medium # 921

4						1		
		6	9					2
						8	9	6
5	3		6	9				
			7		1			
				2	8		3	4
9	8	5						
6					7	3		
		7						1

Medium # 922

			6	5			2	
	6	4				7		
5				8				
	8				6			
		9	3		5	4		
			2				6	
				7				9
		1				5	8	
	3			6	2			

Medium # 923

						4	7	
	9		2		7		6	
		3	4	8				
	4				8			9
7								3
8			9				5	
				2	4	8		
	3		7		9		1	
	1	5						

Medium # 924

	8				7			6
		5	2			9		
				9		1	7	
	1		5					
9	4						8	1
					1		2	
	6	1		5				
		2			3	8		
7			4				9	

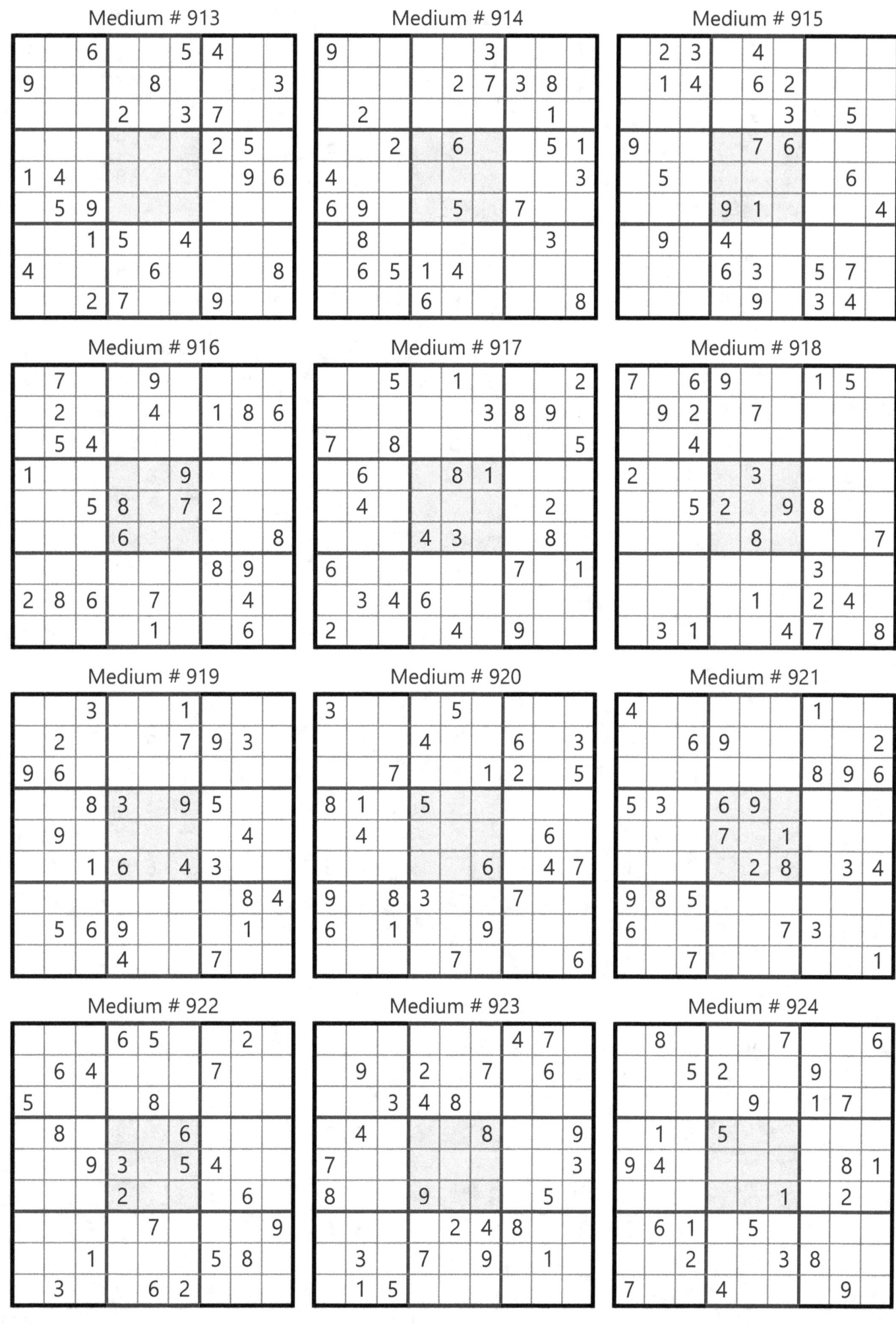

Medium # 925

			4	7				
			1			6	9	
		8		9	6			
		1					8	2
		9	2		3	7		
4	3					9		
			7	2		4		
	8	6			1			
				6	9			

Medium # 926

7		4		3				
1	5				9			
	6		7				2	
4				6		8		5
8		2		9				6
	3				2		5	
			5				9	4
				8		3		7

Medium # 927

					6			9
	1		4		7			
5	8	4						
6						2	4	
	5		9		8		6	
	4	1						7
						6	1	2
			3		5		9	
4			6					

Medium # 928

3	1	8						
					5	6		
			4	3			1	
	6		5	4		3		
	2						7	
		3		9	6		8	
	7			2	4			
		9	7					
						7	2	1

Medium # 929

6			2		3		7	
			5					4
		8		6				
		7		1			3	
		3				7		
	5			7		1		
				8		4		
9					5			
	3		4		6			5

Medium # 930

	8			3			2	7
	6				1			
			9			6	5	
7				8				
2			1		3			4
				9				5
	1	5			2			
			8				3	
9	3			7			6	

Medium # 931

3		8	9					
			2			3		9
	9	6					8	
7		2		5				
	3						5	
				9		7		1
	4					8	2	
5		3			6			
					8	5		4

Medium # 932

	7							
		5		2	3	8		
9				6	1		4	
3	6					9		
	9						7	
		2					8	6
	1		2	8				9
		9	6	7		2		
							6	

Medium # 933

5			8					
	7		6	9	1		8	
	6					4		2
	8			1				
			4		7			
				6			7	
9		3					4	
	1		7	3	5		9	
					9			8

Medium # 934

9		7		6				3
		4		3	5		2	
5							9	
					1	5		
			4		3			
		8	6					
	9							7
	4		3	8		1		
3				7		8		5

Medium # 935

		3	6					
		4		5				2
1	6						5	8
			2				6	3
2								9
3	7				9			
9	1						3	6
4				3		5		
					7	1		

Medium # 936

9			2	8		7	6	
	4				7			2
		7					8	
					2	8		
2								1
		4	3					
	5					6		
4			5				3	
	3	1		7	8			9

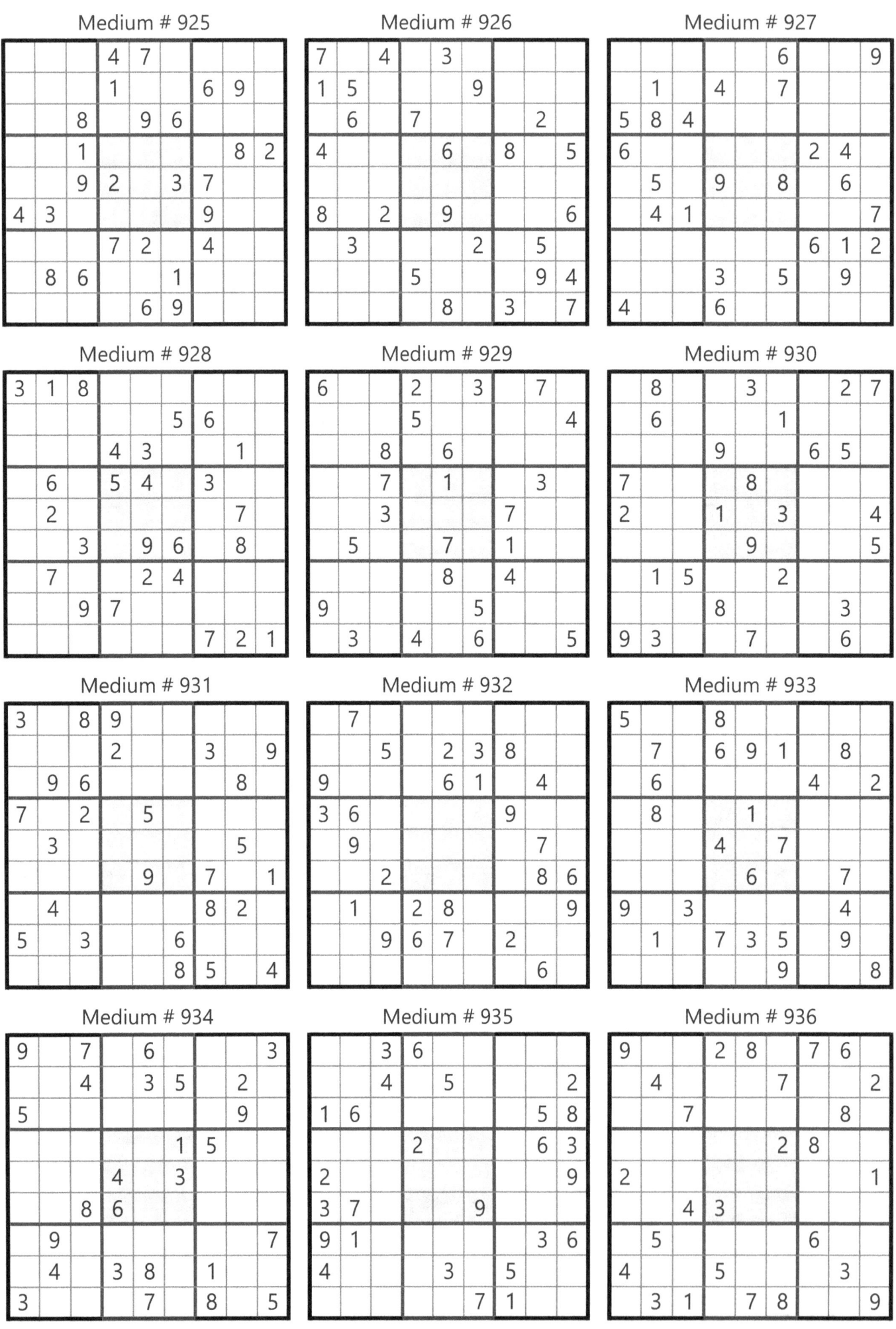

Medium # 937

	5			9				
			6			4		7
1		6		7				9
	9						2	
		8	7		3	5		
	3						1	
9				2		3		5
5		3			4			
				1			6	

Medium # 938

			6				4	7
					7	8		
				3	9		2	
		4		9			1	8
9								5
2	1			8		6		
	6		2	1				
		8	4					
7	2				3			

Medium # 939

					2	5	8	
8	7						1	9
					3			
3	9			1				
		6		8		2		
				4			9	3
			7					
6	1						5	4
	2	4	6					

Medium # 940

	3	8	6					2
	9			7		5		
	1			3				
	2	3	9					
9								1
					3	4	2	
				6			5	
		9		1			6	
2					4	8	9	

Medium # 941

					2	1		
5	7	9			3			
1				6			9	
7	9			3				
		3				4		
				8			5	3
	6			9				4
			3			8	1	5
		4	1					

Medium # 942

		3		4			7	
			9				6	
7			8	5		4		
	9				3			
2		5				3		4
			6				8	
		1		9	4			6
	2				8			
	3			7		9		

Medium # 943

	6		4					5
		8			7	6		
			2		3			
	3			9				2
	8		7		6		9	
9				4			7	
			9		1			
		4	6			2		
1					4		8	

Medium # 944

9			3					
							5	2
				5	2	8	4	
	6	1				2		5
		4				7		
5		7				1	6	
	5	2	8	7				
1	4							
					5			1

Medium # 945

							7	6
			4				3	
		1	9	6				
	5	8		1			2	
1				2				4
	2			8		7	5	
				3	6	5		
	4				1			
5	8							

Medium # 946

		4						
	6	1	5					
	9		7				4	8
		9	6			8		
	1		8		3		6	
		6			5	9		
1	7				4		2	
					2	6	8	
						7		

Medium # 947

8	9			1		5		
					5			
		4			8		7	
7			8		1	3		5
6		8	9		7			1
	3		6			2		
			7					
		9		8			5	4

Medium # 948

	8		5	3				
	2	4		8				
1						2		
6		1	7					
8								6
					1	5		2
		8						4
				4		9	5	
				5	6		8	

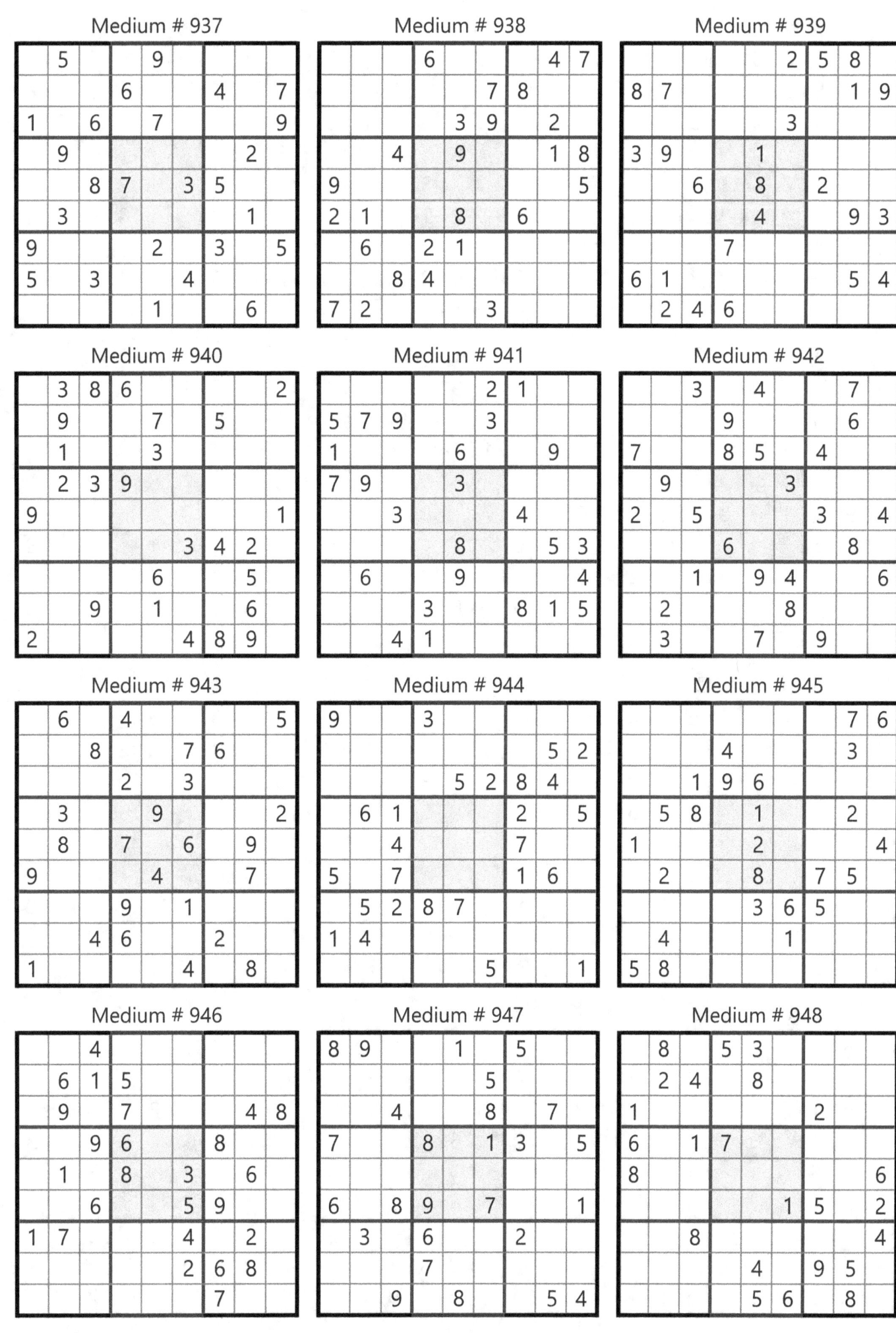

Medium # 949

			6	5				
8		5	7			1		3
						5		7
3			8					
9			2		7			6
					9			1
2		4						
7		6			1	3		9
				7	3			

Medium # 950

				7		4		
			6	5		7		
9	7						3	2
				8			9	
3			1		5			6
	4			2				
1	9						2	8
		3		4	8			
		5		6				

Medium # 951

	7			6				3
		8	7			2		4
3					5		9	
5	6		4					
					8		6	1
	5		3					7
2		6			1	3		
9				2			1	

Medium # 952

8	7			9				
		9					5	
1			8			2		
			9			7		
4	9		1		8		3	5
		5			2			
		3			4			2
	6					5		
				8			7	6

Medium # 953

	4			9				7
				6		5		
			1					9
4				1	5	9		
6			7		8			2
		5	2	4				8
5					2			
		9		8				
8				5			1	

Medium # 954

			9			5		
9		2			4	3	8	
		4		6				
3				8		2		
			3		6			
		7		1				3
				7		1		
	6	1	4			8		9
		8			5			

Medium # 955

5					3	6		4
		4					7	
	2			7	1			
		2		5			1	6
3	6			4		9		
			9	1			2	
	1					3		
6		5	2					8

Medium # 956

				4				9
	5		6					
		4			9	7		
3					5	9		2
			8		7			
4		9	3					7
		8	5			2		
					3		1	
2				6				

Medium # 957

		8		6			3	
		3		7	2			
9								1
					3		5	
2	6		9		1		8	4
	5		4					
4								8
			6	3		2		
	8			1		5		

Medium # 958

	8	7		6				
2			1			3		7
	4		8					
		4		3	9			
		5				1		
			6	7		4		
					4		3	
7		1			6			4
				9		6	5	

Medium # 959

	7	6				8	2	
		8	7				5	
2			8			4		
		7		6				1
9				8		7		
		3			1			5
	6				5	1		
	2	5				9	6	

Medium # 960

		4						7
					1		3	
		9		2		6		
1	2				5			3
		6				5		
5			7				1	2
		1		9		3		
	9		1					
7						2		

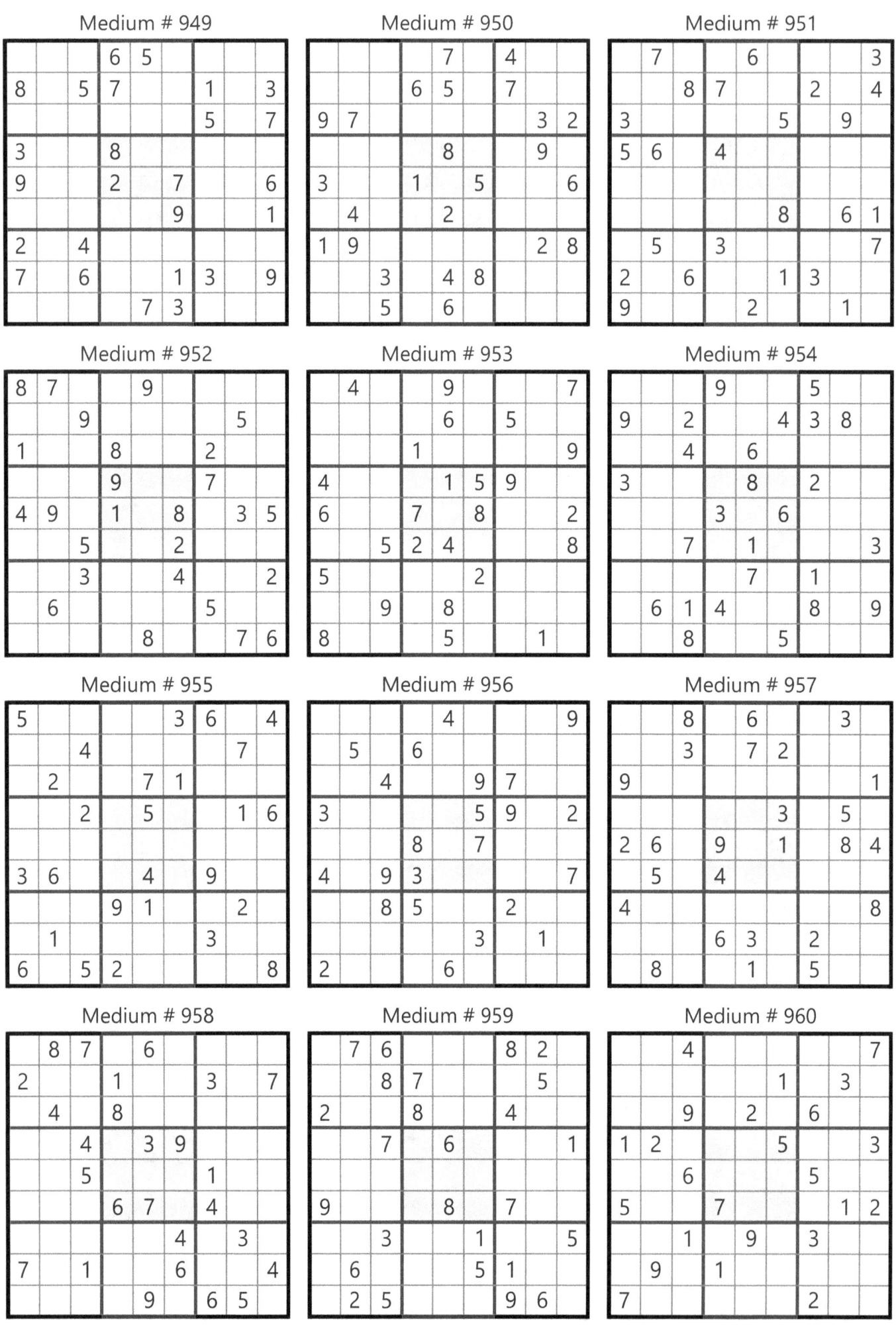

Medium # 961

	9				6		1	
				7		3	9	2
					8	6		
	2					9		
6			2		1			8
		7					3	
		3	8					
7	5	4		3				
	8		4				7	

Medium # 962

2						4		
1							9	
		9		6	3	8		1
7				8				
		1	2		4	9		
				5				2
5		8	7	4		2		
	1							9
		2						5

Medium # 963

				1		5		8
				5	3		9	
1			7					6
	8	4						2
	7						6	
9						3	5	
5					7			3
	9		2	6				
4		1		9				

Medium # 964

	9	7		3	6			
5		4				9		
8				7				
		3		4				8
			5		2			
9				1		5		
				9				7
		9				6		1
			3	5		2	9	

Medium # 965

	4	3		8				9
				1	5			3
		5						
1		2				4	3	
	8						2	
	6	9				5		8
						6		
2			7	4				
7				9		2	1	

Medium # 966

		4	8		9			
5		8					2	
	6		1					3
2						5		
1	5						3	9
		9						1
4					6		7	
	7					1		2
			4		1	6		

Medium # 967

	2		8			3		1
			9			5		
	9			1	4			
1				3		7		
2								9
		7		5				8
			3	4			7	
		8			5			
6		1			8		2	

Medium # 968

				2			3	
2			9			8	7	
1	3		8					
	9		6			2		
5								3
		7			1		4	
					8		5	9
	6	1			9			4
	7			6				

Medium # 969

9					2	1	4	
	7		3					
				4	5	8		
			6	2			9	
2								5
	4			1	9			
		8	2	9				
					4		7	
	2	5	7					6

Medium # 970

		7						8
				8		5	6	1
1			2			4		
		9			3			
			9	2	7			
			6			3		
		2			4			5
7	6	4		5				
5						8		

Medium # 971

			8		3	9		
				1				6
		8	4	5				
9	6						5	
5		2				8		1
	4						3	7
				8	2	4		
6				9				
		3	5		4			

Medium # 972

			6				9	4
		8				1		
			4	1		5		
1				5	2			
	8			7			2	
			8	4				6
		1		8	4			
		7				9		
9	5				7			

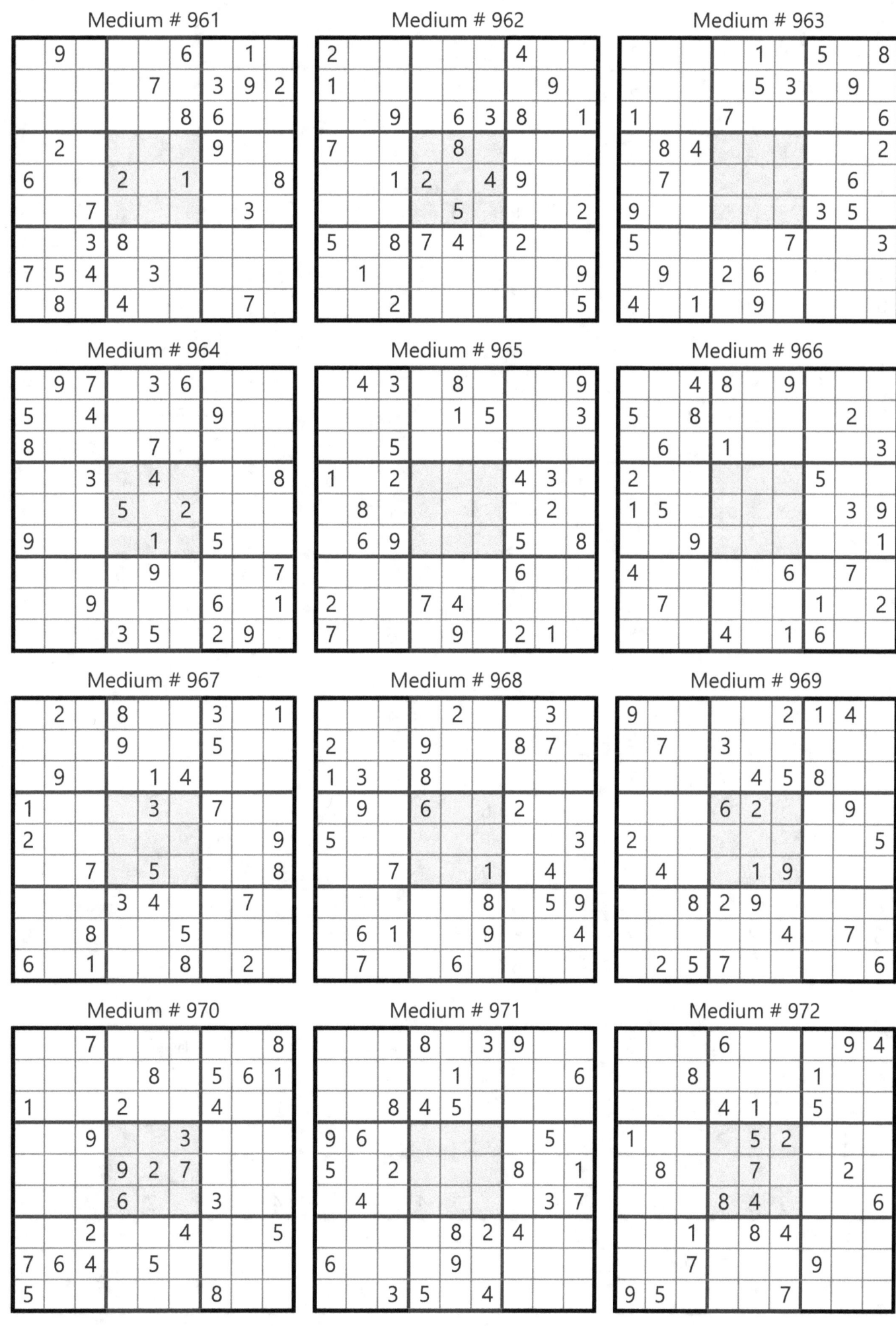

Medium # 973

		4	2					3
	6			5		8		4
		8				6		
3			4					5
	9						1	
4					6			8
		5				3		
1		9		7			6	
6					1	9		

Medium # 974

		8	5	4				
			3		6			1
	5	9			2			
	7			8		2	1	
	9	1		3			4	
			4			6	7	
5			9		8			
				6	1	5		

Medium # 975

			6	3				
								1
2	5			1			8	4
	7	5	9				1	
		9				8		
	4				5	2	7	
9	6			5			4	7
5								
				8	6			

Medium # 976

1		8						
9	4			7		2		
			3		1	5		
			5			7		
5				3				1
		9			4			
		3	7		6			
		7		8			6	2
						4		5

Medium # 977

5		3		6				1
			4	1				
	6					5		
1		4						6
	7	6				1	8	
8						4		9
		5					9	
				5	7			
9				8		6		3

Medium # 978

		7						9
2			7		8			
9			3				2	5
5	3				2	1		
		2	6				4	3
8	6				5			7
			2		1			4
7						5		

Medium # 979

		7		8				
4				2			7	6
3					7	1		9
			8	5				
		4				2		
				6	9			
2		5	6					3
6	1			9				7
				3		8		

Medium # 980

				7		4		
3		7		8		6		
6	8				2			
		4	6		3			
	2						5	
			9		7	1		
			2				1	9
		6		9		2		4
		8		4				

Medium # 981

6		2			3			
3				9	7	4		
				2		7		
							2	
	2	6	8		1	9	4	
	1							
		9		1				
		1	7	3				8
			2			6		9

Medium # 982

4				9				5
	1	5	6					
						6	3	9
	4			5	2	3		
		6	9	8			4	
5	7	8						
					7	9	1	
3				6				7

Medium # 983

1	3		6			4		
5						6	8	
				8				2
			2					8
	9						5	
6					4			
8				5				
	1	7						6
		4			9		7	1

Medium # 984

			6	2		8		
		1	5				6	
5						4		1
				8			2	3
			7		6			
4	9			3				
7		8						5
	2				5	3		
		5		6	8			

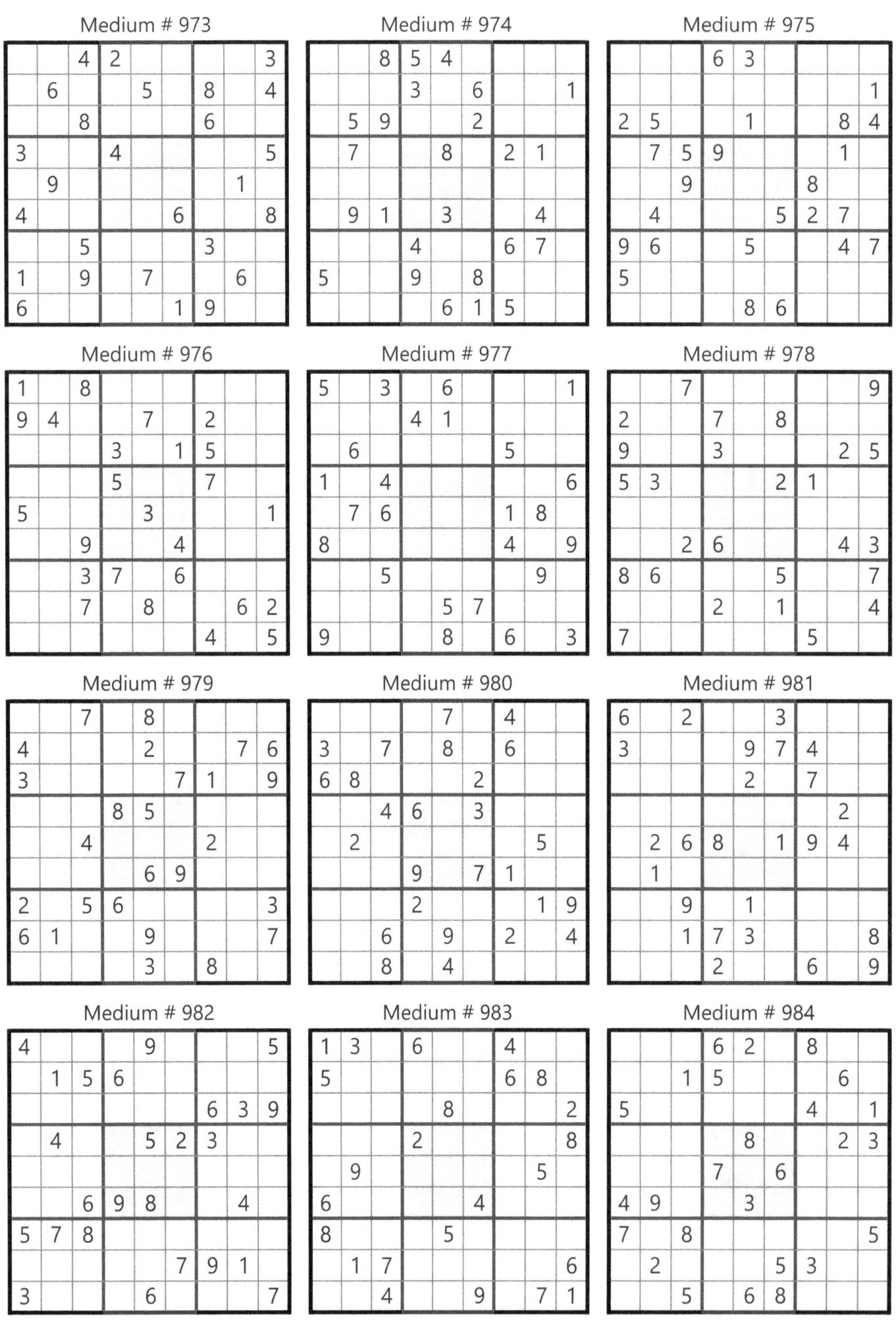

Medium # 985

7		8			4			3
							6	
		6	5	8	3			
	9						7	4
			9		7			
5	8						2	
			3	5	2	6		
	7							
2			7			3		1

Medium # 986

		1	8		2			
					5		3	8
			1			7	2	
	7					2	4	
			6		9			
	4	5					8	
	3	2			1			
7	6		3					
			7		4	6		

Medium # 987

	8		7			2		
	4	6		3				
		3	5		4			6
		5		6			1	
	1			4		9		
4			2		9	5		
				7		8	6	
		7			8		9	

Medium # 988

	1		4			9		
				1				6
3		7		5	9			
	3				6			
8	7						4	1
			5				6	
			3	6		8		5
1				2				
		2			8		9	

Medium # 989

9								8
	1		9	2			5	
5	6			1				7
						2		
	7		8		4		6	
		1						
1				7			4	2
	9			5	2		8	
2								6

Medium # 990

			8		6		5	
					4			9
8	1							3
3	5			7	1			
		9				6		
			4	9			1	8
9							3	1
2			3					
	7		5		2			

Medium # 991

1	6	4		7				8
			3					
	2		4					5
6			5			8	7	
	7	8			2			1
9					6		5	
					3			
5				8		3	6	7

Medium # 992

		4		9		8	7	
			4	5			3	
						2	1	
	5					1		
2		1				6		9
		6					8	
	2	5						
	4			3	8			
	8	3		6		7		

Medium # 993

				8	1			
		6						8
5				6	9	1		
	2		1			8	5	
			9		7			
	7	5			6		1	
		4	7	3				6
3						5		
			4	1				

Medium # 994

6					2			
4		9	3					
1			8	9			7	
		7	6					
	5	8				9	4	
					4	8		
	3			5	7			9
					8	1		5
			2					4

Medium # 995

	8	2			7	3	6	
		6				8		
					9			
					8		9	4
	1			4			5	
4	5		7					
			8					
		1				6		
	7	9	3			4	8	

Medium # 996

			3			4		
								3
	7	4			6		8	
6	5		2				4	
2			6		8			1
	1				9		2	7
	3		8			1	6	
9								
		8			7			

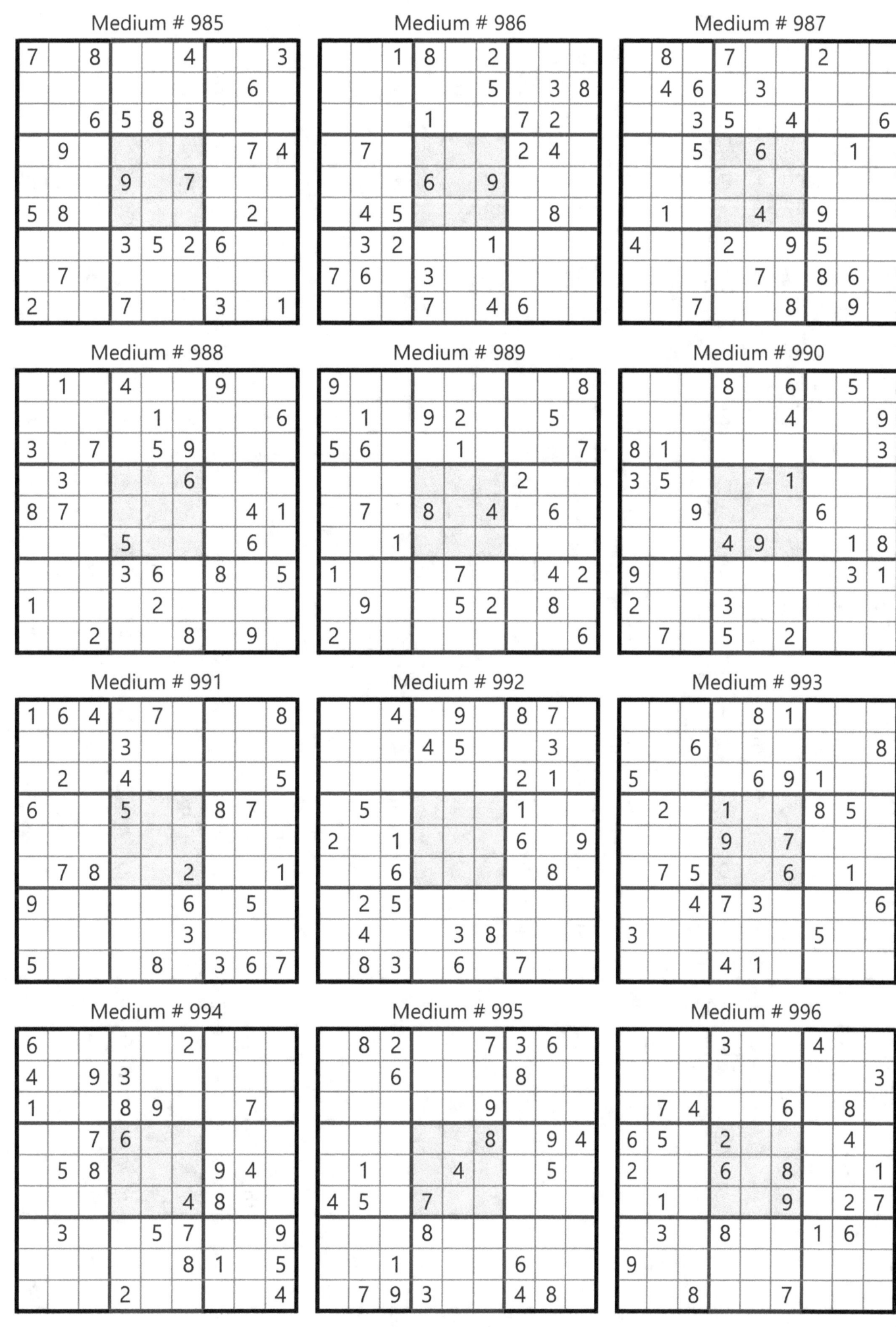

Medium # 997

	5	7						
	8			6	3			9
	1		8					
		3	4			8		
		1	9		8	3		
		9			7	4		
					5		3	
4			7	1			8	
						2	5	

Medium # 998

6	5	3						
		1	4	5				9
		8						
	4		1		3			6
		6				8		
7			5		6		4	
						1		
3				6	1	9		
						5	8	7

Medium # 999

					1	2		
		4	2			5		
	7		9					4
8		6	5					
3	9						6	8
					6	1		3
6					7		8	
		7			9	4		
		8	3					

Medium # 1000

3	7	9			5		8	
					2			3
1								
			2			1		
5	8						4	9
		1			3			
								6
6			8					
	3		1			2	9	5

Medium # 1001

						8		5
				8	4	6	9	
1	6		7					
5		2		4				
		9				5		
				7		1		4
					8		3	2
	9	7	5	3				
2		6						

Medium # 1002

1	5		6					
					7			4
		6		3		8	9	
			1	7				
3								7
				9	2			
	3	8		6		7		
5			9					
					8		2	6

Medium # 1003

			3	4	1			8
		8		5		3		9
		2						
			5					7
		9		1		8		
3					9			
						2		
9		6		8		7		
1			4	9	3			

Medium # 1004

						1	5	6
				3	5	7		2
8					2			
		6		1		5		8
3		5		8		4		
			3					1
7		4	2	6				
6	3	2						

Medium # 1005

9				8				1
				5		6		
3			4				9	
	4		8				5	
8		2				7		6
	1				2		4	
	9				3			7
		5		6				
4				1				2

Medium # 1006

				5				
	9	6	1			8		
4			6				7	9
								8
5	7	8				9	1	3
2								
8	1				6			4
		5			8	1	6	
				4				

Medium # 1007

8				7				
			3		5	7		
3	2				1			
	6		8			1		
1	9						3	7
		4			7		6	
			9				4	8
		6	7		3			
				1				9

Medium # 1008

6	1				2	3		
		7			9	1		
			3	6				
	7	8	5				4	
	5				6	8	1	
				3	5			
		5	9			4		
		3	4				8	1

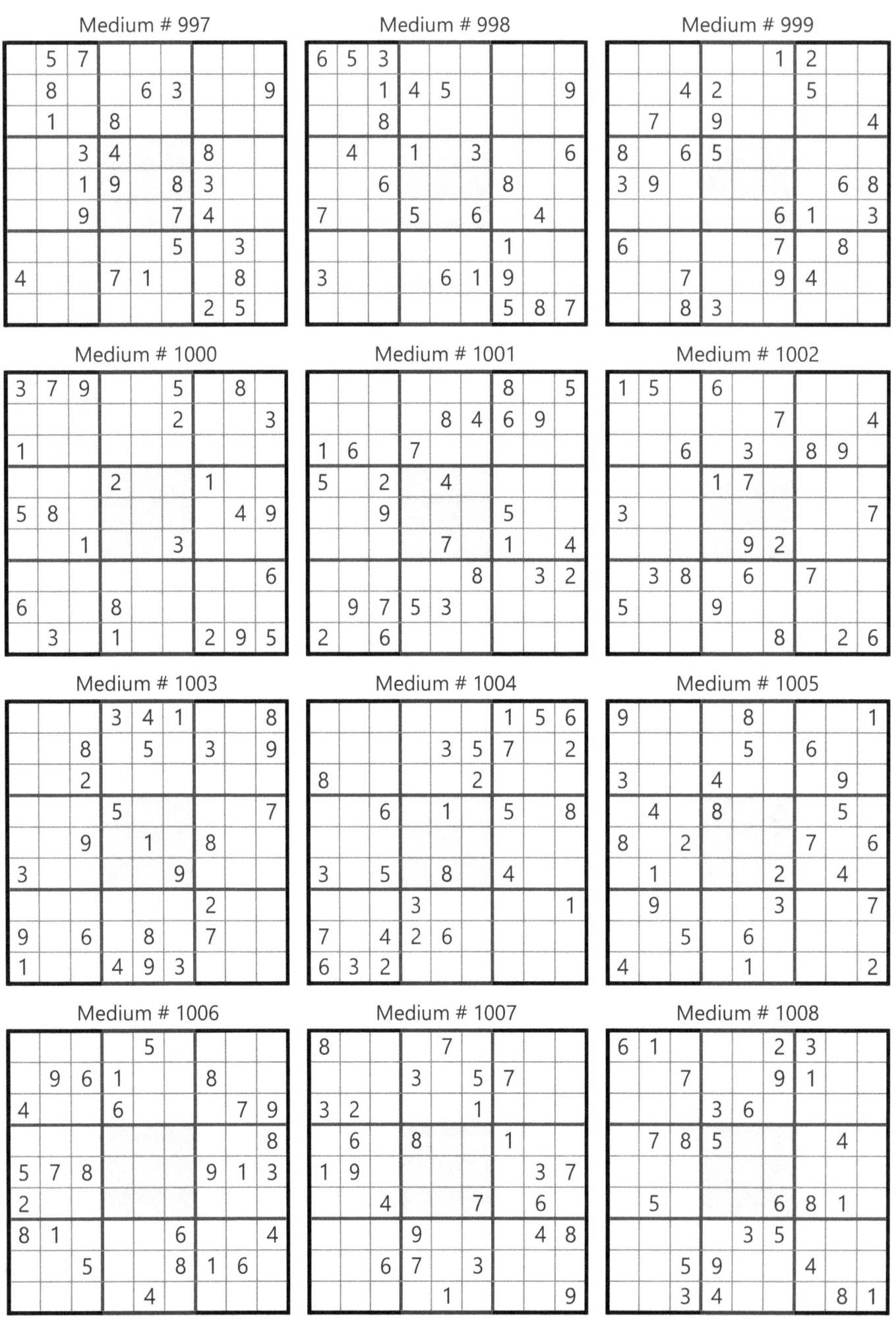

Medium # 1009

1					5		3	
4			8	3				
						9	2	
		4		9				8
	3		6		8		9	
9				7		4		
	1	8						
				1	3			6
	5		9					1

Medium # 1010

	9	3		2	5			4
		7			4	5	8	
	1		6					
	3		7		2		5	
					1		3	
	5	8	4			9		
9			8	5		1	7	

Medium # 1011

9	2						6	1
			1			4	5	
				8			7	
			4	7			2	
5								6
	8			3	6			
	3			2				
	6	8			4			
1	5						4	9

Medium # 1012

		5	3		2	6		4
6								
		7	1			9		
9				2			8	
	3						1	
	4			1				9
		2			8	5		
								6
4		3	5		1	2		

Medium # 1013

		8	5					7
							1	
1		6		8				4
				5	3	9		
7			8		1			3
		9	7	2				
9				6		8		1
	4							
6					8	5		

Medium # 1014

		1		7			3	9
8		2						
			8		5			4
4	2	8						
3								6
						7	2	3
2			7		9			
						9		1
5	8			1		6		

Medium # 1015

1					3			9
	7		5					
	9	6	8					
	8	9		4		5		
		1		5		8	2	
					1	3	8	
					2		7	
4			6					1

Medium # 1016

		1			9		6	
8		6	4				7	
					5			
3			8					
4		8				1		9
					2			5
			6					
	5				8	2		1
	4		9			8		

Medium # 1017

		8			5		9	
	4							3
6					7	2		
5				4	9			
		4		5		7		
			3	8				9
		2	8					7
7							1	
	6		2			5		

Medium # 1018

		9	8				5	4
		2		5	7			
		8		4	6			
		1					8	
7								6
	5					1		
			4	8		6		
			3	6		5		
9	4				1	3		

Medium # 1019

				2		4		
	1						5	3
4					5		1	
2			9				3	
		9	3		7	1		
	5				8			9
	7		6					2
1	3						7	
		6		9				

Medium # 1020

		2			7			
9			8					7
	7			5			1	
	6	9	7		1			
2								6
			5		9	8	2	
	1			9			4	
7					6			9
			2			1		

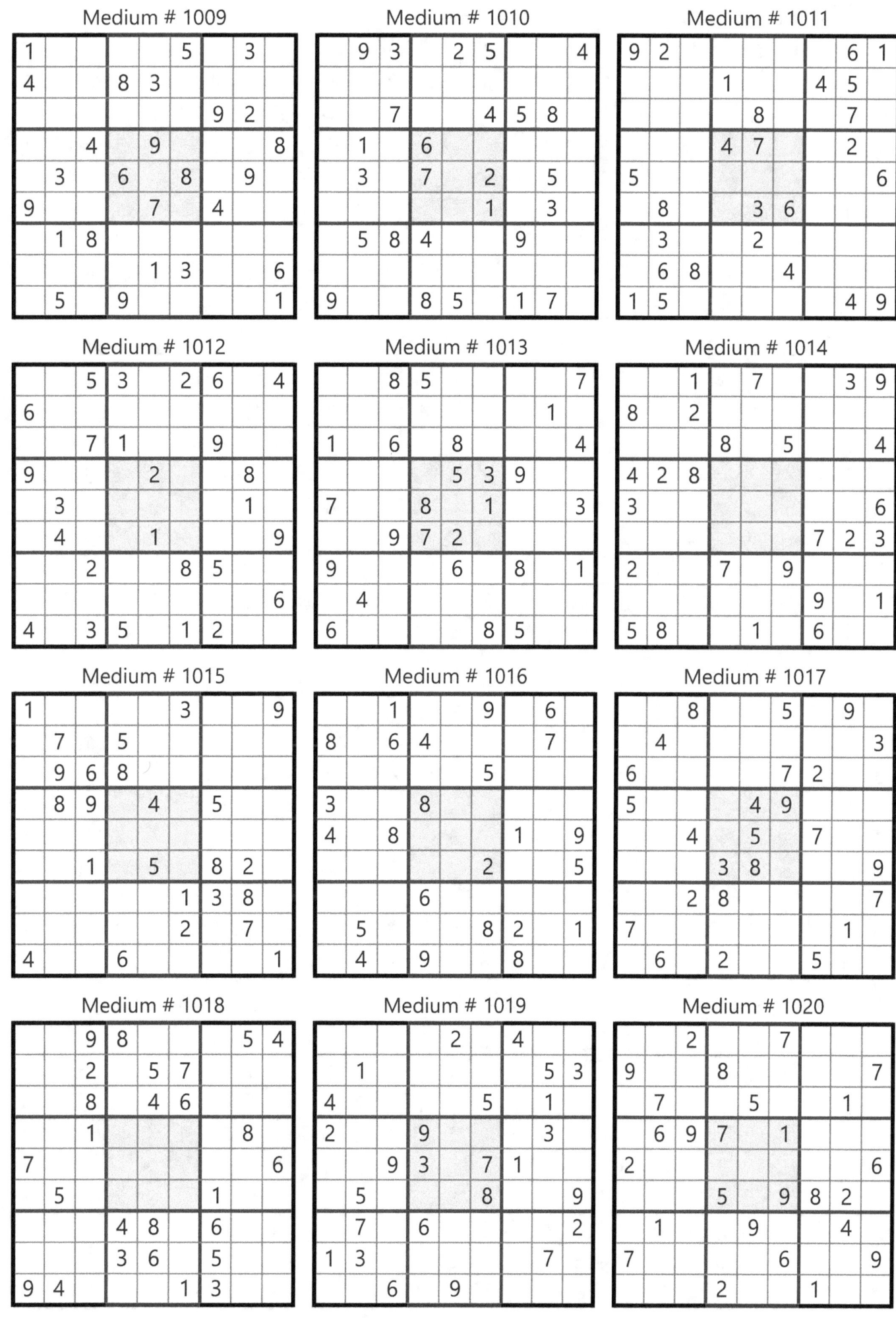

Medium # 1021

			3	8		1	2	
	8							
9					7		8	
		7		3			1	
8		4				7		5
	5			4		8		
	6		8					4
							3	
	4	3		5	6			

Medium # 1022

			8	1		9		
			5			2		4
				3				7
	8						2	6
		9	4		6	1		
4	1						8	
1				4				
7		2			9			
		8		2	3			

Medium # 1023

	1							
		4			5		3	6
6		3	2					7
	2				3			1
	8						6	
7			6				5	
8					9	6		3
3	5		8			4		
							8	

Medium # 1024

	8				3		7	2
					1			
	9		2					5
	2	8					6	
1		4				3		9
	3					4	5	
2					5		4	
			9					
5	1		6				9	

Medium # 1025

2		6		9				
					4	6	7	3
7								
			2	8		5		
6	1						9	8
		3		7	1			
								6
5	6	4	8					
				4		2		5

Medium # 1026

					2	7		
	7		6	8			1	2
5		9						
						5		1
	6		4		7		2	
1		4						
						4		3
9	5			2	4		8	
		8	5					

Medium # 1027

		9			5		6	
				8				4
3		1	4					2
				6				3
1		8				6		9
6				7				
4					1	5		6
8				5				
	3		2			8		

Medium # 1028

				9	3			2
		7		6				
	6	1				4		
	4				9			7
2				3				9
8			5				4	
		6				3	5	
				8		2		
1			3	4				

Medium # 1029

1		3					5	
8			6			1	4	
		4	1					
				1				4
			2	6	7			
7				9				
					1	7		
	9	5			3			6
	7					3		2

Medium # 1030

	3							1
			8					
	6	7		4			8	
			4				3	
1		3	5		7	9		6
	9				6			
	1			7		2	4	
					9			
5							7	

Medium # 1031

	1		7		9			
				4				5
9		5			1		7	
		2		7			6	
		7				2		
	9			8		1		
	4		6			7		9
5				2				
			5		8		4	

Medium # 1032

		7						3
	4	3	6			1		
			4			2		9
			1	4		6		
1								5
		6		9	7			
4		1			9			
		5			6	7	8	
8						5		

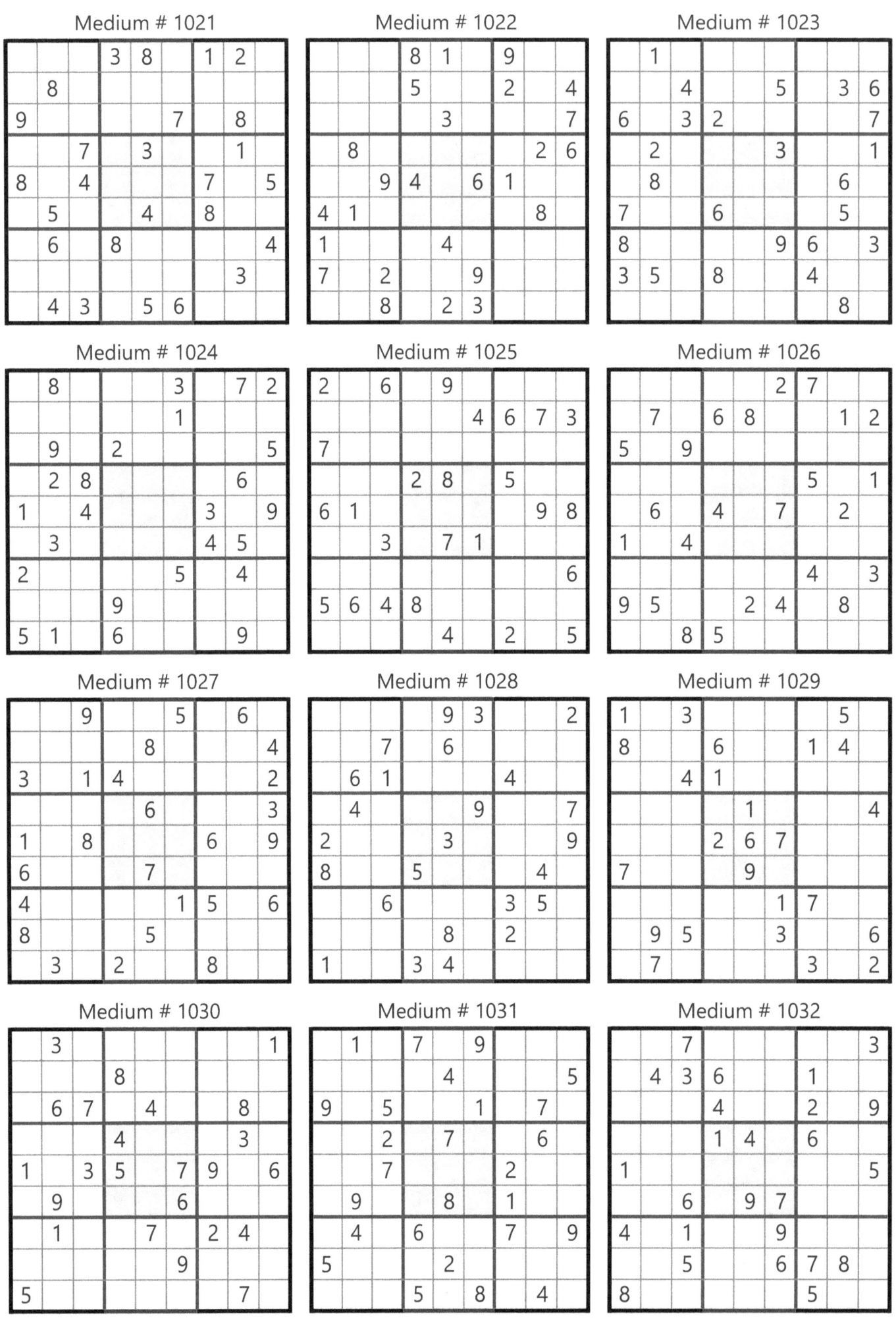

Medium # 1033

		2					3	
3	8			7	4			9
7					2			
8				5		4		
	3						6	
		9		4				3
			5					4
4			1	3			2	8
	6					7		

Medium # 1034

		7		6		9		
	3						6	2
4				8				7
		6	1					5
			8		3			
7					5	2		
6				7				8
5	7						4	
		2		1		3		

Medium # 1035

			9			4		5
1				5	8			
			4				6	2
					5		8	
	9	2				7	3	
	8		7					
3	1				9			
			1	3				4
9		4			2			

Medium # 1036

3	4			1				
		6			2			3
7					3	4		
		8		9	5			
	6						5	
			7	4		9		
		4	1					8
9			6			7		
				5			6	1

Medium # 1037

		7		9	5		1	
					2		8	
1	5							
	8					2	3	
		3	2		9	1		
	7	4					5	
							6	8
	3		7					
	2		6	4		3		

Medium # 1038

	2							
1	5		3			6		
8				7	4		3	
5			1			7		
				8				
		1			6			9
	3		4	1				2
		6			5		7	8
							5	

Medium # 1039

					3			
3						1	5	7
9		6		1				
2							1	3
		3	8		1	4		
1	9							6
				8		7		2
5	2	8						9
			3					

Medium # 1040

							3	
1	3							5
		9	2				8	7
		4	9		3			
	5			1			2	
			5		2	6		
5	2				1	3		
6							1	9
	7							

Medium # 1041

8		6		4				7
2					1			
	1		2	8	6			
		7				5		
	9						1	
		1				8		
			5	2	9		7	
			7					1
9				6		4		3

Medium # 1042

		1			7		5	
			6			2		
	9	2	8	4				
		5						6
		6	5		4	1		
3						8		
				3	1	5	7	
		8			9			
	3		2			6		

Medium # 1043

4			5	2		7		
		1						
		9	7				2	6
			3		7		6	
	6						8	
	7		8		9			
8	3				4	6		
						8		
		4		8	6			9

Medium # 1044

		5		4		1	7	
			9	7				
	1							3
		3			5		1	
8		6				4		5
	4		6			8		
3							5	
				2	8			
	6	9		5		7		

Medium # 1045

			2					1
	3	2		5		7		
		6			9		4	2
9					6			
			3		4			
			9					7
6	4		5			2		
		5		4		8	7	
1					3			

Medium # 1046

		5		1			3	
3			2					
	2			8		1		5
			9			3		
6		9				5		2
		4			7			
8		6		3			7	
					4			3
	4			9		8		

Medium # 1047

5								
	8	4		6				
2		3	4					5
		9	5				3	
		7	1		8	9		
	5				6	8		
4					3	6		7
				4		1	8	
								9

Medium # 1048

9		8	7		5			
	7			6				
4			2			6		
		1		5				9
		3				5		
2				4		1		
		7			4			1
				1			6	
			6		3	2		8

Medium # 1049

				1				
5			8		4	7		
	9		5				3	4
			7	6		5		
		9				8		
		7		8	1			
4	2				5		1	
		6	3		8			5
				2				

Medium # 1050

							1	7
			5		9			
			7	3			4	
		5			8	4		6
4	1						7	3
9		6	4			1		
	9			8	7			
			9		5			
2	4							

Medium # 1051

		9				7	3	
	5	3		9			4	
	4		7			9		8
					6		2	
	1		3					
1		5			8		7	
	8			2		3	6	
	2	4				5		

Medium # 1052

	4		3					7
	1						4	3
					1	6		
					3		5	6
		8	9		4	2		
4	2		6					
		4	8					
7	3						1	
8					2		3	

Medium # 1053

7					1	5		
5	9			7		2		
					2			
6		4					7	
1			6		7			4
	7					8		6
			1					
		1		6			4	9
		5	9					8

Medium # 1054

1			4	5				
	4	2		9				
6	9		3					
			7				2	
	5	8				7	3	
	6				5			
					4		6	7
				3		9	8	
				1	6			5

Medium # 1055

6		1						2
	9							
7	2		9	8				3
		6	8	1				
			5		9			
				2	4	7		
4				9	7		3	6
							9	
3						2		8

Medium # 1056

							6	
	3	4			2		7	
		2	7					
1			6	7		8		
5				4				6
		9		2	3			4
					9	2		
	9		3			6	5	
	5							

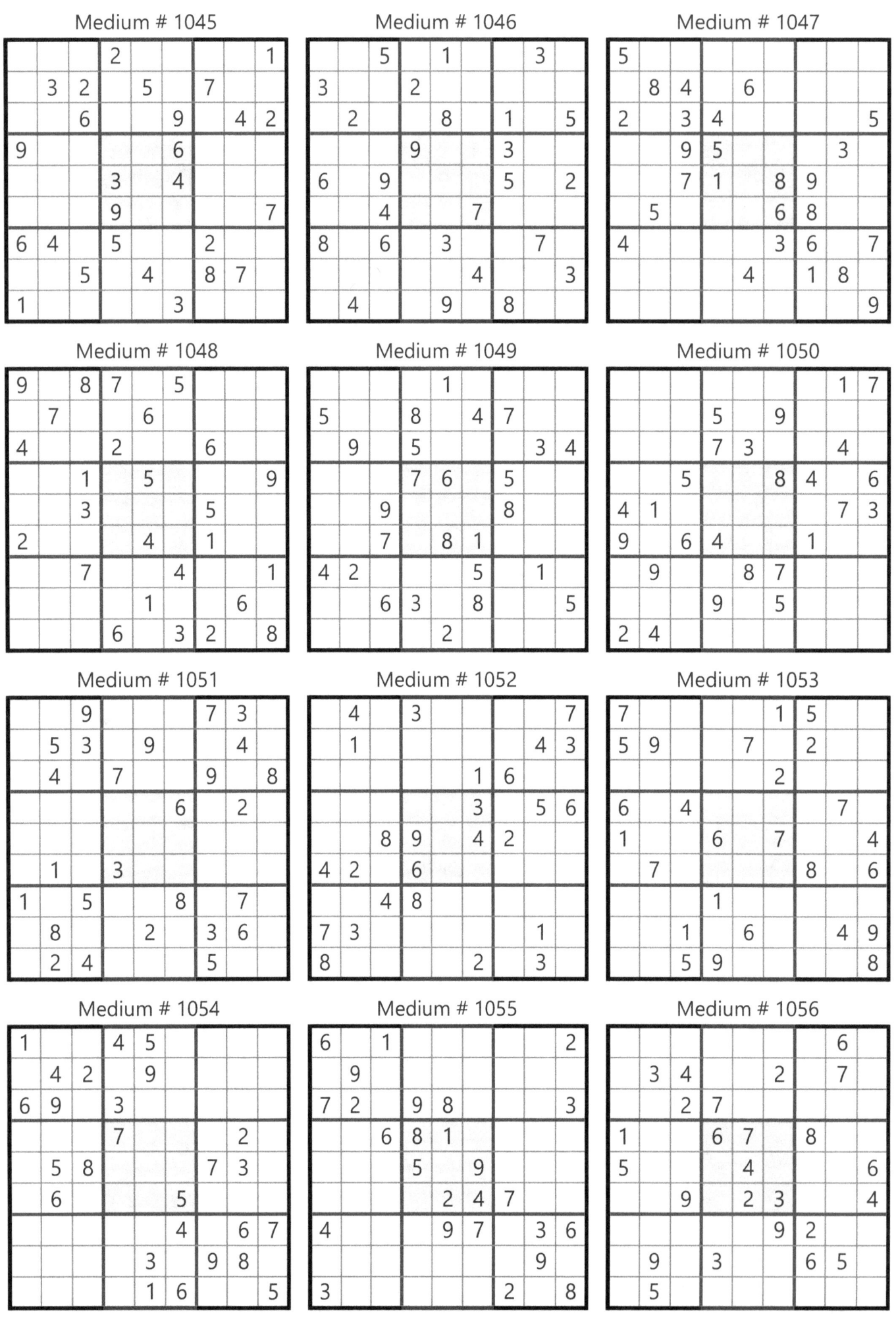

Medium # 1057

		6		4	8			3
8			6					
3	1	7						
				1		5	6	
1								2
	6	5		2				
						6	5	7
					3			4
5			7	6		2		

Medium # 1058

9	2		6			7		
							1	
5					3	8		4
		4	9		7			
	6						2	
			3		6	1		
1		2	5					7
	8							
		7			2		8	5

Medium # 1059

		6		5			8	
				9	2			
5		7		4	1			
		1						2
9	2						7	1
6						9		
			7	1		2		5
			5	6				
	4			3		1		

Medium # 1060

4	1							
7				4				2
		8	5		3		4	
	6	1		3				
			8		2			
				7		5	1	
	3		6		8	4		
1				9				5
							2	3

Medium # 1061

	8	7		2				
4		9	6					7
	1							
7	6		8				3	4
9	3				4		1	6
							6	
6					5	8		2
				1		3	9	

Medium # 1062

		9			4			
	4		3	2		1		6
	3				9	5		
	5					4	7	
	2	6					1	
		7	6				2	
3		8		9	1		4	
			4			9		

Medium # 1063

3				6	9	7		
		8			5		1	
9								8
			4				6	
1				5				4
	6				7			
4								3
	3		7			2		
		1	6	2				5

Medium # 1064

1	9	2		7				
			5				6	9
				4	2			
3	7							5
	8						2	
5							1	6
			7	3				
6	5				9			
				2		5	3	4

Medium # 1065

7		6						
	1		3					
8			4	1	9			
2	9						3	
			2	4	5			
	6						2	4
			8	3	6			7
					4		1	
						9		5

Medium # 1066

	4		9					
			1	2	6			
	7				4			1
9		1		8				
8			2		9			7
				4		6		9
6			5				3	
			7	9	2			
					3		2	

Medium # 1067

			9			5		1
3						9		
			1				7	4
		5		1			9	
8		4				7		3
	3			2		4		
9	1				8			
		8						5
7		2			3			

Medium # 1068

8		4					6	
		7				8		
		6	8	1			5	
			7				2	
			1	3	4			
	6				9			
	9			6	3	7		
		3				5		
	1					3		4

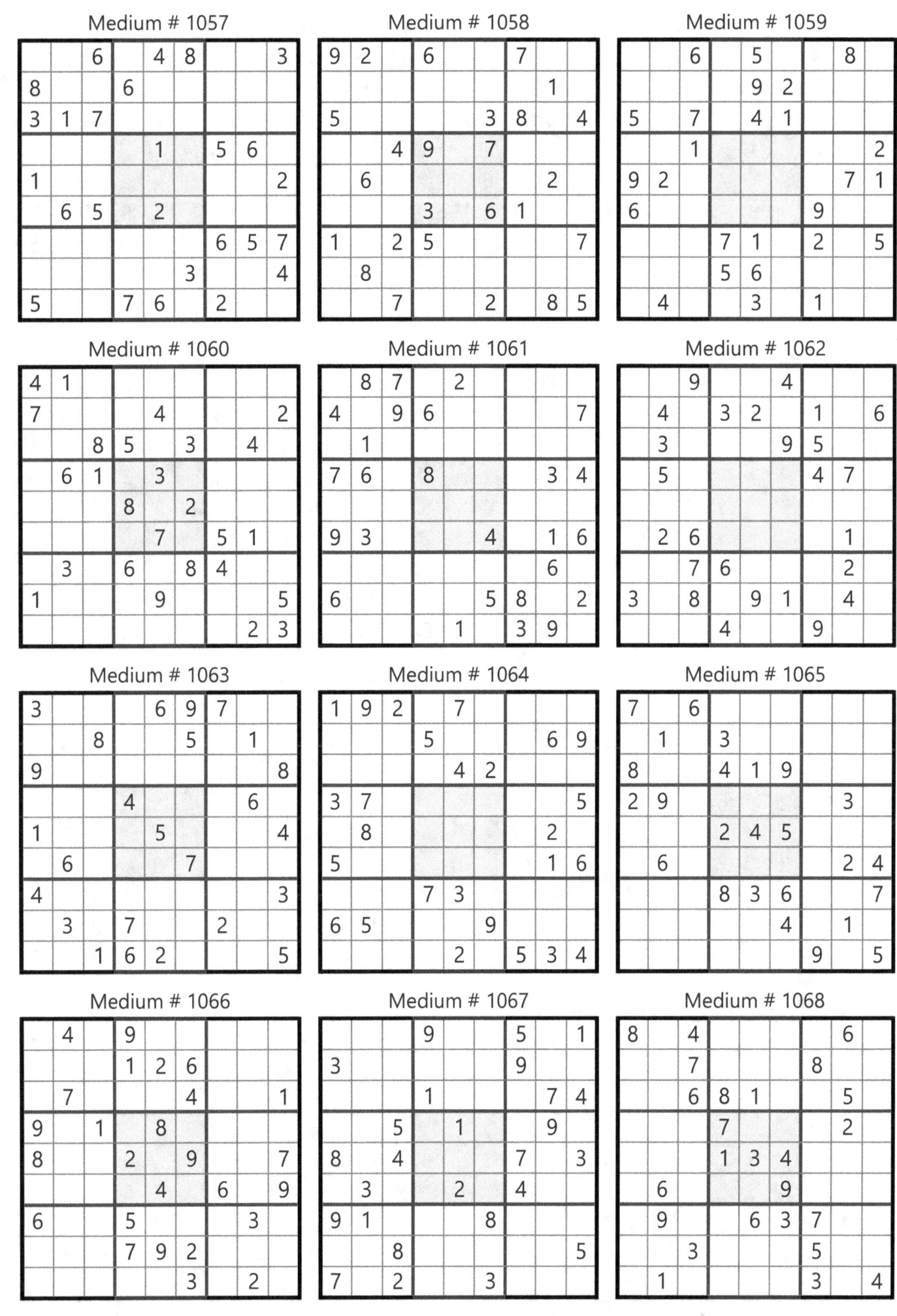

Medium # 1069

	4	9					1	
		2				7		
6				7			3	
		6		1				3
	3		5		2		8	
8				9		6		
	8			4				9
		3				1		
	2					4	6	

Medium # 1070

						9		4
				7	2		6	
8		3			9		2	
		7			3	2		
			6		4			
		9	1			8		
	9		3			7		5
	3		2	6				
5		8						

Medium # 1071

		4	3			6		
	2							4
3			8	2			1	
1	3		4					
			1		2			
					9		7	3
	7			4	6			5
8							4	
		3			1	9		

Medium # 1072

	8		4					1
							2	7
			1			3		9
			2	7			4	
		9	3		5	7		
	5			9	4			
2		1			8			
4	9							
6					3		1	

Medium # 1073

	8		9			6	2	3
4	7							
								1
7	6		1			9		
			4		5			
		2			7		4	8
2								
							1	6
9	4	7			6		8	

Medium # 1074

		4	9		8			
2		5					3	4
						7		1
		1		2	3			6
6			4	7		2		
9		2						
3	4					5		8
			5		2	3		

Medium # 1075

		9	4			1		
	8			7			4	
7		5					6	
			2		6			4
		4				3		
5			3		7			
	5					2		7
	9			6			1	
		2			3	5		

Medium # 1076

		4	5			8		
				1				4
			3	4			9	2
	3	7		9				
		9				1		
				8		3	6	
6	4			7	8			
7				6				
		1			2	4		

Medium # 1077

8		4			5			
		1		3			9	
	6	7	9			8		
				5	8			
	8						7	
			1	9				
		2			1	3	4	
	7			4		2		
			2			6		7

Medium # 1078

		3		6				
6	1				9			
5			3				4	
	3	2		1		8		
	6						3	
		4		8		9	7	
	4				6			1
			9				6	7
				2		4		

Medium # 1079

	2							9
		3		6			8	
1	8		4			2		
	1					4		
7			8		6			3
		5					7	
		2			3		5	7
	3			4		8		
9							2	

Medium # 1080

1		5						4
	7				8			
3				7			5	
	4		3	2				
8			9		4			6
				6	5		2	
	8			9				2
			2				8	
6						1		9

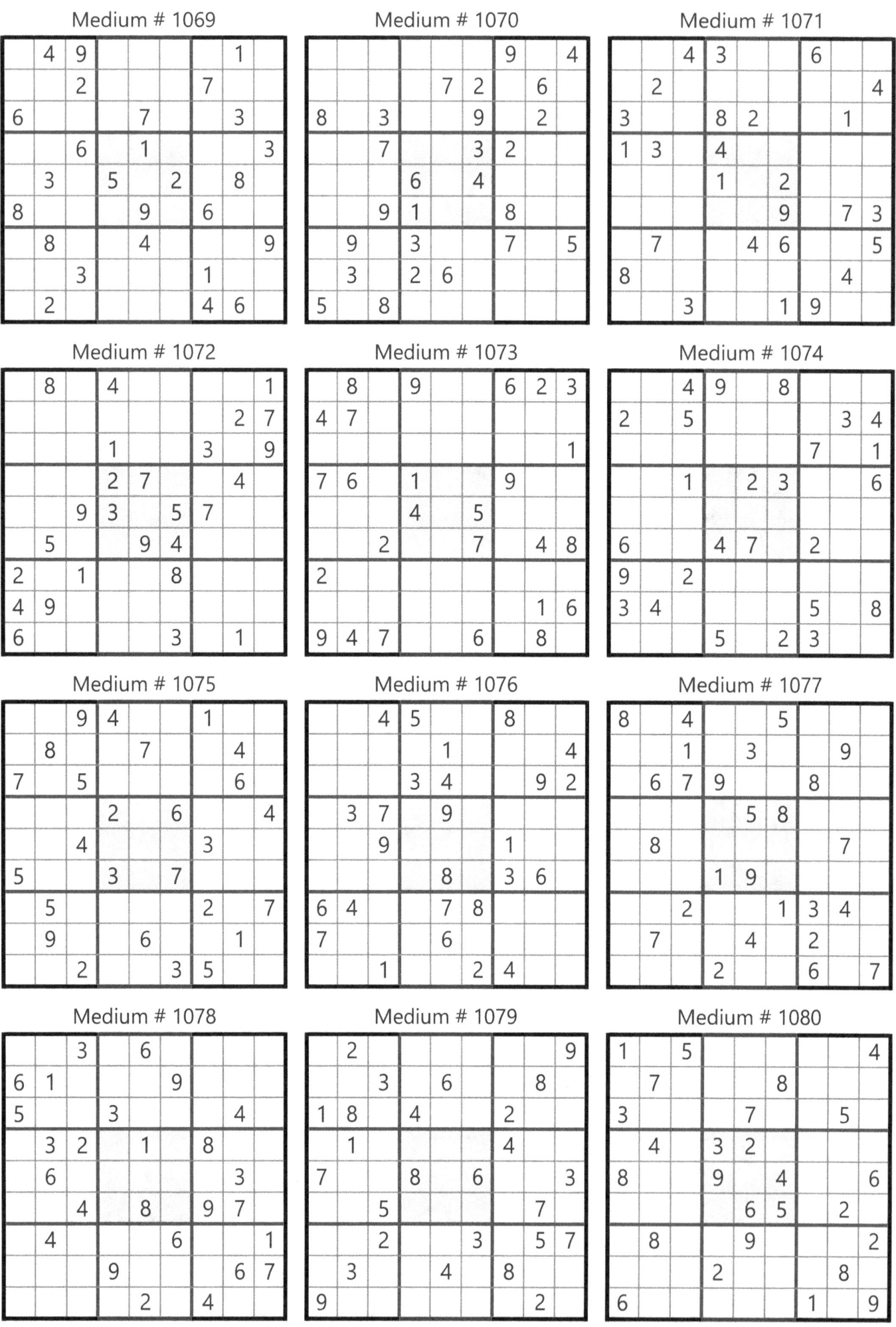

Medium # 1081

			7	3		8		5
								3
		8	6					2
	4		8		9		2	
		5				6		
	9		2		4		7	
2					3	1		
7								
4		3		8	1			

Medium # 1082

3	1	7	9					
		5						3
6	4				7			
1				6	2			
		4				8		
			3	5				1
			8				3	9
9						7		
					9	2	4	8

Medium # 1083

					8	4	6	
5		2		4				
8			1	3				
9						7		
6	5						3	8
		7						2
				9	1			3
				8		2		6
	1	3	5					

Medium # 1084

		4	8		9			2
1	2							
		9		4				7
	7		5					6
		8				3		
6					2		8	
4				5		7		
							6	8
5			7		8	9		

Medium # 1085

			2		1	7		
3			7		8			
	4						5	
6		8			7	9		
	7						6	
		5	3			1		7
	9						4	
			5		4			6
		4	6		9			

Medium # 1086

								5
	8		1		5			
		2	8			1	4	
3			4			6		
	1			6			8	
		5			9			7
	2	3			8	5		
			2		7		9	
9								

Medium # 1087

								9
					1		5	
			3			4	2	7
	8	3			6		4	
		2	4		5	6		
	6		7			1	8	
5	1	8			2			
	9		5					
7								

Medium # 1088

	6	2	1					
				4	7	5		1
4					6			
	2	6						7
	9						1	
1						8	3	
			7					8
5		1	8	2				
					1	2	5	

Medium # 1089

		1						
	4		1	8			6	
	6	9			7			2
3			8	9				
		7				4		
				4	3			8
4			5			1	2	
	1			3	4		9	
						6		

Medium # 1090

	3				7			
6	8	1						
9				4	2			
1				3		7		
7	9						2	5
		6		1				4
			6	2				7
						8	1	6
			5				3	

Medium # 1091

2	4				8			
								1
		7			3		6	
	9				2		8	4
	6						2	
5	1		4				9	
	2		6			5		
1								
			5				1	9

Medium # 1092

	6					1		
			8					4
		2		6	4	9		
	8			5				6
	5	9				7	3	
3				1			9	
		1	6	7		3		
8					9			
		3					1	

Medium # 1093

			8	9		7		2
2	6		1				5	
				3				
		9						
5	4						1	8
						2		
				1				
	7				8		4	9
3		6		2	4			

Medium # 1094

			6		7	9		
2								
	7			3		5	8	
				6			4	
	8		3	7	5		1	
	5			2				
	9	8		5			2	
								7
		3	8		1			

Medium # 1095

		6		9			3	
7							5	8
8					4			
4		3	9					
	5		1		6		2	
					7	5		4
			6					5
2	9							6
	4			1		8		

Medium # 1096

6								4
			7	1		2		
3						5		6
		4	3	8		9		
			5		7			
		3		6	2	1		
4		6						3
		9		5	3			
2								8

Medium # 1097

8			3					9
	4		8	7				2
				4		3		
		4			6			
	2	5				9	6	
			4			1		
		1		5				
5				8	9		3	
6					4			1

Medium # 1098

7		4		2				
						2		
				9	5			
4		3			9			8
8		6		4		1		3
9			7			6		5
			2	8				
		1						
				7		3		6

Medium # 1099

7				5		3		9
4			2					
					3		8	
				6		5		
8	9						4	6
		4		7				
	3		1					
					6			1
9		8		3				4

Medium # 1100

	9		6					8
	8		7			4	2	
			4				5	
		8		3				
6		5				9		7
				7		5		
	2				4			
	3	7			5		4	
4					7		6	

Medium # 1101

	1		8					
3		4			7		2	8
				4				
	9				2	8		
		5	7		3	4		
		6	4				9	
				1				
2	3		9			5		4
					8		3	

Medium # 1102

				3				
		4	7					5
		2			4	6		
		1				5		8
9	2	8				4	6	3
3		7				9		
		5	4			2		
4					9	3		
				1				

Medium # 1103

1	3			4				
5			6					
		7				9		
		5		7	3		1	
	7		2		8		3	
	4		1	9		2		
		8				6		
					6			7
				8			4	3

Medium # 1104

		9						
	5	8	1	6				
				3			7	5
		1	6	4		3		
4								6
		2		5	9	8		
8	7			1				
				2	3	7	8	
						5		

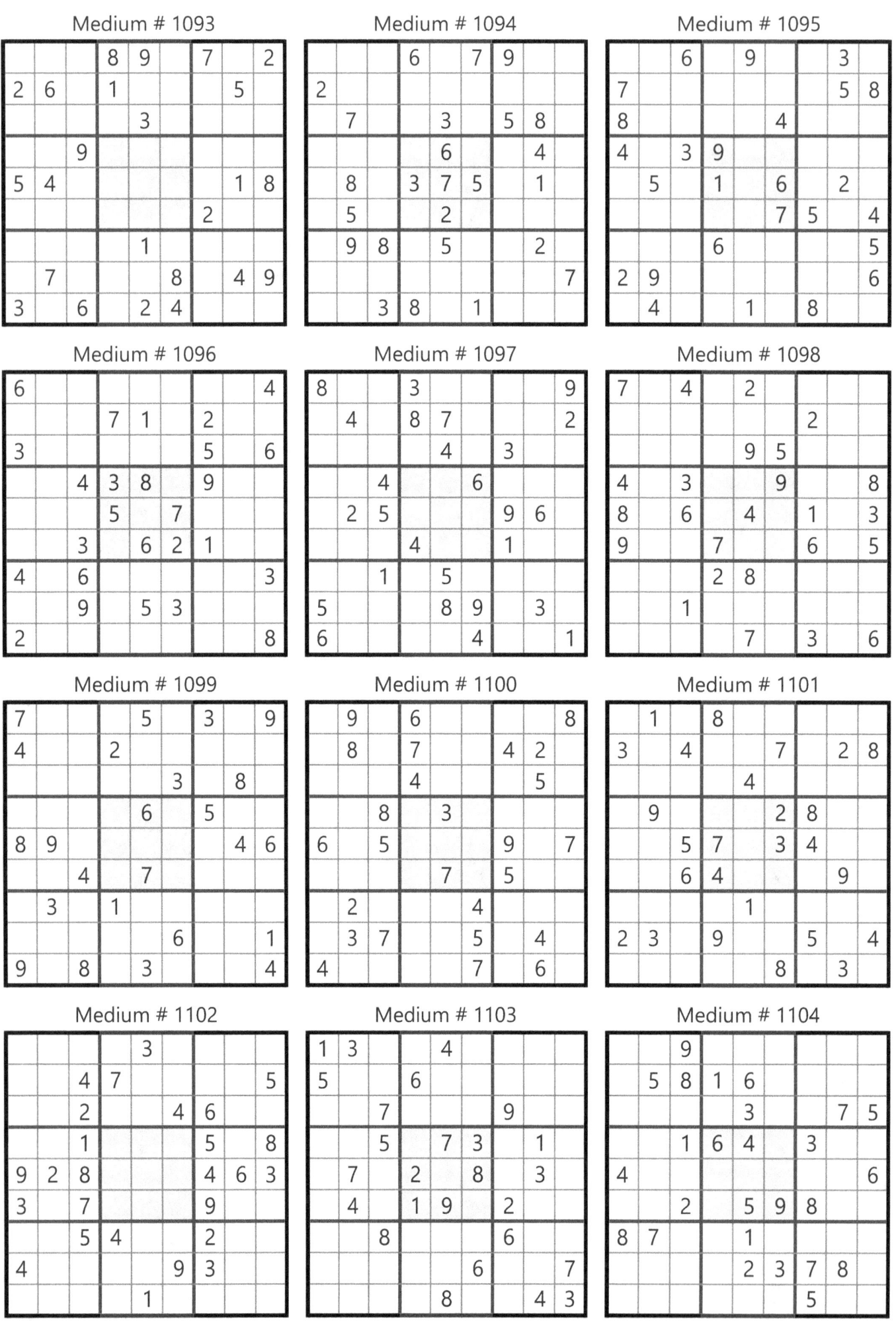

Medium # 1105

4		8						
			9				2	5
	3		6				1	
		4		5		1		
		6				3		
		2		4		6		
	9				5		3	
7	4				8			
						8		4

Medium # 1106

					6		2	9
	4				5			
	9	8	7				3	
		4	8		3			2
3			2		9	1		
	8				7	5	9	
			4				8	
6	2		5					

Medium # 1107

		8		6				2
	2		8		7	4		
		6					5	
5	3			7				1
6				8			7	3
	5					6		
		2	4		5		9	
4				3		1		

Medium # 1108

	1						6	
		9	8	7		1		
6	2	5						3
		7		3			2	
	9			8		5		
1						9	3	4
		4		2	3	7		
	5						1	

Medium # 1109

	3				6			4
				1				5
1						6		
	9	2			3		6	
		4		7		5		
	7		5			4	1	
		8						2
3				6				
4			7				5	

Medium # 1110

			7				6	4
			1	3	5			7
		5						
	6			1				5
	4	1				6	8	
5				9			4	
						2		
6			8	2	7			
3	2				9			

Medium # 1111

	2					5		6
	8	5			1			
			5				9	4
	3	7	9	4				
				8	6	4	3	
6	9				3			
			6			1	8	
4		3					5	

Medium # 1112

		3						9
	9		7			2		
	2		8	6				
6			3	4				
5	4						2	6
				9	6			8
				2	1		8	
		5			8		4	
9						5		

Medium # 1113

				3		6	4	
		3					8	
8			7					3
	5			9	7	1		
		6	2	4			9	
3					8			2
	2					5		
	6	5		7				

Medium # 1114

	6	7				9	1	
	8		5					
4					3			7
		9			4		2	
		3				7		
	5		9			4		
9			1					6
					5		9	
	2	5				3	8	

Medium # 1115

1				8			9	6
	2				6			
	3			5		1		4
						2	5	9
3	8	6						
9		3		7			6	
			4				1	
2	1			9				8

Medium # 1116

8			7	9				
		7	6				9	5
	2						1	
3			2	6				
				4	1			2
	9						8	
7	1				6	9		
				5	7			3

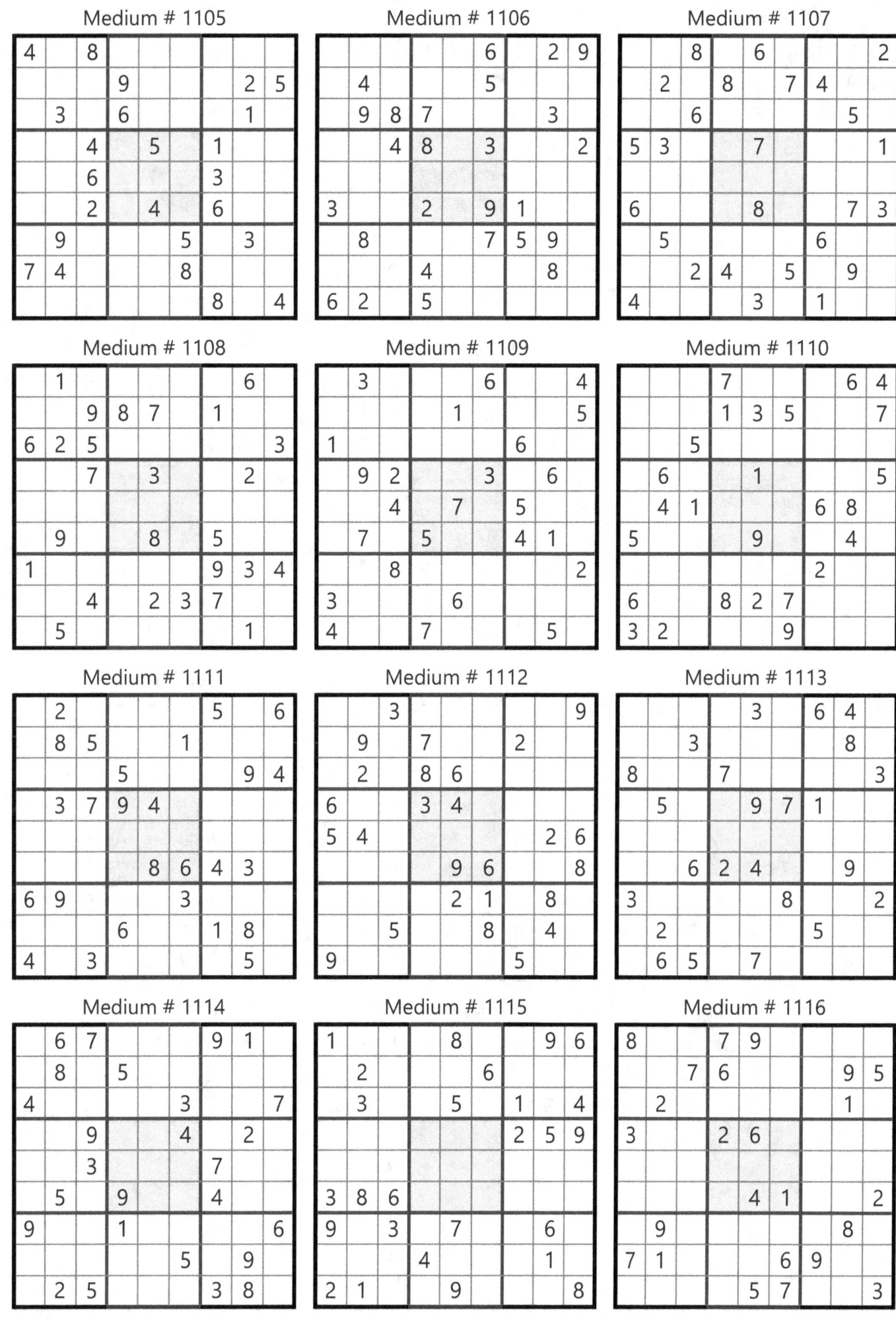

Medium # 1117

	2		7					
	9		1				7	
6			9	5				2
	4		3					
		3	4		2	9		
				5		8		
2			4	3				5
	6			9		4		
			1		9			

Medium # 1118

5				8	9		3	
7		4					5	
			4					
9	4					2		
2			1		7			8
		8				4	6	
				4				
	6					9		4
	2		8	1				3

Medium # 1119

	8	6	4			5	2	
				2				
		7						
8		9			6		7	
			3	7	4			
	2		8			4		6
						7		
				8				
	9	4			2	6	1	

Medium # 1120

	7			4	1	5		
		8				1		6
	1			3				
7							8	
		1	3		2	6		
	9							7
			5			3		
5		3			8			
		7	2	8		9		

Medium # 1121

					4			
			8			6	5	
	9		4		2		1	
3		8		4				2
9								4
6				9		8		7
	5		6		8		7	
	6	2			9			
		1						

Medium # 1122

					1		5	
8		9		5				
	3	6	7					
7						3	8	
1								9
		3	4					5
						8	4	7
			2				3	8
	7		4					

Medium # 1123

5	6			8	3		7	
		3		4				
			1	7				4
				5	8			
4								2
		9	7					
8				5	9			
				2		7		
	4		8	6			2	5

Medium # 1124

				2		3		
			3	6		2		1
	8			7				
2		8		9				5
		5			4			
1				2		9		3
				1			4	
8		6		3	7			
	2		6					

Medium # 1125

4				2	7			
					6	1		
		1	3			7		
			6				4	8
		7	5		4	9		
8	9			2				
		2				5	8	
		6	2					
			7	4				2

Medium # 1126

				8	2			
	4					2		3
5			1	3		8		6
7		8	9					
				7	5			9
2			7	4	6			8
9		6				3		
			3	1				

Medium # 1127

				2		8		3
	7	5						
	9					6		
5	8		7	3				
		4	2		5	3		
			4	1			8	7
	5					3		
					9	1		
2		9		6				

Medium # 1128

	5		7			9		
8		2			3			5
			1	4				
1	6							
7		4				5		1
							2	7
					1	2		
5			9			3		4
		8			7		1	

Medium # 1129

2			4		7		6	
6						8	7	
			9				2	
9			1	7				
	6					9		
			4	3				8
	3			5				
	5	7						9
	9		3		8			7

Medium # 1130

		2				1	7	
		6		7	5			
8		7			6			
			1	9				2
	6						8	
7				4	8			
			9			4		5
			5	6		7		
	9	1				3		

Medium # 1131

			6		3	5		
							4	3
			5	1				9
	5			2		3		
9		3				2		1
		8		6			4	
2				9	1			
7	1							
		4	2		8			

Medium # 1132

			1			2		7
	9					3	8	
3				9				
	1		9		4			
2		3		1				6
	4		8			5		
		9						2
	2	5				6		
7		1		6				

Medium # 1133

	6		3			5	8	
			8					
	2	9						3
	4	6	1			3		
			4		8			
		8			6	4	5	
5						8	9	
				5				
	3	1			9		4	

Medium # 1134

	2		8	3				
		1		5	9	2		
8				4				
5						8		3
			4		3			
6		7						4
				9				8
		5	1	8		3		
			2	7		5		

Medium # 1135

4			7				2	8
	6							
		2		5				
1				8	7	9		
	3		7		1			
	5	9	6					3
			5		2			
					6			
8	3			4				1

Medium # 1136

			7				9	5
4			5		8	6		
	1							
			4	7	2	8		
	9						4	
7	4	3	8					
						6		
		1	4		9			3
2	8				6			

Medium # 1137

	2		6			3		7
	8	4				3		2
	1							
					9			4
2				7				6
5			4					
							6	
4			9			2	1	
1		3			5		8	

Medium # 1138

7						8		1
9			2			5	4	
		2		6				
8	4		3					
				1				
					7		8	2
			2		9			
	8	9			1			7
3		4						5

Medium # 1139

	4				1			5
2				4				
				6	7	4	9	
4	9			7				
	1					8		
				9			1	6
	3	8	6	1				
				3				1
5			2				6	

Medium # 1140

			4				3	
1	8			9		7		
	5	7				6		
			9		7			
	3	9				8	2	
			1		2			
		6				3	5	
		1		5			8	4
	7				3			

Medium # 1141

	2	1				8		
7				3	8			
		4					6	7
				7				5
		9	4		2	7		
2				1				
6	8					2		
			7	9				8
		5				3	1	

Medium # 1142

	3	4					5	
				7	5			
		5	8		3		6	
		8					2	
1				4				5
	6					7		
	1		9		2	8		
			1	6				
	8					9	3	

Medium # 1143

4		3						
6								
		7	4	9	3			
	6			4	9		1	
5			7		8			9
	7		6	3			4	
			5	6	1	3		
								7
						8		1

Medium # 1144

	5		1		8			7
		6	5	7			8	
						3		
						5		
1	8		4		2		3	9
		9						
		2						
	6			5	9	1		
4			3		1		2	

Medium # 1145

	4	3			9	5		7
7		8				4		
				2				6
5	1				4			
			2				7	1
3				9				
		7				6		3
6		5	8			1	9	

Medium # 1146

	1					6		
	5	7		4	9			
		6					7	
	4			8		9		
8			5		7			4
		5		1			8	
	3					4		
			1	7		8	9	
		2					1	

Medium # 1147

4			5		1		3	
		7				9	8	
	3				6			
	2					7	5	3
7	9	5					1	
			9				2	
	7	3				8		
	6		7		8			1

Medium # 1148

								7
	9			7	2		4	
					4	2		6
		8	6	4				2
		1				8		
9				8	3	6		
6		5	3					
	2		4	1			8	
7								

Medium # 1149

7	9				6		3	
			1	9				
		6				2		9
				5		9		
	3		2		4		5	
		2		7				
2		7				5		
				1	7			
	4		6				7	8

Medium # 1150

4	5	7					8	
3			5	2	9		1	
		6		8			7	
			7		1			
	1			5		2		
	8		6	9	2			3
	7					1	9	4

Medium # 1151

				9		7		
8	5		2					
7			6	3				
	9		5			8	7	
	8						4	
	3	2			8		1	
				5	4			6
					2		3	1
		4		1				

Medium # 1152

			4			2		
7			2				1	
					9		8	
8			5		2		9	
	9						4	
	2		7		6			3
	3		1					
	7				3			6
		4			8			

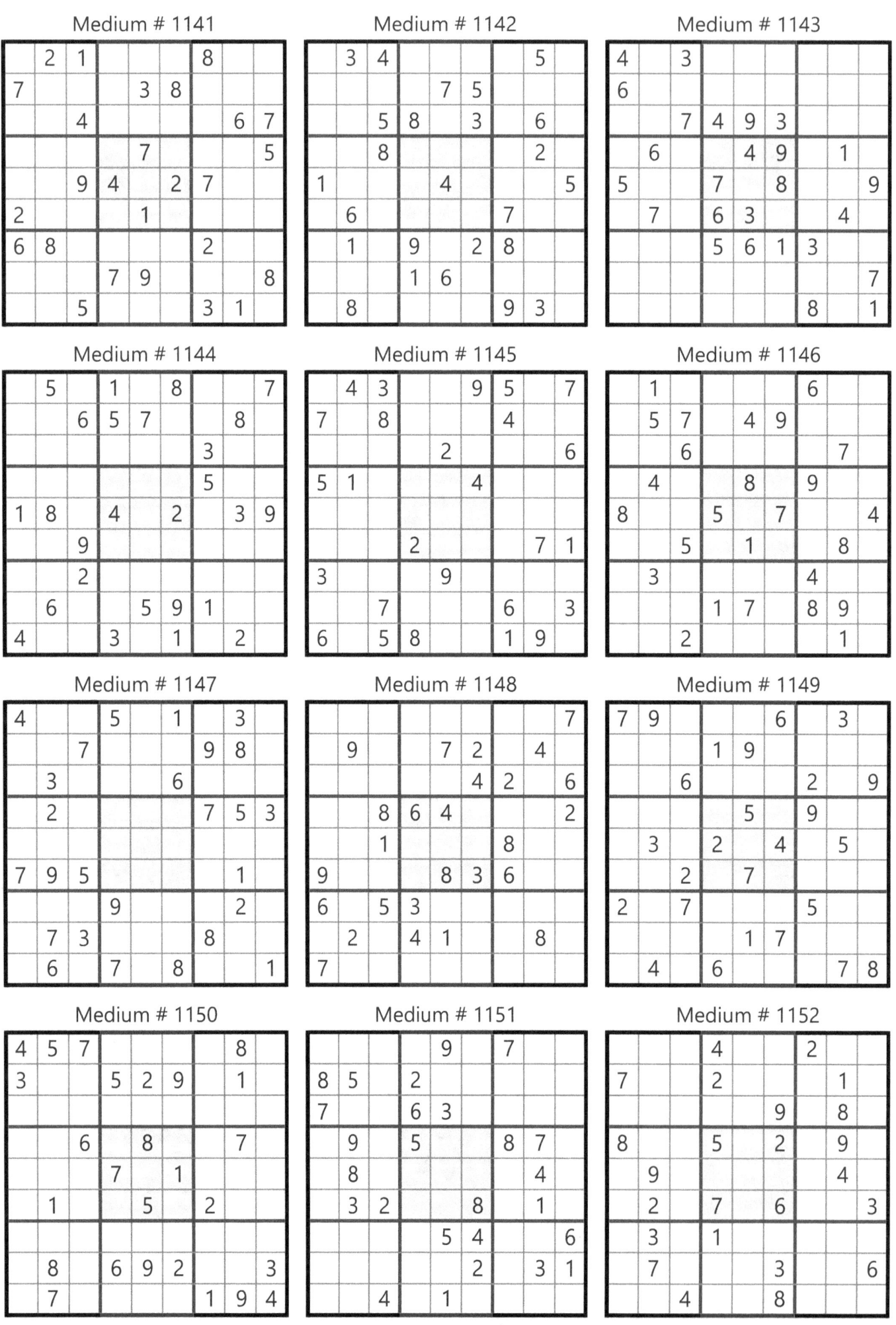

Medium # 1153

5								
		4			7			6
		7	1		9	5		
6					1			5
	2		5		4		6	
9			8					2
	4	8		3	7			
2		9			8			
								7

Medium # 1154

		3		2				
	8		1		3	5		
	2	7					6	
			4	8				
9		1				8		5
				1	6			
	7					3	5	
	2	6		8			9	
				4		2		

Medium # 1155

					3			4
	6	4					9	
	5	2	1					
		5		2		3		
	4			1			5	
		7		8		6		
					7	1	6	
	2					8	7	
5			2					

Medium # 1156

	2	5						
	9				7		8	
6				1				2
		2			3	7	8	
2	5	8			9			
8				4				6
	7		6			5		
					8	2		

Medium # 1157

	4		8			7		
3						7	1	
			3	5				
	7					9		5
8			9		3			6
6		3					1	
				8	9			
	9	1						4
	7				6		8	

Medium # 1158

8							6	
			7	5	8		2	9
3				6				
		9			3		4	2
6		5			2		9	
						9		7
4	7		1	6	3			
	6							4

Medium # 1159

	3				1			8
	2			8	9			
1			9		7			
		1			2	5		
8								3
	4	5			9			
	1		7					2
	4	8				6		
5			6				4	

Medium # 1160

6		5		9			7	
2		9	1			4		
			3					
			9					1
	9	7				2	5	
1					7			
					9			
		2			5	8		4
	6			3		9		2

Medium # 1161

				1			5	2
3		9		4				
			6		8			
	9						7	
	7	8	3		5	9	4	
	1						8	
			9		1			
				5		7		1
6	5				2			

Medium # 1162

	2		9			3		
	7	4		2		1		5
				7				
	4	8				2		
			4					
		7				9	6	
		3						
2		6		9		5	4	
	8			4		2		

Medium # 1163

7			1		4			3
		1	9					
4		3					2	
		5		9				1
			6		1			
2			5				6	
	2					3		6
						5	4	
1			7		6			2

Medium # 1164

	4							
	3				8	5		9
		7		9				4
3			2				9	
2			8		9			5
	9				7			6
8				2		3		
4		2	3				6	
							5	

Medium # 1165

	4				2	8		
	5	7	4					3
1								4
			8			4		
	8	9				3	5	
	5			2				
3								5
9				7	4	6		
		7	9				8	

Medium # 1166

		2		1				
						5	4	
7		5				8		
			2			1	6	
2	1		6			4	5	
	3	4	7					
	9				2		3	
8	4							
			3		5			

Medium # 1167

1						9		
			4				1	
5			8			2		4
				5		3		7
	1					6		
2		4		3				
7		8				2		9
	5					3		
	9							1

Medium # 1168

		5				8		
			3					2
	1	7		2	5			
4			9			5	1	
	7					3		
8	5			3				6
		5	4		8	2		
6				7				
	2				1			

Medium # 1169

	9		6			7	8	
7		5						
			3		6			
8	5							
1		2	7		4		3	
						1	7	
	1		2					
				6		3		
7	9			1		8		

Medium # 1170

		7			6	9		
							3	
	2		3	7		8		
	1				2		5	
6			5		1			8
	9		4				7	
		2		4	5		9	
	8							
		3	2			5		

Medium # 1171

		6				7	3	4
	9	2						
	3							
5		2		3		4		
1			4		2			9
	9		5			2		8
					5			
				6	9			
2	7	1			8			

Medium # 1172

5	4				3			
1			5					
6			4	7				5
	3					4	6	
	7					8		
9	8					3		
3				6	5			8
				1				9
			2				1	4

Medium # 1173

	8		7			4		
2				9				7
				2		5	9	
					7	8	4	
	5						2	
	6	2	9					
	2	6		5				
1				3				6
		8			9		5	

Medium # 1174

					2	8	5	
					1			9
8			6	5	3			
		4			7			
	2	9				5	3	
			1			9		
			3	2	8			5
	4			6				
	8	1	7					

Medium # 1175

8			1		4		2	
3				7		9		
		5						
5		2						8
			3	9	1			
1					3			7
						8		
		6		8				3
	8		6		2			4

Medium # 1176

					6			
	3	1	4				2	
							7	3
	9	7				4	1	
4			5		6			8
		8	1			5	4	
1	7							
	4					2	8	9
				7				

Medium # 1177

	7	4						8
			6	4				9
				8		7	3	
7					6			
	1		8		4		5	
			3					1
	2	6		5				
3				9	1			
9						3	4	

Medium # 1178

			7					
		9			3	6	5	7
	8			5	9			
4		7			2			
	2						1	
			3			4		2
			8	9			6	
2	6	4	1			9		
					5			

Medium # 1179

	6			5		7	3	
9			1					
		7	8		4			5
		9		3	5			
			9	1		4		
2			7		8	1		
					1			6
	1	3		2			9	

Medium # 1180

			9	4	3	7		
4								
				7		6		
7	1		4					2
		6				5		
3					1		7	6
		9		5				
								8
		5	2	8	9			

Medium # 1181

9		7			1			3
		2		4				
		3				6	1	
	1				6			
2								7
			5				9	
	9	6				7		
				1		8		
4			2			5		6

Medium # 1182

8	6		4					
5			7				8	
	2	7		9		3		
			2					
4	1						2	8
					7			
		2		1		6	5	
	8				3			4
					4		7	1

Medium # 1183

	3				2	9		
	1		6	8				4
			3			5		
			8				1	3
				1				
9	7				4			
		4			5			
2				6	3		4	
		5	2				7	

Medium # 1184

			8			5	3	6
				5			7	
	9				2			
		4		2		9	8	
3								4
	8	2		1		3		
			3				4	
	4			9				
5	6	8			7			

Medium # 1185

			1	2	9			6
7						9		
							4	8
	7	3		1	8			
2								3
			5	3		4	9	
6	8							
		5						2
9			7	6	3			

Medium # 1186

	8			4		7		2
	3						8	
					9			3
			4	8		6	2	
		1				9		
	5	4		2	3			
9			1					
	4						7	
3		8		7			4	

Medium # 1187

			7	2		1	5	
	3			8	9		2	
								6
	9	4				5		
	5						6	
		7				9	4	
5								
	1		6	3			8	
	2	6		9	7			

Medium # 1188

	8	9		7				
	3					4		
5	7		1					
	1				2		4	
		3	5		9	1		
	5		8				3	
					7		9	5
		2					8	
				9		6	2	

Medium # 1189

		1						8
5	3					1		
				2	4			
	9		4					5
2	8			9			4	3
4					7		9	
			2	8				
		8					7	9
6						3		

Medium # 1190

		4						
3	9				8	6		
2			7	4				9
							7	3
9			1		5			6
4	3							
6				8	2			5
		2	5				9	1
						4		

Medium # 1191

3		2	6					
						7	8	1
		8		1	5			
7						3		
	6	5				8	4	
		3						2
			8	9		4		
4	2	9						
					4	5		3

Medium # 1192

	8		1					
	9		3					8
7			8			6		
		7		8	4			9
		5				3		
4			6	7		8		
		4			1			7
2					6		5	
					8		3	

Medium # 1193

7	4				3			2
1			5	2				
								9
		2		8		5		6
			6		7			
6		9		1		4		
9								
				3	6			1
4			9				8	5

Medium # 1194

	7				9	4	6	
2			7	4				
5				6				
7	5	6						
	9						2	
						7	1	9
				3				6
				5	2			1
	4	5	9				3	

Medium # 1195

				9		3	6	
								9
			1	2	4		5	
	7	9		8				
	3		2		5		4	
				7		8	1	
	2		6	4	7			
5								
	8	6		5				

Medium # 1196

				1				9
2		7						
4		6	5	8				
5			6		9	2	3	
	6	2	8		7			5
				9	1	5		3
						8		4
1				5				

Medium # 1197

9	6							
			9		4			
				1		8	7	
		9					5	6
	7		2		5		8	
6	4					7		
	8	3		9				
			1		7			
							4	3

Medium # 1198

2								
4					5		2	7
	5					1	3	
	1			9	4		7	
		7				5		
	4		1	3			8	
	7	3					1	
5	2		3					4
								8

Medium # 1199

	3			5	4			
		2				1		
	1		7		2			
		7		1			5	
	5		4		3		9	
	4			9		6		
			6		5		3	
		8				7		
			3	7			1	

Medium # 1200

	7					8		4
3				5	8			
	9			7	3	2		
				3		1	4	
	6	7		1				
		3	2	9			5	
			7	4				8
5		2					1	

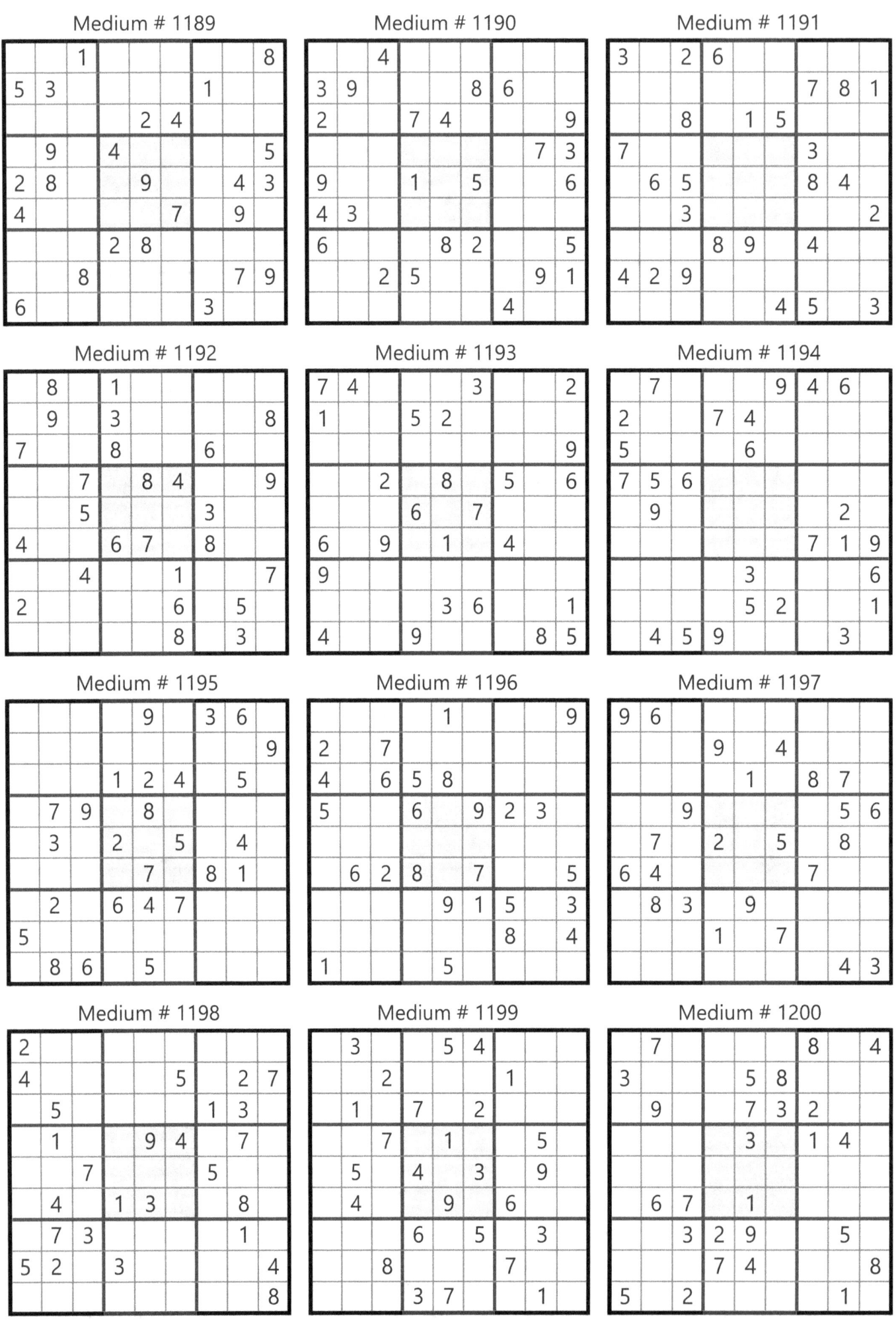

Medium # 1201

	6				2			4
						1		
		1	7	6	9			5
8					7		9	
			3		8			
	4		2					3
2			4	5	1	9		
		5						
6			9				7	

Medium # 1202

4	6				1	3	7	
1			5					
	8	5						
		6	7	2				
7								2
				9	3	1		
						6	8	
					4			1
	9	7	6				2	4

Medium # 1203

	2			1		9		
8					9	1		
						5		
			4				7	
	9	7	5		8	4	1	
	8				2			
		4						
		8	1					4
		9		6			3	

Medium # 1204

3						2		5
9			8				3	
	6			7				
				1	3	8		
	9			5			1	
		7	6	8				
				4			5	
	3				8			6
4		2						9

Medium # 1205

	2		5			7		
	7	4		6			9	
		3						
4				3	1	5		
		2				4		
		5	8	9				2
						3		
	3			7		8	1	
		1			5		7	

Medium # 1206

		5		2	9		3	
					1			
		7				2	9	6
	8			5				
1		6				5		7
				3			8	
8	9	4				6		
			5					
	5		6	7		8		

Medium # 1207

9	5		8					3
						8		
	8	6		2		4		
	4	9	7					1
1					3	9	2	
		8		9		1	6	
		4						
7					8		5	2

Medium # 1208

3			4				2	1
	8				5			
				9		3		4
			5	7	6			
5								6
			9	2	3			
1		9		5				
			2				6	
4	3				1			5

Medium # 1209

9	3							
1		7	3			5		
	8							6
				2	4			9
	1		6		9		7	
4			1	7				
5							2	
		6			8	9		4
							8	5

Medium # 1210

	9						2	
5			2	9			8	
4	7							1
8		4	5					
1								3
					1	4		5
7							5	2
	3			7	6			8
	4						7	

Medium # 1211

		9			5			7
		8	4			1		
				9			6	
5				3			8	4
	6						9	
2	8			6				3
	4			1				
		2			9	5		
7			6			9		

Medium # 1212

		4			9			1
8		2	4					6
			3			2		
	6			7				5
			6		1			
1				8			9	
		9			8			
7					4	3		9
2			7			4		

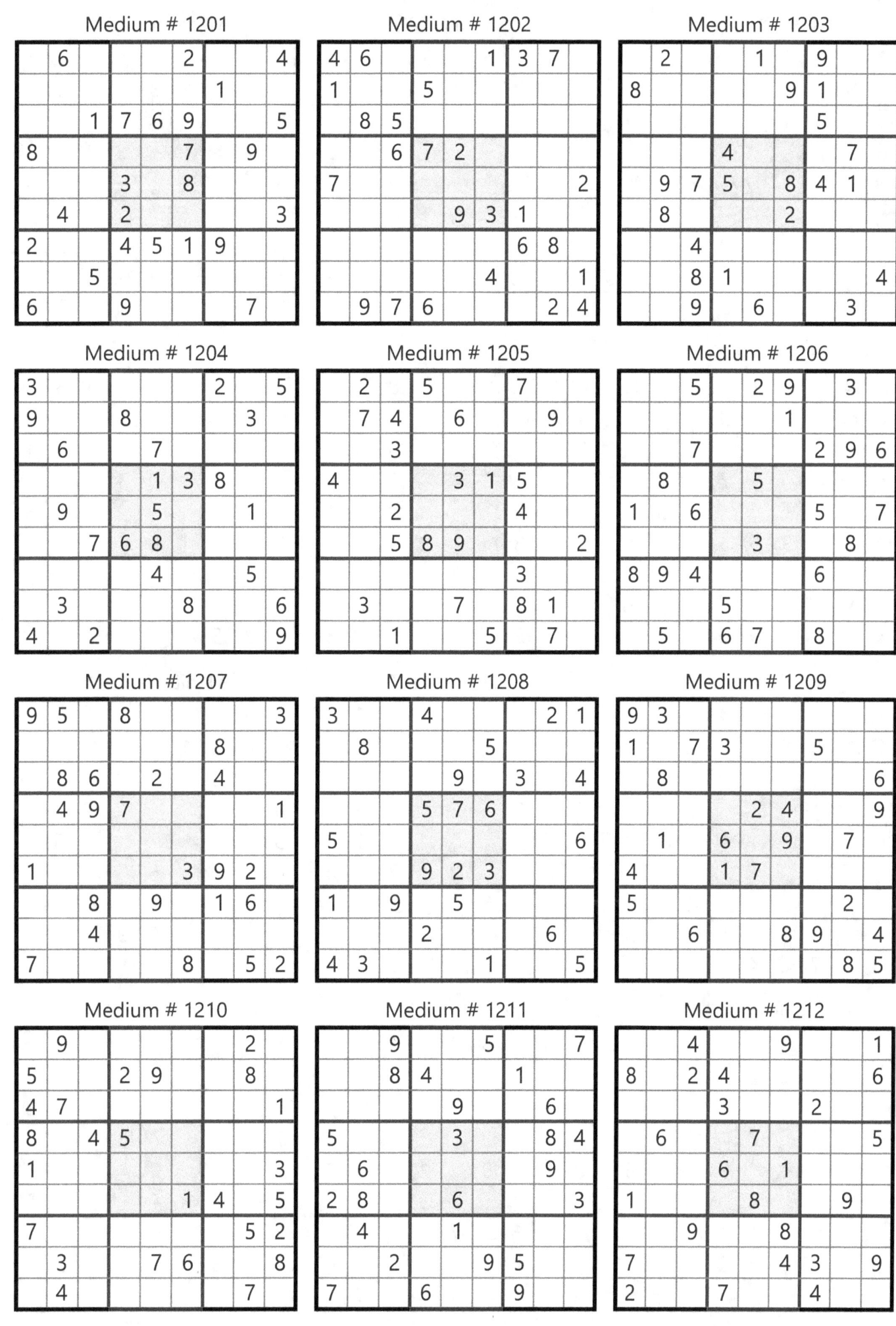

Medium # 1213

	7		3					
	9		1					8
5		3	4			9		
6						4		
1								2
		4						1
		1			9	6		5
7					6		1	
					5		9	

Medium # 1214

	4	8	6		9			
3				1				
		9					2	3
9				8				2
		6				9		
1				6				7
4	3					1		
				7				6
			2		3	4	5	

Medium # 1215

	1							7
			6	3			9	
6	9				5	3		
	7					8		
3			2		9			5
		8					6	
		7	9				5	6
	5			4	3			
1							7	

Medium # 1216

	4		7	1				6
6					3		4	
						5		
		4		3	7		8	
	3						9	
	7		9	6		1		
		2						
	9		8					5
8				9	6		2	

Medium # 1217

4			9			8		
1	8							
5				6			2	
	6		8	4		1		
		9				2		
		8		1	2		6	
	5			2				6
							7	2
		2			5			8

Medium # 1218

		4	7			8	3	
	9							
			5				4	1
		2		9	3			5
4								8
8			1	6		2		
3	8				2			
							9	
	2	5			1	7		

Medium # 1219

	8			2	4	6		7
2		6	5					9
		1			9			
						2	1	
	1	3						
			9			4		
6					5	3		8
9		7	6	4			2	

Medium # 1220

		1					7	
		6	1					
8					7			3
1		2		7			9	
	6			8			1	
	5			9		7		6
9			5					7
					3	6		
	3					9		

Medium # 1221

	5				2	4		
	8		1	4		9		
9		6						
8				1				
3	9						6	5
				5				7
						6		2
		4		6	9		8	
		9	3				7	

Medium # 1222

			1					5
	4		6	2				
						1		2
				8		3	2	1
8	9						5	6
1	6	3		4				
9		5						
				7	3		8	
7					1			

Medium # 1223

	6		5	2				
3						8		6
				3		5		
	4		2					
8	7		9		1		2	3
					3		8	
		6		7				
1		4						8
				1	5		3	

Medium # 1224

8						9		
	5	9	2			1		
					1		7	3
7		2		4	8			
			3	6		2		5
1	6		7					
		3			5	6	2	
		5						7

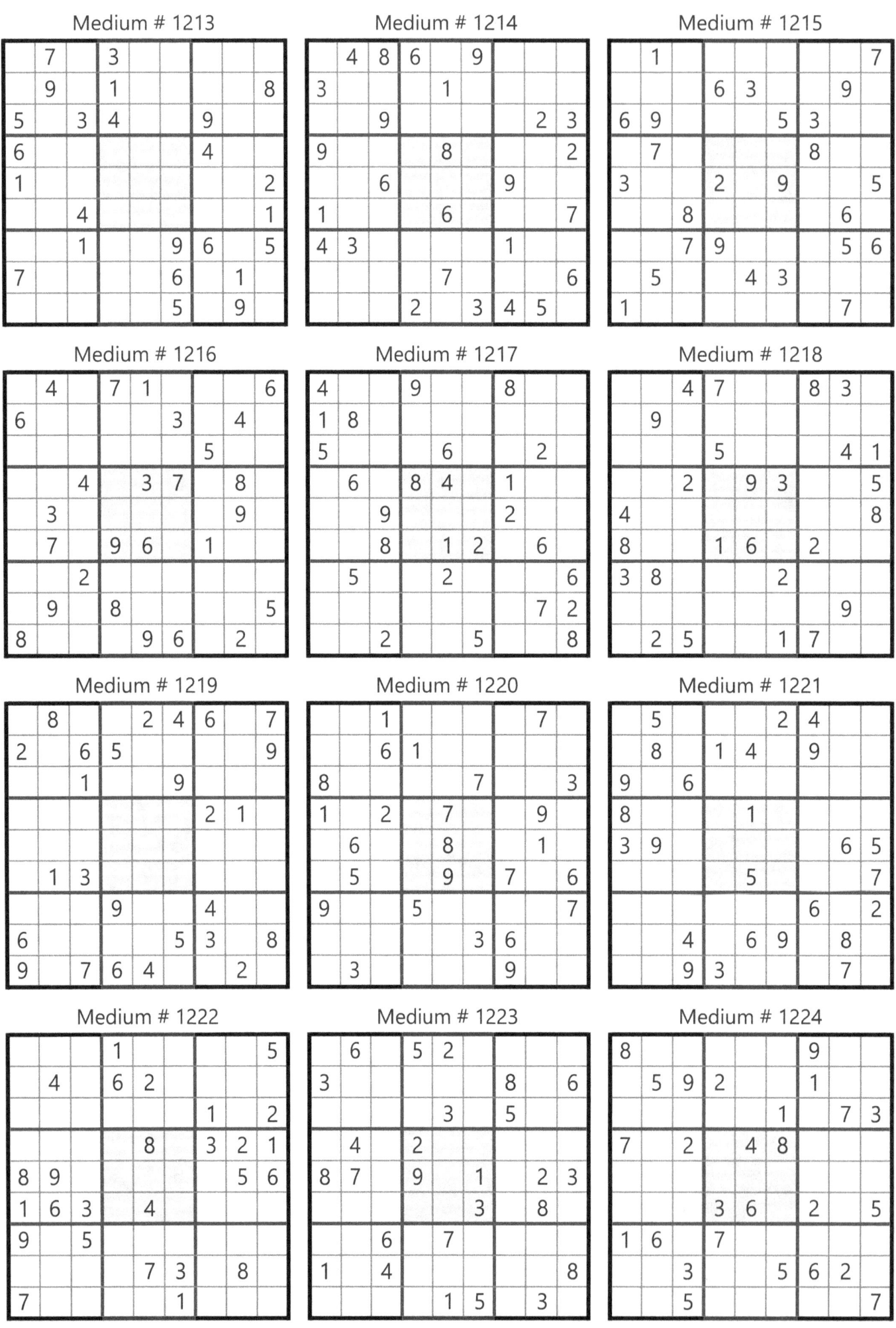

Medium # 1225

					7			
7	3		8			2		
5						7		3
	2			9			3	
		6	7		4	1		
	5			6			9	
2		1						5
		3			6		1	8
			3					

Medium # 1226

5				7	8			6
			9		3			
						1	2	
						6	3	7
		8				4		
4	7	1						
	6	7						
			3		9			
1			7	6				8

Medium # 1227

						7		
2	1			8				
			7	6	4		2	
		4		7				9
		9	3		8	5		
8				1		3		
	4		6	5	3			
				4			3	8
		3						

Medium # 1228

	2						1	
			3			4		
6		1	2		5			
9				6				
	5		7		1		8	
				5				3
			1		2	9		7
		5			9			
	8						4	

Medium # 1229

9							6	
			6		5			
7		8			4			3
2	4		1				3	
				8				
	8				2		7	9
1			7			3		8
			5		6			
	7							2

Medium # 1230

			8			3	1	
			1	4		6		
					2		8	
		7				5	3	1
9								2
3	6	2				7		
	7		4					
		1		7	9			
	3	6			1			

Medium # 1231

3					7	9	1	
		9					4	5
				4				
9		8			1			
	6		4		3		8	
			7			1		9
				2				
7	3					6		
	4	6	9					3

Medium # 1232

1	2							
			8			7	9	
			6		4	1		3
9	1			5				
			1		9			
				7			5	1
7		2	4		1			
	8	4			2			
							4	9

Medium # 1233

	2	6					1	
			8		2			7
		3			5			2
1		5	4					
	7						4	
					7	2		9
8			2			4		
6			7		3			
	5					3	7	

Medium # 1234

						8		
1		5			8			
2				4		7		5
3					5			
	9	8	6		1	2	5	
			4					1
5		9		3				6
			7			1		9
		4						

Medium # 1235

	3			6				8
	7	2		3				
	5		8					
9		1		5	6			
			9		4			
			2	7		1		9
					5		7	
				9		8	5	
6				2			4	

Medium # 1236

			1	6	4	7		
	5		9					1
		3						
2	1							
	7	9		2		4	3	
							1	8
						3		
5					2		7	
		2	7	9	8			

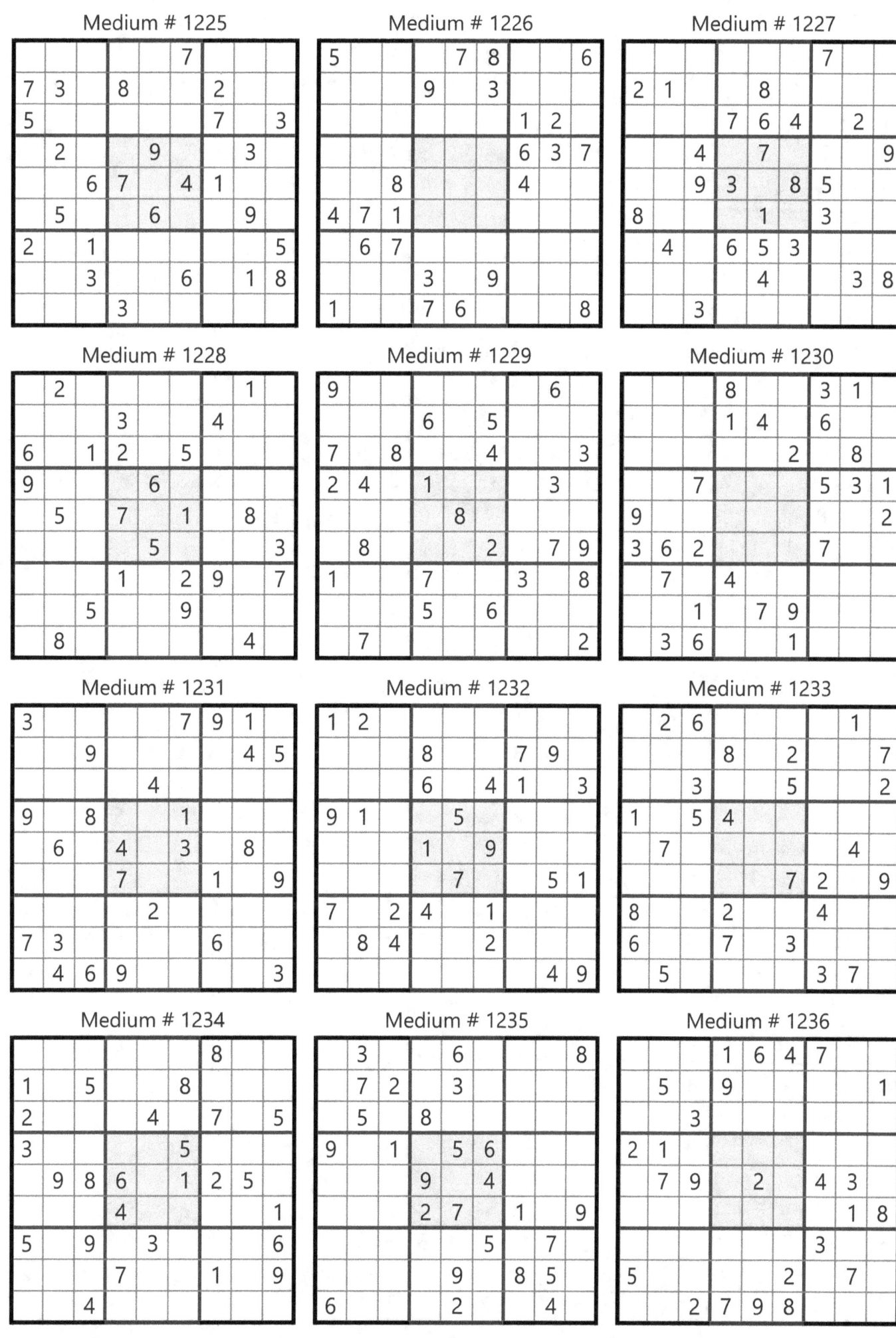

Medium # 1237

		4						2
		8	9			5		6
1	6		5					
		7		3			8	
5								7
	8			2		9		
					3		7	5
6		3			9	8		
7						4		

Medium # 1238

			8	1		3		
			3		2			7
	3					2	1	4
						4		5
			1		4			
7		6						
1	7	9					5	
8			6		1			
		2		9	8			

Medium # 1239

				6		5	9	
			1	4			7	
5								
		4	7			1	6	
		6				3		
	8	3			4	9		
								2
	1			8	7			
	9	2		5				

Medium # 1240

		9	5	2	8			
	8	1		6				2
5	4							
	6				7			
		8				3		
			1				9	
							2	1
8				5		7	4	
			3	7	6	8		

Medium # 1241

4	6		8					
		7			9			
						7	5	
	8		9	2		4		
9			4		6			3
		4		1	7		8	
	4	6						
			2			5		
					3		9	1

Medium # 1242

		7						
6		2			4			
		8	2		3			1
		6		9			8	5
2								9
7	1			3		4		
8			5		6	9		
			7			1		6
						8		

Medium # 1243

		9		2			8	
	5		7					
		6			4	1		
3				4				9
			9		6			
2				3				7
		5	8			7		
					3		1	
	3			6		5		

Medium # 1244

		1				6		8
	6	8	3					
			7				2	
4		2		9				
	1		6		4		3	
				3		9		4
	8				2			
					5	2	6	
2		9				5		

Medium # 1245

4		2					6	
		8	4	1				2
				2		8		3
					5	7		8
8		6	2					
7		9		3				
2				6	1	3		
	5					9		4

Medium # 1246

			1	6		2		7
						8		
	5		8		4			3
						9	4	2
	4						7	
8	2	5						
9			7		2		8	
		1						
5		2		1	3			

Medium # 1247

	3	2			8			1
				1				
		9	7	6				
		5				6		7
1			5		6			9
2		3				5		
				4	3	8		
				7				
6			9			3	5	

Medium # 1248

		7			6	5		
2	8	9						
				4				1
	9		4					
4		6	9		3	2		8
					1		7	
5				2				
						4	5	2
		3	1			6		

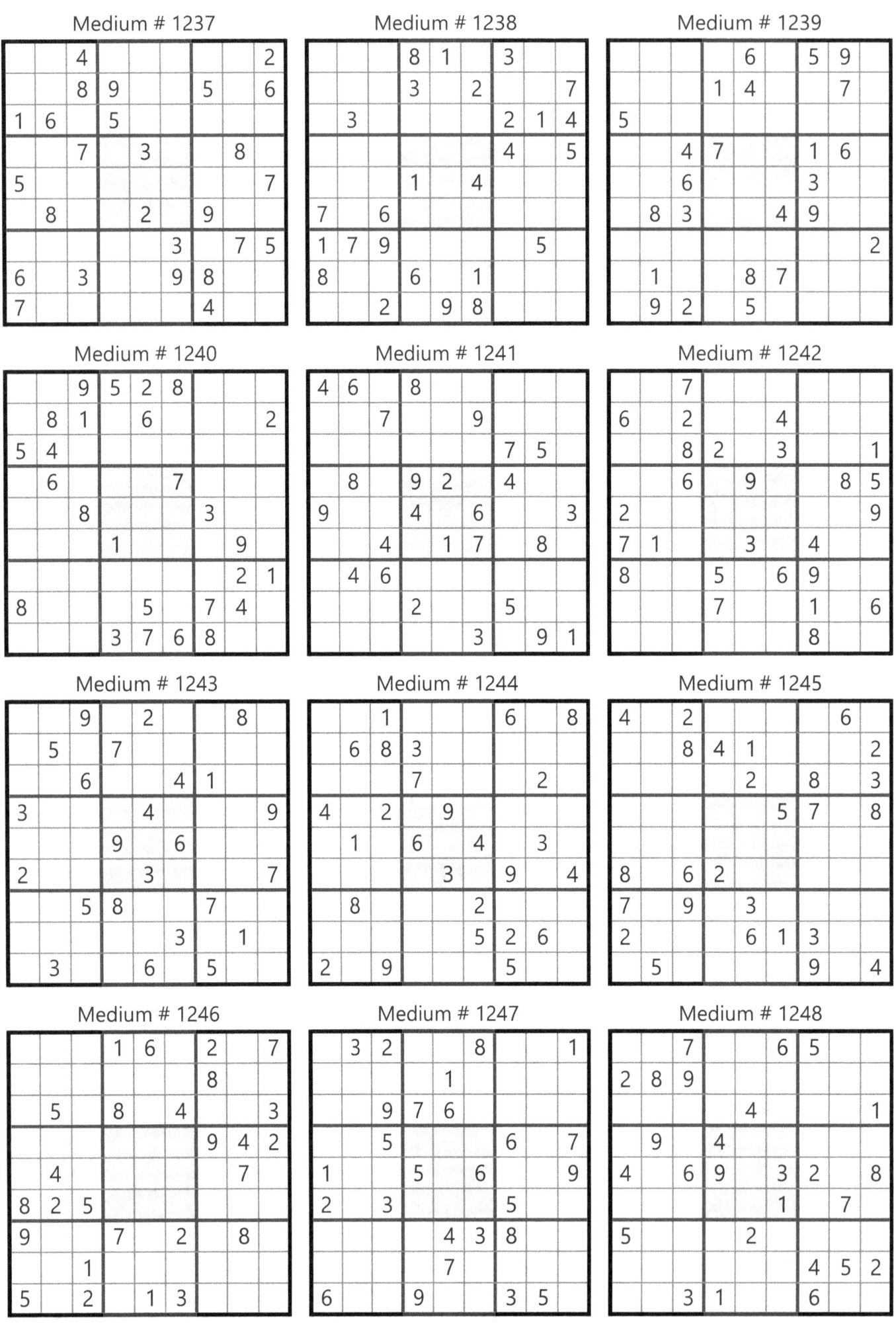

Medium # 1249

8				1		7		5
		7					3	
	6			2		4		
					6			4
6				5				7
9			8					
		1		8			2	
	9					3		
4		2		3				6

Medium # 1250

		8			9		3	
3				5	7			1
	6							2
8		1		4				
	7						5	
				7		2		4
1							9	
2			3	8				5
	5		4			7		

Medium # 1251

			7	9				5
					8	7		
		9	3		6	1		
5					4	2		
	4						1	
		7	9					4
		2	4		7	3		
		8	6					
4				8	1			

Medium # 1252

2	4				8			5
9								
				7	3		1	2
	5		3				4	
		6				3		
	2				9		8	
7	6		2	8				
								6
3			6				7	8

Medium # 1253

5		6		7			8	
	2					5	7	
			1					
9	3		4					
		7	2		6	9		
					9		4	1
					4			
	6	4					2	
	1			9		3		4

Medium # 1254

5				4			1	
		7				5		
	1	2	7	3		8		
			6				8	
			3		2			
	6				7			
		8		9	4	1	2	
		6				9		
	9			2				8

Medium # 1255

7	4				5		6	
		3				7	1	
			4	8		3		
					6		8	1
6	8		5					
		7		6	9			
	3	9				1		
	6		3				5	2

Medium # 1256

5		2			8			7
	4	8	6					
7							9	
9							3	
		3				4		
	5							2
	2							1
					5	3	7	
4			9			6		5

Medium # 1257

		5					4	
					8			
	7	4			9	6	1	
			6	9		4		7
2								9
9		1		4	7			
	9	3	7			2	8	
			5					
	1					7		

Medium # 1258

			2			8		
		9	1	6			2	
				9	7			
			8				5	3
		5				1		
7	9				2			
			3	1				
	3			8	9	6		
		4			5			

Medium # 1259

	8		4					5
			3		1			9
3								
9	6		1			4		2
		7				1		
2		1			7		6	3
								1
1			6		4			
6					9		5	

Medium # 1260

				8	6		7	9
	9			3			2	
7		4						
					4		3	7
				9				
4	2		5					
						2		3
	3			7			5	
1	6		3	4				

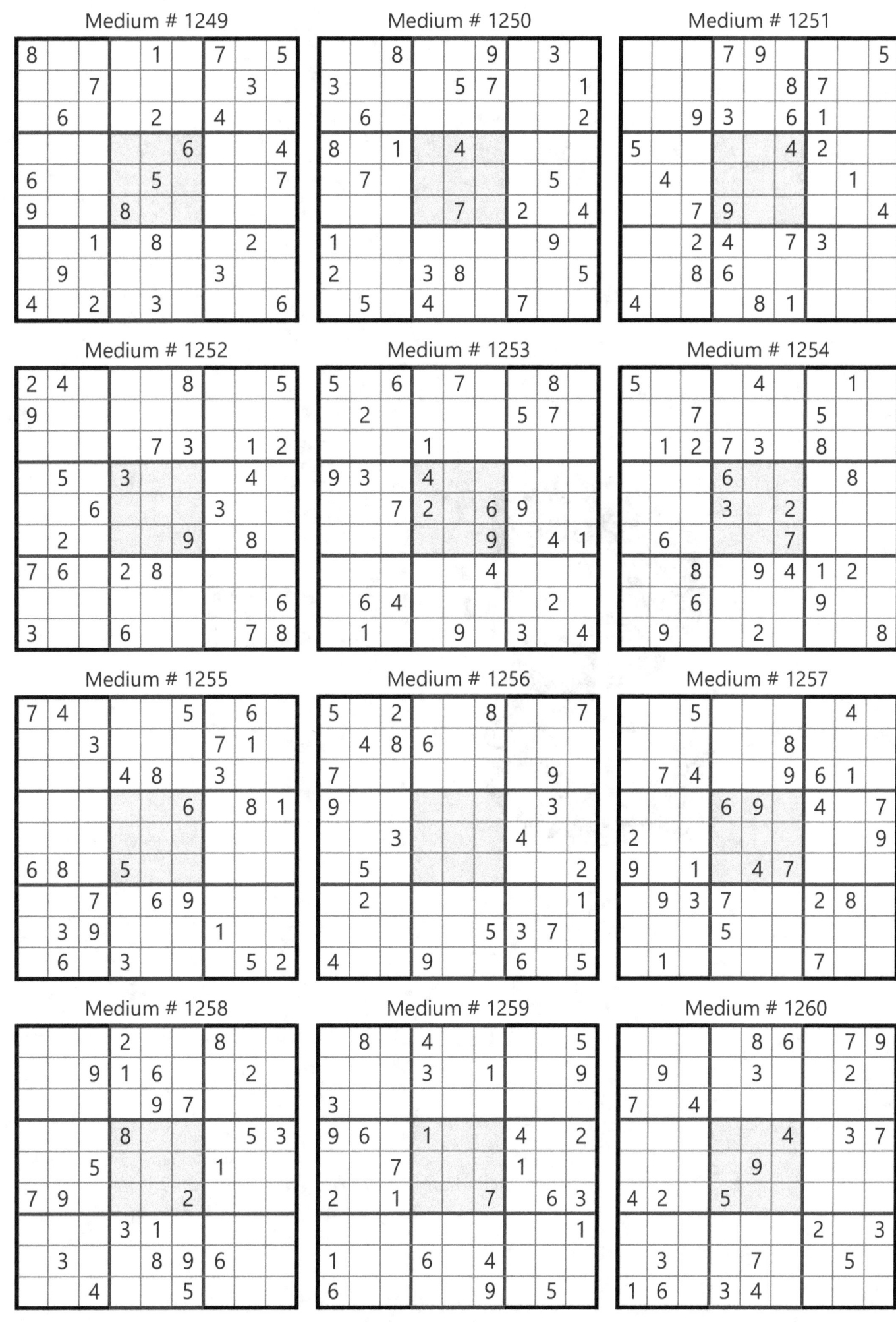

Solution

Solution # 1

1	2	3	4	5	6	7	8	9
9	8	5	2	1	7	3	6	4
6	4	7	3	8	9	1	2	5
7	1	2	5	4	3	8	9	6
5	9	6	1	7	8	2	4	3
4	3	8	6	9	2	5	1	7
2	7	4	9	3	1	6	5	8
3	5	1	8	6	4	9	7	2
8	6	9	7	2	5	4	3	1

Solution # 2

7	4	6	5	1	2	8	9	3
5	8	3	4	6	9	1	2	7
1	2	9	8	3	7	4	6	5
3	7	4	1	2	5	6	8	9
9	6	2	3	7	8	5	1	4
8	1	5	9	4	6	7	3	2
4	9	1	7	8	3	2	5	6
6	5	7	2	9	1	3	4	8
2	3	8	6	5	4	9	7	1

Solution # 3

6	3	2	5	1	9	8	7	4
5	4	8	2	6	7	9	1	3
1	9	7	8	4	3	6	2	5
2	8	9	7	5	6	4	3	1
7	1	5	3	8	4	2	9	6
4	6	3	9	2	1	5	8	7
8	2	1	4	7	5	3	6	9
9	5	6	1	3	8	7	4	2
3	7	4	6	9	2	1	5	8

Solution # 4

1	9	6	7	8	2	5	4	3
8	3	2	6	4	5	9	7	1
5	7	4	1	9	3	8	2	6
6	8	7	3	2	4	1	5	9
2	4	5	8	1	9	3	6	7
3	1	9	5	7	6	4	8	2
4	5	1	2	3	7	6	9	8
9	2	3	4	6	8	7	1	5
7	6	8	9	5	1	2	3	4

Solution # 5

8	9	5	6	7	3	4	2	1
7	6	2	5	4	1	8	3	9
3	4	1	9	8	2	6	5	7
6	1	4	7	3	8	2	9	5
9	3	8	4	2	5	1	7	6
2	5	7	1	9	6	3	8	4
5	7	3	8	1	4	9	6	2
4	2	9	3	6	7	5	1	8
1	8	6	2	5	9	7	4	3

Solution # 6

3	4	6	8	2	1	9	7	5
9	1	8	4	7	5	2	6	3
7	5	2	3	6	9	8	4	1
1	2	9	6	8	7	3	5	4
4	6	7	5	9	3	1	8	2
5	8	3	1	4	2	7	9	6
2	9	5	7	3	6	4	1	8
8	3	1	9	5	4	6	2	7
6	7	4	2	1	8	5	3	9

Solution # 7

5	3	9	7	6	4	2	8	1
8	1	7	3	9	2	5	6	4
2	4	6	5	8	1	9	3	7
6	2	8	9	1	7	4	5	3
9	5	1	4	2	3	8	7	6
4	7	3	8	5	6	1	9	2
7	8	4	1	3	9	6	2	5
3	6	5	2	4	8	7	1	9
1	9	2	6	7	5	3	4	8

Solution # 8

1	2	9	6	5	3	8	7	4
8	5	4	7	1	9	6	2	3
3	6	7	8	4	2	9	1	5
6	8	1	5	2	7	3	4	9
9	7	2	4	3	6	5	8	1
5	4	3	1	9	8	7	6	2
7	9	5	2	6	1	4	3	8
4	1	8	3	7	5	2	9	6
2	3	6	9	8	4	1	5	7

Solution # 9

5	6	9	8	1	3	2	4	7
8	7	4	6	2	5	9	3	1
1	3	2	7	4	9	8	5	6
4	8	7	5	9	1	3	6	2
2	9	6	3	8	7	5	1	4
3	5	1	2	6	4	7	8	9
7	2	8	1	3	6	4	9	5
6	4	3	9	5	2	1	7	8
9	1	5	4	7	8	6	2	3

Solution # 10

2	3	4	8	1	9	5	7	6
8	9	7	6	5	2	3	1	4
1	6	5	7	4	3	8	2	9
9	2	8	5	3	7	4	6	1
5	1	6	9	8	4	7	3	2
7	4	3	2	6	1	9	5	8
4	5	2	1	7	8	6	9	3
6	8	9	3	2	5	1	4	7
3	7	1	4	9	6	2	8	5

Solution # 11

2	1	4	9	7	3	6	8	5
9	8	7	5	2	6	1	4	3
5	3	6	4	8	1	2	9	7
1	4	3	7	6	9	8	5	2
6	5	2	3	1	8	4	7	9
7	9	8	2	5	4	3	1	6
8	2	1	6	9	7	5	3	4
4	6	9	1	3	5	7	2	8
3	7	5	8	4	2	9	6	1

Solution # 12

6	8	5	1	9	4	3	2	7
1	9	7	3	8	2	4	5	6
3	2	4	7	5	6	9	1	8
7	3	2	9	4	8	5	6	1
9	5	1	6	7	3	8	4	2
4	6	8	5	2	1	7	9	3
5	7	3	2	1	9	6	8	4
2	4	6	8	3	5	1	7	9
8	1	9	4	6	7	2	3	5

Solution # 13

3	6	9	8	5	4	7	2	1
1	5	8	9	7	2	6	3	4
2	4	7	1	3	6	5	8	9
5	8	2	7	6	9	4	1	3
4	7	1	5	8	3	9	6	2
6	9	3	2	4	1	8	7	5
9	2	6	4	1	7	3	5	8
8	3	4	6	2	5	1	9	7
7	1	5	3	9	8	2	4	6

Solution # 14

4	6	1	7	9	2	5	8	3
2	7	8	1	3	5	6	4	9
9	5	3	8	6	4	1	7	2
6	3	7	2	4	9	8	1	5
5	8	9	3	1	7	4	2	6
1	2	4	5	8	6	3	9	7
7	1	2	6	5	8	9	3	4
8	9	5	4	7	3	2	6	1
3	4	6	9	2	1	7	5	8

Solution # 15

9	1	2	3	6	5	8	7	4
6	5	7	4	1	8	2	3	9
4	8	3	9	2	7	5	6	1
1	4	9	2	3	6	7	5	8
2	3	8	5	7	9	4	1	6
5	7	6	1	8	4	3	9	2
8	9	1	7	4	3	6	2	5
3	6	5	8	9	2	1	4	7
7	2	4	6	5	1	9	8	3

Solution # 16

9	3	2	4	6	1	5	8	7
8	4	6	5	9	7	3	1	2
1	7	5	2	3	8	9	6	4
4	2	1	9	8	5	6	7	3
7	5	3	6	1	4	8	2	9
6	8	9	3	7	2	1	4	5
5	6	4	1	2	3	7	9	8
2	9	8	7	5	6	4	3	1
3	1	7	8	4	9	2	5	6

Solution # 17

5	1	2	9	6	3	8	7	4
4	9	8	1	7	2	3	5	6
6	7	3	5	8	4	1	2	9
3	6	9	2	1	5	7	4	8
1	5	4	8	9	7	2	6	3
8	2	7	4	3	6	9	1	5
7	3	1	6	5	9	4	8	2
9	4	6	7	2	8	5	3	1
2	8	5	3	4	1	6	9	7

Solution # 18

4	3	7	2	8	6	1	9	5
2	8	9	1	5	3	4	7	6
6	5	1	7	9	4	8	3	2
7	4	3	6	2	1	5	8	9
5	1	2	8	7	9	6	4	3
9	6	8	4	3	5	2	1	7
8	9	4	5	6	7	3	2	1
1	7	5	3	4	2	9	6	8
3	2	6	9	1	8	7	5	4

Solution # 19

9	8	6	1	4	3	7	2	5
1	7	4	8	2	5	9	3	6
5	3	2	6	7	9	4	8	1
8	9	1	7	5	4	2	6	3
7	2	3	9	8	6	5	1	4
6	4	5	3	1	2	8	9	7
4	1	9	5	6	8	3	7	2
2	6	8	4	3	7	1	5	9
3	5	7	2	9	1	6	4	8

Solution # 20

2	3	6	7	8	9	5	1	4
9	8	7	1	4	5	6	2	3
4	5	1	2	6	3	7	9	8
5	7	2	6	3	1	8	4	9
8	4	9	5	7	2	3	6	1
1	6	3	8	9	4	2	5	7
6	1	4	3	5	7	9	8	2
7	2	8	9	1	6	4	3	5
3	9	5	4	2	8	1	7	6

Solution # 21

9	2	6	4	8	7	5	3	1
8	5	3	9	2	1	4	7	6
1	4	7	3	5	6	9	8	2
2	7	5	1	4	8	3	6	9
4	3	1	7	6	9	8	2	5
6	8	9	2	3	5	1	4	7
7	1	8	6	9	3	2	5	4
3	6	4	5	1	2	7	9	8
5	9	2	8	7	4	6	1	3

Solution # 22

3	1	7	4	6	9	2	8	5
5	4	8	1	7	2	3	6	9
9	6	2	8	5	3	1	4	7
2	9	1	3	4	8	7	5	6
6	8	4	7	2	5	9	1	3
7	5	3	9	1	6	8	2	4
4	3	9	5	8	1	6	7	2
1	7	6	2	3	4	5	9	8
8	2	5	6	9	7	4	3	1

Solution # 23

4	9	7	5	1	8	6	2	3
3	5	2	9	7	6	1	8	4
1	8	6	4	2	3	7	5	9
6	1	9	7	5	2	4	3	8
2	3	4	8	9	1	5	6	7
5	7	8	3	6	4	2	9	1
9	2	3	1	4	5	8	7	6
7	4	5	6	8	9	3	1	2
8	6	1	2	3	7	9	4	5

Solution # 24

9	1	8	4	5	3	7	6	2
5	7	2	6	1	8	3	9	4
6	3	4	7	9	2	5	8	1
4	5	7	8	2	9	1	3	6
2	9	1	3	4	6	8	7	5
3	8	6	1	7	5	4	2	9
8	2	3	5	6	1	9	4	7
7	6	5	9	3	4	2	1	8
1	4	9	2	8	7	6	5	3

Solution # 25

5	9	4	8	3	1	6	2	7
1	2	6	7	5	4	8	3	9
8	3	7	6	9	2	4	5	1
6	8	3	1	2	7	5	9	4
2	7	5	3	4	9	1	8	6
9	4	1	5	8	6	3	7	2
3	1	2	9	6	8	7	4	5
7	5	9	4	1	3	2	6	8
4	6	8	2	7	5	9	1	3

Solution # 26

6	7	9	8	1	2	3	4	5
2	8	3	9	5	4	1	6	7
1	5	4	3	6	7	8	9	2
4	2	1	6	7	8	9	5	3
8	9	7	1	3	5	4	2	6
5	3	6	2	4	9	7	8	1
9	6	8	7	2	3	5	1	4
7	1	5	4	9	6	2	3	8
3	4	2	5	8	1	6	7	9

Solution # 27

8	4	1	7	9	6	2	5	3
2	9	3	8	5	4	6	1	7
7	5	6	2	3	1	9	4	8
6	1	8	3	4	7	5	9	2
4	3	5	9	2	8	1	7	6
9	2	7	6	1	5	3	8	4
5	8	9	4	6	3	7	2	1
3	7	2	1	8	9	4	6	5
1	6	4	5	7	2	8	3	9

Solution # 28

2	1	8	7	6	9	4	5	3
9	3	5	2	1	4	6	7	8
4	7	6	8	5	3	9	1	2
1	2	7	4	3	5	8	6	9
6	5	4	9	8	1	3	2	7
8	9	3	6	7	2	1	4	5
7	8	9	5	4	6	2	3	1
5	4	1	3	2	8	7	9	6
3	6	2	1	9	7	5	8	4

Solution # 29

9	1	4	6	7	2	8	5	3
6	5	8	9	4	3	2	1	7
7	2	3	8	5	1	9	6	4
2	6	9	3	1	5	4	7	8
8	3	7	4	9	6	5	2	1
1	4	5	2	8	7	3	9	6
4	7	2	5	6	8	1	3	9
3	9	1	7	2	4	6	8	5
5	8	6	1	3	9	7	4	2

Solution # 30

7	2	4	1	6	3	5	8	9
3	5	6	8	9	4	1	2	7
9	8	1	7	2	5	6	4	3
4	7	3	6	5	1	8	9	2
2	6	8	4	3	9	7	1	5
1	9	5	2	7	8	4	3	6
5	1	2	3	4	7	9	6	8
8	3	7	9	1	6	2	5	4
6	4	9	5	8	2	3	7	1

Solution # 31

3	2	4	8	6	1	5	7	9
1	5	9	7	2	4	3	6	8
7	8	6	9	5	3	2	1	4
2	6	8	3	1	9	7	4	5
9	1	7	6	4	5	8	2	3
5	4	3	2	7	8	1	9	6
8	7	1	4	3	6	9	5	2
6	9	2	5	8	7	4	3	1
4	3	5	1	9	2	6	8	7

Solution # 32

3	2	5	4	1	9	8	7	6
7	6	1	3	2	8	5	4	9
4	9	8	7	5	6	1	2	3
5	7	4	8	6	2	3	9	1
9	3	2	1	7	5	4	6	8
8	1	6	9	4	3	7	5	2
1	5	9	6	8	4	2	3	7
6	4	7	2	3	1	9	8	5
2	8	3	5	9	7	6	1	4

Solution # 33

1	6	3	2	8	4	5	9	7
9	5	2	1	7	3	6	8	4
8	7	4	9	6	5	1	2	3
3	9	5	4	1	8	2	7	6
6	4	1	7	9	2	8	3	5
2	8	7	5	3	6	9	4	1
7	1	6	3	2	9	4	5	8
5	2	8	6	4	7	3	1	9
4	3	9	8	5	1	7	6	2

Solution # 34

6	8	3	1	5	7	2	4	9
9	4	2	8	6	3	5	1	7
5	1	7	4	2	9	3	6	8
1	5	9	3	8	6	4	7	2
7	3	4	2	9	5	6	8	1
2	6	8	7	4	1	9	3	5
3	7	5	9	1	4	8	2	6
4	2	6	5	7	8	1	9	3
8	9	1	6	3	2	7	5	4

Solution # 35

9	8	3	6	4	5	1	7	2
5	1	2	7	3	9	4	8	6
4	7	6	1	8	2	3	5	9
3	6	8	2	1	4	5	9	7
7	9	1	5	6	3	8	2	4
2	5	4	9	7	8	6	3	1
1	3	7	8	2	6	9	4	5
8	2	9	4	5	1	7	6	3
6	4	5	3	9	7	2	1	8

Solution # 36

4	9	1	8	6	2	5	7	3
8	7	3	9	4	5	1	2	6
2	5	6	3	7	1	8	9	4
9	3	4	2	5	7	6	1	8
7	1	5	4	8	6	9	3	2
6	8	2	1	9	3	7	4	5
1	2	9	6	3	8	4	5	7
3	6	7	5	1	4	2	8	9
5	4	8	7	2	9	3	6	1

Solution # 37

9	4	2	1	8	3	5	7	6
3	8	7	6	2	5	1	9	4
6	5	1	9	7	4	2	8	3
4	7	9	5	3	1	6	2	8
5	6	8	4	9	2	3	1	7
1	2	3	7	6	8	4	5	9
2	3	5	8	4	9	7	6	1
8	1	6	3	5	7	9	4	2
7	9	4	2	1	6	8	3	5

Solution # 38

2	6	8	3	1	9	4	5	7
5	7	9	8	4	6	3	2	1
1	3	4	5	7	2	9	6	8
4	2	7	9	6	8	1	3	5
3	8	5	1	2	4	7	9	6
9	1	6	7	3	5	8	4	2
6	9	2	4	8	7	5	1	3
7	5	1	2	9	3	6	8	4
8	4	3	6	5	1	2	7	9

Solution # 39

5	4	6	2	7	3	1	9	8
8	2	3	6	1	9	4	7	5
9	1	7	4	5	8	3	2	6
7	8	9	1	3	4	5	6	2
4	5	2	7	8	6	9	1	3
6	3	1	5	9	2	8	4	7
1	7	8	9	2	5	6	3	4
3	9	4	8	6	7	2	5	1
2	6	5	3	4	1	7	8	9

Solution # 40

3	1	4	7	9	2	8	6	5
6	9	8	4	3	5	1	2	7
7	2	5	1	6	8	9	4	3
4	8	1	9	5	7	6	3	2
9	3	7	8	2	6	4	5	1
2	5	6	3	1	4	7	8	9
1	4	2	5	8	9	3	7	6
8	6	3	2	7	1	5	9	4
5	7	9	6	4	3	2	1	8

Solution # 41

4	7	2	5	1	8	6	3	9
3	6	8	4	2	9	5	1	7
9	1	5	6	7	3	4	8	2
8	4	7	2	3	1	9	6	5
6	5	1	8	9	4	7	2	3
2	9	3	7	5	6	1	4	8
7	8	6	9	4	2	3	5	1
1	2	9	3	6	5	8	7	4
5	3	4	1	8	7	2	9	6

Solution # 42

3	5	4	8	6	9	1	2	7
1	9	7	3	2	5	6	8	4
8	6	2	1	4	7	9	3	5
4	8	1	6	9	2	7	5	3
5	3	9	4	7	8	2	1	6
2	7	6	5	1	3	4	9	8
9	4	8	2	5	6	3	7	1
7	1	5	9	3	4	8	6	2
6	2	3	7	8	1	5	4	9

Solution # 43

3	1	6	4	8	2	7	5	9
7	4	8	6	9	5	1	3	2
2	5	9	1	7	3	4	8	6
6	2	5	3	1	8	9	4	7
8	7	3	9	2	4	6	1	5
4	9	1	5	6	7	8	2	3
9	3	4	8	5	6	2	7	1
5	6	2	7	4	1	3	9	8
1	8	7	2	3	9	5	6	4

Solution # 44

1	3	8	6	4	5	7	9	2
6	5	7	8	2	9	1	4	3
2	9	4	7	3	1	8	5	6
3	7	6	1	9	4	5	2	8
9	8	1	5	7	2	3	6	4
5	4	2	3	8	6	9	1	7
7	1	9	4	6	8	2	3	5
4	2	3	9	5	7	6	8	1
8	6	5	2	1	3	4	7	9

Solution # 45

1	4	7	9	8	2	5	3	6
5	9	6	7	4	3	1	8	2
2	3	8	6	5	1	7	9	4
6	7	5	4	9	8	3	2	1
3	8	1	2	6	7	9	4	5
4	2	9	1	3	5	6	7	8
8	6	2	5	7	9	4	1	3
9	5	3	8	1	4	2	6	7
7	1	4	3	2	6	8	5	9

Solution # 46

5	1	4	9	2	7	8	6	3
9	7	3	6	1	8	4	2	5
2	8	6	5	3	4	1	9	7
4	6	1	8	5	9	3	7	2
7	2	8	4	6	3	9	5	1
3	5	9	2	7	1	6	8	4
1	9	2	7	4	6	5	3	8
6	4	7	3	8	5	2	1	9
8	3	5	1	9	2	7	4	6

Solution # 47

8	3	1	6	2	4	5	9	7
6	7	4	1	5	9	3	2	8
5	2	9	8	7	3	1	4	6
4	6	2	3	8	1	9	7	5
7	1	8	9	6	5	4	3	2
3	9	5	2	4	7	6	8	1
2	4	7	5	3	6	8	1	9
1	8	6	4	9	2	7	5	3
9	5	3	7	1	8	2	6	4

Solution # 48

4	1	2	6	5	7	8	3	9
6	9	7	8	1	3	2	5	4
8	3	5	2	4	9	1	7	6
3	5	8	1	9	6	7	4	2
7	4	9	5	8	2	3	6	1
2	6	1	3	7	4	5	9	8
1	8	3	4	6	5	9	2	7
9	2	4	7	3	8	6	1	5
5	7	6	9	2	1	4	8	3

Solution # 49

3	2	1	6	9	5	8	4	7
9	8	7	2	3	4	5	1	6
4	5	6	1	7	8	2	9	3
1	9	5	8	2	7	3	6	4
7	4	3	5	6	9	1	2	8
8	6	2	4	1	3	7	5	9
2	7	9	3	4	1	6	8	5
5	1	4	7	8	6	9	3	2
6	3	8	9	5	2	4	7	1

Solution # 50

9	5	8	3	2	1	4	7	6
3	2	6	5	4	7	8	9	1
7	1	4	8	6	9	5	3	2
4	7	2	1	3	5	9	6	8
8	9	5	6	7	4	1	2	3
6	3	1	9	8	2	7	5	4
5	6	3	4	9	8	2	1	7
2	4	9	7	1	6	3	8	5
1	8	7	2	5	3	6	4	9

Solution # 51

7	4	1	6	2	9	8	3	5
2	5	6	8	3	1	7	9	4
3	8	9	4	7	5	2	1	6
5	1	3	7	8	4	9	6	2
4	2	8	9	1	6	3	5	7
9	6	7	3	5	2	1	4	8
6	7	4	1	9	8	5	2	3
1	3	5	2	6	7	4	8	9
8	9	2	5	4	3	6	7	1

Solution # 52

9	1	6	7	3	8	2	5	4
7	2	3	5	6	4	1	8	9
4	8	5	9	2	1	3	7	6
6	5	9	2	8	3	4	1	7
1	3	8	4	7	9	6	2	5
2	4	7	1	5	6	9	3	8
8	9	4	3	1	7	5	6	2
5	6	1	8	4	2	7	9	3
3	7	2	6	9	5	8	4	1

Solution # 53

3	9	5	7	8	4	1	6	2
7	4	1	3	6	2	5	9	8
6	8	2	5	1	9	7	3	4
1	3	6	9	2	5	8	4	7
4	5	9	8	7	3	6	2	1
2	7	8	6	4	1	3	5	9
8	1	4	2	5	6	9	7	3
9	6	7	4	3	8	2	1	5
5	2	3	1	9	7	4	8	6

Solution # 54

8	2	6	4	3	5	1	9	7
1	3	5	9	8	7	4	2	6
9	7	4	1	6	2	3	5	8
4	1	3	2	7	8	9	6	5
2	9	8	6	5	4	7	1	3
6	5	7	3	9	1	8	4	2
7	8	2	5	4	9	6	3	1
3	4	1	8	2	6	5	7	9
5	6	9	7	1	3	2	8	4

Solution # 55

8	9	6	2	7	5	1	3	4
4	5	7	3	9	1	8	6	2
3	1	2	6	8	4	5	7	9
1	2	3	8	5	6	9	4	7
7	8	5	4	3	9	6	2	1
6	4	9	1	2	7	3	5	8
5	6	8	7	1	2	4	9	3
2	3	4	9	6	8	7	1	5
9	7	1	5	4	3	2	8	6

Solution # 56

7	8	5	4	3	9	1	6	2
1	2	4	6	5	8	3	9	7
3	9	6	7	2	1	8	4	5
5	4	3	2	8	6	7	1	9
8	1	2	9	4	7	5	3	6
6	7	9	3	1	5	2	8	4
2	5	8	1	6	4	9	7	3
4	3	7	8	9	2	6	5	1
9	6	1	5	7	3	4	2	8

Solution # 57

5	1	7	8	2	9	3	4	6
9	4	2	1	3	6	7	5	8
8	3	6	7	4	5	2	9	1
1	6	5	3	9	2	8	7	4
3	2	8	4	7	1	5	6	9
7	9	4	5	6	8	1	3	2
6	8	1	9	5	7	4	2	3
2	7	3	6	8	4	9	1	5
4	5	9	2	1	3	6	8	7

Solution # 58

8	2	6	4	7	1	5	3	9
9	3	5	2	8	6	1	4	7
1	7	4	3	5	9	8	2	6
7	5	8	1	9	2	3	6	4
2	6	3	7	4	5	9	1	8
4	9	1	8	6	3	7	5	2
6	4	9	5	3	7	2	8	1
3	1	7	6	2	8	4	9	5
5	8	2	9	1	4	6	7	3

Solution # 59

3	7	5	8	9	6	1	4	2
1	9	8	4	2	7	6	3	5
2	6	4	3	5	1	8	9	7
9	1	3	6	7	2	4	5	8
8	4	7	1	3	5	2	6	9
5	2	6	9	8	4	7	1	3
6	8	9	7	4	3	5	2	1
7	5	1	2	6	9	3	8	4
4	3	2	5	1	8	9	7	6

Solution # 60

6	3	9	8	2	7	4	5	1
2	8	4	5	1	9	7	3	6
1	5	7	6	3	4	8	2	9
3	9	2	7	8	1	6	4	5
8	4	5	3	6	2	9	1	7
7	6	1	9	4	5	3	8	2
9	1	3	2	7	8	5	6	4
4	7	8	1	5	6	2	9	3
5	2	6	4	9	3	1	7	8

Solution # 61

6	1	7	2	3	5	8	4	9
8	2	4	1	9	6	7	3	5
3	9	5	8	7	4	1	6	2
1	7	2	6	8	9	4	5	3
4	6	9	5	1	3	2	8	7
5	3	8	4	2	7	9	1	6
7	8	1	3	5	2	6	9	4
9	4	3	7	6	1	5	2	8
2	5	6	9	4	8	3	7	1

Solution # 62

9	8	4	7	2	6	1	3	5
6	3	7	8	1	5	9	2	4
2	1	5	4	3	9	7	6	8
4	9	1	6	5	3	8	7	2
5	7	6	2	9	8	4	1	3
8	2	3	1	4	7	5	9	6
3	5	8	9	6	1	2	4	7
1	6	2	5	7	4	3	8	9
7	4	9	3	8	2	6	5	1

Solution # 63

5	9	7	4	6	3	2	8	1
8	2	3	9	1	5	7	4	6
4	1	6	8	7	2	3	9	5
3	7	4	5	2	6	8	1	9
2	5	8	1	4	9	6	3	7
1	6	9	3	8	7	5	2	4
7	4	5	2	3	1	9	6	8
9	3	1	6	5	8	4	7	2
6	8	2	7	9	4	1	5	3

Solution # 64

2	1	4	9	3	5	6	7	8
6	8	5	7	1	2	9	4	3
9	3	7	6	8	4	5	1	2
8	4	6	3	2	1	7	9	5
7	5	2	8	6	9	4	3	1
1	9	3	5	4	7	8	2	6
5	7	1	2	9	8	3	6	4
4	6	9	1	5	3	2	8	7
3	2	8	4	7	6	1	5	9

Solution # 65

2	6	7	1	9	3	8	5	4
1	8	9	6	5	4	3	7	2
3	4	5	7	8	2	1	9	6
6	5	2	8	3	9	7	4	1
8	7	4	5	2	1	9	6	3
9	3	1	4	6	7	5	2	8
5	9	8	2	1	6	4	3	7
7	2	3	9	4	8	6	1	5
4	1	6	3	7	5	2	8	9

Solution # 66

7	9	3	4	2	1	8	6	5
4	5	1	8	7	6	3	9	2
8	2	6	5	9	3	4	1	7
1	4	7	9	3	5	2	8	6
9	8	2	7	6	4	5	3	1
3	6	5	2	1	8	7	4	9
5	7	8	1	4	9	6	2	3
2	3	9	6	8	7	1	5	4
6	1	4	3	5	2	9	7	8

Solution # 67

8	9	1	5	2	7	6	3	4
5	7	4	8	3	6	1	9	2
6	3	2	4	9	1	7	5	8
3	2	5	6	7	9	8	4	1
1	4	7	3	8	5	9	2	6
9	8	6	1	4	2	3	7	5
4	5	8	9	1	3	2	6	7
2	6	3	7	5	8	4	1	9
7	1	9	2	6	4	5	8	3

Solution # 68

1	4	3	2	7	6	5	8	9
6	5	8	9	1	4	3	2	7
9	2	7	3	8	5	4	6	1
5	8	9	4	6	3	7	1	2
7	3	4	1	2	9	8	5	6
2	6	1	7	5	8	9	4	3
3	9	5	6	4	1	2	7	8
8	7	6	5	3	2	1	9	4
4	1	2	8	9	7	6	3	5

Solution # 69

6	5	3	8	9	4	7	2	1
1	9	2	7	6	3	5	4	8
8	7	4	1	5	2	6	9	3
7	6	9	5	4	1	3	8	2
2	1	5	9	3	8	4	6	7
4	3	8	6	2	7	1	5	9
5	2	7	3	8	6	9	1	4
9	8	1	4	7	5	2	3	6
3	4	6	2	1	9	8	7	5

Solution # 70

9	8	2	7	3	1	5	6	4
4	6	3	2	9	5	1	7	8
7	5	1	8	6	4	2	3	9
5	4	6	3	7	2	8	9	1
1	9	8	5	4	6	7	2	3
2	3	7	1	8	9	4	5	6
6	1	4	9	2	7	3	8	5
8	2	5	6	1	3	9	4	7
3	7	9	4	5	8	6	1	2

Solution # 71

3	6	4	8	9	2	7	1	5
1	9	5	4	7	3	6	8	2
8	7	2	5	1	6	9	4	3
7	5	8	9	6	1	3	2	4
6	2	9	3	8	4	1	5	7
4	3	1	2	5	7	8	6	9
5	4	7	1	3	8	2	9	6
2	8	6	7	4	9	5	3	1
9	1	3	6	2	5	4	7	8

Solution # 72

9	8	2	7	1	4	6	3	5
5	4	3	8	6	2	7	1	9
1	7	6	3	9	5	8	2	4
7	5	4	1	8	6	3	9	2
8	2	9	5	7	3	4	6	1
3	6	1	2	4	9	5	8	7
6	3	7	9	5	1	2	4	8
4	9	5	6	2	8	1	7	3
2	1	8	4	3	7	9	5	6

Solution # 73

8	4	3	1	9	2	5	7	6
6	5	7	4	8	3	9	2	1
9	2	1	6	7	5	3	8	4
7	3	9	2	6	8	4	1	5
1	6	2	5	4	7	8	9	3
4	8	5	3	1	9	2	6	7
5	7	8	9	3	1	6	4	2
2	9	4	7	5	6	1	3	8
3	1	6	8	2	4	7	5	9

Solution # 74

5	9	7	3	6	1	4	8	2
3	2	1	4	7	8	6	9	5
8	6	4	9	5	2	3	7	1
4	3	2	5	8	9	1	6	7
9	1	5	7	2	6	8	3	4
7	8	6	1	4	3	2	5	9
1	7	8	6	9	4	5	2	3
6	4	9	2	3	5	7	1	8
2	5	3	8	1	7	9	4	6

Solution # 75

8	7	2	1	6	5	4	9	3
6	9	3	7	4	8	2	5	1
1	4	5	2	9	3	6	8	7
9	1	8	5	3	6	7	2	4
3	6	7	8	2	4	9	1	5
5	2	4	9	1	7	8	3	6
7	8	1	4	5	2	3	6	9
4	3	9	6	8	1	5	7	2
2	5	6	3	7	9	1	4	8

Solution # 76

7	2	6	8	9	4	5	1	3
9	1	4	7	3	5	2	6	8
8	3	5	6	2	1	4	9	7
4	8	2	5	1	6	3	7	9
1	5	7	9	8	3	6	2	4
3	6	9	4	7	2	1	8	5
5	4	8	1	6	9	7	3	2
6	9	3	2	5	7	8	4	1
2	7	1	3	4	8	9	5	6

Solution # 77

8	4	9	1	7	6	2	5	3
6	2	5	8	9	3	4	1	7
1	3	7	2	5	4	6	8	9
9	1	4	6	3	5	8	7	2
2	7	3	9	1	8	5	6	4
5	8	6	4	2	7	9	3	1
7	9	2	5	8	1	3	4	6
3	6	8	7	4	9	1	2	5
4	5	1	3	6	2	7	9	8

Solution # 78

3	4	8	5	6	1	9	7	2
6	5	7	9	2	4	3	1	8
1	9	2	8	7	3	4	6	5
7	1	4	6	9	5	2	8	3
8	6	5	7	3	2	1	4	9
9	2	3	4	1	8	6	5	7
5	7	9	2	4	6	8	3	1
2	3	6	1	8	7	5	9	4
4	8	1	3	5	9	7	2	6

Solution # 79

7	5	4	6	8	3	1	9	2
3	2	8	9	1	7	5	6	4
6	9	1	5	2	4	7	8	3
1	6	3	2	7	8	4	5	9
9	4	5	3	6	1	2	7	8
2	8	7	4	9	5	3	1	6
4	7	9	8	5	2	6	3	1
5	3	6	1	4	9	8	2	7
8	1	2	7	3	6	9	4	5

Solution # 80

1	6	2	4	5	8	7	3	9
5	4	9	2	7	3	6	1	8
3	7	8	1	6	9	4	5	2
6	5	1	9	8	2	3	7	4
8	9	7	3	4	6	5	2	1
4	2	3	5	1	7	8	9	6
2	8	4	7	9	5	1	6	3
7	3	6	8	2	1	9	4	5
9	1	5	6	3	4	2	8	7

Solution # 81

4	8	9	2	6	1	3	5	7
7	1	6	5	9	3	2	8	4
5	3	2	7	4	8	9	1	6
9	5	7	3	2	4	1	6	8
6	2	8	1	7	9	4	3	5
1	4	3	8	5	6	7	9	2
3	7	1	4	8	5	6	2	9
2	9	5	6	3	7	8	4	1
8	6	4	9	1	2	5	7	3

Solution # 82

8	1	2	4	6	5	7	9	3
7	4	6	3	2	9	1	8	5
3	5	9	7	1	8	4	2	6
1	2	7	8	9	3	5	6	4
9	3	5	6	4	1	8	7	2
6	8	4	5	7	2	3	1	9
4	6	8	2	3	7	9	5	1
2	7	1	9	5	4	6	3	8
5	9	3	1	8	6	2	4	7

Solution # 83

1	8	6	3	7	4	2	5	9
3	9	2	5	8	1	7	4	6
7	5	4	6	2	9	3	8	1
6	2	7	8	9	5	1	3	4
4	3	8	2	1	6	9	7	5
9	1	5	4	3	7	6	2	8
2	7	1	9	4	8	5	6	3
8	6	3	1	5	2	4	9	7
5	4	9	7	6	3	8	1	2

Solution # 84

4	6	9	3	2	5	1	8	7
5	1	8	9	7	4	6	2	3
3	7	2	8	1	6	5	9	4
6	5	1	7	3	9	2	4	8
9	2	3	5	4	8	7	1	6
7	8	4	1	6	2	3	5	9
2	3	7	4	9	1	8	6	5
1	9	5	6	8	3	4	7	2
8	4	6	2	5	7	9	3	1

Solution # 85

6	7	9	3	8	2	1	4	5
2	5	8	1	4	7	6	9	3
4	3	1	5	9	6	7	8	2
1	9	7	6	5	8	3	2	4
8	6	4	2	7	3	9	5	1
3	2	5	4	1	9	8	7	6
7	1	6	9	2	4	5	3	8
9	4	3	8	6	5	2	1	7
5	8	2	7	3	1	4	6	9

Solution # 86

4	3	2	9	6	1	7	5	8
5	9	7	8	4	2	6	1	3
6	8	1	7	3	5	9	4	2
8	2	3	1	9	4	5	6	7
7	4	9	6	5	8	3	2	1
1	5	6	2	7	3	8	9	4
3	1	5	4	8	9	2	7	6
2	7	8	5	1	6	4	3	9
9	6	4	3	2	7	1	8	5

Solution # 87

4	7	6	3	5	1	9	8	2
9	1	2	8	4	6	5	7	3
3	8	5	7	9	2	1	4	6
5	3	7	1	8	9	6	2	4
1	6	9	2	3	4	8	5	7
8	2	4	5	6	7	3	1	9
7	5	8	9	2	3	4	6	1
2	4	3	6	1	5	7	9	8
6	9	1	4	7	8	2	3	5

Solution # 88

8	6	5	4	9	2	1	7	3
3	4	7	1	5	8	9	6	2
2	1	9	6	7	3	4	8	5
4	9	3	7	8	6	2	5	1
1	7	2	9	3	5	6	4	8
5	8	6	2	1	4	7	3	9
7	3	4	8	2	1	5	9	6
6	5	1	3	4	9	8	2	7
9	2	8	5	6	7	3	1	4

Solution # 89

8	9	2	3	4	6	7	1	5
1	3	5	2	7	8	4	6	9
4	7	6	1	5	9	3	2	8
3	8	1	9	6	7	2	5	4
2	5	7	8	1	4	6	9	3
6	4	9	5	3	2	8	7	1
9	6	8	4	2	5	1	3	7
7	1	4	6	9	3	5	8	2
5	2	3	7	8	1	9	4	6

Solution # 90

8	4	9	3	5	1	6	2	7
2	3	1	8	6	7	4	5	9
5	6	7	2	4	9	8	3	1
4	5	2	1	7	8	9	6	3
9	7	8	6	3	5	2	1	4
3	1	6	9	2	4	5	7	8
7	2	5	4	8	3	1	9	6
6	9	4	7	1	2	3	8	5
1	8	3	5	9	6	7	4	2

Solution # 91

4	5	3	8	9	6	1	7	2
9	2	8	3	7	1	6	4	5
1	7	6	5	4	2	3	9	8
7	3	1	9	6	8	2	5	4
5	6	9	4	2	3	8	1	7
2	8	4	7	1	5	9	6	3
8	4	7	6	3	9	5	2	1
6	1	5	2	8	4	7	3	9
3	9	2	1	5	7	4	8	6

Solution # 92

4	5	3	8	6	9	7	1	2
7	8	9	3	1	2	4	6	5
2	1	6	5	7	4	9	8	3
1	3	7	9	4	6	5	2	8
5	9	2	1	8	7	3	4	6
6	4	8	2	5	3	1	7	9
3	6	1	7	9	8	2	5	4
9	7	4	6	2	5	8	3	1
8	2	5	4	3	1	6	9	7

Solution # 93

5	8	6	2	4	1	3	7	9
9	7	4	5	6	3	8	1	2
2	1	3	8	7	9	4	5	6
1	3	9	7	8	2	6	4	5
6	4	8	1	3	5	9	2	7
7	5	2	6	9	4	1	3	8
3	6	7	4	2	8	5	9	1
4	2	1	9	5	6	7	8	3
8	9	5	3	1	7	2	6	4

Solution # 94

9	4	6	3	8	1	7	2	5
7	1	5	4	2	6	9	3	8
8	2	3	9	7	5	1	6	4
1	8	4	7	6	9	2	5	3
5	6	2	8	1	3	4	7	9
3	9	7	5	4	2	8	1	6
6	7	9	1	5	4	3	8	2
2	3	8	6	9	7	5	4	1
4	5	1	2	3	8	6	9	7

Solution # 95

4	9	5	3	6	8	7	2	1
1	2	6	7	4	9	3	8	5
3	7	8	1	5	2	4	9	6
6	4	7	8	2	1	9	5	3
9	5	2	4	7	3	1	6	8
8	3	1	5	9	6	2	4	7
7	1	4	9	8	5	6	3	2
5	6	3	2	1	4	8	7	9
2	8	9	6	3	7	5	1	4

Solution # 96

5	2	1	9	4	6	7	3	8
8	3	9	2	7	1	4	5	6
7	6	4	8	3	5	2	1	9
9	1	3	6	5	7	8	4	2
6	4	5	1	2	8	3	9	7
2	7	8	4	9	3	1	6	5
4	8	2	5	1	9	6	7	3
3	9	6	7	8	4	5	2	1
1	5	7	3	6	2	9	8	4

Solution # 97

3	9	8	4	5	2	1	7	6
6	7	5	1	9	8	2	4	3
2	4	1	6	7	3	8	5	9
4	8	2	7	3	6	9	1	5
7	3	9	2	1	5	6	8	4
5	1	6	8	4	9	3	2	7
8	5	3	9	2	4	7	6	1
1	6	4	3	8	7	5	9	2
9	2	7	5	6	1	4	3	8

Solution # 98

7	8	1	2	3	6	4	9	5
5	9	6	7	4	1	8	3	2
4	3	2	8	9	5	6	1	7
8	2	3	1	6	4	7	5	9
6	7	9	5	8	2	1	4	3
1	5	4	9	7	3	2	8	6
9	6	5	4	2	8	3	7	1
2	1	8	3	5	7	9	6	4
3	4	7	6	1	9	5	2	8

Solution # 99

1	5	6	8	3	4	2	9	7
4	7	3	9	2	1	8	6	5
9	2	8	7	6	5	3	4	1
8	9	2	6	5	3	7	1	4
6	4	7	2	1	9	5	8	3
5	3	1	4	8	7	9	2	6
2	1	9	3	7	6	4	5	8
7	6	4	5	9	8	1	3	2
3	8	5	1	4	2	6	7	9

Solution # 100

4	8	9	7	1	6	3	5	2
3	7	6	9	5	2	4	8	1
2	1	5	4	8	3	6	9	7
5	9	1	6	4	8	7	2	3
8	6	3	2	7	5	1	4	9
7	2	4	3	9	1	5	6	8
1	4	8	5	2	7	9	3	6
9	3	2	1	6	4	8	7	5
6	5	7	8	3	9	2	1	4

Solution # 101

1	6	8	2	3	4	9	5	7
4	5	9	7	1	8	6	3	2
3	7	2	6	5	9	1	8	4
6	4	3	1	8	5	7	2	9
7	8	5	9	6	2	4	1	3
9	2	1	4	7	3	5	6	8
2	1	7	3	4	6	8	9	5
8	3	6	5	9	7	2	4	1
5	9	4	8	2	1	3	7	6

Solution # 102

8	5	2	7	9	6	1	3	4
9	6	4	2	3	1	8	5	7
7	1	3	8	4	5	2	9	6
4	8	1	6	5	9	3	7	2
6	3	9	1	2	7	5	4	8
2	7	5	4	8	3	6	1	9
1	2	6	3	7	4	9	8	5
5	4	8	9	1	2	7	6	3
3	9	7	5	6	8	4	2	1

Solution # 103

8	6	4	7	2	5	3	1	9
9	3	2	4	1	6	7	5	8
7	5	1	8	9	3	6	2	4
6	9	5	3	4	1	8	7	2
4	7	8	6	5	2	1	9	3
1	2	3	9	7	8	5	4	6
5	8	9	1	6	4	2	3	7
2	4	6	5	3	7	9	8	1
3	1	7	2	8	9	4	6	5

Solution # 104

3	2	6	1	5	7	4	9	8
5	4	8	9	3	2	7	6	1
9	7	1	8	6	4	3	2	5
2	3	4	7	9	8	5	1	6
8	5	7	4	1	6	9	3	2
1	6	9	3	2	5	8	4	7
4	1	5	2	8	9	6	7	3
7	8	2	6	4	3	1	5	9
6	9	3	5	7	1	2	8	4

Solution # 105

1	2	9	7	8	5	3	6	4
8	6	4	3	2	9	1	7	5
3	7	5	4	6	1	2	9	8
2	5	7	6	9	4	8	1	3
9	3	6	2	1	8	5	4	7
4	1	8	5	7	3	6	2	9
6	8	2	9	3	7	4	5	1
7	4	3	1	5	2	9	8	6
5	9	1	8	4	6	7	3	2

Solution # 106

8	1	3	2	4	5	6	9	7
6	7	5	8	3	9	4	2	1
4	9	2	6	1	7	8	3	5
2	4	1	3	5	6	9	7	8
5	6	8	9	7	2	3	1	4
9	3	7	1	8	4	2	5	6
3	8	4	7	2	1	5	6	9
7	5	9	4	6	3	1	8	2
1	2	6	5	9	8	7	4	3

Solution # 107

6	7	3	5	2	4	8	9	1
1	4	9	8	6	7	3	5	2
5	2	8	3	9	1	6	4	7
4	8	6	7	5	3	2	1	9
9	5	1	6	4	2	7	3	8
2	3	7	9	1	8	4	6	5
7	1	2	4	3	5	9	8	6
3	9	5	2	8	6	1	7	4
8	6	4	1	7	9	5	2	3

Solution # 108

2	8	1	4	7	6	9	5	3
7	6	5	3	2	9	8	1	4
4	9	3	8	1	5	6	7	2
3	4	8	5	9	7	1	2	6
1	7	6	2	4	8	5	3	9
5	2	9	6	3	1	4	8	7
6	5	2	7	8	4	3	9	1
9	3	4	1	5	2	7	6	8
8	1	7	9	6	3	2	4	5

Solution # 109

8	3	7	9	2	6	5	1	4
6	1	4	8	7	5	3	2	9
5	2	9	4	3	1	8	6	7
4	7	5	6	8	2	9	3	1
9	6	1	3	5	7	4	8	2
3	8	2	1	4	9	6	7	5
1	4	3	7	9	8	2	5	6
7	5	8	2	6	4	1	9	3
2	9	6	5	1	3	7	4	8

Solution # 110

3	8	4	6	5	2	7	1	9
2	1	9	7	3	8	6	4	5
5	6	7	1	9	4	3	8	2
9	3	8	5	4	7	1	2	6
4	5	1	3	2	6	8	9	7
7	2	6	9	8	1	4	5	3
8	7	2	4	6	5	9	3	1
1	4	3	2	7	9	5	6	8
6	9	5	8	1	3	2	7	4

Solution # 111

7	2	8	6	4	5	3	1	9
4	9	3	7	2	1	6	8	5
1	5	6	3	9	8	2	7	4
3	4	1	2	7	9	8	5	6
9	6	7	8	5	3	1	4	2
2	8	5	4	1	6	9	3	7
6	1	2	5	8	7	4	9	3
5	3	9	1	6	4	7	2	8
8	7	4	9	3	2	5	6	1

Solution # 112

4	1	5	2	6	9	8	3	7
9	8	2	1	7	3	6	5	4
7	3	6	5	4	8	1	9	2
5	6	9	8	2	4	3	7	1
8	7	4	3	9	1	5	2	6
1	2	3	7	5	6	9	4	8
3	4	1	9	8	2	7	6	5
6	9	7	4	1	5	2	8	3
2	5	8	6	3	7	4	1	9

Solution # 113

7	9	5	1	2	8	4	3	6
3	2	8	6	4	7	1	9	5
4	1	6	9	3	5	8	2	7
6	8	4	2	7	3	9	5	1
1	5	2	8	6	9	7	4	3
9	3	7	5	1	4	6	8	2
5	6	1	4	8	2	3	7	9
8	7	9	3	5	1	2	6	4
2	4	3	7	9	6	5	1	8

Solution # 114

2	7	3	8	1	9	6	5	4
6	5	1	2	3	4	9	7	8
4	8	9	5	7	6	3	1	2
1	4	7	6	9	2	5	8	3
5	6	8	1	4	3	2	9	7
9	3	2	7	5	8	4	6	1
3	2	5	9	8	7	1	4	6
8	9	4	3	6	1	7	2	5
7	1	6	4	2	5	8	3	9

Solution # 115

6	3	9	1	2	5	4	7	8
7	8	2	9	4	3	1	5	6
1	5	4	8	6	7	9	2	3
8	6	5	2	3	1	7	4	9
9	2	7	4	8	6	5	3	1
3	4	1	5	7	9	6	8	2
5	9	8	7	1	2	3	6	4
2	7	3	6	9	4	8	1	5
4	1	6	3	5	8	2	9	7

Solution # 116

8	3	2	5	4	7	9	6	1
7	5	1	6	2	9	8	4	3
9	4	6	8	3	1	7	5	2
1	9	8	7	6	4	3	2	5
4	7	5	2	8	3	1	9	6
6	2	3	9	1	5	4	7	8
3	1	7	4	5	2	6	8	9
5	8	4	3	9	6	2	1	7
2	6	9	1	7	8	5	3	4

Solution # 117

2	1	9	5	4	7	8	3	6
7	8	4	1	6	3	5	9	2
6	3	5	9	8	2	7	4	1
8	2	1	6	7	9	3	5	4
5	7	6	4	3	8	2	1	9
4	9	3	2	1	5	6	8	7
3	4	8	7	9	6	1	2	5
1	6	2	8	5	4	9	7	3
9	5	7	3	2	1	4	6	8

Solution # 118

1	6	7	9	8	2	3	5	4
2	9	3	5	4	1	6	7	8
5	8	4	3	7	6	2	9	1
9	4	1	6	3	7	8	2	5
8	2	6	4	9	5	1	3	7
7	3	5	1	2	8	4	6	9
6	1	2	8	5	9	7	4	3
3	5	8	7	6	4	9	1	2
4	7	9	2	1	3	5	8	6

Solution # 119

5	2	1	7	4	3	9	6	8
7	9	8	1	6	2	5	4	3
6	4	3	9	8	5	1	2	7
1	6	5	2	3	8	4	7	9
3	7	4	6	1	9	8	5	2
2	8	9	5	7	4	3	1	6
4	3	2	8	5	6	7	9	1
9	5	7	3	2	1	6	8	4
8	1	6	4	9	7	2	3	5

Solution # 120

4	8	5	7	1	9	6	2	3
1	3	7	4	2	6	8	5	9
6	9	2	3	5	8	1	7	4
5	2	4	1	8	7	9	3	6
9	1	6	5	4	3	7	8	2
3	7	8	9	6	2	4	1	5
2	4	1	8	9	5	3	6	7
8	6	3	2	7	4	5	9	1
7	5	9	6	3	1	2	4	8

Solution # 121

7	1	4	8	9	2	3	6	5
8	5	2	6	3	4	9	1	7
6	9	3	7	1	5	8	4	2
2	4	8	3	5	9	1	7	6
5	7	1	2	8	6	4	3	9
3	6	9	1	4	7	2	5	8
4	8	6	5	2	3	7	9	1
9	2	7	4	6	1	5	8	3
1	3	5	9	7	8	6	2	4

Solution # 122

8	5	4	3	7	1	9	2	6
2	1	6	4	5	9	7	3	8
3	7	9	8	6	2	4	1	5
6	4	3	1	8	7	2	5	9
7	2	1	5	9	6	3	8	4
5	9	8	2	3	4	1	6	7
1	6	2	9	4	8	5	7	3
4	3	7	6	1	5	8	9	2
9	8	5	7	2	3	6	4	1

Solution # 123

4	8	9	6	7	3	1	2	5
1	2	7	5	4	8	3	6	9
3	6	5	1	2	9	8	4	7
8	3	1	9	6	7	2	5	4
6	5	4	8	1	2	7	9	3
9	7	2	3	5	4	6	8	1
5	4	3	7	8	6	9	1	2
2	9	6	4	3	1	5	7	8
7	1	8	2	9	5	4	3	6

Solution # 124

3	8	7	2	5	1	6	4	9
2	1	4	7	6	9	5	8	3
5	9	6	8	3	4	1	2	7
7	4	3	6	1	5	8	9	2
8	6	5	3	9	2	4	7	1
9	2	1	4	7	8	3	6	5
4	7	9	5	8	3	2	1	6
6	3	8	1	2	7	9	5	4
1	5	2	9	4	6	7	3	8

Solution # 125

4	8	2	1	5	6	3	7	9
1	5	7	9	4	3	8	2	6
3	6	9	7	8	2	4	5	1
7	9	1	2	3	8	5	6	4
8	2	4	5	6	9	1	3	7
6	3	5	4	7	1	9	8	2
9	7	8	3	2	4	6	1	5
5	4	3	6	1	7	2	9	8
2	1	6	8	9	5	7	4	3

Solution # 126

4	7	9	2	3	5	8	1	6
1	8	2	9	6	4	5	3	7
5	3	6	7	8	1	9	2	4
6	4	8	1	5	7	3	9	2
3	9	7	8	4	2	1	6	5
2	1	5	6	9	3	7	4	8
7	6	3	5	2	9	4	8	1
9	2	1	4	7	8	6	5	3
8	5	4	3	1	6	2	7	9

Solution # 127

7	1	5	4	8	6	9	2	3
2	9	4	7	5	3	8	1	6
8	6	3	9	1	2	5	7	4
5	2	7	8	6	9	4	3	1
1	4	8	3	7	5	6	9	2
6	3	9	1	2	4	7	8	5
4	8	1	5	3	7	2	6	9
3	5	6	2	9	8	1	4	7
9	7	2	6	4	1	3	5	8

Solution # 128

1	4	5	2	6	9	7	8	3
8	7	2	1	3	4	6	5	9
9	6	3	8	7	5	1	2	4
5	9	6	7	2	1	3	4	8
4	8	7	6	9	3	2	1	5
3	2	1	4	5	8	9	6	7
6	3	9	5	8	2	4	7	1
2	1	8	3	4	7	5	9	6
7	5	4	9	1	6	8	3	2

Solution # 129

1	9	3	2	6	4	8	5	7
5	7	2	1	9	8	4	6	3
6	8	4	7	3	5	1	9	2
3	6	9	4	5	1	7	2	8
7	1	8	6	2	3	5	4	9
2	4	5	8	7	9	6	3	1
4	2	6	9	1	7	3	8	5
9	3	7	5	8	6	2	1	4
8	5	1	3	4	2	9	7	6

Solution # 130

8	6	1	4	9	7	3	2	5
2	4	3	1	5	6	9	7	8
7	9	5	8	2	3	4	6	1
6	1	2	7	8	9	5	4	3
5	7	4	3	1	2	6	8	9
9	3	8	6	4	5	7	1	2
1	8	9	5	6	4	2	3	7
3	2	6	9	7	8	1	5	4
4	5	7	2	3	1	8	9	6

Solution # 131

5	2	4	9	3	1	7	6	8
9	7	8	2	4	6	1	3	5
6	3	1	8	7	5	2	9	4
2	8	7	3	1	4	9	5	6
4	9	3	5	6	2	8	1	7
1	5	6	7	9	8	4	2	3
3	1	5	4	2	7	6	8	9
7	6	9	1	8	3	5	4	2
8	4	2	6	5	9	3	7	1

Solution # 132

9	7	5	3	6	4	8	1	2
8	1	3	9	2	5	7	6	4
6	2	4	1	7	8	3	5	9
5	9	1	6	4	7	2	3	8
7	6	2	8	1	3	9	4	5
3	4	8	2	5	9	1	7	6
2	8	7	4	3	6	5	9	1
1	3	6	5	9	2	4	8	7
4	5	9	7	8	1	6	2	3

Solution # 133

9	6	5	7	8	2	4	1	3
7	2	1	3	4	6	5	9	8
4	3	8	1	9	5	2	7	6
8	9	2	4	7	3	1	6	5
5	7	4	9	6	1	8	3	2
6	1	3	5	2	8	7	4	9
2	8	7	6	1	9	3	5	4
1	5	6	2	3	4	9	8	7
3	4	9	8	5	7	6	2	1

Solution # 134

6	9	2	4	5	1	3	8	7
7	5	4	3	8	9	6	1	2
8	3	1	6	7	2	4	9	5
3	4	8	1	2	6	5	7	9
2	7	9	5	4	3	8	6	1
1	6	5	7	9	8	2	3	4
5	8	7	9	6	4	1	2	3
9	2	3	8	1	5	7	4	6
4	1	6	2	3	7	9	5	8

Solution # 135

2	7	3	9	1	4	8	6	5
1	9	5	6	7	8	4	3	2
4	6	8	2	5	3	1	7	9
6	4	1	8	9	5	7	2	3
9	8	7	1	3	2	6	5	4
5	3	2	7	4	6	9	1	8
7	5	6	3	8	9	2	4	1
3	1	9	4	2	7	5	8	6
8	2	4	5	6	1	3	9	7

Solution # 136

9	8	7	2	6	1	4	3	5
5	1	6	4	3	9	8	7	2
2	4	3	5	8	7	1	9	6
8	6	4	1	9	3	2	5	7
1	3	2	7	4	5	6	8	9
7	9	5	6	2	8	3	4	1
4	7	8	9	1	2	5	6	3
3	5	1	8	7	6	9	2	4
6	2	9	3	5	4	7	1	8

Solution # 137

5	7	9	2	3	1	8	4	6
6	1	4	9	8	7	2	5	3
2	8	3	5	6	4	1	9	7
9	4	8	1	7	3	5	6	2
1	5	2	6	9	8	3	7	4
3	6	7	4	2	5	9	1	8
7	2	5	8	4	9	6	3	1
4	9	6	3	1	2	7	8	5
8	3	1	7	5	6	4	2	9

Solution # 138

1	4	7	3	2	6	5	8	9
8	5	2	7	9	4	6	3	1
6	3	9	8	1	5	2	7	4
5	6	3	9	4	8	7	1	2
2	9	1	6	3	7	8	4	5
7	8	4	2	5	1	3	9	6
3	2	5	4	7	9	1	6	8
4	7	8	1	6	2	9	5	3
9	1	6	5	8	3	4	2	7

Solution # 139

4	8	7	1	3	2	6	5	9
3	1	6	4	5	9	7	8	2
2	9	5	8	6	7	1	3	4
8	3	1	5	7	4	2	9	6
7	6	9	2	1	8	3	4	5
5	4	2	6	9	3	8	1	7
6	7	8	3	4	5	9	2	1
9	5	3	7	2	1	4	6	8
1	2	4	9	8	6	5	7	3

Solution # 140

3	2	7	1	5	6	9	4	8
5	4	1	8	2	9	3	6	7
8	6	9	3	7	4	1	5	2
4	1	8	6	9	7	5	2	3
9	3	6	2	1	5	7	8	4
7	5	2	4	8	3	6	9	1
2	8	5	9	3	1	4	7	6
1	7	4	5	6	8	2	3	9
6	9	3	7	4	2	8	1	5

Solution # 141
```
2 6 7 3 8 4 1 9 5
1 3 4 9 5 7 8 6 2
8 9 5 2 6 1 7 4 3
9 5 6 8 3 2 4 7 1
4 8 1 6 7 5 2 3 9
7 2 3 4 1 9 5 8 6
5 4 2 7 9 6 3 1 8
6 1 8 5 4 3 9 2 7
3 7 9 1 2 8 6 5 4
```

Solution # 142
```
7 9 4 8 5 1 3 2 6
6 2 3 7 9 4 5 8 1
5 8 1 6 2 3 7 4 9
8 6 9 5 3 2 4 1 7
2 1 5 4 7 8 6 9 3
3 4 7 1 6 9 8 5 2
4 7 2 9 8 6 1 3 5
9 5 8 3 1 7 2 6 4
1 3 6 2 4 5 9 7 8
```

Solution # 143
```
7 5 8 4 1 2 9 3 6
3 4 6 5 9 7 2 1 8
1 2 9 8 3 6 4 5 7
4 9 3 7 6 5 8 2 1
2 7 1 9 8 4 5 6 3
8 6 5 1 2 3 7 4 9
9 8 4 3 5 1 6 7 2
6 3 7 2 4 9 1 8 5
5 1 2 6 7 8 3 9 4
```

Solution # 144
```
3 1 5 6 4 8 2 7 9
2 6 9 3 7 1 5 8 4
4 7 8 5 9 2 1 3 6
7 5 6 1 8 4 9 2 3
8 9 2 7 6 3 4 1 5
1 3 4 9 2 5 8 6 7
6 4 1 2 5 7 3 9 8
5 2 7 8 3 9 6 4 1
9 8 3 4 1 6 7 5 2
```

Solution # 145
```
5 8 4 7 6 1 9 3 2
3 1 6 5 2 9 7 8 4
2 7 9 4 8 3 5 6 1
4 2 8 1 7 6 3 9 5
7 3 1 9 5 8 2 4 6
6 9 5 3 4 2 8 1 7
8 4 2 6 9 7 1 5 3
9 5 3 2 1 4 6 7 8
1 6 7 8 3 5 4 2 9
```

Solution # 146
```
7 1 2 4 9 5 6 8 3
5 8 4 6 2 3 7 1 9
3 6 9 8 1 7 5 2 4
6 5 3 2 7 8 9 4 1
2 4 8 9 6 1 3 5 7
9 7 1 5 3 4 2 6 8
4 3 5 7 8 6 1 9 2
8 9 7 1 5 2 4 3 6
1 2 6 3 4 9 8 7 5
```

Solution # 147
```
7 1 5 2 3 8 9 4 6
2 9 8 4 6 7 1 3 5
3 4 6 9 5 1 7 8 2
9 3 7 8 1 2 6 5 4
6 5 2 3 9 4 8 7 1
1 8 4 6 7 5 2 9 3
5 2 3 1 8 9 4 6 7
8 7 1 5 4 6 3 2 9
4 6 9 7 2 3 5 1 8
```

Solution # 148
```
9 1 3 8 7 6 4 2 5
8 7 4 5 3 2 9 1 6
6 2 5 4 9 1 7 3 8
2 4 8 9 6 3 1 5 7
1 5 9 7 2 4 6 8 3
3 6 7 1 5 8 2 4 9
5 3 2 6 4 7 8 9 1
4 8 6 3 1 9 5 7 2
7 9 1 2 8 5 3 6 4
```

Solution # 149
```
6 8 1 9 7 5 2 3 4
7 9 2 4 6 3 1 8 5
4 5 3 2 8 1 6 7 9
2 1 9 6 4 7 8 5 3
3 6 7 8 5 9 4 1 2
5 4 8 1 3 2 9 6 7
1 7 4 3 9 6 5 2 8
8 3 6 5 2 4 7 9 1
9 2 5 7 1 8 3 4 6
```

Solution # 150
```
9 8 7 5 1 4 2 3 6
3 5 1 7 6 2 8 9 4
6 2 4 9 8 3 7 1 5
2 1 6 8 3 7 5 4 9
8 3 5 6 4 9 1 7 2
4 7 9 1 2 5 6 8 3
5 6 3 4 7 8 9 2 1
1 4 8 2 9 6 3 5 7
7 9 2 3 5 1 4 6 8
```

Solution # 151
```
8 3 6 2 7 9 5 1 4
1 7 9 5 6 4 8 2 3
4 5 2 8 1 3 6 9 7
6 2 7 3 8 1 9 4 5
9 8 5 4 2 7 3 6 1
3 1 4 9 5 6 7 8 2
7 4 1 6 3 8 2 5 9
2 9 8 7 4 5 1 3 6
5 6 3 1 9 2 4 7 8
```

Solution # 152
```
2 8 4 7 5 9 1 3 6
5 7 3 6 1 4 2 8 9
9 6 1 3 8 2 7 5 4
6 2 5 9 3 1 8 4 7
3 1 7 4 6 8 5 9 2
4 9 8 2 7 5 3 6 1
1 3 2 5 4 6 9 7 8
8 5 6 1 9 7 4 2 3
7 4 9 8 2 3 6 1 5
```

Solution # 153
```
3 7 8 5 1 6 4 9 2
4 6 1 9 7 2 5 8 3
5 9 2 8 4 3 1 6 7
2 5 6 1 9 4 7 3 8
8 1 9 7 3 5 6 2 4
7 3 4 6 2 8 9 1 5
9 4 7 2 8 1 3 5 6
6 8 3 4 5 9 2 7 1
1 2 5 3 6 7 8 4 9
```

Solution # 154
```
3 6 7 8 4 2 9 1 5
1 9 2 7 6 5 3 8 4
4 8 5 9 3 1 2 7 6
2 7 8 6 1 9 4 5 3
5 1 4 3 2 7 8 6 9
6 3 9 5 8 4 7 2 1
9 2 1 4 7 6 5 3 8
7 4 3 1 5 8 6 9 2
8 5 6 2 9 3 1 4 7
```

Solution # 155
```
8 9 2 4 6 3 7 5 1
4 6 7 1 5 2 3 8 9
3 5 1 7 8 9 6 4 2
5 2 3 8 1 6 4 9 7
6 7 9 5 2 4 1 3 8
1 8 4 3 9 7 2 6 5
9 3 5 2 4 1 8 7 6
2 4 6 9 7 8 5 1 3
7 1 8 6 3 5 9 2 4
```

Solution # 156
```
1 7 4 2 8 5 6 3 9
3 2 5 6 9 1 8 4 7
6 8 9 4 3 7 5 1 2
5 4 6 8 1 2 9 7 3
7 9 2 5 4 3 1 8 6
8 1 3 9 7 6 2 5 4
2 5 8 3 6 4 7 9 1
4 6 1 7 5 9 3 2 8
9 3 7 1 2 8 4 6 5
```

Solution # 157
```
6 7 4 9 5 1 2 8 3
2 9 3 6 4 8 7 5 1
8 5 1 3 7 2 9 6 4
5 1 8 7 9 3 6 4 2
7 6 9 8 2 4 1 3 5
3 4 2 5 1 6 8 9 7
4 8 6 1 3 7 5 2 9
1 3 5 2 8 9 4 7 6
9 2 7 4 6 5 3 1 8
```

Solution # 158
```
3 8 2 1 4 7 6 5 9
6 9 4 2 3 5 1 8 7
1 7 5 9 8 6 3 2 4
4 3 1 5 6 9 2 7 8
8 5 7 3 1 2 4 9 6
9 2 6 4 7 8 5 1 3
5 6 9 7 2 4 8 3 1
2 1 8 6 9 3 7 4 5
7 4 3 8 5 1 9 6 2
```

Solution # 159
```
7 2 4 5 9 8 6 1 3
9 1 8 6 3 7 4 5 2
5 3 6 4 2 1 7 9 8
2 9 1 7 8 6 5 3 4
6 4 7 3 1 5 2 8 9
8 5 3 2 4 9 1 6 7
1 8 5 9 7 4 3 2 6
3 7 9 1 6 2 8 4 5
4 6 2 8 5 3 9 7 1
```

Solution # 160
```
8 5 4 7 9 2 6 3 1
9 6 7 1 3 4 2 5 8
3 1 2 5 8 6 7 9 4
4 3 1 8 2 5 9 6 7
6 2 8 4 7 9 3 1 5
5 7 9 6 1 3 4 8 2
7 4 6 3 5 8 1 2 9
1 9 5 2 6 7 8 4 3
2 8 3 9 4 1 5 7 6
```

Solution # 161
```
9 1 4 8 7 3 2 6 5
7 5 2 9 6 4 3 1 8
6 3 8 5 1 2 4 7 9
4 2 1 3 5 8 7 9 6
8 9 6 4 2 7 1 5 3
3 7 5 1 9 6 8 2 4
1 4 7 6 8 5 9 3 2
2 6 3 7 4 9 5 8 1
5 8 9 2 3 1 6 4 7
```

Solution # 162
```
7 2 6 9 4 5 8 1 3
8 4 1 3 7 2 6 9 5
3 5 9 6 8 1 2 7 4
9 3 4 7 6 8 1 5 2
5 7 8 1 2 9 4 3 6
1 6 2 4 5 3 7 8 9
2 9 7 8 3 4 5 6 1
6 1 5 2 9 7 3 4 8
4 8 3 5 1 6 9 2 7
```

Solution # 163
```
5 8 1 7 9 6 3 2 4
9 6 4 2 5 3 1 8 7
3 7 2 1 4 8 5 9 6
7 9 5 4 3 1 8 6 2
4 1 8 9 6 2 7 3 5
6 2 3 5 8 7 4 1 9
1 4 9 3 2 5 6 7 8
8 5 7 6 1 9 2 4 3
2 3 6 8 7 4 9 5 1
```

Solution # 164
```
2 6 4 5 9 3 8 1 7
1 5 9 8 7 4 3 2 6
7 8 3 6 1 2 4 9 5
4 9 8 7 2 5 1 6 3
3 7 6 1 4 9 2 5 8
5 1 2 3 6 8 7 4 9
6 2 1 9 3 7 5 8 4
8 4 7 2 5 6 9 3 1
9 3 5 4 8 1 6 7 2
```

Solution # 165
```
8 4 6 2 7 9 1 3 5
3 2 7 1 5 6 8 9 4
9 5 1 3 8 4 6 2 7
1 8 4 6 9 3 7 5 2
5 3 2 4 1 7 9 6 8
7 6 9 8 2 5 4 1 3
6 1 8 7 3 2 5 4 9
4 9 3 5 6 8 2 7 1
2 7 5 9 4 1 3 8 6
```

Solution # 166
```
1 8 5 2 9 7 3 4 6
4 9 7 5 3 6 1 2 8
2 3 6 8 4 1 9 7 5
5 1 4 9 7 8 6 3 2
3 7 9 1 6 2 5 8 4
8 6 2 4 5 3 7 9 1
7 4 3 6 2 5 8 1 9
6 2 8 3 1 9 4 5 7
9 5 1 7 8 4 2 6 3
```

Solution # 167
```
3 1 2 7 9 4 8 5 6
4 8 9 5 6 2 1 3 7
7 6 5 8 1 3 4 9 2
8 3 1 6 4 5 2 7 9
9 5 7 3 2 1 6 8 4
6 2 4 9 7 8 5 1 3
2 4 8 1 3 7 9 6 5
5 9 3 2 8 6 7 4 1
1 7 6 4 5 9 3 2 8
```

Solution # 168
```
5 2 3 8 1 6 9 4 7
8 1 9 2 7 4 3 6 5
4 6 7 9 5 3 2 1 8
6 3 4 5 2 1 7 8 9
7 8 2 6 4 9 5 3 1
1 9 5 7 3 8 4 2 6
3 4 6 1 9 7 8 5 2
2 7 8 4 6 5 1 9 3
9 5 1 3 8 2 6 7 4
```

Solution # 169
```
3 9 6 7 4 2 8 1 5
4 1 2 5 8 3 7 9 6
8 5 7 1 9 6 4 3 2
1 8 5 4 3 9 2 6 7
6 3 4 2 1 7 5 8 9
2 7 9 6 5 8 3 4 1
5 6 8 9 2 4 1 7 3
7 2 3 8 6 1 9 5 4
9 4 1 3 7 5 6 2 8
```

Solution # 170
```
5 7 1 4 8 3 9 2 6
2 8 3 1 9 6 4 5 7
6 4 9 7 2 5 1 3 8
1 3 7 6 5 2 8 4 9
8 6 5 9 1 4 3 7 2
9 2 4 8 3 7 6 1 5
7 1 8 2 4 9 5 6 3
3 9 2 5 6 1 7 8 4
4 5 6 3 7 8 2 9 1
```

Solution # 171
```
5 6 4 8 3 7 9 1 2
8 2 3 5 1 9 4 6 7
7 9 1 2 4 6 3 5 8
2 4 5 3 9 1 7 8 6
1 3 7 6 8 4 2 9 5
9 8 6 7 5 2 1 4 3
6 1 2 9 7 8 5 3 4
4 5 8 1 2 3 6 7 9
3 7 9 4 6 5 8 2 1
```

Solution # 172
```
9 3 2 8 4 7 6 1 5
6 4 5 3 9 1 8 2 7
1 7 8 2 6 5 9 4 3
7 9 6 4 1 8 3 5 2
2 8 4 6 5 3 7 9 1
5 1 3 9 7 2 4 8 6
3 6 9 1 2 4 5 7 8
8 5 1 7 3 9 2 6 4
4 2 7 5 8 6 1 3 9
```

Solution # 173
```
1 9 6 2 8 3 7 5 4
4 7 2 1 5 6 8 3 9
3 8 5 4 7 9 1 6 2
7 3 1 8 9 5 2 4 6
9 6 4 7 3 2 5 8 1
2 5 8 6 1 4 9 7 3
6 4 7 9 2 8 3 1 5
5 1 9 3 6 7 4 2 8
8 2 3 5 4 1 6 9 7
```

Solution # 174
```
6 9 5 2 1 3 4 8 7
8 7 3 9 5 4 6 2 1
4 1 2 7 8 6 9 3 5
3 5 4 1 7 9 2 6 8
7 2 9 3 6 8 5 1 4
1 8 6 5 4 2 7 9 3
9 3 1 4 2 5 8 7 6
5 6 7 8 9 1 3 4 2
2 4 8 6 3 7 1 5 9
```

Solution # 175
```
9 1 2 8 6 7 3 5 4
3 5 7 4 9 1 6 8 2
6 8 4 2 5 3 9 1 7
8 9 1 3 7 6 4 2 5
2 7 6 5 4 9 8 3 1
4 3 5 1 8 2 7 9 6
1 2 9 6 3 4 5 7 8
5 4 3 7 2 8 1 6 9
7 6 8 9 1 5 2 4 3
```

Solution # 176

8	4	3	7	2	9	5	6	1
5	1	9	3	8	6	2	7	4
2	6	7	4	5	1	8	9	3
4	5	8	6	9	7	1	3	2
7	3	6	1	4	2	9	8	5
1	9	2	5	3	8	6	4	7
6	8	1	2	7	3	4	5	9
9	7	4	8	1	5	3	2	6
3	2	5	9	6	4	7	1	8

Solution # 177

1	5	8	6	4	3	2	7	9
2	9	6	8	5	7	1	4	3
7	3	4	9	1	2	5	8	6
3	2	5	1	8	4	6	9	7
4	6	7	3	2	9	8	1	5
8	1	9	5	7	6	3	2	4
9	8	2	7	6	5	4	3	1
6	7	1	4	3	8	9	5	2
5	4	3	2	9	1	7	6	8

Solution # 178

5	3	2	9	8	6	1	4	7
7	1	9	4	5	2	6	3	8
4	8	6	7	3	1	2	9	5
2	4	8	1	9	7	3	5	6
1	9	5	6	4	3	8	7	2
6	7	3	8	2	5	9	1	4
3	6	1	5	7	8	4	2	9
9	2	7	3	6	4	5	8	1
8	5	4	2	1	9	7	6	3

Solution # 179

1	4	9	5	7	6	8	3	2
2	7	8	3	9	1	6	4	5
6	3	5	8	4	2	1	7	9
7	1	3	6	8	9	2	5	4
9	8	6	4	2	5	3	1	7
4	5	2	7	1	3	9	6	8
3	2	4	1	5	8	7	9	6
8	6	7	9	3	4	5	2	1
5	9	1	2	6	7	4	8	3

Solution # 180

5	6	7	1	2	8	9	3	4
3	1	9	6	7	4	5	2	8
2	4	8	3	9	5	7	1	6
7	3	2	9	8	6	1	4	5
4	8	1	2	5	3	6	7	9
9	5	6	4	1	7	2	8	3
6	7	5	8	3	1	4	9	2
8	9	4	7	6	2	3	5	1
1	2	3	5	4	9	8	6	7

Solution # 181

5	8	9	7	4	3	6	1	2
3	4	1	6	2	9	5	7	8
7	6	2	5	8	1	4	9	3
6	9	8	3	5	7	2	4	1
2	3	5	4	1	6	9	8	7
1	7	4	8	9	2	3	6	5
9	5	3	1	6	8	7	2	4
8	2	7	9	3	4	1	5	6
4	1	6	2	7	5	8	3	9

Solution # 182

3	7	1	2	4	5	8	9	6
4	8	5	3	9	6	7	2	1
2	9	6	1	8	7	4	3	5
9	6	8	7	1	2	5	4	3
7	1	4	9	5	3	2	6	8
5	3	2	4	6	8	9	1	7
1	4	3	5	7	9	6	8	2
8	2	7	6	3	4	1	5	9
6	5	9	8	2	1	3	7	4

Solution # 183

6	1	4	9	2	3	5	7	8
8	5	9	4	1	7	6	3	2
2	3	7	8	5	6	9	4	1
5	7	1	6	3	9	8	2	4
9	8	6	1	4	2	7	5	3
4	2	3	7	8	5	1	9	6
3	9	2	5	6	1	4	8	7
1	4	5	3	7	8	2	6	9
7	6	8	2	9	4	3	1	5

Solution # 184

9	8	6	7	3	1	2	4	5
7	3	1	2	5	4	6	8	9
2	4	5	6	8	9	7	1	3
3	6	4	9	7	8	1	5	2
1	9	8	5	4	2	3	6	7
5	2	7	1	6	3	4	9	8
4	1	9	3	2	5	8	7	6
8	7	2	4	9	6	5	3	1
6	5	3	8	1	7	9	2	4

Solution # 185

1	5	9	6	2	4	7	8	3
3	6	7	1	8	9	5	4	2
4	8	2	3	5	7	6	9	1
6	9	8	7	4	2	3	1	5
2	4	1	9	3	5	8	7	6
5	7	3	8	6	1	9	2	4
7	3	6	2	1	8	4	5	9
9	1	5	4	7	6	2	3	8
8	2	4	5	9	3	1	6	7

Solution # 186

7	8	4	5	1	3	2	6	9
9	2	5	8	7	6	3	1	4
3	6	1	4	2	9	5	7	8
5	1	3	2	6	4	8	9	7
8	9	6	7	3	1	4	5	2
2	4	7	9	8	5	6	3	1
4	7	9	3	5	2	1	8	6
1	5	8	6	4	7	9	2	3
6	3	2	1	9	8	7	4	5

Solution # 187

5	2	6	1	8	4	9	7	3
4	1	9	6	3	7	2	5	8
8	7	3	2	5	9	4	1	6
3	8	5	4	9	2	7	6	1
6	9	2	7	1	8	5	3	4
7	4	1	3	6	5	8	2	9
9	3	7	8	2	6	1	4	5
2	6	8	5	4	1	3	9	7
1	5	4	9	7	3	6	8	2

Solution # 188

1	4	6	8	7	3	9	2	5
2	3	7	1	5	9	4	8	6
8	5	9	6	4	2	1	3	7
9	1	5	3	6	8	7	4	2
6	8	4	7	2	5	3	9	1
3	7	2	4	9	1	5	6	8
5	2	1	9	3	6	8	7	4
7	9	8	2	1	4	6	5	3
4	6	3	5	8	7	2	1	9

Solution # 189

5	4	6	7	1	3	9	8	2
1	3	2	8	6	9	5	4	7
9	8	7	2	5	4	6	1	3
8	5	9	4	3	1	2	7	6
6	7	1	9	2	5	4	3	8
3	2	4	6	7	8	1	5	9
4	9	3	5	8	6	7	2	1
7	1	5	3	9	2	8	6	4
2	6	8	1	4	7	3	9	5

Solution # 190

1	5	2	6	3	7	9	8	4
6	3	9	5	4	8	1	7	2
4	8	7	2	1	9	5	3	6
8	6	3	7	9	5	2	4	1
9	4	1	3	2	6	7	5	8
7	2	5	1	8	4	3	6	9
5	7	4	9	6	2	8	1	3
3	9	8	4	7	1	6	2	5
2	1	6	8	5	3	4	9	7

Solution # 191

6	4	3	8	1	5	2	9	7
7	8	5	9	6	2	3	4	1
1	2	9	3	4	7	5	6	8
8	6	2	7	5	1	9	3	4
9	7	4	6	8	3	1	5	2
5	3	1	2	9	4	7	8	6
4	1	6	5	7	9	8	2	3
2	5	8	1	3	6	4	7	9
3	9	7	4	2	8	6	1	5

Solution # 192

6	5	3	1	7	8	2	4	9
8	9	7	4	2	5	1	6	3
2	1	4	3	6	9	8	7	5
1	4	2	7	5	3	9	8	6
3	6	5	8	9	4	7	2	1
7	8	9	2	1	6	5	3	4
9	2	8	6	4	1	3	5	7
4	3	1	5	8	7	6	9	2
5	7	6	9	3	2	4	1	8

Solution # 193

8	4	7	3	6	9	5	2	1
9	1	3	7	5	2	6	8	4
6	5	2	1	4	8	3	7	9
3	6	1	4	8	5	2	9	7
5	7	9	2	3	1	4	6	8
2	8	4	6	9	7	1	5	3
7	2	6	9	1	4	8	3	5
1	3	8	5	7	6	9	4	2
4	9	5	8	2	3	7	1	6

Solution # 194

7	6	3	8	9	5	4	2	1
4	8	1	6	3	2	9	5	7
5	9	2	1	4	7	8	3	6
6	3	8	5	7	4	2	1	9
2	7	5	9	1	3	6	8	4
1	4	9	2	8	6	3	7	5
3	1	7	4	6	8	5	9	2
9	2	6	3	5	1	7	4	8
8	5	4	7	2	9	1	6	3

Solution # 195

5	2	8	4	7	6	9	1	3
3	7	1	8	5	9	4	2	6
6	9	4	3	2	1	7	5	8
4	1	9	2	6	7	8	3	5
2	8	6	9	3	5	1	4	7
7	3	5	1	8	4	6	9	2
8	4	2	7	1	3	5	6	9
1	6	3	5	9	8	2	7	4
9	5	7	6	4	2	3	8	1

Solution # 196

8	6	4	3	7	2	5	1	9
7	9	1	8	5	4	6	2	3
5	2	3	1	9	6	7	8	4
3	1	5	2	6	9	8	4	7
2	7	9	4	8	3	1	6	5
4	8	6	7	1	5	3	9	2
9	4	8	5	3	1	2	7	6
6	3	7	9	2	8	4	5	1
1	5	2	6	4	7	9	3	8

Solution # 197

2	3	5	7	8	6	4	1	9
8	7	6	9	1	4	2	3	5
4	1	9	5	3	2	8	6	7
6	9	8	3	4	5	1	7	2
7	2	3	1	9	8	6	5	4
5	4	1	6	2	7	3	9	8
3	5	4	2	7	1	9	8	6
1	6	2	8	5	9	7	4	3
9	8	7	4	6	3	5	2	1

Solution # 198

3	4	1	7	9	6	2	8	5
6	8	5	1	4	2	3	9	7
2	9	7	8	5	3	6	4	1
8	2	9	5	6	7	4	1	3
1	3	4	2	8	9	5	7	6
7	5	6	4	3	1	9	2	8
5	1	2	6	7	4	8	3	9
9	7	8	3	2	5	1	6	4
4	6	3	9	1	8	7	5	2

Solution # 199

8	1	3	5	2	4	6	9	7
9	4	6	3	1	7	5	2	8
5	7	2	9	6	8	1	4	3
7	3	8	2	9	5	4	6	1
1	2	9	4	3	6	8	7	5
4	6	5	8	7	1	2	3	9
6	5	4	7	8	9	3	1	2
2	9	1	6	5	3	7	8	4
3	8	7	1	4	2	9	5	6

Solution # 200

9	4	6	1	8	3	7	5	2
5	7	2	6	4	9	8	3	1
1	8	3	7	5	2	9	4	6
4	2	5	8	9	6	3	1	7
8	6	1	4	3	7	5	2	9
7	3	9	2	1	5	4	6	8
3	1	4	9	2	8	6	7	5
6	5	8	3	7	1	2	9	4
2	9	7	5	6	4	1	8	3

Solution # 201

1	4	3	7	9	8	5	6	2
9	5	7	2	6	3	1	4	8
6	2	8	4	1	5	7	9	3
7	6	5	8	3	1	9	2	4
8	3	2	5	4	9	6	1	7
4	9	1	6	2	7	8	3	5
2	8	9	3	5	6	4	7	1
3	7	6	1	8	4	2	5	9
5	1	4	9	7	2	3	8	6

Solution # 202

8	2	9	3	1	6	5	4	7
1	6	7	5	2	4	8	9	3
3	4	5	9	8	7	1	2	6
5	3	6	1	7	2	4	8	9
9	7	4	6	5	8	3	1	2
2	1	8	4	9	3	6	7	5
6	5	1	7	4	9	2	3	8
4	9	2	8	3	5	7	6	1
7	8	3	2	6	1	9	5	4

Solution # 203

4	3	2	6	9	5	7	8	1
8	5	6	7	1	2	3	4	9
9	1	7	8	4	3	6	2	5
7	8	9	1	6	4	2	5	3
6	2	1	5	3	7	8	9	4
5	4	3	9	2	8	1	6	7
2	7	8	4	5	1	9	3	6
1	6	5	3	8	9	4	7	2
3	9	4	2	7	6	5	1	8

Solution # 204

5	8	1	2	6	4	3	9	7
4	9	7	5	1	3	8	2	6
6	3	2	8	9	7	4	1	5
7	5	4	9	3	1	6	8	2
3	1	8	7	2	6	9	5	4
2	6	9	4	8	5	1	7	3
1	7	5	3	4	9	2	6	8
8	4	6	1	5	2	7	3	9
9	2	3	6	7	8	5	4	1

Solution # 205

8	4	1	7	5	2	6	3	9
3	7	2	6	1	9	4	8	5
5	9	6	4	3	8	2	7	1
4	6	5	2	9	3	8	1	7
2	3	7	1	8	4	5	9	6
9	1	8	5	7	6	3	2	4
1	8	4	3	6	7	9	5	2
7	2	9	8	4	5	1	6	3
6	5	3	9	2	1	7	4	8

Solution # 206

1	6	8	3	5	7	2	4	9
5	4	2	9	8	6	7	1	3
7	3	9	1	2	4	5	8	6
2	7	6	8	1	5	3	9	4
9	1	5	7	4	3	6	2	8
4	8	3	2	6	9	1	5	7
6	2	1	4	7	8	9	3	5
8	9	7	5	3	2	4	6	1
3	5	4	6	9	1	8	7	2

Solution # 207

3	1	2	9	4	7	5	8	6
5	8	9	1	6	3	4	2	7
7	4	6	2	8	5	9	1	3
4	9	7	8	2	1	6	3	5
8	2	5	4	3	6	7	9	1
6	3	1	5	7	9	8	4	2
2	7	4	3	5	8	1	6	9
9	6	8	7	1	2	3	5	4
1	5	3	6	9	4	2	7	8

Solution # 208

2	8	7	1	9	5	6	4	3
6	3	9	7	2	4	8	1	5
1	4	5	6	8	3	2	9	7
8	6	1	2	3	7	4	5	9
7	9	2	4	5	1	3	8	6
3	5	4	8	6	9	1	7	2
9	1	8	3	7	2	5	6	4
4	7	3	5	1	6	9	2	8
5	2	6	9	4	8	7	3	1

Solution # 209

7	5	4	2	9	1	6	3	8
8	1	6	7	5	3	9	4	2
9	2	3	4	8	6	1	7	5
6	8	5	9	1	4	3	2	7
1	7	9	8	3	2	4	5	6
4	3	2	6	7	5	8	9	1
3	9	7	5	6	8	2	1	4
5	4	8	1	2	9	7	6	3
2	6	1	3	4	7	5	8	9

Solution # 210

8	3	7	4	2	1	6	9	5
1	2	6	5	9	3	7	8	4
9	4	5	8	7	6	3	1	2
3	1	9	2	4	8	5	7	6
6	7	4	1	3	5	9	2	8
5	8	2	9	6	7	1	4	3
2	6	3	7	8	9	4	5	1
7	5	8	6	1	4	2	3	9
4	9	1	3	5	2	8	6	7

Solution # 211
```
7 2 9 1 4 8 3 5 6
8 5 4 9 6 3 2 7 1
1 3 6 7 2 5 4 8 9
5 4 2 3 8 6 1 9 7
3 9 8 5 1 7 6 4 2
6 7 1 4 9 2 8 3 5
9 6 5 8 3 1 7 2 4
4 1 3 2 7 9 5 6 8
2 8 7 6 5 4 9 1 3
```

Solution # 212
```
6 9 2 8 3 4 5 1 7
5 7 3 9 2 1 6 8 4
4 1 8 5 7 6 9 3 2
3 2 9 1 5 7 8 4 6
1 6 7 2 4 8 3 9 5
8 4 5 3 6 9 2 7 1
9 3 6 4 1 2 7 5 8
2 5 1 7 8 3 4 6 9
7 8 4 6 9 5 1 2 3
```

Solution # 213
```
6 7 4 1 2 8 9 3 5
5 2 3 6 9 7 4 8 1
8 1 9 3 5 4 7 2 6
2 4 1 8 3 6 5 9 7
3 5 8 7 1 9 6 4 2
7 9 6 2 4 5 3 1 8
4 8 7 9 6 2 1 5 3
1 6 5 4 8 3 2 7 9
9 3 2 5 7 1 8 6 4
```

Solution # 214
```
3 6 8 2 9 7 1 4 5
4 9 5 1 3 6 8 7 2
1 2 7 4 5 8 3 9 6
2 3 1 5 8 9 4 6 7
7 8 6 3 2 4 5 1 9
5 4 9 6 7 1 2 3 8
9 7 3 8 4 2 6 5 1
6 5 2 7 1 3 9 8 4
8 1 4 9 6 5 7 2 3
```

Solution # 215
```
8 7 2 3 4 5 6 1 9
1 3 5 6 2 9 7 8 4
9 6 4 7 1 8 5 3 2
5 9 7 1 8 6 4 2 3
4 2 8 9 7 3 1 6 5
3 1 6 4 5 2 9 7 8
2 8 9 5 6 1 3 4 7
6 4 3 8 9 7 2 5 1
7 5 1 2 3 4 8 9 6
```

Solution # 216
```
7 1 2 4 9 3 5 6 8
6 8 4 2 7 5 1 3 9
9 3 5 8 1 6 7 4 2
3 2 1 7 5 8 4 9 6
8 5 7 9 6 4 3 2 1
4 6 9 1 3 2 8 7 5
2 4 6 3 8 1 9 5 7
1 9 3 5 2 7 6 8 4
5 7 8 6 4 9 2 1 3
```

Solution # 217
```
6 4 2 5 1 3 8 9 7
5 9 8 6 7 2 3 4 1
1 7 3 4 8 9 6 2 5
2 3 6 9 4 7 1 5 8
9 8 7 1 3 5 4 6 2
4 5 1 2 6 8 9 7 3
7 1 9 8 5 6 2 3 4
8 2 5 3 9 4 7 1 6
3 6 4 7 2 1 5 8 9
```

Solution # 218
```
9 4 3 2 1 8 6 7 5
8 2 6 9 7 5 3 1 4
5 1 7 6 3 4 8 2 9
7 6 5 1 9 3 2 4 8
2 9 4 7 8 6 1 5 3
3 8 1 4 5 2 7 9 6
1 3 2 5 6 9 4 8 7
6 7 9 8 4 1 5 3 2
4 5 8 3 2 7 9 6 1
```

Solution # 219
```
8 9 1 7 3 5 4 6 2
3 5 4 6 1 2 7 9 8
6 2 7 8 4 9 5 1 3
1 8 3 4 9 7 2 5 6
9 4 6 5 2 3 8 7 1
2 7 5 1 6 8 3 4 9
7 3 2 9 5 1 6 8 4
5 6 9 2 8 4 1 3 7
4 1 8 3 7 6 9 2 5
```

Solution # 220
```
9 6 5 8 3 1 4 2 7
3 4 2 9 6 7 5 8 1
1 7 8 5 2 4 9 3 6
4 1 9 3 8 2 6 7 5
8 2 6 4 7 5 1 9 3
5 3 7 6 1 9 8 4 2
2 8 3 1 4 6 7 5 9
7 9 1 2 5 8 3 6 4
6 5 4 7 9 3 2 1 8
```

Solution # 221
```
8 9 4 5 3 6 7 1 2
3 5 2 7 1 4 9 8 6
1 7 6 9 8 2 3 5 4
5 1 7 2 9 3 6 4 8
6 4 9 1 5 8 2 7 3
2 3 8 6 4 7 1 9 5
7 6 1 8 2 5 4 3 9
9 8 3 4 6 1 5 2 7
4 2 5 3 7 9 8 6 1
```

Solution # 222
```
4 7 2 8 9 1 3 5 6
3 5 9 6 2 4 8 7 1
1 8 6 3 5 7 4 9 2
2 6 5 4 1 8 7 3 9
8 9 3 5 7 2 1 6 4
7 4 1 9 3 6 5 2 8
6 3 8 7 4 9 2 1 5
9 1 7 2 8 5 6 4 3
5 2 4 1 6 3 9 8 7
```

Solution # 223
```
4 7 8 2 6 3 5 1 9
2 1 9 8 5 7 6 4 3
5 3 6 4 1 9 7 2 8
1 5 2 6 8 4 3 9 7
7 6 3 9 2 1 4 8 5
9 8 4 3 7 5 2 6 1
3 2 1 7 9 6 8 5 4
8 9 7 5 4 2 1 3 6
6 4 5 1 3 8 9 7 2
```

Solution # 224
```
4 6 3 5 7 8 9 1 2
7 8 1 3 9 2 4 6 5
9 2 5 6 1 4 7 3 8
8 7 4 1 2 6 3 5 9
3 9 2 7 4 5 1 8 6
5 1 6 9 8 3 2 7 4
1 4 9 8 6 7 5 2 3
6 5 7 2 3 9 8 4 1
2 3 8 4 5 1 6 9 7
```

Solution # 225
```
8 1 6 4 5 2 9 3 7
7 3 4 8 9 1 5 2 6
2 9 5 7 3 6 1 4 8
5 4 1 9 6 8 2 7 3
3 8 2 5 1 7 6 9 4
6 7 9 3 2 4 8 5 1
9 6 8 2 4 3 7 1 5
4 2 7 1 8 5 3 6 9
1 5 3 6 7 9 4 8 2
```

Solution # 226
```
3 2 9 5 8 6 1 7 4
7 8 5 4 2 1 6 9 3
6 1 4 7 3 9 5 2 8
4 9 1 8 7 5 2 3 6
8 6 3 2 9 4 7 1 5
5 7 2 1 6 3 4 8 9
2 5 6 3 1 8 9 4 7
1 4 8 9 5 7 3 6 2
9 3 7 6 4 2 8 5 1
```

Solution # 227
```
7 5 9 2 3 6 8 1 4
3 2 4 1 8 9 5 6 7
1 6 8 7 5 4 2 9 3
5 4 2 6 9 1 3 7 8
8 1 3 5 4 7 9 2 6
9 7 6 3 2 8 4 5 1
2 3 1 4 6 5 7 8 9
4 8 7 9 1 2 6 3 5
6 9 5 8 7 3 1 4 2
```

Solution # 228
```
4 7 5 1 2 9 8 6 3
1 9 8 7 6 3 2 5 4
6 3 2 8 4 5 9 7 1
8 2 7 5 3 1 4 9 6
9 5 6 2 8 4 3 1 7
3 1 4 6 9 7 5 2 8
5 6 3 9 1 8 7 4 2
7 8 1 4 5 2 6 3 9
2 4 9 3 7 6 1 8 5
```

Solution # 229
```
4 8 5 6 1 3 7 2 9
1 9 7 8 2 4 3 6 5
6 2 3 5 9 7 4 8 1
5 4 2 7 6 8 9 1 3
8 6 9 1 3 5 2 7 4
3 7 1 2 4 9 6 5 8
9 5 8 3 7 2 1 4 6
7 1 4 9 8 6 5 3 2
2 3 6 4 5 1 8 9 7
```

Solution # 230
```
2 5 7 8 9 6 4 1 3
9 4 1 7 3 2 6 5 8
8 3 6 1 5 4 7 9 2
5 8 3 6 4 7 9 2 1
1 6 2 5 8 9 3 4 7
7 9 4 3 2 1 8 6 5
3 1 9 2 6 8 5 7 4
6 7 5 4 1 3 2 8 9
4 2 8 9 7 5 1 3 6
```

Solution # 231
```
6 9 8 2 3 4 5 7 1
1 7 2 8 5 6 4 9 3
5 4 3 1 7 9 2 8 6
9 3 6 5 4 7 8 1 2
7 8 4 6 1 2 9 3 5
2 1 5 3 9 8 6 4 7
4 5 9 7 6 1 3 2 8
8 6 1 4 2 3 7 5 9
3 2 7 9 8 5 1 6 4
```

Solution # 232
```
1 7 6 3 2 5 8 4 9
5 8 3 4 7 9 1 6 2
9 2 4 1 6 8 5 7 3
6 4 2 7 8 1 3 9 5
8 9 7 5 4 3 2 1 6
3 5 1 2 9 6 4 8 7
7 3 8 6 1 2 9 5 4
2 6 9 8 5 4 7 3 1
4 1 5 9 3 7 6 2 8
```

Solution # 233
```
3 6 7 2 8 5 1 4 9
2 1 4 7 3 9 6 8 5
8 5 9 1 4 6 3 7 2
4 9 1 6 2 7 5 3 8
7 8 2 5 1 3 9 6 4
6 3 5 8 9 4 2 1 7
1 4 8 9 6 2 7 5 3
9 7 6 3 5 8 4 2 1
5 2 3 4 7 1 8 9 6
```

Solution # 234
```
8 3 9 1 4 7 6 5 2
2 1 7 6 8 5 9 4 3
4 5 6 2 9 3 7 1 8
3 4 1 8 6 9 5 2 7
5 9 2 7 1 4 8 3 6
6 7 8 3 5 2 1 9 4
9 2 3 5 7 6 4 8 1
7 8 5 4 3 1 2 6 9
1 6 4 9 2 8 3 7 5
```

Solution # 235
```
9 5 2 6 1 3 7 8 4
6 7 8 4 2 9 3 5 1
4 3 1 7 5 8 9 2 6
7 2 6 8 3 4 5 1 9
5 4 9 2 7 1 6 3 8
8 1 3 5 9 6 2 4 7
2 8 4 9 6 5 1 7 3
1 9 5 3 8 7 4 6 2
3 6 7 1 4 2 8 9 5
```

Solution # 236
```
5 1 6 4 2 3 7 8 9
9 4 7 1 5 8 6 2 3
2 3 8 6 9 7 5 4 1
4 8 9 3 7 1 2 6 5
7 6 3 5 8 2 1 9 4
1 2 5 9 6 4 3 7 8
6 9 1 7 4 5 8 3 2
8 5 4 2 3 6 9 1 7
3 7 2 8 1 9 4 5 6
```

Solution # 237
```
8 5 6 7 3 1 4 2 9
7 9 4 2 5 6 8 1 3
3 2 1 8 9 4 6 5 7
5 6 9 4 1 2 3 7 8
4 7 8 5 6 3 2 9 1
1 3 2 9 8 7 5 6 4
9 1 5 6 4 8 7 3 2
2 8 3 1 7 5 9 4 6
6 4 7 3 2 9 1 8 5
```

Solution # 238
```
8 9 5 7 2 4 3 1 6
4 1 3 6 5 8 9 2 7
7 2 6 3 1 9 8 4 5
9 5 4 8 6 2 1 7 3
3 7 8 5 9 1 4 6 2
1 6 2 4 3 7 5 9 8
5 3 1 2 4 6 7 8 9
2 8 9 1 7 5 6 3 4
6 4 7 9 8 3 2 5 1
```

Solution # 239
```
4 1 9 5 7 2 8 3 6
8 7 2 6 4 3 5 9 1
3 5 6 1 8 9 4 7 2
1 2 8 4 9 5 7 6 3
5 3 4 7 6 1 9 2 8
9 6 7 3 2 8 1 4 5
7 9 3 8 1 6 2 5 4
6 4 1 2 5 7 3 8 9
2 8 5 9 3 4 6 1 7
```

Solution # 240
```
6 9 5 2 3 4 1 7 8
3 7 2 5 1 8 9 4 6
8 1 4 9 6 7 2 5 3
5 4 7 6 2 9 3 8 1
9 8 3 4 5 1 7 6 2
2 6 1 8 7 3 4 9 5
1 5 9 7 8 2 6 3 4
7 2 6 3 4 5 8 1 9
4 3 8 1 9 6 5 2 7
```

Solution # 241
```
7 5 6 3 1 9 8 4 2
8 2 1 4 6 5 7 9 3
3 9 4 8 2 7 5 1 6
6 1 9 7 4 8 2 3 5
4 3 7 1 5 2 6 8 9
5 8 2 6 9 3 1 7 4
1 4 5 9 7 6 3 2 8
2 7 8 5 3 4 9 6 1
9 6 3 2 8 1 4 5 7
```

Solution # 242
```
5 6 9 3 4 7 8 1 2
4 8 7 9 2 1 5 6 3
3 2 1 6 5 8 9 7 4
8 7 2 4 1 6 3 9 5
1 5 4 8 9 3 7 2 6
9 3 6 5 7 2 4 8 1
7 1 5 2 8 4 6 3 9
6 9 8 1 3 5 2 4 7
2 4 3 7 6 9 1 5 8
```

Solution # 243
```
5 2 7 8 3 6 4 1 9
6 9 3 1 4 5 8 7 2
1 4 8 9 2 7 3 6 5
2 1 4 5 9 3 6 8 7
8 6 9 4 7 1 5 2 3
7 3 5 2 6 8 1 9 4
9 5 2 6 1 4 7 3 8
4 7 1 3 8 2 9 5 6
3 8 6 7 5 9 2 4 1
```

Solution # 244
```
3 5 8 2 9 1 4 7 6
2 4 6 7 8 5 9 1 3
7 9 1 4 3 6 5 8 2
8 1 4 9 7 3 6 2 5
9 2 3 5 6 8 1 4 7
5 6 7 1 2 4 8 3 9
1 7 2 6 4 9 3 5 8
4 3 9 8 5 7 2 6 1
6 8 5 3 1 2 7 9 4
```

Solution # 245
```
8 1 9 2 6 7 4 3 5
4 6 3 9 8 5 1 7 2
7 5 2 3 4 1 9 6 8
9 4 1 7 5 3 2 8 6
6 7 5 4 2 8 3 1 9
3 2 8 6 1 9 5 4 7
5 3 4 8 9 6 7 2 1
2 9 6 1 7 4 8 5 3
1 8 7 5 3 2 6 9 4
```

Solution # 246

4	3	8	2	6	5	9	7	1
1	7	9	4	8	3	6	2	5
5	6	2	1	7	9	8	3	4
9	5	1	7	3	2	4	6	8
6	2	4	8	9	1	7	5	3
3	8	7	6	5	4	1	9	2
7	4	5	3	1	6	2	8	9
8	1	3	9	2	7	5	4	6
2	9	6	5	4	8	3	1	7

Solution # 247

5	7	3	6	2	1	8	9	4
4	2	8	5	3	9	6	7	1
9	6	1	8	7	4	3	2	5
2	9	4	7	6	5	1	8	3
6	8	7	2	1	3	4	5	9
3	1	5	9	4	8	7	6	2
1	5	6	4	8	2	9	3	7
8	4	2	3	9	7	5	1	6
7	3	9	1	5	6	2	4	8

Solution # 248

3	1	5	8	4	2	9	7	6
6	4	7	1	9	5	8	2	3
8	9	2	3	6	7	1	4	5
5	6	9	2	3	4	7	8	1
4	2	1	6	7	8	3	5	9
7	3	8	5	1	9	2	6	4
9	7	3	4	2	6	5	1	8
2	8	4	9	5	1	6	3	7
1	5	6	7	8	3	4	9	2

Solution # 249

2	4	7	1	6	8	3	9	5
9	1	5	4	2	3	6	7	8
3	8	6	5	7	9	2	1	4
4	3	1	7	9	2	5	8	6
7	5	2	6	8	1	4	3	9
6	9	8	3	4	5	7	2	1
1	2	4	8	3	6	9	5	7
8	7	3	9	5	4	1	6	2
5	6	9	2	1	7	8	4	3

Solution # 250

4	9	5	2	7	3	6	8	1
3	2	7	6	8	1	4	5	9
1	8	6	4	9	5	7	2	3
5	4	3	9	2	6	1	7	8
6	1	2	8	3	7	9	4	5
8	7	9	5	1	4	3	6	2
7	5	1	3	6	8	2	9	4
9	3	4	7	5	2	8	1	6
2	6	8	1	4	9	5	3	7

Solution # 251

5	1	2	7	3	9	4	6	8
7	6	8	2	1	4	9	3	5
3	4	9	8	6	5	7	1	2
2	7	6	4	5	1	3	8	9
9	8	4	6	2	3	5	7	1
1	3	5	9	7	8	6	2	4
8	9	3	1	4	7	2	5	6
4	2	7	5	8	6	1	9	3
6	5	1	3	9	2	8	4	7

Solution # 252

7	3	9	6	5	4	1	2	8
2	8	6	3	7	1	9	4	5
1	4	5	2	8	9	3	7	6
4	7	2	8	9	6	5	1	3
9	5	8	7	1	3	2	6	4
6	1	3	5	4	2	8	9	7
3	9	4	1	6	5	7	8	2
5	6	7	9	2	8	4	3	1
8	2	1	4	3	7	6	5	9

Solution # 253

9	7	5	2	8	6	4	1	3
3	6	8	1	4	9	5	2	7
1	2	4	3	7	5	8	9	6
2	5	9	7	6	3	1	4	8
4	8	7	9	1	2	6	3	5
6	3	1	4	5	8	2	7	9
7	1	6	8	9	4	3	5	2
5	4	3	6	2	7	9	8	1
8	9	2	5	3	1	7	6	4

Solution # 254

6	9	3	5	8	1	4	7	2
5	8	1	7	4	2	6	3	9
7	2	4	6	3	9	1	8	5
2	3	8	4	1	6	9	5	7
1	5	6	8	9	7	2	4	3
9	4	7	3	2	5	8	1	6
4	7	9	1	6	3	5	2	8
8	6	5	2	7	4	3	9	1
3	1	2	9	5	8	7	6	4

Solution # 255

2	7	1	4	3	8	5	6	9
8	4	6	7	5	9	2	3	1
5	3	9	1	2	6	8	7	4
6	1	5	2	7	3	4	9	8
7	9	8	6	1	4	3	2	5
3	2	4	9	8	5	6	1	7
4	6	7	8	9	2	1	5	3
9	8	3	5	6	1	7	4	2
1	5	2	3	4	7	9	8	6

Solution # 256

1	3	9	8	7	5	2	4	6
5	8	6	3	2	4	1	7	9
4	2	7	6	1	9	3	8	5
7	4	2	9	5	3	6	1	8
8	9	3	4	6	1	7	5	2
6	5	1	7	8	2	4	9	3
2	7	8	1	9	6	5	3	4
9	6	4	5	3	7	8	2	1
3	1	5	2	4	8	9	6	7

Solution # 257

6	9	7	3	8	5	1	4	2
3	1	4	9	2	7	8	5	6
8	5	2	1	4	6	7	9	3
2	6	5	7	1	8	4	3	9
4	7	9	5	6	3	2	8	1
1	3	8	4	9	2	6	7	5
5	4	3	6	7	1	9	2	8
9	8	6	2	3	4	5	1	7
7	2	1	8	5	9	3	6	4

Solution # 258

4	2	9	6	5	7	8	3	1
7	8	1	9	3	4	2	6	5
3	5	6	8	2	1	9	7	4
2	6	7	1	8	5	3	4	9
8	4	3	7	9	2	5	1	6
9	1	5	4	6	3	7	2	8
1	3	2	5	4	9	6	8	7
6	9	4	3	7	8	1	5	2
5	7	8	2	1	6	4	9	3

Solution # 259

8	9	6	7	3	2	1	5	4
1	7	2	5	8	4	3	6	9
4	5	3	1	6	9	2	7	8
2	6	5	3	4	7	9	8	1
3	4	7	8	9	1	6	2	5
9	1	8	6	2	5	4	3	7
7	8	4	2	1	3	5	9	6
5	3	1	9	7	6	8	4	2
6	2	9	4	5	8	7	1	3

Solution # 260

6	8	7	5	4	9	3	1	2
4	1	3	8	7	2	5	9	6
5	9	2	6	1	3	7	8	4
8	3	6	9	2	5	1	4	7
2	5	1	7	3	4	8	6	9
9	7	4	1	6	8	2	5	3
1	6	9	2	8	7	4	3	5
3	2	5	4	9	1	6	7	8
7	4	8	3	5	6	9	2	1

Solution # 261

4	1	8	9	7	5	3	2	6
5	6	9	2	3	8	1	4	7
2	3	7	1	6	4	5	9	8
8	4	5	7	1	3	2	6	9
9	7	3	4	2	6	8	5	1
1	2	6	5	8	9	4	7	3
3	9	1	6	4	2	7	8	5
7	5	2	8	9	1	6	3	4
6	8	4	3	5	7	9	1	2

Solution # 262

5	4	8	6	1	7	9	2	3
6	1	7	3	9	2	8	5	4
3	9	2	8	5	4	7	1	6
9	5	6	4	7	3	1	8	2
4	7	3	1	2	8	5	6	9
8	2	1	5	6	9	4	3	7
7	8	5	9	3	6	2	4	1
1	3	9	2	4	5	6	7	8
2	6	4	7	8	1	3	9	5

Solution # 263

1	5	8	2	3	9	6	4	7
3	9	4	7	5	6	2	8	1
6	7	2	4	8	1	9	5	3
9	4	7	1	6	2	5	3	8
5	2	3	8	4	7	1	9	6
8	1	6	3	9	5	4	7	2
7	3	5	6	2	4	8	1	9
4	6	1	9	7	8	3	2	5
2	8	9	5	1	3	7	6	4

Solution # 264

5	1	4	6	9	7	8	2	3
9	6	7	2	3	8	1	5	4
8	2	3	5	1	4	7	9	6
1	9	2	8	6	5	4	3	7
7	4	8	3	2	1	5	6	9
6	3	5	4	7	9	2	1	8
3	5	6	7	8	2	9	4	1
4	7	9	1	5	3	6	8	2
2	8	1	9	4	6	3	7	5

Solution # 265

7	1	3	6	8	5	2	9	4
8	9	5	4	2	7	3	6	1
2	6	4	1	9	3	8	5	7
5	4	7	8	3	2	9	1	6
6	8	2	9	5	1	4	7	3
1	3	9	7	6	4	5	2	8
4	2	1	5	7	8	6	3	9
9	5	8	3	1	6	7	4	2
3	7	6	2	4	9	1	8	5

Solution # 266

3	1	4	6	9	8	2	5	7
9	5	6	7	3	2	4	1	8
7	8	2	4	1	5	6	3	9
5	9	8	1	2	4	3	7	6
4	3	1	5	6	7	8	9	2
2	6	7	3	8	9	1	4	5
6	2	3	9	5	1	7	8	4
1	7	5	8	4	6	9	2	3
8	4	9	2	7	3	5	6	1

Solution # 267

3	9	6	5	4	7	2	1	8
1	8	4	9	2	3	6	7	5
7	5	2	1	6	8	4	9	3
9	2	5	4	7	6	8	3	1
6	4	3	8	9	1	5	2	7
8	7	1	2	3	5	9	6	4
4	3	7	6	8	2	1	5	9
2	1	8	3	5	9	7	4	6
5	6	9	7	1	4	3	8	2

Solution # 268

6	9	7	8	3	4	1	5	2
5	1	8	7	6	2	4	9	3
3	4	2	5	9	1	8	7	6
8	2	4	3	7	9	5	6	1
9	3	6	2	1	5	7	8	4
1	7	5	6	4	8	2	3	9
7	8	3	4	2	6	9	1	5
2	6	9	1	5	7	3	4	8
4	5	1	9	8	3	6	2	7

Solution # 269

2	4	6	7	3	1	9	8	5
1	8	3	5	6	9	2	4	7
5	9	7	8	4	2	6	3	1
6	5	4	2	9	3	1	7	8
9	7	1	4	5	8	3	6	2
3	2	8	1	7	6	5	9	4
4	1	9	6	8	5	7	2	3
8	3	2	9	1	7	4	5	6
7	6	5	3	2	4	8	1	9

Solution # 270

5	6	3	9	8	2	1	7	4
8	4	9	7	1	6	2	5	3
7	1	2	4	5	3	6	8	9
1	3	5	8	6	4	9	2	7
6	9	8	3	2	7	4	1	5
4	2	7	1	9	5	3	6	8
2	7	1	5	4	9	8	3	6
9	5	6	2	3	8	7	4	1
3	8	4	6	7	1	5	9	2

Solution # 271

6	1	9	5	4	2	8	3	7
8	4	5	3	7	9	1	6	2
3	2	7	6	1	8	9	4	5
5	8	1	9	2	6	4	7	3
7	6	4	1	8	3	5	2	9
9	3	2	4	5	7	6	1	8
2	5	3	8	6	4	7	9	1
1	7	6	2	9	5	3	8	4
4	9	8	7	3	1	2	5	6

Solution # 272

2	8	6	3	1	5	4	7	9
7	5	3	8	9	4	2	1	6
9	4	1	7	6	2	8	5	3
8	3	9	4	7	6	5	2	1
5	6	7	1	2	8	3	9	4
4	1	2	5	3	9	6	8	7
3	2	5	9	4	7	1	6	8
6	7	4	2	8	1	9	3	5
1	9	8	6	5	3	7	4	2

Solution # 273

3	9	6	5	1	2	4	8	7
7	8	1	4	6	3	2	9	5
5	4	2	8	7	9	1	3	6
8	1	4	7	2	5	9	6	3
6	2	5	9	3	4	7	1	8
9	7	3	1	8	6	5	4	2
4	6	9	2	5	8	3	7	1
1	5	8	3	4	7	6	2	9
2	3	7	6	9	1	8	5	4

Solution # 274

5	6	4	8	1	3	2	7	9
8	2	3	7	9	4	1	5	6
7	9	1	2	5	6	8	4	3
2	8	7	4	6	5	3	9	1
9	4	5	3	2	1	6	8	7
1	3	6	9	7	8	4	2	5
4	1	8	5	3	7	9	6	2
6	7	2	1	8	9	5	3	4
3	5	9	6	4	2	7	1	8

Solution # 275

4	1	5	8	3	9	7	2	6
7	8	6	1	2	5	4	3	9
9	3	2	7	4	6	5	1	8
5	9	8	3	6	1	2	7	4
2	6	1	9	7	4	8	5	3
3	7	4	2	5	8	9	6	1
6	4	7	5	8	3	1	9	2
1	2	3	4	9	7	6	8	5
8	5	9	6	1	2	3	4	7

Solution # 276

5	4	7	1	6	3	9	8	2
2	3	1	8	9	4	6	5	7
9	8	6	7	2	5	1	3	4
6	7	5	9	4	8	3	2	1
1	2	3	5	7	6	8	4	9
8	9	4	3	1	2	7	6	5
4	5	9	6	3	7	2	1	8
3	1	8	2	5	9	4	7	6
7	6	2	4	8	1	5	9	3

Solution # 277

9	6	4	1	2	5	8	7	3
7	1	3	9	4	8	6	5	2
2	5	8	6	7	3	1	9	4
8	9	1	4	3	6	7	2	5
5	3	7	2	9	1	4	6	8
6	4	2	5	8	7	3	1	9
1	8	9	3	6	2	5	4	7
3	2	6	7	5	4	9	8	1
4	7	5	8	1	9	2	3	6

Solution # 278

7	9	8	4	3	2	6	1	5
2	5	3	6	1	7	8	9	4
6	1	4	8	9	5	7	3	2
8	7	1	9	2	6	4	5	3
4	6	5	1	8	3	2	7	9
3	2	9	7	5	4	1	8	6
9	3	6	2	7	1	5	4	8
1	8	2	5	4	9	3	6	7
5	4	7	3	6	8	9	2	1

Solution # 279

1	3	4	9	6	8	7	2	5
8	9	7	1	2	5	6	3	4
6	5	2	4	7	3	9	8	1
9	7	1	8	3	4	2	5	6
4	6	3	5	1	2	8	7	9
5	2	8	6	9	7	4	1	3
3	4	9	7	8	1	5	6	2
2	8	6	3	5	9	1	4	7
7	1	5	2	4	6	3	9	8

Solution # 280

8	6	1	4	5	3	7	9	2
5	7	3	8	9	2	1	6	4
4	9	2	6	7	1	8	5	3
3	5	7	2	8	4	9	1	6
6	8	4	9	1	5	2	3	7
1	2	9	3	6	7	4	8	5
7	4	8	1	3	6	5	2	9
9	3	5	7	2	8	6	4	1
2	1	6	5	4	9	3	7	8

Solution # 281

7	4	8	9	2	3	1	5	6
3	1	9	7	6	5	2	8	4
6	2	5	8	1	4	3	7	9
4	3	2	1	8	7	9	6	5
9	8	7	6	5	2	4	1	3
1	5	6	3	4	9	7	2	8
2	9	4	5	7	8	6	3	1
8	7	1	4	3	6	5	9	2
5	6	3	2	9	1	8	4	7

Solution # 282

4	6	8	1	3	5	7	2	9
1	9	5	6	7	2	4	3	8
7	3	2	4	9	8	1	6	5
9	5	1	3	2	6	8	4	7
6	7	4	9	8	1	2	5	3
8	2	3	7	5	4	6	9	1
2	4	9	5	1	7	3	8	6
5	1	6	8	4	3	9	7	2
3	8	7	2	6	9	5	1	4

Solution # 283

3	1	5	6	8	9	2	7	4
7	4	6	3	1	2	9	8	5
2	8	9	7	5	4	1	6	3
8	7	3	9	6	1	5	4	2
4	5	2	8	3	7	6	9	1
6	9	1	2	4	5	8	3	7
9	2	4	1	7	8	3	5	6
5	3	8	4	2	6	7	1	9
1	6	7	5	9	3	4	2	8

Solution # 284

8	7	6	9	3	2	4	5	1
3	4	1	6	5	8	9	7	2
2	9	5	4	1	7	6	3	8
7	1	8	2	6	4	5	9	3
5	6	4	8	9	3	1	2	7
9	3	2	1	7	5	8	6	4
4	8	7	5	2	6	3	1	9
6	2	9	3	8	1	7	4	5
1	5	3	7	4	9	2	8	6

Solution # 285

6	3	2	8	4	1	7	5	9
4	7	1	3	9	5	6	8	2
8	9	5	7	6	2	1	3	4
2	4	8	9	5	7	3	1	6
9	5	6	2	1	3	4	7	8
7	1	3	4	8	6	9	2	5
1	8	9	5	3	4	2	6	7
5	6	7	1	2	9	8	4	3
3	2	4	6	7	8	5	9	1

Solution # 286

7	4	6	2	1	9	3	5	8
2	1	5	3	8	4	9	7	6
8	9	3	7	5	6	1	4	2
4	5	1	6	9	7	8	2	3
3	8	9	1	4	2	7	6	5
6	7	2	5	3	8	4	9	1
1	3	4	9	6	5	2	8	7
9	6	7	8	2	1	5	3	4
5	2	8	4	7	3	6	1	9

Solution # 287

1	5	2	8	6	4	9	7	3
6	9	4	7	3	2	1	5	8
7	8	3	1	5	9	4	6	2
2	6	8	9	4	7	5	3	1
3	7	1	5	2	6	8	9	4
9	4	5	3	8	1	7	2	6
5	1	6	4	9	3	2	8	7
8	2	7	6	1	5	3	4	9
4	3	9	2	7	8	6	1	5

Solution # 288

2	9	8	7	3	5	4	6	1
5	3	4	6	1	2	7	8	9
1	7	6	8	9	4	2	3	5
7	4	3	5	8	1	9	2	6
6	1	5	3	2	9	8	4	7
9	8	2	4	7	6	5	1	3
4	2	7	1	5	3	6	9	8
8	6	1	9	4	7	3	5	2
3	5	9	2	6	8	1	7	4

Solution # 289

7	6	4	5	8	9	1	2	3
9	1	8	4	3	2	7	5	6
5	2	3	6	7	1	8	9	4
3	5	7	8	9	6	2	4	1
6	8	1	7	2	4	5	3	9
2	4	9	3	1	5	6	7	8
4	3	2	1	6	7	9	8	5
1	9	5	2	4	8	3	6	7
8	7	6	9	5	3	4	1	2

Solution # 290

6	1	4	5	2	9	8	3	7
3	8	9	1	4	7	2	6	5
7	5	2	3	8	6	9	4	1
8	4	5	6	9	3	7	1	2
9	7	1	4	5	2	6	8	3
2	6	3	7	1	8	5	9	4
4	3	8	9	7	5	1	2	6
5	2	6	8	3	1	4	7	9
1	9	7	2	6	4	3	5	8

Solution # 291

9	3	4	5	1	2	7	8	6
7	5	6	3	9	8	4	1	2
8	2	1	6	4	7	5	3	9
1	4	5	9	7	6	8	2	3
3	7	8	1	2	5	6	9	4
6	9	2	4	8	3	1	5	7
2	1	3	8	6	4	9	7	5
4	8	7	2	5	9	3	6	1
5	6	9	7	3	1	2	4	8

Solution # 292

7	5	8	6	4	3	2	9	1
1	9	6	5	8	2	7	4	3
2	3	4	9	1	7	8	6	5
3	1	9	4	5	8	6	7	2
8	6	2	7	9	1	3	5	4
4	7	5	3	2	6	1	8	9
5	2	3	8	6	4	9	1	7
6	4	1	2	7	9	5	3	8
9	8	7	1	3	5	4	2	6

Solution # 293

9	6	2	5	7	4	3	8	1
8	3	7	1	2	6	9	4	5
5	4	1	8	9	3	7	6	2
1	2	5	9	6	8	4	3	7
6	9	4	3	1	7	5	2	8
7	8	3	4	5	2	1	9	6
4	7	8	6	3	5	2	1	9
2	1	6	7	4	9	8	5	3
3	5	9	2	8	1	6	7	4

Solution # 294

4	6	1	2	7	9	3	8	5
7	5	2	8	3	1	9	6	4
8	9	3	4	5	6	1	2	7
2	1	7	9	6	8	5	4	3
6	8	5	3	1	4	2	7	9
9	3	4	7	2	5	6	1	8
5	4	8	1	9	2	7	3	6
1	7	9	6	4	3	8	5	2
3	2	6	5	8	7	4	9	1

Solution # 295

4	3	8	6	2	7	1	5	9
5	7	2	1	3	9	6	4	8
9	1	6	8	4	5	3	7	2
6	4	5	3	9	1	2	8	7
7	8	9	5	6	2	4	1	3
1	2	3	4	7	8	9	6	5
8	6	4	2	5	3	7	9	1
3	9	1	7	8	6	5	2	4
2	5	7	9	1	4	8	3	6

Solution # 296

3	5	4	8	9	1	6	7	2
6	2	1	4	7	5	3	9	8
9	8	7	2	3	6	1	4	5
4	1	8	6	5	9	7	2	3
2	9	3	7	1	4	5	8	6
7	6	5	3	8	2	9	1	4
5	7	6	9	4	8	2	3	1
1	4	9	5	2	3	8	6	7
8	3	2	1	6	7	4	5	9

Solution # 297

4	6	5	9	1	2	7	8	3
9	7	3	4	6	8	2	1	5
1	2	8	5	7	3	9	6	4
6	9	7	3	2	5	1	4	8
5	8	2	6	4	1	3	7	9
3	1	4	7	8	9	6	5	2
2	3	1	8	5	7	4	9	6
8	4	9	1	3	6	5	2	7
7	5	6	2	9	4	8	3	1

Solution # 298

9	8	7	5	2	6	3	4	1
2	5	3	4	9	1	7	6	8
1	4	6	7	3	8	2	9	5
7	9	8	2	1	4	5	3	6
3	2	4	9	6	5	1	8	7
5	6	1	3	8	7	4	2	9
8	3	9	1	5	2	6	7	4
4	1	2	6	7	9	8	5	3
6	7	5	8	4	3	9	1	2

Solution # 299

8	1	7	9	5	4	6	3	2
3	4	9	1	6	2	5	7	8
5	2	6	8	3	7	4	9	1
1	6	8	4	9	5	7	2	3
2	7	5	3	8	6	1	4	9
4	9	3	7	2	1	8	6	5
6	8	1	2	7	9	3	5	4
9	5	4	6	1	3	2	8	7
7	3	2	5	4	8	9	1	6

Solution # 300

9	8	5	2	1	3	4	7	6
2	6	1	8	4	7	9	5	3
3	4	7	6	9	5	8	2	1
6	1	2	4	5	8	3	9	7
7	5	4	3	2	9	1	6	8
8	3	9	7	6	1	5	4	2
5	9	8	1	7	2	6	3	4
1	7	6	9	3	4	2	8	5
4	2	3	5	8	6	7	1	9

Solution # 301

2	9	5	4	8	6	1	3	7
6	3	4	9	7	1	5	2	8
7	1	8	3	5	2	4	6	9
4	5	9	1	6	7	3	8	2
3	2	1	8	4	9	6	7	5
8	6	7	2	3	5	9	4	1
1	8	6	7	9	4	2	5	3
9	4	3	5	2	8	7	1	6
5	7	2	6	1	3	8	9	4

Solution # 302

7	9	3	2	6	4	8	1	5
6	5	2	9	8	1	3	7	4
4	8	1	5	7	3	9	2	6
2	1	7	3	9	6	4	5	8
3	4	8	1	5	2	6	9	7
5	6	9	8	4	7	2	3	1
1	3	4	6	2	5	7	8	9
9	2	6	7	1	8	5	4	3
8	7	5	4	3	9	1	6	2

Solution # 303

5	3	4	9	7	1	8	6	2
2	1	7	3	8	6	4	5	9
6	9	8	4	5	2	7	3	1
9	5	3	6	2	7	1	4	8
8	7	1	5	4	9	6	2	3
4	6	2	8	1	3	5	9	7
3	8	9	1	6	5	2	7	4
1	2	5	7	3	4	9	8	6
7	4	6	2	9	8	3	1	5

Solution # 304

2	3	9	8	1	6	5	4	7
1	6	4	5	7	3	8	2	9
5	7	8	9	2	4	1	3	6
8	5	3	2	9	1	6	7	4
7	2	1	4	6	8	3	9	5
4	9	6	3	5	7	2	8	1
9	8	7	1	3	5	4	6	2
3	1	2	6	4	9	7	5	8
6	4	5	7	8	2	9	1	3

Solution # 305

7	2	8	4	9	6	1	3	5
9	1	3	5	7	2	4	6	8
5	4	6	1	3	8	9	7	2
1	7	2	3	5	4	6	8	9
8	3	5	2	6	9	7	4	1
6	9	4	7	8	1	2	5	3
4	6	9	8	1	3	5	2	7
3	5	1	6	2	7	8	9	4
2	8	7	9	4	5	3	1	6

Solution # 306

9	3	2	8	5	7	1	6	4
1	5	4	2	6	9	3	8	7
8	6	7	3	1	4	9	5	2
5	8	9	4	7	1	6	2	3
7	2	3	6	9	8	4	1	5
4	1	6	5	2	3	7	9	8
3	7	1	9	8	5	2	4	6
2	4	8	1	3	6	5	7	9
6	9	5	7	4	2	8	3	1

Solution # 307

4	6	1	8	9	3	2	7	5
8	9	5	6	7	2	1	3	4
3	7	2	5	1	4	9	8	6
5	1	8	3	2	9	4	6	7
2	4	7	1	6	8	5	9	3
6	3	9	4	5	7	8	1	2
1	8	6	2	3	5	7	4	9
7	2	3	9	4	1	6	5	8
9	5	4	7	8	6	3	2	1

Solution # 308

2	8	4	1	7	9	6	5	3
9	5	7	3	4	6	2	8	1
1	3	6	2	5	8	9	7	4
7	6	5	9	8	1	4	3	2
3	2	1	7	6	4	8	9	5
8	4	9	5	2	3	1	6	7
5	7	8	6	1	2	3	4	9
4	9	2	8	3	5	7	1	6
6	1	3	4	9	7	5	2	8

Solution # 309

4	7	5	2	9	3	1	6	8
9	8	1	7	6	4	3	5	2
3	2	6	5	8	1	4	9	7
5	4	2	9	1	6	7	8	3
7	1	8	3	5	2	9	4	6
6	9	3	8	4	7	2	1	5
1	3	9	6	7	5	8	2	4
8	5	7	4	2	9	6	3	1
2	6	4	1	3	8	5	7	9

Solution # 310

5	1	2	7	4	8	6	3	9
8	9	4	1	6	3	5	7	2
6	7	3	9	2	5	8	4	1
2	4	5	6	8	1	7	9	3
3	6	7	4	5	9	1	2	8
1	8	9	3	7	2	4	5	6
4	3	1	8	9	7	2	6	5
9	5	6	2	1	4	3	8	7
7	2	8	5	3	6	9	1	4

Solution # 311

6	9	2	3	1	5	7	8	4
7	4	1	9	2	8	3	6	5
8	3	5	7	6	4	9	2	1
4	2	3	1	5	6	8	7	9
5	6	7	8	3	9	4	1	2
9	1	8	2	4	7	5	3	6
2	8	9	5	7	1	6	4	3
1	7	6	4	9	3	2	5	8
3	5	4	6	8	2	1	9	7

Solution # 312

4	8	9	5	7	2	3	6	1
7	1	2	6	9	3	8	5	4
5	3	6	1	4	8	7	9	2
9	6	7	8	3	4	1	2	5
1	5	8	2	6	7	9	4	3
2	4	3	9	5	1	6	7	8
8	7	5	3	2	6	4	1	9
3	2	4	7	1	9	5	8	6
6	9	1	4	8	5	2	3	7

Solution # 313

6	5	2	9	4	3	8	1	7
9	7	8	1	5	2	3	4	6
1	4	3	8	7	6	9	2	5
3	9	4	5	2	1	6	7	8
8	6	7	3	9	4	1	5	2
2	1	5	6	8	7	4	9	3
5	8	6	7	1	9	2	3	4
4	3	1	2	6	5	7	8	9
7	2	9	4	3	8	5	6	1

Solution # 314

8	3	4	2	7	5	1	9	6
5	7	6	1	9	3	4	2	8
9	1	2	4	8	6	5	7	3
4	2	7	6	3	1	9	8	5
1	9	5	8	2	4	6	3	7
6	8	3	9	5	7	2	1	4
3	5	1	7	4	9	8	6	2
2	4	9	3	6	8	7	5	1
7	6	8	5	1	2	3	4	9

Solution # 315

2	9	7	4	6	3	1	5	8
5	3	1	7	8	2	6	9	4
4	6	8	9	1	5	2	3	7
1	4	6	5	2	8	9	7	3
8	7	3	6	9	1	4	2	5
9	5	2	3	4	7	8	6	1
7	1	4	2	5	9	3	8	6
6	2	5	8	3	4	7	1	9
3	8	9	1	7	6	5	4	2

Solution # 316

8	3	5	9	7	2	4	6	1
7	4	6	8	1	5	9	3	2
9	1	2	4	6	3	7	8	5
2	8	7	6	5	9	3	1	4
6	9	1	7	3	4	5	2	8
3	5	4	2	8	1	6	9	7
4	7	3	1	2	6	8	5	9
5	2	8	3	9	7	1	4	6
1	6	9	5	4	8	2	7	3

Solution # 317

2	3	7	1	9	8	4	5	6
9	6	4	2	5	3	7	1	8
5	8	1	4	6	7	2	9	3
6	5	9	8	1	4	3	2	7
1	7	2	6	3	9	8	4	5
8	4	3	5	7	2	1	6	9
3	2	8	9	4	6	5	7	1
4	9	5	7	8	1	6	3	2
7	1	6	3	2	5	9	8	4

Solution # 318

2	3	6	4	8	7	1	9	5
8	7	5	1	9	6	4	2	3
9	1	4	3	2	5	8	6	7
3	5	1	9	7	2	6	8	4
6	9	7	8	1	4	5	3	2
4	2	8	6	5	3	9	7	1
5	8	9	2	3	1	7	4	6
7	4	2	5	6	8	3	1	9
1	6	3	7	4	9	2	5	8

Solution # 319

7	8	6	1	9	3	4	5	2
5	9	1	2	8	4	3	7	6
2	4	3	6	7	5	8	9	1
8	5	7	4	3	1	2	6	9
3	6	9	8	5	2	7	1	4
4	1	2	9	6	7	5	8	3
6	3	4	5	1	8	9	2	7
1	7	5	3	2	9	6	4	8
9	2	8	7	4	6	1	3	5

Solution # 320

3	2	5	8	7	1	6	4	9
7	1	8	4	6	9	2	3	5
9	6	4	3	5	2	7	8	1
6	5	3	1	9	4	8	7	2
8	4	9	2	3	7	1	5	6
2	7	1	5	8	6	3	9	4
5	9	7	6	2	8	4	1	3
1	3	6	7	4	5	9	2	8
4	8	2	9	1	3	5	6	7

Solution # 321

4	9	7	5	6	3	1	2	8
5	2	3	9	8	1	6	7	4
1	6	8	2	4	7	9	5	3
8	3	9	7	1	6	5	4	2
7	4	6	8	5	2	3	1	9
2	1	5	3	9	4	8	6	7
6	7	1	4	3	9	2	8	5
9	8	4	6	2	5	7	3	1
3	5	2	1	7	8	4	9	6

Solution # 322

7	2	1	5	6	9	4	3	8
3	5	8	1	7	4	2	6	9
9	4	6	8	3	2	1	5	7
6	1	3	7	4	8	9	2	5
8	9	4	2	1	5	6	7	3
5	7	2	3	9	6	8	4	1
4	6	5	9	8	7	3	1	2
2	3	9	4	5	1	7	8	6
1	8	7	6	2	3	5	9	4

Solution # 323

5	7	3	8	6	4	9	1	2
8	2	6	1	9	5	3	4	7
9	1	4	7	3	2	5	8	6
1	4	7	3	5	9	6	2	8
2	8	9	6	4	1	7	3	5
3	6	5	2	7	8	1	9	4
4	5	1	9	2	7	8	6	3
7	3	8	4	1	6	2	5	9
6	9	2	5	8	3	4	7	1

Solution # 324

8	2	7	4	1	3	5	9	6
5	4	6	9	2	7	1	8	3
3	9	1	5	8	6	7	4	2
9	8	4	3	7	1	6	2	5
6	7	2	8	9	5	3	1	4
1	3	5	6	4	2	9	7	8
2	6	9	1	5	4	8	3	7
4	1	3	7	6	8	2	5	9
7	5	8	2	3	9	4	6	1

Solution # 325

9	2	3	1	8	5	7	4	6
5	1	4	6	7	9	8	3	2
6	8	7	4	2	3	5	1	9
3	4	5	9	1	8	6	2	7
2	7	1	5	6	4	3	9	8
8	9	6	2	3	7	1	5	4
1	3	8	7	4	2	9	6	5
7	5	2	3	9	6	4	8	1
4	6	9	8	5	1	2	7	3

Solution # 326

8	4	7	9	5	6	1	2	3
6	1	9	4	2	3	7	5	8
2	3	5	1	8	7	6	4	9
5	9	4	2	6	8	3	7	1
1	2	6	7	3	4	8	9	5
3	7	8	5	9	1	2	6	4
9	8	2	6	1	5	4	3	7
7	5	3	8	4	2	9	1	6
4	6	1	3	7	9	5	8	2

Solution # 327

6	3	9	1	7	2	4	8	5
8	7	4	6	3	5	1	9	2
1	2	5	8	4	9	7	3	6
3	5	7	9	2	4	8	6	1
9	4	1	3	8	6	5	2	7
2	6	8	5	1	7	3	4	9
5	1	2	4	6	3	9	7	8
4	8	6	7	9	1	2	5	3
7	9	3	2	5	8	6	1	4

Solution # 328

4	7	5	6	3	8	9	1	2
2	9	1	4	7	5	8	3	6
3	8	6	1	2	9	7	5	4
6	2	9	7	4	3	5	8	1
8	5	4	2	9	1	6	7	3
7	1	3	8	5	6	4	2	9
5	4	2	9	1	7	3	6	8
9	3	8	5	6	2	1	4	7
1	6	7	3	8	4	2	9	5

Solution # 329

6	4	3	7	8	1	9	5	2
5	2	8	6	3	9	7	4	1
7	9	1	2	4	5	8	6	3
8	1	6	4	9	7	2	3	5
2	7	9	1	5	3	6	8	4
4	3	5	8	6	2	1	7	9
1	8	2	5	7	4	3	9	6
3	5	7	9	1	6	4	2	8
9	6	4	3	2	8	5	1	7

Solution # 330

9	6	3	8	4	5	7	2	1
2	8	4	3	1	7	5	6	9
5	7	1	9	6	2	4	3	8
6	1	5	7	8	3	2	9	4
3	4	2	5	9	1	6	8	7
7	9	8	4	2	6	3	1	5
4	3	6	1	7	8	9	5	2
1	2	7	6	5	9	8	4	3
8	5	9	2	3	4	1	7	6

Solution # 331

3	8	5	1	6	4	7	2	9
6	1	9	5	2	7	3	8	4
4	7	2	8	3	9	1	6	5
1	5	8	2	7	6	4	9	3
7	2	4	9	8	3	5	1	6
9	3	6	4	1	5	8	7	2
2	4	7	6	5	8	9	3	1
8	9	1	3	4	2	6	5	7
5	6	3	7	9	1	2	4	8

Solution # 332

9	7	3	6	5	2	8	4	1
2	6	1	3	4	8	9	7	5
4	8	5	7	1	9	2	3	6
8	5	9	2	7	4	6	1	3
6	3	2	5	8	1	7	9	4
1	4	7	9	3	6	5	8	2
5	9	4	8	2	3	1	6	7
7	1	8	4	6	5	3	2	9
3	2	6	1	9	7	4	5	8

Solution # 333

4	6	9	5	7	3	1	2	8
2	8	3	1	6	4	9	7	5
1	5	7	8	2	9	3	6	4
3	4	5	9	8	2	7	1	6
9	7	2	4	1	6	8	5	3
8	1	6	3	5	7	2	4	9
5	9	4	2	3	1	6	8	7
7	3	1	6	4	8	5	9	2
6	2	8	7	9	5	4	3	1

Solution # 334

1	2	6	3	7	5	8	9	4
9	4	7	6	8	1	5	3	2
8	5	3	2	4	9	6	1	7
4	3	2	5	6	8	1	7	9
5	6	9	4	1	7	2	8	3
7	8	1	9	2	3	4	5	6
6	9	5	1	3	2	7	4	8
2	1	8	7	9	4	3	6	5
3	7	4	8	5	6	9	2	1

Solution # 335

8	7	6	3	2	4	1	5	9
3	2	4	1	5	9	6	8	7
9	1	5	8	7	6	4	2	3
2	3	9	5	6	7	8	1	4
6	5	1	4	9	8	3	7	2
7	4	8	2	1	3	5	9	6
5	9	7	6	3	1	2	4	8
4	6	2	7	8	5	9	3	1
1	8	3	9	4	2	7	6	5

Solution # 336

9	8	4	1	6	5	3	7	2
3	6	2	4	7	8	1	5	9
5	1	7	3	9	2	8	4	6
7	3	1	8	4	9	6	2	5
8	2	5	6	3	7	9	1	4
6	4	9	5	2	1	7	8	3
1	9	3	7	5	4	2	6	8
2	5	8	9	1	6	4	3	7
4	7	6	2	8	3	5	9	1

Solution # 337

8	7	1	6	5	2	9	4	3
3	5	2	9	8	4	7	1	6
6	9	4	1	3	7	2	5	8
5	1	8	7	4	9	6	3	2
4	6	9	3	2	8	5	7	1
7	2	3	5	6	1	8	9	4
1	4	7	8	9	6	3	2	5
9	8	5	2	1	3	4	6	7
2	3	6	4	7	5	1	8	9

Solution # 338

4	6	2	1	3	7	9	5	8
3	1	9	8	5	2	4	7	6
5	7	8	6	9	4	1	3	2
9	8	5	4	7	3	6	2	1
1	2	3	5	8	6	7	4	9
7	4	6	2	1	9	3	8	5
8	5	7	9	4	1	2	6	3
2	3	1	7	6	5	8	9	4
6	9	4	3	2	8	5	1	7

Solution # 339

4	8	5	7	2	6	1	3	9
9	2	6	1	3	5	8	7	4
7	1	3	8	9	4	6	2	5
3	6	4	5	8	1	7	9	2
8	9	2	3	6	7	5	4	1
5	7	1	2	4	9	3	8	6
2	3	9	6	1	8	4	5	7
1	5	8	4	7	2	9	6	3
6	4	7	9	5	3	2	1	8

Solution # 340

3	6	9	4	5	2	8	1	7
7	4	2	1	9	8	6	5	3
8	1	5	3	6	7	9	4	2
2	3	4	6	7	9	1	8	5
1	9	8	2	4	5	7	3	6
5	7	6	8	1	3	2	9	4
4	2	1	9	3	6	5	7	8
6	5	3	7	8	1	4	2	9
9	8	7	5	2	4	3	6	1

Solution # 341

6	9	4	3	7	1	8	5	2
2	7	8	9	6	5	4	1	3
3	1	5	8	4	2	7	6	9
9	8	2	7	1	4	6	3	5
7	3	1	6	5	9	2	4	8
4	5	6	2	3	8	9	7	1
8	4	3	5	2	7	1	9	6
1	6	9	4	8	3	5	2	7
5	2	7	1	9	6	3	8	4

Solution # 342

8	3	2	4	6	7	9	5	1
6	7	1	9	5	8	3	4	2
9	4	5	1	3	2	6	7	8
7	8	4	3	9	6	1	2	5
3	2	9	8	1	5	7	6	4
1	5	6	7	2	4	8	3	9
4	1	8	5	7	3	2	9	6
5	6	3	2	8	9	4	1	7
2	9	7	6	4	1	5	8	3

Solution # 343

6	1	9	2	3	8	4	5	7
4	5	3	6	7	9	2	1	8
2	7	8	1	5	4	9	3	6
9	8	1	7	4	2	5	6	3
5	4	6	3	9	1	8	7	2
3	2	7	8	6	5	1	9	4
8	3	4	9	1	6	7	2	5
1	6	5	4	2	7	3	8	9
7	9	2	5	8	3	6	4	1

Solution # 344

3	4	7	9	2	8	5	1	6
1	9	8	6	5	7	3	2	4
5	6	2	1	4	3	9	8	7
6	7	9	2	8	4	1	5	3
4	2	1	3	6	5	8	7	9
8	3	5	7	1	9	6	4	2
9	5	6	4	7	1	2	3	8
2	1	4	8	3	6	7	9	5
7	8	3	5	9	2	4	6	1

Solution # 345

3	6	9	8	5	2	1	7	4
8	5	7	4	9	1	6	3	2
4	1	2	6	7	3	5	9	8
1	8	5	9	4	6	7	2	3
2	7	3	1	8	5	9	4	6
9	4	6	2	3	7	8	5	1
6	3	1	5	2	9	4	8	7
7	9	8	3	1	4	2	6	5
5	2	4	7	6	8	3	1	9

Solution # 346

7	9	3	5	8	2	1	6	4
1	6	2	9	4	7	3	8	5
4	8	5	6	1	3	9	2	7
5	4	7	2	3	8	6	1	9
2	1	6	7	9	5	4	3	8
8	3	9	1	6	4	7	5	2
9	2	8	3	7	6	5	4	1
3	7	4	8	5	1	2	9	6
6	5	1	4	2	9	8	7	3

Solution # 347

7	1	3	9	4	6	5	2	8
6	4	2	1	8	5	7	3	9
5	8	9	7	2	3	1	6	4
1	7	5	6	9	8	2	4	3
2	9	6	5	3	4	8	7	1
4	3	8	2	7	1	9	5	6
9	5	4	3	1	7	6	8	2
3	2	7	8	6	9	4	1	5
8	6	1	4	5	2	3	9	7

Solution # 348

7	1	4	5	8	2	6	9	3
6	5	8	9	1	3	7	2	4
3	9	2	6	4	7	5	8	1
4	3	9	2	5	6	8	1	7
8	7	6	4	3	1	2	5	9
5	2	1	7	9	8	4	3	6
9	8	5	1	6	4	3	7	2
1	6	7	3	2	5	9	4	8
2	4	3	8	7	9	1	6	5

Solution # 349

1	9	5	7	4	2	8	6	3
8	3	4	6	5	1	9	2	7
2	6	7	9	8	3	4	1	5
3	8	6	1	9	7	5	4	2
7	2	1	4	6	5	3	9	8
5	4	9	3	2	8	1	7	6
6	1	8	2	3	4	7	5	9
4	5	2	8	7	9	6	3	1
9	7	3	5	1	6	2	8	4

Solution # 350

8	1	6	2	5	3	4	9	7
3	9	4	7	8	1	6	2	5
7	5	2	9	4	6	1	8	3
6	4	1	8	3	2	5	7	9
2	8	9	4	7	5	3	6	1
5	7	3	1	6	9	2	4	8
4	3	5	6	9	7	8	1	2
1	6	7	3	2	8	9	5	4
9	2	8	5	1	4	7	3	6

Solution # 351

9	4	7	3	6	8	1	2	5
8	1	5	7	4	2	6	3	9
6	3	2	9	5	1	4	8	7
3	2	6	4	7	5	9	1	8
5	9	1	8	2	3	7	4	6
7	8	4	1	9	6	2	5	3
2	7	3	6	8	4	5	9	1
4	6	8	5	1	9	3	7	2
1	5	9	2	3	7	8	6	4

Solution # 352

3	1	4	5	7	2	9	6	8
8	9	2	4	6	1	5	3	7
6	7	5	9	8	3	1	2	4
7	5	3	2	9	6	4	8	1
1	6	9	8	5	4	2	7	3
2	4	8	3	1	7	6	5	9
4	2	1	6	3	8	7	9	5
5	8	6	7	4	9	3	1	2
9	3	7	1	2	5	8	4	6

Solution # 353

7	5	3	8	6	9	1	4	2
8	2	9	1	7	4	5	6	3
1	4	6	3	2	5	9	8	7
9	8	1	4	3	2	6	7	5
5	7	2	6	9	8	3	1	4
6	3	4	7	5	1	2	9	8
4	9	7	2	1	3	8	5	6
3	1	8	5	4	6	7	2	9
2	6	5	9	8	7	4	3	1

Solution # 354

3	7	1	4	2	8	5	6	9
4	2	8	9	6	5	1	7	3
5	9	6	7	3	1	4	8	2
9	6	3	5	8	7	2	4	1
2	1	5	6	9	4	8	3	7
7	8	4	3	1	2	6	9	5
6	4	7	2	5	3	9	1	8
8	5	9	1	7	6	3	2	4
1	3	2	8	4	9	7	5	6

Solution # 355

5	8	2	1	3	9	6	4	7
7	1	3	2	6	4	8	9	5
4	6	9	7	8	5	2	1	3
1	7	6	8	9	3	4	5	2
9	4	5	6	7	2	3	8	1
2	3	8	4	5	1	9	7	6
8	2	1	5	4	6	7	3	9
6	9	4	3	1	7	5	2	8
3	5	7	9	2	8	1	6	4

Solution # 356

5	8	7	4	6	9	2	1	3
3	4	2	8	1	5	7	9	6
9	1	6	3	2	7	5	8	4
4	7	3	5	9	2	1	6	8
1	6	5	7	3	8	9	4	2
2	9	8	6	4	1	3	7	5
6	2	4	1	7	3	8	5	9
8	3	1	9	5	6	4	2	7
7	5	9	2	8	4	6	3	1

Solution # 357

3	7	4	6	1	2	8	5	9
6	5	2	4	8	9	1	3	7
1	8	9	7	3	5	4	2	6
4	2	3	8	9	6	5	7	1
8	6	7	1	5	4	2	9	3
5	9	1	3	2	7	6	8	4
9	3	5	2	6	1	7	4	8
2	4	6	9	7	8	3	1	5
7	1	8	5	4	3	9	6	2

Solution # 358

7	6	2	9	8	3	5	4	1
9	8	5	4	1	6	7	3	2
3	4	1	7	2	5	9	8	6
6	3	9	5	7	2	4	1	8
2	5	4	1	6	8	3	9	7
1	7	8	3	9	4	2	6	5
8	9	7	2	3	1	6	5	4
4	1	3	6	5	7	8	2	9
5	2	6	8	4	9	1	7	3

Solution # 359

1	7	5	8	2	9	4	6	3
3	4	8	5	1	6	2	9	7
2	9	6	3	7	4	8	1	5
8	5	9	6	4	7	1	3	2
4	1	3	2	9	5	7	8	6
7	6	2	1	8	3	9	5	4
6	8	7	4	5	1	3	2	9
9	3	1	7	6	2	5	4	8
5	2	4	9	3	8	6	7	1

Solution # 360

2	5	9	6	4	8	1	3	7
7	6	4	1	2	3	8	9	5
8	3	1	7	5	9	4	6	2
6	2	7	8	3	5	9	1	4
1	4	3	9	7	2	6	5	8
5	9	8	4	6	1	7	2	3
3	1	6	2	8	4	5	7	9
9	8	2	5	1	7	3	4	6
4	7	5	3	9	6	2	8	1

Solution # 361

1	8	3	2	5	6	9	4	7
6	5	2	7	4	9	1	3	8
4	9	7	1	3	8	6	5	2
8	1	9	4	7	3	5	2	6
5	7	6	8	9	2	3	1	4
3	2	4	5	6	1	8	7	9
7	6	5	3	8	4	2	9	1
2	4	8	9	1	5	7	6	3
9	3	1	6	2	7	4	8	5

Solution # 362

5	3	9	2	7	6	4	8	1
1	6	4	8	9	3	5	2	7
7	2	8	5	4	1	3	6	9
8	9	1	6	3	5	7	4	2
4	7	2	1	8	9	6	5	3
6	5	3	7	2	4	1	9	8
2	1	6	9	5	7	8	3	4
9	4	7	3	6	8	2	1	5
3	8	5	4	1	2	9	7	6

Solution # 363

7	1	8	4	3	9	5	2	6
5	6	9	1	8	2	7	4	3
4	3	2	7	6	5	8	9	1
2	5	4	3	7	6	9	1	8
1	9	3	5	4	8	2	6	7
8	7	6	2	9	1	3	5	4
3	2	5	8	1	4	6	7	9
9	4	7	6	2	3	1	8	5
6	8	1	9	5	7	4	3	2

Solution # 364

4	2	7	1	9	8	3	6	5
3	8	5	2	4	6	1	9	7
6	9	1	3	5	7	4	8	2
8	6	2	4	7	1	9	5	3
7	5	9	6	2	3	8	4	1
1	4	3	9	8	5	7	2	6
2	3	8	7	6	9	5	1	4
5	7	6	8	1	4	2	3	9
9	1	4	5	3	2	6	7	8

Solution # 365

7	5	2	3	4	1	6	8	9
1	9	3	8	6	5	4	7	2
6	8	4	7	2	9	5	1	3
5	1	8	9	3	6	7	2	4
3	2	6	1	7	4	8	9	5
4	7	9	5	8	2	3	6	1
8	6	5	2	1	3	9	4	7
9	4	1	6	5	7	2	3	8
2	3	7	4	9	8	1	5	6

Solution # 366

1	8	5	6	4	3	9	2	7
2	4	3	1	7	9	8	5	6
6	7	9	5	8	2	3	1	4
5	6	1	3	2	7	4	8	9
8	3	4	9	1	6	5	7	2
7	9	2	4	5	8	6	3	1
3	5	6	2	9	1	7	4	8
9	2	8	7	3	4	1	6	5
4	1	7	8	6	5	2	9	3

Solution # 367

3	8	4	2	5	6	1	9	7
6	1	9	3	7	8	5	2	4
7	2	5	4	1	9	8	3	6
8	9	1	7	2	5	4	6	3
5	3	2	1	6	4	7	8	9
4	6	7	9	8	3	2	5	1
1	5	8	6	3	7	9	4	2
2	4	3	8	9	1	6	7	5
9	7	6	5	4	2	3	1	8

Solution # 368

4	3	1	9	8	5	2	7	6
5	2	9	4	7	6	8	1	3
6	8	7	3	1	2	4	9	5
3	7	4	8	6	9	1	5	2
2	6	8	7	5	1	3	4	9
1	9	5	2	4	3	6	8	7
7	1	2	6	9	4	5	3	8
8	4	6	5	3	7	9	2	1
9	5	3	1	2	8	7	6	4

Solution # 369

7	1	8	9	4	6	3	2	5
6	2	4	1	3	5	8	7	9
9	5	3	8	7	2	4	6	1
8	3	6	2	9	4	1	5	7
2	4	1	7	5	8	9	3	6
5	7	9	3	6	1	2	4	8
1	8	5	6	2	3	7	9	4
3	6	7	4	8	9	5	1	2
4	9	2	5	1	7	6	8	3

Solution # 370

1	8	2	4	6	5	9	7	3
6	5	7	1	9	3	4	8	2
4	3	9	2	8	7	1	6	5
3	2	5	8	1	4	6	9	7
8	4	6	3	7	9	2	5	1
7	9	1	5	2	6	8	3	4
5	6	8	7	4	1	3	2	9
2	7	4	9	3	8	5	1	6
9	1	3	6	5	2	7	4	8

Solution # 371

3	9	2	5	8	6	4	1	7
7	5	1	2	9	4	8	3	6
4	8	6	3	1	7	2	5	9
6	2	9	1	4	3	5	7	8
1	4	5	8	7	2	6	9	3
8	3	7	9	6	5	1	2	4
5	6	3	7	2	8	9	4	1
2	1	4	6	3	9	7	8	5
9	7	8	4	5	1	3	6	2

Solution # 372

5	1	9	6	4	2	8	7	3
4	7	3	8	5	9	6	2	1
2	8	6	3	7	1	9	4	5
8	6	7	5	1	4	3	9	2
1	9	4	2	6	3	5	8	7
3	5	2	7	9	8	1	6	4
6	4	1	9	2	5	7	3	8
9	2	8	1	3	7	4	5	6
7	3	5	4	8	6	2	1	9

Solution # 373

7	9	2	1	6	4	5	8	3
5	8	4	2	7	3	9	1	6
6	1	3	8	9	5	4	7	2
4	6	1	7	5	8	3	2	9
2	3	8	9	4	1	7	6	5
9	7	5	6	3	2	1	4	8
8	2	7	3	1	9	6	5	4
1	4	9	5	8	6	2	3	7
3	5	6	4	2	7	8	9	1

Solution # 374

2	8	6	9	4	1	5	3	7
5	3	1	7	8	6	9	2	4
7	4	9	2	3	5	1	6	8
8	5	2	4	9	7	6	1	3
6	1	7	8	5	3	2	4	9
4	9	3	6	1	2	8	7	5
3	7	8	1	6	9	4	5	2
1	2	4	5	7	8	3	9	6
9	6	5	3	2	4	7	8	1

Solution # 375

2	7	1	9	6	8	3	4	5
6	3	9	2	5	4	7	8	1
4	8	5	1	3	7	9	6	2
3	2	7	8	9	1	4	5	6
9	5	4	6	2	3	8	1	7
8	1	6	4	7	5	2	9	3
5	4	3	7	1	9	6	2	8
7	9	2	5	8	6	1	3	4
1	6	8	3	4	2	5	7	9

Solution # 376

9	1	5	3	6	8	4	2	7
4	2	3	9	1	7	6	5	8
8	6	7	5	2	4	1	3	9
3	9	2	7	8	6	5	1	4
7	8	6	1	4	5	3	9	2
1	5	4	2	9	3	8	7	6
5	4	9	6	7	1	2	8	3
6	7	1	8	3	2	9	4	5
2	3	8	4	5	9	7	6	1

Solution # 377

8	1	3	5	6	7	4	2	9
6	9	2	1	4	3	5	7	8
7	4	5	9	8	2	3	1	6
1	7	8	4	3	6	9	5	2
5	2	4	8	7	9	6	3	1
3	6	9	2	5	1	7	8	4
2	3	7	6	1	4	8	9	5
4	5	1	3	9	8	2	6	7
9	8	6	7	2	5	1	4	3

Solution # 378

6	4	2	8	5	3	7	9	1
9	8	3	7	6	1	5	4	2
5	7	1	2	4	9	8	6	3
3	1	6	9	2	7	4	8	5
8	5	7	6	1	4	3	2	9
4	2	9	5	3	8	1	7	6
1	9	8	3	7	6	2	5	4
7	3	5	4	9	2	6	1	8
2	6	4	1	8	5	9	3	7

Solution # 379

9	6	2	8	3	4	1	7	5
1	7	8	5	6	2	9	3	4
4	5	3	1	7	9	6	8	2
7	4	6	9	8	1	2	5	3
5	8	9	7	2	3	4	1	6
2	3	1	4	5	6	7	9	8
6	2	7	3	1	8	5	4	9
8	1	4	6	9	5	3	2	7
3	9	5	2	4	7	8	6	1

Solution # 380

4	3	9	1	8	2	5	6	7
6	2	5	7	3	9	8	4	1
7	8	1	5	4	6	3	9	2
8	1	4	6	9	7	2	5	3
3	9	6	2	5	8	1	7	4
5	7	2	4	1	3	9	8	6
1	4	8	3	7	5	6	2	9
9	6	7	8	2	1	4	3	5
2	5	3	9	6	4	7	1	8

Solution # 381

1	3	6	2	7	9	4	5	8
9	7	5	1	8	4	6	3	2
4	2	8	3	6	5	9	7	1
8	6	3	4	5	2	1	9	7
7	4	9	6	1	8	5	2	3
5	1	2	9	3	7	8	4	6
2	8	7	5	9	1	3	6	4
3	5	1	7	4	6	2	8	9
6	9	4	8	2	3	7	1	5

Solution # 382

7	4	9	5	3	8	2	1	6
2	8	5	9	6	1	7	4	3
3	1	6	4	7	2	9	8	5
8	3	4	1	9	5	6	2	7
5	9	7	6	2	4	1	3	8
1	6	2	7	8	3	5	9	4
6	5	8	2	4	9	3	7	1
9	7	3	8	1	6	4	5	2
4	2	1	3	5	7	8	6	9

Solution # 383

1	4	9	6	5	3	2	7	8
6	8	3	1	2	7	5	4	9
5	2	7	8	4	9	3	1	6
4	9	1	3	8	2	7	6	5
8	7	6	9	1	5	4	3	2
3	5	2	7	6	4	9	8	1
9	6	4	2	3	8	1	5	7
2	1	5	4	7	6	8	9	3
7	3	8	5	9	1	6	2	4

Solution # 384

6	5	8	1	2	9	4	3	7
2	3	9	4	8	7	6	5	1
1	4	7	6	5	3	9	8	2
3	8	6	7	9	4	1	2	5
4	1	5	2	6	8	7	9	3
7	9	2	3	1	5	8	6	4
9	2	3	8	4	1	5	7	6
8	7	1	5	3	6	2	4	9
5	6	4	9	7	2	3	1	8

Solution # 385

7	1	6	3	9	2	5	4	8
4	3	8	5	1	7	6	2	9
9	5	2	4	8	6	1	7	3
3	9	5	6	2	4	8	1	7
2	7	1	8	5	9	4	3	6
8	6	4	1	7	3	9	5	2
5	4	9	7	3	8	2	6	1
6	8	7	2	4	1	3	9	5
1	2	3	9	6	5	7	8	4

Solution # 386

4	3	6	5	9	7	8	2	1
7	9	1	8	3	2	4	6	5
5	2	8	6	4	1	9	7	3
6	4	9	2	5	3	1	8	7
8	7	3	9	1	6	2	5	4
2	1	5	4	7	8	3	9	6
3	5	7	1	2	9	6	4	8
1	8	2	7	6	4	5	3	9
9	6	4	3	8	5	7	1	2

Solution # 387

9	7	3	5	6	1	8	2	4
8	1	6	4	2	3	5	9	7
5	4	2	8	7	9	6	1	3
2	9	8	7	1	5	4	3	6
7	5	1	3	4	6	2	8	9
3	6	4	2	9	8	1	7	5
4	3	5	9	8	2	7	6	1
1	8	9	6	5	7	3	4	2
6	2	7	1	3	4	9	5	8

Solution # 388

1	9	8	4	6	3	7	5	2
5	4	6	7	9	2	3	1	8
3	7	2	8	5	1	6	4	9
2	3	4	6	8	5	1	9	7
9	6	1	2	4	7	5	8	3
7	8	5	3	1	9	4	2	6
4	2	9	1	7	6	8	3	5
8	5	7	9	3	4	2	6	1
6	1	3	5	2	8	9	7	4

Solution # 389

9	4	5	3	1	6	2	8	7
1	3	8	9	7	2	4	6	5
2	7	6	8	5	4	1	9	3
6	8	9	7	4	1	3	5	2
5	1	4	2	8	3	9	7	6
3	2	7	5	6	9	8	1	4
7	5	2	1	3	8	6	4	9
8	6	3	4	9	5	7	2	1
4	9	1	6	2	7	5	3	8

Solution # 390

4	8	7	3	5	1	9	6	2
5	1	6	2	9	7	3	4	8
3	9	2	6	8	4	1	7	5
1	5	3	9	4	6	8	2	7
8	7	9	5	3	2	4	1	6
6	2	4	7	1	8	5	9	3
9	6	8	1	7	3	2	5	4
2	3	1	4	6	5	7	8	9
7	4	5	8	2	9	6	3	1

Solution # 391

5	9	4	6	7	8	3	1	2
2	8	3	1	5	9	6	4	7
6	1	7	2	3	4	8	5	9
8	7	2	5	9	1	4	3	6
4	3	9	8	6	7	1	2	5
1	6	5	4	2	3	9	7	8
3	5	8	7	4	6	2	9	1
7	4	1	9	8	2	5	6	3
9	2	6	3	1	5	7	8	4

Solution # 392

8	9	6	3	4	5	1	7	2
5	7	4	2	1	6	8	3	9
3	2	1	7	9	8	4	5	6
4	6	5	8	7	3	2	9	1
9	3	2	1	5	4	6	8	7
7	1	8	9	6	2	5	4	3
1	4	7	6	8	9	3	2	5
6	8	3	5	2	7	9	1	4
2	5	9	4	3	1	7	6	8

Solution # 393

3	4	7	6	8	5	2	9	1
2	9	6	1	4	3	8	5	7
1	8	5	7	9	2	4	3	6
7	3	8	9	2	1	5	6	4
5	6	2	8	7	4	3	1	9
4	1	9	5	3	6	7	8	2
8	7	3	4	6	9	1	2	5
9	5	4	2	1	8	6	7	3
6	2	1	3	5	7	9	4	8

Solution # 394

1	6	8	2	4	9	3	7	5
5	7	4	6	1	3	9	8	2
2	3	9	8	5	7	4	1	6
7	8	3	5	9	1	2	6	4
9	1	2	4	7	6	5	3	8
6	4	5	3	8	2	1	9	7
4	2	6	9	3	8	7	5	1
8	9	1	7	2	5	6	4	3
3	5	7	1	6	4	8	2	9

Solution # 395

9	7	1	5	4	2	8	6	3
6	5	3	8	9	7	4	1	2
8	2	4	6	1	3	5	7	9
4	3	8	1	7	9	6	2	5
5	1	9	2	6	4	7	3	8
2	6	7	3	8	5	1	9	4
3	8	5	7	2	6	9	4	1
1	9	6	4	3	8	2	5	7
7	4	2	9	5	1	3	8	6

Solution # 396

2	8	5	6	7	4	3	9	1
1	7	6	2	9	3	4	5	8
4	3	9	1	5	8	7	2	6
6	2	8	9	4	7	5	1	3
7	5	4	3	1	6	9	8	2
3	9	1	8	2	5	6	4	7
5	6	3	4	8	2	1	7	9
8	1	7	5	3	9	2	6	4
9	4	2	7	6	1	8	3	5

Solution # 397

1	8	9	3	6	4	7	5	2
4	7	6	5	2	8	9	1	3
5	2	3	7	9	1	8	6	4
9	3	4	6	8	2	1	7	5
8	6	2	1	7	5	3	4	9
7	1	5	4	3	9	2	8	6
3	4	8	9	5	7	6	2	1
6	5	7	2	1	3	4	9	8
2	9	1	8	4	6	5	3	7

Solution # 398

8	1	2	4	6	5	9	7	3
6	3	5	8	9	7	2	1	4
4	7	9	2	1	3	5	6	8
9	4	6	1	3	2	8	5	7
3	8	1	5	7	6	4	9	2
5	2	7	9	4	8	1	3	6
1	9	3	7	8	4	6	2	5
7	5	8	6	2	9	3	4	1
2	6	4	3	5	1	7	8	9

Solution # 399

1	8	2	5	3	9	7	6	4
3	6	7	1	2	4	8	5	9
9	4	5	6	7	8	2	1	3
4	1	6	3	5	2	9	8	7
2	3	8	9	1	7	5	4	6
7	5	9	8	4	6	3	2	1
5	2	3	4	9	1	6	7	8
6	9	1	7	8	5	4	3	2
8	7	4	2	6	3	1	9	5

Solution # 400

5	7	2	9	1	4	6	8	3
8	3	4	6	5	2	7	9	1
1	6	9	8	3	7	5	2	4
7	2	8	3	6	1	9	4	5
6	9	3	2	4	5	8	1	7
4	1	5	7	8	9	2	3	6
9	8	1	4	7	6	3	5	2
2	4	7	5	9	3	1	6	8
3	5	6	1	2	8	4	7	9

Solution # 401

4	1	7	9	3	6	8	5	2
5	9	3	8	2	4	1	6	7
2	8	6	1	7	5	3	9	4
8	3	2	5	6	9	7	4	1
1	5	4	7	8	3	9	2	6
6	7	9	4	1	2	5	8	3
9	2	1	6	5	7	4	3	8
3	4	8	2	9	1	6	7	5
7	6	5	3	4	8	2	1	9

Solution # 402

8	6	2	5	1	4	7	3	9
1	9	3	2	7	8	4	6	5
4	7	5	6	9	3	1	2	8
2	5	9	7	8	6	3	4	1
3	8	7	1	4	5	6	9	2
6	4	1	9	3	2	5	8	7
5	2	4	8	6	7	9	1	3
7	1	6	3	2	9	8	5	4
9	3	8	4	5	1	2	7	6

Solution # 403

1	9	8	5	6	2	4	7	3
5	7	4	8	3	1	6	2	9
3	2	6	7	4	9	8	1	5
7	8	9	1	5	4	2	3	6
6	1	5	2	8	3	7	9	4
2	4	3	6	9	7	1	5	8
4	5	1	3	7	8	9	6	2
9	3	2	4	1	6	5	8	7
8	6	7	9	2	5	3	4	1

Solution # 404

8	5	2	7	4	1	9	6	3
6	3	1	2	9	8	5	4	7
4	9	7	5	3	6	8	2	1
3	2	8	6	5	9	1	7	4
7	1	5	3	2	4	6	8	9
9	6	4	8	1	7	3	5	2
5	4	3	1	8	2	7	9	6
1	7	9	4	6	5	2	3	8
2	8	6	9	7	3	4	1	5

Solution # 405

6	5	3	4	9	2	7	1	8
1	7	9	8	5	6	3	4	2
2	8	4	7	3	1	6	9	5
7	2	1	5	8	4	9	3	6
4	9	5	1	6	3	8	2	7
3	6	8	2	7	9	4	5	1
8	3	2	9	1	7	5	6	4
5	1	6	3	4	8	2	7	9
9	4	7	6	2	5	1	8	3

Solution # 406

4	3	6	1	8	7	9	2	5
5	1	7	9	2	4	6	8	3
2	8	9	5	6	3	4	1	7
9	5	4	8	3	1	7	6	2
8	6	2	7	4	9	3	5	1
1	7	3	2	5	6	8	9	4
6	4	1	3	9	5	2	7	8
3	2	5	6	7	8	1	4	9
7	9	8	4	1	2	5	3	6

Solution # 407

9	6	5	7	2	3	8	1	4
7	1	8	5	4	9	6	3	2
3	2	4	6	1	8	7	9	5
5	7	9	2	3	4	1	8	6
2	8	1	9	5	6	3	4	7
4	3	6	1	8	7	5	2	9
6	4	7	3	9	1	2	5	8
1	9	2	8	6	5	4	7	3
8	5	3	4	7	2	9	6	1

Solution # 408

6	5	9	1	3	4	8	7	2
1	4	2	8	7	5	9	6	3
3	8	7	9	2	6	4	5	1
9	7	8	5	4	1	3	2	6
5	2	6	7	8	3	1	9	4
4	1	3	2	6	9	5	8	7
8	6	1	3	9	2	7	4	5
2	9	5	4	1	7	6	3	8
7	3	4	6	5	8	2	1	9

Solution # 409

7	5	9	3	4	1	6	8	2
4	1	6	8	7	2	9	3	5
8	3	2	5	9	6	1	4	7
6	8	4	9	5	7	2	1	3
5	9	1	4	2	3	7	6	8
2	7	3	6	1	8	5	9	4
1	4	8	2	6	5	3	7	9
3	6	5	7	8	9	4	2	1
9	2	7	1	3	4	8	5	6

Solution # 410

7	1	8	6	2	3	9	4	5
2	9	5	4	8	7	1	3	6
3	6	4	1	5	9	2	8	7
4	3	1	7	6	2	8	5	9
6	8	9	3	1	5	7	2	4
5	7	2	9	4	8	3	6	1
9	2	3	5	7	4	6	1	8
1	4	7	8	3	6	5	9	2
8	5	6	2	9	1	4	7	3

Solution # 411

8	7	6	9	2	5	3	4	1
9	2	1	4	3	7	5	8	6
4	5	3	8	6	1	7	2	9
6	3	5	7	1	2	4	9	8
1	9	8	6	5	4	2	3	7
2	4	7	3	9	8	1	6	5
5	6	9	1	4	3	8	7	2
7	1	4	2	8	6	9	5	3
3	8	2	5	7	9	6	1	4

Solution # 412

3	5	4	2	8	1	6	7	9
7	6	1	5	3	9	4	8	2
8	9	2	4	6	7	1	5	3
5	4	8	9	2	3	7	1	6
9	7	3	1	4	6	5	2	8
2	1	6	7	5	8	3	9	4
1	3	7	8	9	4	2	6	5
4	8	5	6	7	2	9	3	1
6	2	9	3	1	5	8	4	7

Solution # 413

9	6	2	5	4	7	3	8	1
1	3	5	8	2	9	6	4	7
7	4	8	1	6	3	5	9	2
3	8	1	9	7	4	2	5	6
2	5	4	3	8	6	1	7	9
6	9	7	2	5	1	4	3	8
4	2	9	6	3	8	7	1	5
8	7	6	4	1	5	9	2	3
5	1	3	7	9	2	8	6	4

Solution # 414

7	4	5	8	2	6	9	3	1
9	6	2	1	7	3	5	4	8
8	3	1	9	4	5	2	7	6
2	1	3	4	5	9	6	8	7
6	9	4	3	8	7	1	2	5
5	7	8	6	1	2	3	9	4
3	5	6	7	9	8	4	1	2
1	8	9	2	6	4	7	5	3
4	2	7	5	3	1	8	6	9

Solution # 415

6	8	3	4	9	1	2	7	5
9	1	4	5	7	2	6	3	8
5	2	7	3	8	6	9	4	1
4	6	1	7	5	3	8	9	2
8	3	5	9	2	4	7	1	6
7	9	2	1	6	8	3	5	4
1	4	8	2	3	7	5	6	9
2	7	9	6	4	5	1	8	3
3	5	6	8	1	9	4	2	7

Solution # 416

1	6	7	4	2	9	8	3	5
9	2	3	8	5	1	4	7	6
8	4	5	3	7	6	1	9	2
5	9	4	7	8	3	6	2	1
6	7	8	2	1	4	9	5	3
3	1	2	6	9	5	7	4	8
7	3	6	5	4	8	2	1	9
4	8	9	1	3	2	5	6	7
2	5	1	9	6	7	3	8	4

Solution # 417

7	9	8	3	6	4	5	2	1
4	5	1	2	8	9	6	7	3
3	6	2	5	7	1	8	4	9
8	7	5	1	4	6	9	3	2
2	1	4	9	5	3	7	6	8
9	3	6	7	2	8	1	5	4
1	8	7	6	3	2	4	9	5
5	2	9	4	1	7	3	8	6
6	4	3	8	9	5	2	1	7

Solution # 418

1	8	3	6	4	7	9	2	5
6	2	7	9	3	5	1	4	8
9	5	4	1	8	2	3	7	6
2	4	6	3	1	9	8	5	7
7	1	8	2	5	4	6	9	3
5	3	9	8	7	6	4	1	2
8	9	2	7	6	1	5	3	4
3	7	5	4	9	8	2	6	1
4	6	1	5	2	3	7	8	9

Solution # 419

6	7	2	8	5	3	4	1	9
8	3	4	1	9	7	5	6	2
9	1	5	6	4	2	8	7	3
3	9	6	5	8	4	1	2	7
2	5	8	9	7	1	6	3	4
1	4	7	3	2	6	9	8	5
4	2	9	7	1	8	3	5	6
5	8	3	2	6	9	7	4	1
7	6	1	4	3	5	2	9	8

Solution # 420

8	7	9	5	1	2	6	3	4
1	3	5	4	6	8	7	9	2
4	6	2	9	7	3	1	8	5
6	1	4	7	9	5	3	2	8
9	5	3	2	8	1	4	7	6
2	8	7	3	4	6	9	5	1
5	2	1	6	3	7	8	4	9
3	9	6	8	5	4	2	1	7
7	4	8	1	2	9	5	6	3

Solution # 421

1	5	4	6	2	3	8	7	9
9	2	7	4	8	1	6	3	5
3	8	6	9	7	5	2	1	4
4	6	2	5	1	8	7	9	3
5	9	8	3	4	7	1	2	6
7	3	1	2	9	6	4	5	8
2	4	5	7	6	9	3	8	1
8	7	3	1	5	4	9	6	2
6	1	9	8	3	2	5	4	7

Solution # 422

3	4	7	6	8	2	1	5	9
2	9	5	1	7	3	8	4	6
1	6	8	9	4	5	2	7	3
7	3	4	2	5	8	9	6	1
8	1	9	7	6	4	5	3	2
6	5	2	3	9	1	4	8	7
5	2	3	4	1	6	7	9	8
4	7	6	8	2	9	3	1	5
9	8	1	5	3	7	6	2	4

Solution # 423

7	8	4	2	3	5	9	6	1
1	5	9	8	6	7	4	3	2
6	2	3	9	4	1	5	8	7
8	6	1	7	9	4	2	5	3
3	4	7	6	5	2	1	9	8
5	9	2	1	8	3	6	7	4
2	7	6	5	1	8	3	4	9
9	3	8	4	2	6	7	1	5
4	1	5	3	7	9	8	2	6

Solution # 424

8	1	4	6	5	2	3	7	9
7	2	3	9	4	1	8	5	6
9	5	6	7	8	3	2	1	4
4	3	2	1	7	5	9	6	8
5	7	9	2	6	8	1	4	3
6	8	1	3	9	4	5	2	7
3	6	7	5	1	9	4	8	2
2	4	5	8	3	7	6	9	1
1	9	8	4	2	6	7	3	5

Solution # 425

6	5	3	7	4	2	1	9	8
8	2	9	3	1	5	6	4	7
1	7	4	8	9	6	5	2	3
3	1	2	6	5	8	4	7	9
7	6	8	4	2	9	3	1	5
4	9	5	1	3	7	2	8	6
2	4	6	9	8	3	7	5	1
5	8	7	2	6	1	9	3	4
9	3	1	5	7	4	8	6	2

Solution # 426

9	3	8	2	1	6	5	4	7
2	4	1	5	7	8	9	3	6
7	6	5	3	9	4	2	1	8
1	2	9	8	3	7	4	6	5
8	5	4	6	2	9	3	7	1
6	7	3	4	5	1	8	9	2
3	9	2	7	6	5	1	8	4
4	1	6	9	8	2	7	5	3
5	8	7	1	4	3	6	2	9

Solution # 427

9	4	1	8	2	5	6	7	3
5	7	8	1	6	3	2	4	9
3	6	2	9	4	7	5	8	1
7	9	3	2	8	1	4	6	5
2	8	4	6	5	9	1	3	7
1	5	6	7	3	4	8	9	2
6	1	7	5	9	8	3	2	4
4	2	9	3	1	6	7	5	8
8	3	5	4	7	2	9	1	6

Solution # 428

5	8	1	9	6	4	2	3	7
7	9	4	3	2	8	6	1	5
2	6	3	7	1	5	8	9	4
9	3	6	1	8	7	5	4	2
8	4	2	5	3	6	9	7	1
1	5	7	4	9	2	3	6	8
4	2	8	6	7	3	1	5	9
6	7	9	2	5	1	4	8	3
3	1	5	8	4	9	7	2	6

Solution # 429

3	7	5	9	8	1	2	4	6
8	9	2	6	4	3	5	7	1
6	4	1	7	5	2	8	9	3
9	2	6	4	1	8	7	3	5
1	8	7	5	3	9	4	6	2
4	5	3	2	6	7	9	1	8
2	3	9	1	7	5	6	8	4
5	1	4	8	9	6	3	2	7
7	6	8	3	2	4	1	5	9

Solution # 430

8	9	5	3	2	1	6	7	4
1	7	3	5	4	6	9	2	8
6	2	4	8	7	9	5	1	3
7	6	9	4	5	3	1	8	2
3	1	2	9	6	8	7	4	5
4	5	8	2	1	7	3	6	9
2	8	6	7	3	5	4	9	1
5	4	7	1	9	2	8	3	6
9	3	1	6	8	4	2	5	7

Solution # 431

8	1	7	5	6	9	3	4	2
2	4	9	1	8	3	5	7	6
6	3	5	2	7	4	9	8	1
5	2	3	7	9	8	1	6	4
4	6	8	3	1	5	2	9	7
7	9	1	6	4	2	8	3	5
9	8	2	4	5	6	7	1	3
1	5	6	9	3	7	4	2	8
3	7	4	8	2	1	6	5	9

Solution # 432

6	7	2	1	8	3	9	5	4
8	1	3	9	4	5	6	7	2
9	5	4	6	2	7	1	3	8
7	2	9	8	3	4	5	1	6
4	6	5	2	9	1	3	8	7
1	3	8	5	7	6	2	4	9
5	8	1	4	6	2	7	9	3
2	9	7	3	5	8	4	6	1
3	4	6	7	1	9	8	2	5

Solution # 433

7	1	8	6	5	9	4	3	2
5	2	4	3	7	8	9	6	1
9	6	3	2	4	1	5	7	8
8	7	1	4	6	5	3	2	9
2	3	5	9	8	7	1	4	6
6	4	9	1	3	2	8	5	7
4	8	6	7	9	3	2	1	5
1	5	7	8	2	4	6	9	3
3	9	2	5	1	6	7	8	4

Solution # 434

7	3	4	8	9	1	2	5	6
1	2	8	6	4	5	7	9	3
6	9	5	7	3	2	4	8	1
3	6	9	2	1	7	8	4	5
8	4	1	9	5	6	3	2	7
5	7	2	3	8	4	1	6	9
4	1	7	5	6	8	9	3	2
9	8	6	1	2	3	5	7	4
2	5	3	4	7	9	6	1	8

Solution # 435

6	3	2	8	7	5	4	9	1
5	8	1	4	2	9	6	7	3
9	7	4	1	6	3	8	5	2
4	1	5	9	3	8	7	2	6
7	9	3	6	4	2	1	8	5
8	2	6	7	5	1	3	4	9
3	5	8	2	1	4	9	6	7
2	4	7	3	9	6	5	1	8
1	6	9	5	8	7	2	3	4

Solution # 436

2	5	4	9	6	8	1	3	7
6	3	9	2	1	7	8	4	5
8	1	7	3	5	4	9	6	2
7	8	2	5	9	3	6	1	4
1	9	3	6	4	2	7	5	8
5	4	6	8	7	1	2	9	3
4	6	8	1	2	5	3	7	9
3	7	1	4	8	9	5	2	6
9	2	5	7	3	6	4	8	1

Solution # 437

9	2	6	4	5	3	8	1	7
7	5	1	2	8	6	9	4	3
3	4	8	1	9	7	2	5	6
6	9	3	8	7	4	1	2	5
2	7	5	9	6	1	4	3	8
8	1	4	5	3	2	6	7	9
5	6	2	3	4	8	7	9	1
4	8	9	7	1	5	3	6	2
1	3	7	6	2	9	5	8	4

Solution # 438

8	1	3	5	7	6	4	9	2
5	2	7	9	3	4	8	6	1
6	4	9	8	2	1	7	3	5
3	8	5	1	6	2	9	4	7
7	6	1	4	9	5	3	2	8
2	9	4	7	8	3	5	1	6
4	5	6	3	1	8	2	7	9
9	3	2	6	5	7	1	8	4
1	7	8	2	4	9	6	5	3

Solution # 439

3	4	6	5	1	7	9	8	2
5	9	8	6	3	2	7	4	1
1	2	7	8	4	9	6	5	3
7	5	3	4	2	8	1	9	6
2	8	1	9	6	5	4	3	7
4	6	9	3	7	1	5	2	8
9	1	5	7	8	3	2	6	4
6	3	2	1	5	4	8	7	9
8	7	4	2	9	6	3	1	5

Solution # 440

7	2	1	5	8	3	6	9	4
8	5	3	6	9	4	2	1	7
4	6	9	1	2	7	5	3	8
1	7	5	2	3	8	9	4	6
6	4	8	9	7	1	3	2	5
9	3	2	4	6	5	8	7	1
5	9	6	7	1	2	4	8	3
3	1	4	8	5	9	7	6	2
2	8	7	3	4	6	1	5	9

Solution # 441

9	2	8	3	1	7	6	5	4
1	5	6	9	4	2	3	7	8
4	3	7	6	8	5	9	1	2
6	8	1	7	9	4	2	3	5
3	7	4	2	5	6	8	9	1
5	9	2	1	3	8	4	6	7
7	4	5	8	6	3	1	2	9
8	6	9	5	2	1	7	4	3
2	1	3	4	7	9	5	8	6

Solution # 442

9	1	8	4	7	3	5	6	2
7	6	5	8	9	2	4	3	1
2	4	3	5	6	1	8	9	7
5	8	1	2	4	6	9	7	3
3	7	4	1	5	9	2	8	6
6	9	2	7	3	8	1	4	5
8	3	6	9	2	5	7	1	4
1	2	7	3	8	4	6	5	9
4	5	9	6	1	7	3	2	8

Solution # 443

4	7	6	8	2	9	5	1	3
2	5	8	3	6	1	9	4	7
9	1	3	7	5	4	8	6	2
8	9	7	4	1	5	2	3	6
6	2	1	9	8	3	7	5	4
3	4	5	6	7	2	1	8	9
1	6	9	2	3	8	4	7	5
5	3	4	1	9	7	6	2	8
7	8	2	5	4	6	3	9	1

Solution # 444

4	7	2	9	6	8	3	1	5
3	8	6	4	1	5	9	7	2
5	1	9	2	7	3	6	4	8
6	5	4	8	9	1	2	3	7
9	3	1	5	2	7	4	8	6
7	2	8	6	3	4	5	9	1
8	9	3	7	5	6	1	2	4
2	6	7	1	4	9	8	5	3
1	4	5	3	8	2	7	6	9

Solution # 445

8	6	4	2	9	5	3	7	1
3	9	5	1	4	7	2	6	8
2	7	1	3	8	6	9	4	5
1	3	2	4	6	8	5	9	7
5	8	9	7	1	3	4	2	6
6	4	7	5	2	9	1	8	3
4	5	6	9	7	1	8	3	2
9	1	8	6	3	2	7	5	4
7	2	3	8	5	4	6	1	9

Solution # 446

8	2	4	1	7	5	6	3	9
1	6	7	3	4	9	8	5	2
9	5	3	8	6	2	4	7	1
2	4	1	6	5	7	3	9	8
6	7	8	9	2	3	5	1	4
5	3	9	4	8	1	2	6	7
3	8	5	7	1	4	9	2	6
4	1	2	5	9	6	7	8	3
7	9	6	2	3	8	1	4	5

Solution # 447

4	3	5	7	1	6	2	9	8
2	8	7	9	4	3	5	1	6
6	9	1	2	8	5	4	7	3
8	1	6	4	2	9	7	3	5
5	2	4	1	3	7	8	6	9
3	7	9	5	6	8	1	2	4
1	4	3	8	9	2	6	5	7
9	5	8	6	7	1	3	4	2
7	6	2	3	5	4	9	8	1

Solution # 448

8	9	5	4	1	7	3	6	2
1	7	3	5	6	2	9	4	8
6	4	2	3	9	8	7	1	5
5	3	4	6	2	1	8	9	7
2	1	8	7	5	9	4	3	6
9	6	7	8	3	4	5	2	1
3	2	9	1	7	5	6	8	4
7	8	6	2	4	3	1	5	9
4	5	1	9	8	6	2	7	3

Solution # 449

2	9	8	6	1	5	7	3	4
5	7	4	2	3	8	9	6	1
6	1	3	4	9	7	8	2	5
1	4	9	8	7	3	6	5	2
8	6	7	1	5	2	4	9	3
3	5	2	9	4	6	1	8	7
9	3	5	7	6	4	2	1	8
4	2	6	3	8	1	5	7	9
7	8	1	5	2	9	3	4	6

Solution # 450

8	1	7	4	2	9	6	5	3
6	9	4	5	8	3	2	1	7
2	3	5	1	7	6	4	9	8
3	7	6	2	9	4	1	8	5
5	8	1	3	6	7	9	4	2
4	2	9	8	1	5	3	7	6
1	5	8	9	3	2	7	6	4
9	6	3	7	4	8	5	2	1
7	4	2	6	5	1	8	3	9

Solution # 451

8	3	1	7	2	6	4	5	9
6	7	5	4	9	1	8	2	3
9	4	2	5	8	3	1	7	6
2	9	4	1	3	5	7	6	8
1	8	7	6	4	2	3	9	5
3	5	6	8	7	9	2	1	4
4	1	8	9	6	7	5	3	2
5	6	3	2	1	8	9	4	7
7	2	9	3	5	4	6	8	1

Solution # 452

8	3	2	5	4	9	6	1	7
6	9	5	1	2	7	8	4	3
1	4	7	8	6	3	9	2	5
9	1	6	4	3	8	5	7	2
3	2	4	6	7	5	1	8	9
5	7	8	2	9	1	4	3	6
7	8	1	9	5	2	3	6	4
4	5	3	7	8	6	2	9	1
2	6	9	3	1	4	7	5	8

Solution # 453

1	7	3	6	9	4	2	5	8
9	6	2	8	5	1	7	4	3
5	4	8	3	7	2	9	6	1
7	5	9	2	4	3	1	8	6
4	8	6	9	1	5	3	2	7
2	3	1	7	8	6	4	9	5
6	1	7	4	2	8	5	3	9
8	9	4	5	3	7	6	1	2
3	2	5	1	6	9	8	7	4

Solution # 454

6	2	7	8	5	1	4	3	9
9	5	3	7	2	4	1	6	8
4	1	8	9	6	3	2	7	5
5	3	9	6	4	7	8	1	2
2	8	4	3	1	9	6	5	7
1	7	6	2	8	5	9	4	3
7	9	2	4	3	6	5	8	1
3	6	1	5	9	8	7	2	4
8	4	5	1	7	2	3	9	6

Solution # 455

1	2	6	9	5	7	4	8	3
7	9	4	8	2	3	1	6	5
8	3	5	4	6	1	9	7	2
5	1	3	2	7	4	8	9	6
4	8	9	1	3	6	5	2	7
6	7	2	5	8	9	3	1	4
3	4	8	7	1	2	6	5	9
9	5	7	6	4	8	2	3	1
2	6	1	3	9	5	7	4	8

Solution # 456

8	7	6	4	2	3	1	9	5
4	5	3	1	8	9	7	6	2
1	9	2	7	5	6	8	3	4
7	8	1	2	3	5	9	4	6
6	2	4	8	9	1	5	7	3
5	3	9	6	7	4	2	1	8
2	4	7	3	1	8	6	5	9
3	1	5	9	6	2	4	8	7
9	6	8	5	4	7	3	2	1

Solution # 457

1	3	7	4	6	2	5	9	8
4	8	6	5	3	9	7	2	1
5	2	9	7	1	8	3	6	4
3	7	2	6	4	5	8	1	9
6	4	5	8	9	1	2	7	3
8	9	1	3	2	7	6	4	5
9	5	8	2	7	4	1	3	6
2	1	3	9	5	6	4	8	7
7	6	4	1	8	3	9	5	2

Solution # 458

3	8	9	1	7	2	6	5	4
2	1	7	6	4	5	3	9	8
6	4	5	3	9	8	1	2	7
1	9	8	7	5	3	4	6	2
4	5	2	8	6	1	7	3	9
7	3	6	4	2	9	8	1	5
9	7	3	5	1	4	2	8	6
8	2	4	9	3	6	5	7	1
5	6	1	2	8	7	9	4	3

Solution # 459

3	8	5	2	1	7	4	9	6
9	1	2	6	4	8	7	5	3
4	7	6	9	3	5	1	8	2
2	4	1	8	5	3	9	6	7
6	5	3	7	9	4	8	2	1
7	9	8	1	2	6	3	4	5
8	3	7	4	6	2	5	1	9
5	2	9	3	8	1	6	7	4
1	6	4	5	7	9	2	3	8

Solution # 460

9	7	6	5	4	8	1	2	3
8	2	4	7	3	1	5	9	6
1	3	5	2	6	9	7	4	8
5	1	8	4	9	6	2	3	7
3	4	7	1	5	2	8	6	9
6	9	2	3	8	7	4	1	5
7	6	1	9	2	5	3	8	4
4	5	9	8	1	3	6	7	2
2	8	3	6	7	4	9	5	1

Solution # 461

4	8	6	5	3	1	2	9	7
2	3	9	7	8	4	5	1	6
7	1	5	6	9	2	8	4	3
9	7	3	4	5	8	6	2	1
5	2	8	1	6	9	3	7	4
6	4	1	2	7	3	9	5	8
1	6	7	3	2	5	4	8	9
8	5	4	9	1	6	7	3	2
3	9	2	8	4	7	1	6	5

Solution # 462

1	9	4	6	7	3	8	5	2
8	3	7	4	5	2	9	1	6
6	5	2	8	1	9	7	3	4
9	2	3	1	4	6	5	8	7
4	1	8	5	9	7	2	6	3
7	6	5	3	2	8	4	9	1
2	8	1	7	3	5	6	4	9
5	4	9	2	6	1	3	7	8
3	7	6	9	8	4	1	2	5

Solution # 463

8	9	7	4	1	3	5	6	2
4	6	1	7	5	2	9	8	3
5	2	3	6	9	8	1	4	7
7	8	5	9	2	6	4	3	1
6	4	9	3	7	1	2	5	8
1	3	2	8	4	5	7	9	6
3	1	4	2	6	9	8	7	5
2	7	6	5	8	4	3	1	9
9	5	8	1	3	7	6	2	4

Solution # 464

4	3	9	7	2	6	1	8	5
6	2	8	4	1	5	9	7	3
7	1	5	3	9	8	4	6	2
3	5	1	8	6	4	7	2	9
2	4	7	1	5	9	8	3	6
9	8	6	2	3	7	5	1	4
1	7	2	5	4	3	6	9	8
5	9	3	6	8	1	2	4	7
8	6	4	9	7	2	3	5	1

Solution # 465

5	6	8	3	9	4	7	1	2
4	1	7	6	5	2	8	3	9
2	9	3	7	1	8	6	5	4
1	8	6	4	3	5	2	9	7
3	5	9	2	8	7	1	4	6
7	4	2	9	6	1	5	8	3
8	2	4	1	7	3	9	6	5
6	7	5	8	4	9	3	2	1
9	3	1	5	2	6	4	7	8

Solution # 466

2	8	1	9	5	3	7	6	4
6	9	4	1	8	7	3	5	2
5	7	3	4	6	2	8	9	1
7	1	8	6	3	9	4	2	5
3	5	2	8	1	4	6	7	9
4	6	9	2	7	5	1	3	8
8	4	5	7	9	6	2	1	3
1	3	6	5	2	8	9	4	7
9	2	7	3	4	1	5	8	6

Solution # 467

6	1	4	8	2	9	3	5	7
8	3	2	1	5	7	4	9	6
7	9	5	4	6	3	8	1	2
2	4	3	7	9	8	1	6	5
1	5	7	6	3	2	9	8	4
9	6	8	5	4	1	7	2	3
3	2	6	9	8	4	5	7	1
5	8	1	3	7	6	2	4	9
4	7	9	2	1	5	6	3	8

Solution # 468

1	4	9	5	2	8	3	6	7
5	8	6	3	1	7	4	9	2
3	2	7	4	9	6	5	8	1
6	5	2	7	8	1	9	4	3
7	9	1	6	4	3	8	2	5
8	3	4	2	5	9	7	1	6
4	1	3	8	7	2	6	5	9
2	7	8	9	6	5	1	3	4
9	6	5	1	3	4	2	7	8

Solution # 469

2	8	9	3	4	6	7	5	1
6	7	5	8	2	1	3	4	9
4	1	3	7	5	9	2	8	6
8	6	7	2	1	3	5	9	4
5	2	1	4	9	7	6	3	8
3	9	4	6	8	5	1	7	2
7	4	8	5	6	2	9	1	3
9	5	2	1	3	4	8	6	7
1	3	6	9	7	8	4	2	5

Solution # 470

8	1	3	6	4	5	2	7	9
5	4	2	3	9	7	8	6	1
7	9	6	2	1	8	4	5	3
6	7	1	4	2	3	5	9	8
4	8	5	7	6	9	1	3	2
3	2	9	5	8	1	6	4	7
9	5	4	1	7	2	3	8	6
2	6	7	8	3	4	9	1	5
1	3	8	9	5	6	7	2	4

Solution # 471

4	3	1	7	2	6	9	8	5
2	9	7	1	8	5	6	4	3
5	6	8	9	4	3	2	1	7
7	1	4	8	6	2	3	5	9
8	2	3	5	9	7	1	6	4
6	5	9	4	3	1	8	7	2
1	4	2	6	5	9	7	3	8
9	7	5	3	1	8	4	2	6
3	8	6	2	7	4	5	9	1

Solution # 472

5	9	1	2	6	8	4	3	7
8	4	7	1	9	3	6	5	2
2	6	3	4	7	5	1	8	9
9	3	6	7	8	1	5	2	4
7	2	5	3	4	6	8	9	1
4	1	8	9	5	2	3	7	6
1	8	9	6	3	7	2	4	5
3	7	2	5	1	4	9	6	8
6	5	4	8	2	9	7	1	3

Solution # 473

4	1	5	7	2	9	3	8	6
6	8	2	3	5	4	1	7	9
3	7	9	6	1	8	4	2	5
2	4	3	5	9	6	8	1	7
9	6	1	8	7	3	5	4	2
8	5	7	2	4	1	9	6	3
7	9	6	1	8	5	2	3	4
5	2	8	4	3	7	6	9	1
1	3	4	9	6	2	7	5	8

Solution # 474

6	5	3	9	2	8	4	7	1
1	8	7	3	6	4	2	9	5
2	4	9	5	1	7	6	8	3
9	3	1	4	7	6	8	5	2
4	6	8	2	5	9	1	3	7
5	7	2	8	3	1	9	4	6
8	2	5	6	9	3	7	1	4
3	1	4	7	8	2	5	6	9
7	9	6	1	4	5	3	2	8

Solution # 475

8	7	6	2	4	5	3	9	1
5	3	4	9	1	8	2	6	7
2	9	1	7	3	6	8	4	5
6	4	9	8	7	3	5	1	2
1	2	8	5	6	4	9	7	3
7	5	3	1	9	2	4	8	6
3	8	7	6	2	9	1	5	4
4	1	5	3	8	7	6	2	9
9	6	2	4	5	1	7	3	8

Solution # 476

6	4	2	8	3	7	9	1	5
9	1	5	4	2	6	8	3	7
3	8	7	9	1	5	4	2	6
4	5	1	2	8	3	6	7	9
8	6	9	1	7	4	2	5	3
7	2	3	6	5	9	1	8	4
1	7	6	3	9	8	5	4	2
5	9	8	7	4	2	3	6	1
2	3	4	5	6	1	7	9	8

Solution # 477

9	8	6	3	5	2	1	7	4
7	5	2	8	1	4	3	6	9
1	4	3	9	6	7	5	2	8
6	9	8	5	7	3	2	4	1
3	7	5	2	4	1	8	9	6
4	2	1	6	8	9	7	3	5
8	6	4	7	2	5	9	1	3
2	1	9	4	3	8	6	5	7
5	3	7	1	9	6	4	8	2

Solution # 478

3	1	5	8	7	2	9	4	6
9	6	2	4	5	1	8	3	7
8	4	7	3	6	9	5	2	1
1	9	6	7	4	5	3	8	2
7	8	4	2	3	6	1	5	9
5	2	3	9	1	8	7	6	4
6	7	8	5	9	4	2	1	3
4	5	9	1	2	3	6	7	8
2	3	1	6	8	7	4	9	5

Solution # 479

5	7	6	2	1	3	9	8	4
8	4	2	5	6	9	7	3	1
3	9	1	4	7	8	5	2	6
6	5	8	3	9	1	4	7	2
9	3	4	7	8	2	6	1	5
2	1	7	6	4	5	8	9	3
7	6	9	1	2	4	3	5	8
1	8	5	9	3	6	2	4	7
4	2	3	8	5	7	1	6	9

Solution # 480

6	2	9	4	5	1	3	8	7
7	4	3	6	8	2	1	5	9
5	8	1	3	7	9	2	6	4
8	3	6	5	1	4	7	9	2
1	5	7	2	9	8	4	3	6
4	9	2	7	3	6	5	1	8
3	6	4	8	2	5	9	7	1
2	1	5	9	6	7	8	4	3
9	7	8	1	4	3	6	2	5

Solution # 481

2	8	9	4	6	1	7	5	3
4	6	3	7	5	9	2	8	1
5	7	1	8	3	2	9	4	6
8	3	4	9	2	5	6	1	7
6	9	5	3	1	7	8	2	4
1	2	7	6	8	4	3	9	5
9	1	2	5	7	6	4	3	8
3	5	6	2	4	8	1	7	9
7	4	8	1	9	3	5	6	2

Solution # 482

5	7	2	4	3	6	9	1	8
1	4	6	9	5	8	7	3	2
9	3	8	2	7	1	6	5	4
2	1	7	6	8	3	5	4	9
6	9	4	5	2	7	3	8	1
3	8	5	1	4	9	2	7	6
8	5	1	3	9	2	4	6	7
7	2	3	8	6	4	1	9	5
4	6	9	7	1	5	8	2	3

Solution # 483

3	2	7	8	1	9	6	4	5
1	8	5	4	2	6	3	9	7
4	6	9	5	3	7	8	2	1
8	9	6	1	7	2	4	5	3
7	3	4	9	8	5	2	1	6
5	1	2	3	6	4	9	7	8
9	4	8	6	5	1	7	3	2
2	5	3	7	9	8	1	6	4
6	7	1	2	4	3	5	8	9

Solution # 484

7	1	3	4	2	9	5	6	8
9	8	5	6	1	7	3	4	2
6	2	4	5	8	3	7	9	1
4	3	9	2	7	8	6	1	5
1	5	7	3	9	6	2	8	4
8	6	2	1	4	5	9	3	7
5	4	1	9	6	2	8	7	3
3	9	8	7	5	1	4	2	6
2	7	6	8	3	4	1	5	9

Solution # 485

2	1	6	8	5	4	7	3	9
7	9	8	3	6	1	4	5	2
5	4	3	9	2	7	1	8	6
6	8	4	7	3	5	9	2	1
1	7	5	4	9	2	3	6	8
9	3	2	1	8	6	5	7	4
3	2	1	6	7	9	8	4	5
8	5	9	2	4	3	6	1	7
4	6	7	5	1	8	2	9	3

Solution # 486

5	2	7	6	8	3	4	9	1
8	4	1	9	7	5	6	2	3
9	3	6	1	4	2	5	8	7
4	5	9	8	3	6	1	7	2
7	8	2	4	5	1	3	6	9
1	6	3	7	2	9	8	5	4
2	9	4	5	1	8	7	3	6
6	7	8	3	9	4	2	1	5
3	1	5	2	6	7	9	4	8

Solution # 487

1	9	7	2	4	8	6	3	5
2	5	6	7	9	3	4	1	8
8	4	3	1	6	5	2	7	9
6	1	4	3	5	9	8	2	7
7	3	5	6	8	2	9	4	1
9	8	2	4	1	7	5	6	3
5	7	1	8	2	6	3	9	4
4	2	8	9	3	1	7	5	6
3	6	9	5	7	4	1	8	2

Solution # 488

3	5	6	1	8	2	9	4	7
7	4	8	5	9	6	1	2	3
2	9	1	4	7	3	6	8	5
9	8	5	2	1	7	4	3	6
6	7	4	3	5	9	2	1	8
1	3	2	6	4	8	7	5	9
5	6	9	8	2	1	3	7	4
8	2	7	9	3	4	5	6	1
4	1	3	7	6	5	8	9	2

Solution # 489

1	7	6	8	4	9	2	5	3
9	8	2	6	5	3	7	1	4
3	4	5	2	1	7	9	6	8
8	2	3	5	7	6	4	9	1
7	6	9	4	8	1	3	2	5
5	1	4	3	9	2	8	7	6
4	5	1	9	2	8	6	3	7
6	9	8	7	3	5	1	4	2
2	3	7	1	6	4	5	8	9

Solution # 490

6	4	7	3	8	9	5	2	1
1	2	8	7	4	5	6	9	3
9	5	3	6	1	2	8	4	7
8	9	4	5	6	3	1	7	2
3	7	2	8	9	1	4	6	5
5	6	1	4	2	7	3	8	9
2	3	6	9	5	8	7	1	4
4	1	5	2	7	6	9	3	8
7	8	9	1	3	4	2	5	6

Solution # 491

4	1	9	8	7	5	6	2	3
3	8	2	4	6	1	5	7	9
5	7	6	2	3	9	1	4	8
7	9	3	1	5	6	4	8	2
1	5	4	9	8	2	3	6	7
2	6	8	3	4	7	9	5	1
9	3	7	6	2	4	8	1	5
6	2	1	5	9	8	7	3	4
8	4	5	7	1	3	2	9	6

Solution # 492

8	7	1	5	2	3	9	4	6
4	9	3	6	7	8	1	5	2
2	5	6	9	4	1	8	3	7
3	8	2	4	9	7	5	6	1
5	1	4	3	8	6	7	2	9
7	6	9	2	1	5	3	8	4
1	2	7	8	3	4	6	9	5
9	3	5	1	6	2	4	7	8
6	4	8	7	5	9	2	1	3

Solution # 493

6	7	3	9	2	1	5	4	8
8	1	9	4	5	3	2	6	7
2	5	4	8	6	7	1	9	3
7	2	6	5	3	4	8	1	9
4	8	5	1	7	9	3	2	6
9	3	1	6	8	2	7	5	4
5	9	7	3	1	6	4	8	2
1	6	2	7	4	8	9	3	5
3	4	8	2	9	5	6	7	1

Solution # 494

8	5	1	3	7	4	6	2	9
2	6	3	1	9	5	8	7	4
7	9	4	8	6	2	5	1	3
5	7	8	6	2	3	9	4	1
6	4	9	7	5	1	3	8	2
1	3	2	9	4	8	7	6	5
9	8	5	2	1	7	4	3	6
3	2	6	4	8	9	1	5	7
4	1	7	5	3	6	2	9	8

Solution # 495

6	9	1	8	4	3	2	7	5
7	5	8	2	9	6	1	3	4
4	2	3	1	5	7	6	8	9
3	4	2	7	6	1	9	5	8
8	7	9	5	3	2	4	1	6
5	1	6	4	8	9	7	2	3
9	8	7	6	1	5	3	4	2
2	6	4	3	7	8	5	9	1
1	3	5	9	2	4	8	6	7

Solution # 496

4	5	9	8	3	2	7	1	6
7	3	8	5	1	6	4	9	2
1	6	2	4	9	7	3	8	5
6	9	3	2	4	8	5	7	1
8	4	1	7	5	3	6	2	9
5	2	7	9	6	1	8	3	4
2	7	5	1	8	4	9	6	3
3	8	4	6	2	9	1	5	7
9	1	6	3	7	5	2	4	8

Solution # 497

2	1	6	4	7	9	8	5	3
9	8	7	2	5	3	6	1	4
4	5	3	8	6	1	2	9	7
5	2	8	1	9	4	3	7	6
6	3	4	5	8	7	1	2	9
7	9	1	6	3	2	5	4	8
3	4	5	7	2	6	9	8	1
8	7	9	3	1	5	4	6	2
1	6	2	9	4	8	7	3	5

Solution # 498

6	3	8	5	1	7	4	2	9
2	5	1	6	9	4	8	3	7
4	7	9	2	3	8	6	5	1
5	6	4	1	7	3	2	9	8
7	9	3	8	2	6	1	4	5
1	8	2	4	5	9	7	6	3
8	4	5	3	6	1	9	7	2
3	1	7	9	4	2	5	8	6
9	2	6	7	8	5	3	1	4

Solution # 499

3	8	5	9	1	6	4	7	2
4	7	1	8	5	2	6	9	3
9	6	2	3	4	7	5	8	1
6	4	3	5	2	8	7	1	9
8	1	9	6	7	3	2	5	4
5	2	7	1	9	4	8	3	6
1	9	8	2	6	5	3	4	7
7	5	6	4	3	9	1	2	8
2	3	4	7	8	1	9	6	5

Solution # 500

4	5	3	8	1	2	9	6	7
9	6	1	3	7	5	8	4	2
7	8	2	4	6	9	1	3	5
8	3	6	9	5	1	7	2	4
2	9	5	7	3	4	6	1	8
1	4	7	2	8	6	5	9	3
3	1	9	5	4	7	2	8	6
5	2	4	6	9	8	3	7	1
6	7	8	1	2	3	4	5	9

Solution # 501

4	2	6	1	9	8	7	3	5
9	1	7	4	5	3	8	2	6
3	8	5	2	6	7	4	9	1
5	3	9	8	4	1	6	7	2
8	7	1	3	2	6	5	4	9
6	4	2	5	7	9	1	8	3
2	9	8	6	1	4	3	5	7
1	5	4	7	3	2	9	6	8
7	6	3	9	8	5	2	1	4

Solution # 502

2	9	3	7	8	4	1	6	5
4	6	8	1	5	9	2	7	3
7	5	1	2	6	3	4	9	8
3	1	7	6	4	5	9	8	2
8	4	9	3	2	7	5	1	6
6	2	5	8	9	1	7	3	4
1	7	6	4	3	2	8	5	9
5	3	4	9	7	8	6	2	1
9	8	2	5	1	6	3	4	7

Solution # 503

6	2	4	7	3	1	9	5	8
9	5	8	2	4	6	1	7	3
1	7	3	8	9	5	6	2	4
7	8	6	4	2	9	3	1	5
2	4	1	5	8	3	7	9	6
3	9	5	6	1	7	8	4	2
8	1	2	9	6	4	5	3	7
5	6	9	3	7	2	4	8	1
4	3	7	1	5	8	2	6	9

Solution # 504

3	8	7	6	9	1	5	2	4
9	5	1	3	4	2	8	6	7
2	4	6	8	5	7	1	9	3
8	6	2	9	1	3	4	7	5
7	3	5	4	2	8	6	1	9
4	1	9	7	6	5	3	8	2
5	9	4	1	7	6	2	3	8
6	2	8	5	3	9	7	4	1
1	7	3	2	8	4	9	5	6

Solution # 505

6	4	2	3	7	8	1	9	5
5	7	3	2	1	9	8	6	4
1	9	8	4	6	5	2	3	7
2	3	1	8	5	7	6	4	9
4	8	6	9	3	2	7	5	1
7	5	9	1	4	6	3	8	2
8	1	5	7	9	3	4	2	6
3	6	7	5	2	4	9	1	8
9	2	4	6	8	1	5	7	3

Solution # 506

3	1	5	4	2	9	6	7	8
4	7	9	6	8	3	5	2	1
8	6	2	5	7	1	9	3	4
9	2	1	8	3	7	4	5	6
7	8	6	2	4	5	1	9	3
5	4	3	9	1	6	7	8	2
6	3	8	7	5	4	2	1	9
1	5	4	3	9	2	8	6	7
2	9	7	1	6	8	3	4	5

Solution # 507

3	7	6	8	9	5	2	1	4
8	1	9	4	7	2	5	3	6
2	4	5	6	1	3	7	8	9
9	5	7	1	2	8	6	4	3
4	8	2	5	3	6	9	7	1
6	3	1	7	4	9	8	2	5
5	2	4	9	8	1	3	6	7
7	6	8	3	5	4	1	9	2
1	9	3	2	6	7	4	5	8

Solution # 508

2	1	9	7	6	4	8	5	3
7	8	5	3	2	1	9	6	4
6	4	3	5	8	9	1	7	2
9	2	1	8	3	5	6	4	7
4	5	7	1	9	6	2	3	8
3	6	8	4	7	2	5	9	1
8	9	4	2	5	3	7	1	6
1	7	6	9	4	8	3	2	5
5	3	2	6	1	7	4	8	9

Solution # 509

5	4	2	8	1	7	9	6	3
9	1	3	4	2	6	5	8	7
8	7	6	9	3	5	1	2	4
1	5	9	3	6	8	4	7	2
2	6	8	7	4	9	3	1	5
7	3	4	1	5	2	6	9	8
4	2	5	6	8	1	7	3	9
6	8	7	5	9	3	2	4	1
3	9	1	2	7	4	8	5	6

Solution # 510

1	5	8	7	4	6	3	2	9
4	2	7	9	1	3	8	5	6
6	3	9	8	2	5	1	4	7
9	7	3	4	5	8	2	6	1
2	6	4	3	9	1	7	8	5
5	8	1	6	7	2	9	3	4
3	1	2	5	6	7	4	9	8
7	4	6	2	8	9	5	1	3
8	9	5	1	3	4	6	7	2

Solution # 511

3	9	4	7	8	5	6	1	2
6	8	5	3	1	2	9	7	4
1	2	7	9	6	4	8	5	3
5	6	3	8	2	1	4	9	7
9	4	1	6	3	7	2	8	5
8	7	2	5	4	9	3	6	1
4	5	9	2	7	6	1	3	8
2	3	6	1	5	8	7	4	9
7	1	8	4	9	3	5	2	6

Solution # 512

4	8	6	5	3	2	7	1	9
7	5	1	8	6	9	3	4	2
2	9	3	4	1	7	6	8	5
3	2	5	6	7	8	1	9	4
6	7	9	2	4	1	8	5	3
1	4	8	9	5	3	2	6	7
9	1	4	7	2	6	5	3	8
5	6	7	3	8	4	9	2	1
8	3	2	1	9	5	4	7	6

Solution # 513

5	3	7	9	8	6	1	2	4
1	8	6	4	3	2	5	7	9
2	9	4	5	7	1	8	3	6
9	7	8	6	1	3	2	4	5
3	2	1	7	4	5	6	9	8
6	4	5	2	9	8	7	1	3
4	5	9	8	2	7	3	6	1
7	6	3	1	5	4	9	8	2
8	1	2	3	6	9	4	5	7

Solution # 514

3	9	6	7	1	5	4	2	8
8	2	4	6	9	3	5	1	7
5	7	1	4	8	2	3	6	9
2	4	3	9	6	7	1	8	5
1	5	9	3	2	8	6	7	4
6	8	7	1	5	4	2	9	3
9	6	8	5	4	1	7	3	2
7	1	5	2	3	9	8	4	6
4	3	2	8	7	6	9	5	1

Solution # 515

8	9	5	7	6	3	2	1	4
4	1	7	8	2	5	6	3	9
3	6	2	9	1	4	8	7	5
1	8	9	4	3	7	5	2	6
6	7	4	5	8	2	1	9	3
5	2	3	6	9	1	4	8	7
9	3	6	1	4	8	7	5	2
2	5	8	3	7	6	9	4	1
7	4	1	2	5	9	3	6	8

Solution # 516

1	4	6	7	2	3	5	9	8
9	8	7	4	6	5	1	2	3
3	5	2	8	9	1	7	4	6
8	1	9	6	5	2	4	3	7
6	3	4	9	8	7	2	5	1
7	2	5	1	3	4	6	8	9
4	6	8	2	7	9	3	1	5
5	9	1	3	4	6	8	7	2
2	7	3	5	1	8	9	6	4

Solution # 517

4	8	5	7	3	2	1	9	6
3	2	9	4	1	6	8	5	7
6	1	7	9	5	8	3	4	2
7	3	6	8	2	4	9	1	5
5	9	1	6	7	3	4	2	8
8	4	2	1	9	5	7	6	3
1	7	8	5	6	9	2	3	4
2	5	4	3	8	1	6	7	9
9	6	3	2	4	7	5	8	1

Solution # 518

7	1	4	5	2	9	6	3	8
8	3	9	7	6	1	5	4	2
6	2	5	8	4	3	1	7	9
2	5	7	6	3	4	8	9	1
4	9	3	1	5	8	7	2	6
1	6	8	9	7	2	3	5	4
5	8	2	3	9	6	4	1	7
3	4	6	2	1	7	9	8	5
9	7	1	4	8	5	2	6	3

Solution # 519

3	6	2	8	1	5	9	4	7
4	1	5	7	6	9	3	8	2
8	7	9	2	4	3	1	6	5
2	8	1	3	9	6	5	7	4
6	5	3	4	7	2	8	9	1
9	4	7	5	8	1	2	3	6
1	2	6	9	3	4	7	5	8
5	9	8	6	2	7	4	1	3
7	3	4	1	5	8	6	2	9

Solution # 520

1	2	5	9	3	6	4	7	8
6	8	4	5	7	2	3	1	9
9	3	7	1	4	8	6	5	2
8	1	3	6	5	4	9	2	7
7	5	2	3	1	9	8	6	4
4	6	9	8	2	7	1	3	5
5	9	6	2	8	1	7	4	3
2	7	8	4	6	3	5	9	1
3	4	1	7	9	5	2	8	6

Solution # 521

1	3	8	9	7	2	4	5	6
9	2	5	6	1	4	7	8	3
6	7	4	3	8	5	1	9	2
2	6	3	8	5	7	9	1	4
8	1	7	4	6	9	3	2	5
4	5	9	1	2	3	6	7	8
3	4	2	7	9	8	5	6	1
5	9	1	2	4	6	8	3	7
7	8	6	5	3	1	2	4	9

Solution # 522

5	1	6	7	4	9	3	2	8
7	2	3	5	6	8	1	9	4
8	9	4	2	3	1	7	6	5
3	6	9	1	8	4	5	7	2
2	8	7	3	9	5	6	4	1
1	4	5	6	7	2	8	3	9
6	5	2	4	1	3	9	8	7
4	7	8	9	5	6	2	1	3
9	3	1	8	2	7	4	5	6

Solution # 523

8	9	3	2	5	7	1	4	6
7	2	5	6	1	4	9	8	3
6	4	1	8	3	9	2	5	7
3	1	9	4	7	5	8	6	2
4	7	8	3	6	2	5	9	1
2	5	6	9	8	1	7	3	4
9	8	4	1	2	3	6	7	5
1	6	7	5	4	8	3	2	9
5	3	2	7	9	6	4	1	8

Solution # 524

9	7	8	5	6	2	4	1	3
6	4	5	1	3	7	8	9	2
1	2	3	9	8	4	7	6	5
4	8	1	2	7	9	3	5	6
3	6	9	8	4	5	1	2	7
2	5	7	6	1	3	9	4	8
7	1	6	4	5	8	2	3	9
8	9	4	3	2	6	5	7	1
5	3	2	7	9	1	6	8	4

Solution # 525

5	7	2	9	6	8	4	1	3
4	8	3	2	1	5	6	9	7
9	1	6	4	3	7	8	2	5
1	5	8	7	2	9	3	6	4
3	2	7	8	4	6	9	5	1
6	4	9	1	5	3	7	8	2
2	3	4	6	8	1	5	7	9
7	6	5	3	9	2	1	4	8
8	9	1	5	7	4	2	3	6

Solution # 526

5	7	9	8	1	6	2	4	3
6	8	4	3	5	2	9	7	1
2	1	3	7	9	4	6	8	5
1	4	8	5	2	3	7	9	6
7	5	2	6	8	9	1	3	4
3	9	6	1	4	7	8	5	2
4	6	1	9	3	8	5	2	7
9	2	7	4	6	5	3	1	8
8	3	5	2	7	1	4	6	9

Solution # 527

5	8	3	4	6	7	9	2	1
9	6	2	5	1	3	4	8	7
7	4	1	8	9	2	3	5	6
3	9	6	7	2	8	5	1	4
2	7	5	3	4	1	8	6	9
4	1	8	9	5	6	7	3	2
1	3	4	2	7	5	6	9	8
6	5	7	1	8	9	2	4	3
8	2	9	6	3	4	1	7	5

Solution # 528

6	4	7	1	5	2	8	3	9
8	3	1	4	6	9	5	2	7
2	5	9	7	3	8	1	6	4
1	2	4	5	9	7	6	8	3
5	7	6	3	8	4	2	9	1
9	8	3	6	2	1	7	4	5
3	9	5	2	1	6	4	7	8
4	1	2	8	7	3	9	5	6
7	6	8	9	4	5	3	1	2

Solution # 529

3	4	9	7	2	6	5	1	8
1	8	7	5	3	9	4	6	2
2	6	5	8	1	4	3	7	9
7	5	4	2	8	1	6	9	3
6	1	8	9	4	3	7	2	5
9	3	2	6	7	5	8	4	1
8	9	1	4	5	7	2	3	6
5	7	3	1	6	2	9	8	4
4	2	6	3	9	8	1	5	7

Solution # 530

6	2	3	1	4	9	7	8	5
9	1	8	3	7	5	2	4	6
4	5	7	8	2	6	9	3	1
1	7	4	2	8	3	5	6	9
5	8	9	7	6	1	4	2	3
3	6	2	9	5	4	8	1	7
7	3	1	4	9	2	6	5	8
8	4	5	6	1	7	3	9	2
2	9	6	5	3	8	1	7	4

Solution # 531

7	8	5	1	9	6	2	4	3
4	1	9	2	8	3	7	6	5
3	2	6	4	5	7	1	9	8
2	4	3	9	1	8	5	7	6
8	9	7	6	3	5	4	1	2
5	6	1	7	2	4	8	3	9
6	3	8	5	4	1	9	2	7
9	7	4	8	6	2	3	5	1
1	5	2	3	7	9	6	8	4

Solution # 532

8	6	9	4	3	5	7	1	2
2	4	7	8	9	1	6	3	5
3	1	5	7	6	2	9	8	4
9	8	1	6	2	7	4	5	3
4	7	3	5	1	9	2	6	8
5	2	6	3	8	4	1	9	7
7	3	8	1	4	6	5	2	9
6	5	2	9	7	3	8	4	1
1	9	4	2	5	8	3	7	6

Solution # 533

8	2	6	3	1	7	5	9	4
1	9	3	5	6	4	2	8	7
4	5	7	8	2	9	3	1	6
6	7	9	2	5	1	4	3	8
2	4	8	6	9	3	7	5	1
3	1	5	7	4	8	6	2	9
5	8	2	9	7	6	1	4	3
7	3	4	1	8	2	9	6	5
9	6	1	4	3	5	8	7	2

Solution # 534

6	7	1	5	9	2	3	8	4
2	8	5	3	4	6	7	1	9
4	3	9	8	1	7	6	5	2
3	6	4	1	2	8	9	7	5
1	9	2	7	5	4	8	6	3
8	5	7	9	6	3	4	2	1
9	1	3	6	8	5	2	4	7
5	4	8	2	7	9	1	3	6
7	2	6	4	3	1	5	9	8

Solution # 535

7	8	4	3	6	1	5	2	9
9	1	6	8	2	5	4	3	7
5	3	2	9	7	4	8	1	6
3	4	5	6	8	7	1	9	2
8	9	1	4	3	2	7	6	5
2	6	7	1	5	9	3	8	4
4	2	9	7	1	8	6	5	3
1	5	3	2	4	6	9	7	8
6	7	8	5	9	3	2	4	1

Solution # 536

9	3	7	6	8	4	2	1	5
4	6	8	2	1	5	7	9	3
5	1	2	7	3	9	6	4	8
8	5	1	9	2	6	4	3	7
6	7	9	1	4	3	8	5	2
2	4	3	8	5	7	9	6	1
3	9	5	4	7	8	1	2	6
1	8	6	5	9	2	3	7	4
7	2	4	3	6	1	5	8	9

Solution # 537

7	8	6	9	2	4	5	3	1
2	1	9	6	3	5	7	4	8
3	5	4	1	7	8	9	6	2
9	7	3	4	1	2	8	5	6
1	6	5	7	8	3	2	9	4
8	4	2	5	9	6	1	7	3
5	2	8	3	4	7	6	1	9
4	9	7	2	6	1	3	8	5
6	3	1	8	5	9	4	2	7

Solution # 538

1	3	2	9	6	8	4	7	5
6	9	5	1	4	7	8	3	2
8	7	4	5	2	3	1	9	6
7	2	1	6	9	4	3	5	8
9	8	3	7	1	5	6	2	4
5	4	6	8	3	2	7	1	9
4	5	8	2	7	1	9	6	3
2	1	9	3	8	6	5	4	7
3	6	7	4	5	9	2	8	1

Solution # 539

5	4	7	9	3	2	1	8	6
6	1	2	8	7	4	5	9	3
3	8	9	1	6	5	7	2	4
4	7	8	6	9	3	2	5	1
2	9	6	5	8	1	3	4	7
1	5	3	2	4	7	8	6	9
9	6	1	7	5	8	4	3	2
8	2	4	3	1	9	6	7	5
7	3	5	4	2	6	9	1	8

Solution # 540

9	8	2	5	7	6	4	3	1
6	4	1	8	9	3	7	2	5
5	7	3	4	2	1	6	8	9
8	5	7	9	6	2	1	4	3
3	6	9	1	4	8	5	7	2
1	2	4	3	5	7	9	6	8
2	1	5	7	8	4	3	9	6
4	9	8	6	3	5	2	1	7
7	3	6	2	1	9	8	5	4

Solution # 541

9	1	7	8	6	4	3	5	2
6	4	5	1	3	2	8	9	7
3	8	2	5	9	7	1	4	6
8	2	9	4	7	3	5	6	1
7	3	4	6	1	5	9	2	8
1	5	6	2	8	9	4	7	3
2	7	3	9	5	8	6	1	4
5	6	8	7	4	1	2	3	9
4	9	1	3	2	6	7	8	5

Solution # 542

6	8	4	5	3	7	9	1	2
7	9	3	1	2	4	6	8	5
1	2	5	6	8	9	3	4	7
5	1	6	7	4	3	8	2	9
2	7	9	8	6	1	4	5	3
3	4	8	9	5	2	1	7	6
9	6	1	2	7	8	5	3	4
8	3	7	4	9	5	2	6	1
4	5	2	3	1	6	7	9	8

Solution # 543

9	5	8	3	7	1	6	2	4
2	7	3	4	6	5	1	8	9
4	6	1	2	8	9	5	7	3
6	1	5	7	9	3	8	4	2
7	8	4	1	2	6	9	3	5
3	9	2	8	5	4	7	6	1
1	3	7	5	4	8	2	9	6
8	4	9	6	1	2	3	5	7
5	2	6	9	3	7	4	1	8

Solution # 544

2	1	9	4	5	7	6	8	3
7	6	8	2	1	3	4	9	5
4	3	5	8	9	6	2	1	7
8	7	4	1	6	5	3	2	9
3	2	1	7	4	9	5	6	8
5	9	6	3	8	2	7	4	1
1	8	7	6	3	4	9	5	2
9	4	3	5	2	1	8	7	6
6	5	2	9	7	8	1	3	4

Solution # 545

7	3	8	9	4	2	6	1	5
4	2	5	8	6	1	3	9	7
6	1	9	7	5	3	2	8	4
8	9	7	1	2	5	4	6	3
1	5	4	6	3	8	9	7	2
2	6	3	4	7	9	1	5	8
9	4	1	3	8	7	5	2	6
3	8	2	5	9	6	7	4	1
5	7	6	2	1	4	8	3	9

Solution # 546

8	5	6	9	2	3	4	1	7
3	1	4	6	7	8	9	5	2
2	9	7	1	5	4	3	8	6
1	7	8	3	6	9	2	4	5
6	4	5	2	8	1	7	9	3
9	3	2	7	4	5	1	6	8
4	8	1	5	3	7	6	2	9
7	6	9	8	1	2	5	3	4
5	2	3	4	9	6	8	7	1

Solution # 547

4	6	5	7	9	1	8	3	2
3	9	8	4	2	6	1	7	5
2	7	1	8	5	3	4	9	6
8	5	4	6	1	9	7	2	3
9	2	3	5	4	7	6	1	8
7	1	6	3	8	2	5	4	9
5	8	2	1	3	4	9	6	7
1	3	7	9	6	8	2	5	4
6	4	9	2	7	5	3	8	1

Solution # 548

2	3	6	1	4	5	7	9	8
8	7	1	9	3	6	2	4	5
9	4	5	8	2	7	1	6	3
3	9	2	5	1	8	6	7	4
5	6	4	7	9	3	8	1	2
1	8	7	2	6	4	5	3	9
6	2	8	4	7	9	3	5	1
7	5	9	3	8	1	4	2	6
4	1	3	6	5	2	9	8	7

Solution # 549

8	2	9	7	1	5	4	6	3
6	7	3	9	4	8	1	5	2
4	1	5	3	6	2	9	8	7
3	9	1	2	8	6	5	7	4
5	6	4	1	7	3	8	2	9
7	8	2	5	9	4	6	3	1
9	5	8	4	2	7	3	1	6
2	4	6	8	3	1	7	9	5
1	3	7	6	5	9	2	4	8

Solution # 550

8	7	5	1	2	4	9	6	3
2	1	4	6	9	3	8	5	7
3	6	9	5	7	8	1	2	4
5	8	7	3	1	6	4	9	2
1	4	3	2	5	9	7	8	6
6	9	2	8	4	7	5	3	1
7	3	6	9	8	1	2	4	5
4	5	8	7	3	2	6	1	9
9	2	1	4	6	5	3	7	8

Solution # 551

1	7	8	9	2	4	6	5	3
6	2	5	3	7	8	4	1	9
4	3	9	1	5	6	8	7	2
5	8	7	2	1	9	3	6	4
9	4	1	7	6	3	5	2	8
3	6	2	8	4	5	7	9	1
7	9	4	5	3	2	1	8	6
8	1	3	6	9	7	2	4	5
2	5	6	4	8	1	9	3	7

Solution # 552

4	8	7	1	5	9	2	6	3
3	1	5	6	2	7	8	4	9
2	9	6	8	3	4	1	5	7
1	6	2	7	9	5	4	3	8
5	4	9	3	8	6	7	1	2
8	7	3	4	1	2	6	9	5
7	5	1	9	6	8	3	2	4
9	3	4	2	7	1	5	8	6
6	2	8	5	4	3	9	7	1

Solution # 553

7	2	1	9	6	8	4	5	3
3	5	8	2	4	7	6	9	1
4	6	9	1	5	3	8	7	2
6	7	3	8	9	4	1	2	5
1	8	5	3	2	6	7	4	9
2	9	4	7	1	5	3	6	8
8	4	6	5	3	9	2	1	7
9	3	2	6	7	1	5	8	4
5	1	7	4	8	2	9	3	6

Solution # 554

1	5	3	9	8	2	6	4	7
4	6	8	1	7	5	9	2	3
7	2	9	3	4	6	5	1	8
9	1	5	8	3	4	2	7	6
2	8	4	5	6	7	1	3	9
3	7	6	2	9	1	8	5	4
5	4	7	6	1	8	3	9	2
8	9	2	7	5	3	4	6	1
6	3	1	4	2	9	7	8	5

Solution # 555

4	7	6	9	3	1	5	2	8
5	9	3	8	2	7	1	4	6
2	8	1	5	4	6	7	9	3
6	2	8	7	1	5	4	3	9
7	5	9	4	8	3	6	1	2
3	1	4	2	6	9	8	5	7
9	3	7	1	5	8	2	6	4
8	4	5	6	9	2	3	7	1
1	6	2	3	7	4	9	8	5

Solution # 556

5	9	2	4	6	8	1	3	7
7	8	3	2	1	5	4	9	6
1	4	6	9	3	7	2	8	5
4	3	7	8	5	2	9	6	1
6	2	5	3	9	1	8	7	4
8	1	9	7	4	6	3	5	2
3	5	8	1	7	4	6	2	9
2	7	4	6	8	9	5	1	3
9	6	1	5	2	3	7	4	8

Solution # 557

8	1	5	2	3	4	7	6	9
3	7	2	6	5	9	1	8	4
4	6	9	8	1	7	5	3	2
7	4	6	5	2	3	8	9	1
9	2	1	4	7	8	3	5	6
5	3	8	9	6	1	4	2	7
1	5	4	3	9	2	6	7	8
6	9	7	1	8	5	2	4	3
2	8	3	7	4	6	9	1	5

Solution # 558

1	4	9	3	8	6	7	5	2
2	7	3	1	9	5	6	4	8
6	8	5	4	7	2	1	9	3
5	1	6	7	3	4	2	8	9
7	3	8	2	1	9	5	6	4
4	9	2	6	5	8	3	1	7
9	6	7	5	4	3	8	2	1
3	5	4	8	2	1	9	7	6
8	2	1	9	6	7	4	3	5

Solution # 559

8	6	1	9	5	2	3	4	7
3	2	9	7	4	6	5	8	1
5	4	7	8	1	3	9	2	6
4	7	5	2	6	9	1	3	8
9	3	6	4	8	1	7	5	2
1	8	2	3	7	5	6	9	4
2	1	4	5	9	7	8	6	3
6	5	3	1	2	8	4	7	9
7	9	8	6	3	4	2	1	5

Solution # 560

9	8	4	6	5	2	7	1	3
1	7	6	4	3	8	9	2	5
5	3	2	7	9	1	4	6	8
6	9	7	8	2	3	1	5	4
2	1	3	5	4	9	6	8	7
8	4	5	1	7	6	3	9	2
3	5	8	9	1	4	2	7	6
4	6	1	2	8	7	5	3	9
7	2	9	3	6	5	8	4	1

Solution # 561

5	3	6	7	8	2	9	1	4
2	7	8	4	1	9	3	5	6
4	1	9	3	6	5	2	8	7
8	6	4	1	9	3	5	7	2
3	2	5	8	4	7	1	6	9
1	9	7	5	2	6	8	4	3
9	8	2	6	5	4	7	3	1
7	4	1	2	3	8	6	9	5
6	5	3	9	7	1	4	2	8

Solution # 562

5	6	9	3	2	1	7	4	8
8	4	1	5	7	6	9	2	3
7	3	2	8	9	4	5	6	1
9	7	6	4	5	8	3	1	2
2	1	5	6	3	9	8	7	4
3	8	4	7	1	2	6	5	9
4	9	8	1	6	5	2	3	7
6	2	7	9	4	3	1	8	5
1	5	3	2	8	7	4	9	6

Solution # 563

9	8	7	6	3	2	1	4	5
3	6	1	4	8	5	2	7	9
4	2	5	1	7	9	8	3	6
2	7	9	8	1	4	5	6	3
6	1	8	7	5	3	4	9	2
5	3	4	2	9	6	7	8	1
7	5	6	3	4	1	9	2	8
8	9	3	5	2	7	6	1	4
1	4	2	9	6	8	3	5	7

Solution # 564

6	3	8	9	4	7	2	5	1
9	2	5	1	6	3	4	7	8
1	7	4	2	5	8	3	9	6
5	8	6	4	9	2	7	1	3
7	1	9	8	3	5	6	4	2
3	4	2	7	1	6	9	8	5
4	5	7	6	2	1	8	3	9
8	6	1	3	7	9	5	2	4
2	9	3	5	8	4	1	6	7

Solution # 565

8	5	3	4	1	7	6	9	2
6	1	2	8	9	3	4	7	5
4	7	9	2	5	6	3	1	8
3	6	4	9	8	1	5	2	7
5	2	8	6	7	4	9	3	1
1	9	7	3	2	5	8	6	4
7	3	6	5	4	2	1	8	9
2	8	5	1	6	9	7	4	3
9	4	1	7	3	8	2	5	6

Solution # 566

5	1	6	7	8	2	9	3	4
2	4	7	1	3	9	5	8	6
3	8	9	4	5	6	2	7	1
4	5	2	8	7	1	6	9	3
7	3	8	9	6	5	4	1	2
9	6	1	2	4	3	7	5	8
8	7	5	3	2	4	1	6	9
1	2	3	6	9	7	8	4	5
6	9	4	5	1	8	3	2	7

Solution # 567

4	8	7	2	6	1	5	3	9
6	1	9	3	5	7	8	4	2
2	5	3	4	8	9	7	1	6
9	3	4	5	7	8	2	6	1
5	7	1	6	4	2	3	9	8
8	2	6	9	1	3	4	5	7
7	4	5	8	9	6	1	2	3
3	6	8	1	2	5	9	7	4
1	9	2	7	3	4	6	8	5

Solution # 568

7	9	4	8	5	2	3	1	6
3	1	5	9	7	6	8	4	2
2	8	6	3	1	4	9	7	5
8	5	9	1	4	3	2	6	7
1	4	2	6	8	7	5	9	3
6	7	3	2	9	5	1	8	4
5	6	1	4	2	9	7	3	8
9	3	7	5	6	8	4	2	1
4	2	8	7	3	1	6	5	9

Solution # 569

4	7	2	3	5	8	1	6	9
6	5	8	7	9	1	2	4	3
1	9	3	2	4	6	8	7	5
8	4	7	6	1	3	5	9	2
9	2	1	4	8	5	6	3	7
5	3	6	9	7	2	4	8	1
2	8	4	1	3	7	9	5	6
7	1	9	5	6	4	3	2	8
3	6	5	8	2	9	7	1	4

Solution # 570

6	2	3	8	9	1	7	5	4
4	5	8	7	2	3	6	9	1
1	9	7	6	4	5	8	3	2
9	8	1	5	7	4	3	2	6
2	3	6	1	8	9	5	4	7
5	7	4	3	6	2	1	8	9
8	4	5	2	1	6	9	7	3
3	1	9	4	5	7	2	6	8
7	6	2	9	3	8	4	1	5

Solution # 571

2	5	1	8	6	9	4	3	7
7	8	4	5	1	3	2	9	6
6	3	9	7	2	4	1	8	5
1	9	6	2	8	5	3	7	4
3	7	5	1	4	6	9	2	8
4	2	8	9	3	7	5	6	1
9	4	2	6	7	1	8	5	3
5	6	3	4	9	8	7	1	2
8	1	7	3	5	2	6	4	9

Solution # 572

7	3	5	6	8	2	1	4	9
8	4	9	7	1	5	3	6	2
1	2	6	9	4	3	5	7	8
6	9	1	5	3	4	8	2	7
5	7	4	2	6	8	9	1	3
3	8	2	1	9	7	4	5	6
2	5	3	4	7	9	6	8	1
9	1	7	8	5	6	2	3	4
4	6	8	3	2	1	7	9	5

Solution # 573

5	7	8	2	3	6	1	9	4
1	9	2	4	8	7	3	6	5
4	3	6	9	1	5	7	8	2
6	1	4	7	5	9	2	3	8
7	2	3	8	4	1	9	5	6
9	8	5	6	2	3	4	1	7
8	6	7	1	9	2	5	4	3
3	4	9	5	7	8	6	2	1
2	5	1	3	6	4	8	7	9

Solution # 574

5	8	4	3	6	9	2	1	7
3	1	7	4	8	2	6	5	9
6	2	9	1	5	7	8	4	3
2	3	1	9	7	8	5	6	4
7	4	6	5	2	3	1	9	8
8	9	5	6	4	1	3	7	2
1	5	8	7	3	4	9	2	6
9	7	2	8	1	6	4	3	5
4	6	3	2	9	5	7	8	1

Solution # 575

9	5	6	1	8	4	7	3	2
1	2	8	6	3	7	4	5	9
7	4	3	5	9	2	6	1	8
4	1	9	8	7	3	5	2	6
3	6	7	2	5	1	8	9	4
2	8	5	4	6	9	1	7	3
5	9	4	3	1	6	2	8	7
8	7	2	9	4	5	3	6	1
6	3	1	7	2	8	9	4	5

Solution # 576

7	8	9	6	3	1	2	4	5
6	4	1	5	7	2	9	8	3
3	2	5	9	8	4	7	1	6
8	3	6	4	9	5	1	2	7
9	7	2	3	1	8	5	6	4
5	1	4	2	6	7	8	3	9
2	9	8	7	4	6	3	5	1
4	5	7	1	2	3	6	9	8
1	6	3	8	5	9	4	7	2

Solution # 577

3	6	5	8	1	4	9	2	7
1	8	7	3	9	2	4	5	6
4	2	9	7	6	5	8	1	3
7	9	3	4	5	1	6	8	2
2	5	4	6	3	8	1	7	9
8	1	6	9	2	7	3	4	5
6	4	8	5	7	3	2	9	1
5	3	1	2	8	9	7	6	4
9	7	2	1	4	6	5	3	8

Solution # 578

1	4	9	2	6	3	8	7	5
8	2	6	4	7	5	3	1	9
7	3	5	8	9	1	6	2	4
5	8	1	9	4	7	2	6	3
2	9	3	1	5	6	7	4	8
6	7	4	3	2	8	5	9	1
9	6	2	5	8	4	1	3	7
3	5	7	6	1	9	4	8	2
4	1	8	7	3	2	9	5	6

Solution # 579

8	9	6	2	4	3	1	7	5
4	1	2	7	5	9	8	6	3
5	3	7	1	6	8	4	9	2
3	4	5	6	1	7	2	8	9
1	7	8	3	9	2	6	5	4
6	2	9	5	8	4	3	1	7
9	5	4	8	2	1	7	3	6
2	8	3	9	7	6	5	4	1
7	6	1	4	3	5	9	2	8

Solution # 580

9	6	2	3	4	8	7	1	5
4	1	5	7	6	9	3	2	8
8	3	7	1	5	2	9	4	6
6	8	9	4	3	1	2	5	7
2	7	4	9	8	5	1	6	3
3	5	1	6	2	7	8	9	4
7	4	8	2	1	6	5	3	9
1	9	6	5	7	3	4	8	2
5	2	3	8	9	4	6	7	1

Solution # 581

7	6	8	4	3	2	1	5	9
1	5	4	9	7	8	3	6	2
2	9	3	6	5	1	4	7	8
8	1	9	7	4	6	5	2	3
6	3	7	2	1	5	9	8	4
5	4	2	8	9	3	7	1	6
3	2	1	5	8	9	6	4	7
4	8	5	3	6	7	2	9	1
9	7	6	1	2	4	8	3	5

Solution # 582

6	4	8	3	5	9	2	7	1
1	7	5	4	8	2	9	6	3
9	2	3	1	7	6	4	8	5
4	3	7	9	6	8	1	5	2
2	6	9	5	1	7	8	3	4
5	8	1	2	4	3	6	9	7
7	9	2	8	3	1	5	4	6
8	5	6	7	2	4	3	1	9
3	1	4	6	9	5	7	2	8

Solution # 583

1	7	4	2	5	3	9	6	8
5	3	6	9	4	8	2	1	7
9	8	2	6	1	7	4	3	5
7	6	5	3	2	9	1	8	4
4	2	8	7	6	1	5	9	3
3	9	1	5	8	4	6	7	2
8	1	3	4	9	5	7	2	6
2	5	9	8	7	6	3	4	1
6	4	7	1	3	2	8	5	9

Solution # 584

1	8	2	5	9	4	6	7	3
5	3	4	6	2	7	8	1	9
7	6	9	8	3	1	4	2	5
6	9	5	1	4	3	2	8	7
3	2	8	7	6	5	1	9	4
4	7	1	2	8	9	5	3	6
8	1	3	9	5	6	7	4	2
9	5	7	4	1	2	3	6	8
2	4	6	3	7	8	9	5	1

Solution # 585

7	1	2	8	4	3	5	9	6
4	9	3	6	2	5	7	8	1
6	5	8	9	1	7	3	4	2
8	2	9	3	6	1	4	5	7
3	7	6	5	8	4	2	1	9
5	4	1	7	9	2	8	6	3
9	8	4	2	3	6	1	7	5
2	6	7	1	5	8	9	3	4
1	3	5	4	7	9	6	2	8

Solution # 586

3	1	7	9	4	8	6	5	2
8	5	6	2	1	7	4	3	9
2	9	4	3	5	6	8	7	1
1	6	9	5	8	4	3	2	7
7	8	2	6	3	1	5	9	4
4	3	5	7	9	2	1	6	8
6	4	3	8	2	9	7	1	5
5	2	8	1	7	3	9	4	6
9	7	1	4	6	5	2	8	3

Solution # 587

7	4	5	9	2	1	8	3	6
8	9	2	3	6	5	7	4	1
3	1	6	8	7	4	9	5	2
5	3	8	1	4	2	6	9	7
9	7	4	6	3	8	1	2	5
2	6	1	7	5	9	4	8	3
6	8	7	5	9	3	2	1	4
1	2	3	4	8	7	5	6	9
4	5	9	2	1	6	3	7	8

Solution # 588

5	4	9	8	2	7	6	1	3
7	6	8	9	1	3	2	4	5
1	2	3	5	4	6	8	9	7
2	3	6	4	9	8	7	5	1
8	1	7	6	3	5	4	2	9
4	9	5	1	7	2	3	8	6
9	7	1	2	6	4	5	3	8
3	8	2	7	5	9	1	6	4
6	5	4	3	8	1	9	7	2

Solution # 589

9	7	5	8	1	4	2	6	3
6	2	4	9	5	3	7	8	1
1	3	8	2	7	6	9	4	5
2	1	6	3	8	9	4	5	7
8	4	9	7	6	5	1	3	2
7	5	3	1	4	2	8	9	6
3	8	2	6	9	1	5	7	4
5	6	7	4	2	8	3	1	9
4	9	1	5	3	7	6	2	8

Solution # 590

6	7	2	1	8	9	5	4	3
1	8	9	3	4	5	2	7	6
3	5	4	6	2	7	1	8	9
2	6	5	9	7	8	4	3	1
7	4	1	5	3	2	6	9	8
9	3	8	4	1	6	7	2	5
8	1	6	2	9	4	3	5	7
4	9	3	7	5	1	8	6	2
5	2	7	8	6	3	9	1	4

Solution # 591

3	8	4	7	1	6	9	5	2
1	2	9	3	4	5	7	8	6
6	5	7	8	9	2	1	4	3
4	7	8	1	2	3	5	6	9
5	1	6	4	8	9	3	2	7
2	9	3	6	5	7	8	1	4
7	3	1	2	6	8	4	9	5
8	6	5	9	3	4	2	7	1
9	4	2	5	7	1	6	3	8

Solution # 592

6	1	7	3	8	4	2	9	5
4	5	3	9	1	2	6	8	7
2	8	9	7	6	5	1	4	3
3	9	6	1	4	7	8	5	2
1	2	5	6	3	8	4	7	9
8	7	4	5	2	9	3	1	6
9	6	2	8	5	1	7	3	4
7	4	8	2	9	3	5	6	1
5	3	1	4	7	6	9	2	8

Solution # 593

2	7	3	6	1	8	4	9	5
4	8	1	5	3	9	2	6	7
6	5	9	2	4	7	3	1	8
3	6	2	1	8	5	9	7	4
1	9	5	4	7	3	6	8	2
7	4	8	9	6	2	1	5	3
5	1	7	3	2	6	8	4	9
8	2	4	7	9	1	5	3	6
9	3	6	8	5	4	7	2	1

Solution # 594

8	5	7	1	3	2	9	6	4
3	9	1	6	7	4	2	8	5
2	4	6	9	8	5	7	1	3
5	2	9	7	1	6	3	4	8
6	7	8	3	4	9	5	2	1
1	3	4	5	2	8	6	7	9
9	8	5	4	6	7	1	3	2
4	6	3	2	9	1	8	5	7
7	1	2	8	5	3	4	9	6

Solution # 595

5	4	6	3	8	7	2	1	9
2	9	8	4	1	6	5	7	3
3	7	1	2	5	9	6	8	4
8	2	5	1	6	4	9	3	7
6	3	9	5	7	8	1	4	2
4	1	7	9	2	3	8	5	6
1	5	4	7	9	2	3	6	8
7	8	2	6	3	5	4	9	1
9	6	3	8	4	1	7	2	5

Solution # 596

5	3	7	4	6	9	1	2	8
2	4	6	7	8	1	9	3	5
9	1	8	2	3	5	7	6	4
8	9	3	5	4	2	6	7	1
6	7	4	8	1	3	2	5	9
1	5	2	6	9	7	4	8	3
4	8	5	1	2	6	3	9	7
7	2	9	3	5	4	8	1	6
3	6	1	9	7	8	5	4	2

Solution # 597

9	7	3	5	6	2	1	4	8
8	6	2	7	4	1	9	5	3
4	1	5	9	8	3	6	2	7
5	9	8	4	2	6	7	3	1
2	3	6	1	9	7	4	8	5
7	4	1	3	5	8	2	6	9
1	8	7	2	3	4	5	9	6
6	2	9	8	7	5	3	1	4
3	5	4	6	1	9	8	7	2

Solution # 598

5	2	6	4	9	1	8	7	3
1	3	7	2	6	8	4	9	5
8	9	4	5	7	3	1	6	2
2	8	3	7	1	4	9	5	6
7	5	1	9	8	6	2	3	4
6	4	9	3	5	2	7	1	8
9	6	2	1	4	5	3	8	7
3	1	8	6	2	7	5	4	9
4	7	5	8	3	9	6	2	1

Solution # 599

1	5	2	6	3	9	7	8	4
4	6	3	1	8	7	9	5	2
8	9	7	2	4	5	3	6	1
7	2	5	9	6	4	8	1	3
3	4	9	8	7	1	5	2	6
6	1	8	3	5	2	4	9	7
2	8	4	5	1	3	6	7	9
9	3	6	7	2	8	1	4	5
5	7	1	4	9	6	2	3	8

Solution # 600

4	9	3	6	7	5	8	2	1
1	8	7	3	2	4	6	9	5
5	2	6	9	1	8	3	4	7
2	1	9	5	8	6	4	7	3
3	5	4	2	9	7	1	8	6
6	7	8	4	3	1	9	5	2
9	4	5	7	6	3	2	1	8
8	6	2	1	5	9	7	3	4
7	3	1	8	4	2	5	6	9

Solution # 601

1	2	5	7	9	6	8	4	3
9	7	3	2	8	4	1	6	5
4	6	8	3	5	1	9	7	2
7	8	2	6	4	5	3	1	9
3	9	1	8	7	2	6	5	4
5	4	6	1	3	9	2	8	7
6	1	7	5	2	3	4	9	8
8	3	9	4	6	7	5	2	1
2	5	4	9	1	8	7	3	6

Solution # 602

6	9	7	5	2	4	8	1	3
4	8	1	7	9	3	5	6	2
3	5	2	1	8	6	7	4	9
1	6	4	9	7	8	3	2	5
9	7	5	3	6	2	1	8	4
2	3	8	4	5	1	9	7	6
7	4	3	6	1	5	2	9	8
5	2	9	8	4	7	6	3	1
8	1	6	2	3	9	4	5	7

Solution # 603

1	7	8	9	2	6	5	3	4
3	2	9	5	4	8	6	7	1
5	4	6	7	1	3	2	9	8
4	3	7	8	6	9	1	2	5
8	6	5	1	3	2	9	4	7
2	9	1	4	5	7	8	6	3
6	5	3	2	8	4	7	1	9
7	1	2	3	9	5	4	8	6
9	8	4	6	7	1	3	5	2

Solution # 604

9	7	6	5	1	2	8	3	4
5	3	8	7	4	6	1	2	9
4	1	2	8	9	3	5	7	6
3	5	1	9	8	7	6	4	2
6	4	7	2	3	1	9	8	5
2	8	9	6	5	4	7	1	3
8	6	4	1	2	9	3	5	7
7	2	5	3	6	8	4	9	1
1	9	3	4	7	5	2	6	8

Solution # 605

1	8	7	3	6	2	9	4	5
9	6	2	5	1	4	8	7	3
3	4	5	7	8	9	2	6	1
7	3	9	2	4	1	6	5	8
8	1	6	9	7	5	4	3	2
2	5	4	6	3	8	7	1	9
4	2	3	8	5	6	1	9	7
6	7	8	1	9	3	5	2	4
5	9	1	4	2	7	3	8	6

Solution # 606

9	8	6	7	4	3	5	2	1
3	5	4	1	2	8	9	7	6
2	1	7	6	5	9	4	3	8
1	2	3	4	7	5	6	8	9
4	9	8	3	1	6	7	5	2
6	7	5	9	8	2	3	1	4
8	4	1	5	6	7	2	9	3
7	3	2	8	9	4	1	6	5
5	6	9	2	3	1	8	4	7

Solution # 607

2	8	4	1	5	9	7	6	3
1	9	6	7	8	3	4	5	2
3	7	5	2	4	6	1	8	9
8	1	3	5	6	7	9	2	4
7	5	2	3	9	4	6	1	8
6	4	9	8	2	1	3	7	5
5	3	7	9	1	2	8	4	6
9	6	8	4	7	5	2	3	1
4	2	1	6	3	8	5	9	7

Solution # 608

9	5	6	4	8	3	7	1	2
1	8	2	5	7	9	6	3	4
3	4	7	1	6	2	8	9	5
2	7	9	6	5	8	1	4	3
8	3	1	9	2	4	5	7	6
5	6	4	7	3	1	2	8	9
4	9	8	2	1	5	3	6	7
7	1	5	3	9	6	4	2	8
6	2	3	8	4	7	9	5	1

Solution # 609

9	1	4	7	3	2	5	8	6
2	7	5	8	6	4	9	3	1
3	8	6	1	9	5	2	4	7
7	3	9	4	2	6	1	5	8
8	6	1	9	5	7	3	2	4
5	4	2	3	1	8	7	6	9
1	5	8	6	7	3	4	9	2
6	2	7	5	4	9	8	1	3
4	9	3	2	8	1	6	7	5

Solution # 610

9	7	4	5	1	8	6	2	3
2	1	5	6	4	3	9	7	8
8	3	6	7	2	9	4	1	5
3	8	7	4	9	2	1	5	6
6	2	1	3	8	5	7	9	4
5	4	9	1	7	6	8	3	2
4	6	2	9	3	7	5	8	1
1	9	3	8	5	4	2	6	7
7	5	8	2	6	1	3	4	9

Solution # 611

6	8	4	7	5	9	2	3	1
1	2	7	8	4	3	5	6	9
5	9	3	6	2	1	8	4	7
9	1	5	3	6	2	7	8	4
4	7	6	9	8	5	1	2	3
2	3	8	1	7	4	6	9	5
3	6	9	2	1	7	4	5	8
7	4	2	5	9	8	3	1	6
8	5	1	4	3	6	9	7	2

Solution # 612

5	8	6	2	7	1	3	4	9
4	7	1	9	3	6	8	2	5
2	3	9	8	5	4	6	7	1
3	5	7	1	6	9	2	8	4
8	1	4	5	2	7	9	6	3
6	9	2	4	8	3	5	1	7
7	2	8	3	4	5	1	9	6
9	4	5	6	1	2	7	3	8
1	6	3	7	9	8	4	5	2

Solution # 613

6	7	9	4	5	8	3	2	1
8	2	1	7	6	3	4	5	9
3	5	4	9	2	1	6	8	7
1	9	5	3	4	6	2	7	8
4	8	7	2	1	5	9	6	3
2	6	3	8	9	7	5	1	4
5	1	8	6	3	4	7	9	2
9	4	6	1	7	2	8	3	5
7	3	2	5	8	9	1	4	6

Solution # 614

1	7	6	8	2	5	9	4	3
8	4	3	1	7	9	2	5	6
5	2	9	3	6	4	7	8	1
7	5	4	2	3	8	6	1	9
3	1	8	7	9	6	4	2	5
6	9	2	4	5	1	8	3	7
2	6	1	5	8	7	3	9	4
9	8	5	6	4	3	1	7	2
4	3	7	9	1	2	5	6	8

Solution # 615

5	2	6	7	8	4	3	1	9
1	7	3	6	9	2	5	8	4
8	4	9	5	1	3	2	7	6
7	6	2	4	3	8	1	9	5
4	5	1	9	7	6	8	3	2
9	3	8	2	5	1	6	4	7
6	1	7	3	4	5	9	2	8
2	8	4	1	6	9	7	5	3
3	9	5	8	2	7	4	6	1

Solution # 616

3	9	1	8	2	5	7	4	6
7	5	8	3	6	4	2	1	9
6	2	4	1	9	7	8	3	5
9	8	7	4	5	6	1	2	3
2	3	5	7	1	8	9	6	4
4	1	6	2	3	9	5	8	7
8	7	3	9	4	2	6	5	1
1	6	2	5	7	3	4	9	8
5	4	9	6	8	1	3	7	2

Solution # 617

9	6	8	4	5	3	7	1	2
7	3	2	1	6	9	8	4	5
1	5	4	8	2	7	9	6	3
3	1	9	2	8	4	6	5	7
4	8	7	5	3	6	2	9	1
5	2	6	7	9	1	4	3	8
8	9	5	3	4	2	1	7	6
6	7	3	9	1	8	5	2	4
2	4	1	6	7	5	3	8	9

Solution # 618

4	5	8	3	6	7	2	1	9
7	6	2	9	5	1	4	8	3
9	3	1	4	8	2	7	5	6
1	2	9	6	3	8	5	7	4
6	8	5	7	4	9	3	2	1
3	4	7	1	2	5	6	9	8
2	9	4	5	1	3	8	6	7
8	1	3	2	7	6	9	4	5
5	7	6	8	9	4	1	3	2

Solution # 619

4	5	1	8	9	3	7	2	6
6	3	7	5	1	2	8	9	4
9	8	2	6	7	4	3	1	5
8	9	6	1	4	7	2	5	3
3	2	4	9	8	5	1	6	7
7	1	5	3	2	6	9	4	8
1	6	8	4	3	9	5	7	2
5	7	9	2	6	8	4	3	1
2	4	3	7	5	1	6	8	9

Solution # 620

8	2	1	7	4	3	9	6	5
9	4	7	6	5	8	1	3	2
5	6	3	1	9	2	4	7	8
7	1	9	8	3	5	2	4	6
3	8	6	2	1	4	5	9	7
4	5	2	9	7	6	8	1	3
2	7	4	3	8	1	6	5	9
1	9	8	5	6	7	3	2	4
6	3	5	4	2	9	7	8	1

Solution # 621

9	7	5	8	2	4	6	3	1
2	8	1	7	6	3	9	4	5
4	6	3	1	9	5	2	8	7
8	4	2	5	7	1	3	9	6
7	5	9	4	3	6	8	1	2
1	3	6	9	8	2	7	5	4
6	9	4	3	1	7	5	2	8
5	2	8	6	4	9	1	7	3
3	1	7	2	5	8	4	6	9

Solution # 622

8	4	3	7	5	6	2	1	9
7	9	1	4	2	8	6	5	3
6	2	5	9	1	3	8	7	4
1	7	2	8	9	4	3	6	5
9	3	8	6	7	5	1	4	2
5	6	4	2	3	1	9	8	7
4	5	9	1	8	2	7	3	6
2	8	6	3	4	7	5	9	1
3	1	7	5	6	9	4	2	8

Solution # 623

1	2	6	9	7	8	3	5	4
5	9	4	2	1	3	6	7	8
7	8	3	4	5	6	1	2	9
4	7	1	8	2	9	5	3	6
3	6	8	1	4	5	7	9	2
2	5	9	3	6	7	4	8	1
8	1	7	6	3	2	9	4	5
9	4	5	7	8	1	2	6	3
6	3	2	5	9	4	8	1	7

Solution # 624

9	1	8	6	4	3	7	2	5
3	7	2	5	8	9	6	1	4
4	5	6	2	1	7	9	3	8
6	8	4	9	3	1	2	5	7
7	9	1	8	2	5	3	4	6
2	3	5	4	7	6	1	8	9
8	4	3	7	9	2	5	6	1
5	2	7	1	6	4	8	9	3
1	6	9	3	5	8	4	7	2

Solution # 625

3	5	8	6	9	2	4	7	1
4	6	9	8	7	1	3	2	5
2	7	1	4	3	5	6	9	8
9	2	6	3	1	4	8	5	7
1	4	5	7	2	8	9	6	3
7	8	3	9	5	6	1	4	2
6	1	7	2	4	3	5	8	9
8	3	2	5	6	9	7	1	4
5	9	4	1	8	7	2	3	6

Solution # 626

5	9	3	6	8	1	7	2	4
1	6	8	4	7	2	9	5	3
4	7	2	3	9	5	6	8	1
7	8	5	9	1	4	3	6	2
6	3	4	2	5	7	1	9	8
9	2	1	8	6	3	4	7	5
2	4	9	7	3	8	5	1	6
8	1	6	5	4	9	2	3	7
3	5	7	1	2	6	8	4	9

Solution # 627

8	2	3	9	4	1	6	5	7
5	7	4	6	3	2	8	9	1
6	9	1	7	5	8	4	2	3
3	4	5	8	9	6	7	1	2
7	6	9	2	1	5	3	8	4
2	1	8	3	7	4	9	6	5
4	8	6	5	2	3	1	7	9
9	3	2	1	8	7	5	4	6
1	5	7	4	6	9	2	3	8

Solution # 628

4	3	5	7	1	9	6	8	2
2	8	7	4	6	3	1	9	5
6	9	1	8	5	2	4	7	3
3	7	8	1	2	4	9	5	6
1	5	6	9	3	8	7	2	4
9	2	4	6	7	5	8	3	1
5	6	9	2	4	7	3	1	8
8	4	2	3	9	1	5	6	7
7	1	3	5	8	6	2	4	9

Solution # 629

9	8	1	2	4	7	6	5	3
2	5	4	9	6	3	7	8	1
3	6	7	8	5	1	2	9	4
8	2	5	7	9	4	1	3	6
4	9	3	6	1	2	5	7	8
7	1	6	3	8	5	4	2	9
6	3	2	4	7	9	8	1	5
5	7	8	1	3	6	9	4	2
1	4	9	5	2	8	3	6	7

Solution # 630

4	1	3	5	7	2	8	6	9
5	9	2	1	6	8	7	3	4
8	7	6	9	4	3	1	2	5
3	5	7	8	2	6	4	9	1
6	4	9	3	1	5	2	7	8
1	2	8	4	9	7	3	5	6
9	8	5	7	3	1	6	4	2
2	3	4	6	8	9	5	1	7
7	6	1	2	5	4	9	8	3

Solution # 631

7	1	9	6	4	2	5	8	3
6	2	4	8	3	5	9	1	7
5	3	8	1	7	9	4	2	6
9	5	7	4	8	3	2	6	1
8	6	3	9	2	1	7	5	4
1	4	2	7	5	6	8	3	9
4	9	6	2	1	8	3	7	5
3	8	1	5	9	7	6	4	2
2	7	5	3	6	4	1	9	8

Solution # 632

9	7	8	6	2	1	5	3	4
6	3	5	8	4	7	1	2	9
4	2	1	3	9	5	6	7	8
8	1	7	2	6	3	4	9	5
5	6	9	7	1	4	2	8	3
2	4	3	9	5	8	7	1	6
1	9	4	5	8	2	3	6	7
7	5	6	1	3	9	8	4	2
3	8	2	4	7	6	9	5	1

Solution # 633

5	6	1	8	3	9	4	2	7
8	2	4	5	1	7	9	3	6
9	3	7	6	4	2	8	1	5
6	9	8	4	2	1	5	7	3
7	5	3	9	8	6	2	4	1
4	1	2	3	7	5	6	8	9
3	8	6	7	9	4	1	5	2
2	4	5	1	6	3	7	9	8
1	7	9	2	5	8	3	6	4

Solution # 634

1	7	9	8	4	5	2	3	6
3	5	4	1	2	6	9	7	8
2	8	6	3	7	9	1	4	5
9	4	8	6	5	7	3	2	1
6	3	7	2	9	1	8	5	4
5	2	1	4	8	3	6	9	7
8	1	5	9	3	4	7	6	2
7	9	2	5	6	8	4	1	3
4	6	3	7	1	2	5	8	9

Solution # 635

1	3	6	4	8	5	7	9	2
2	8	4	7	6	9	3	5	1
5	7	9	1	3	2	4	8	6
4	9	1	5	2	7	6	3	8
8	5	3	6	9	4	1	2	7
7	6	2	8	1	3	5	4	9
3	1	8	9	4	6	2	7	5
6	4	5	2	7	8	9	1	3
9	2	7	3	5	1	8	6	4

Solution # 636

9	4	7	5	1	2	3	8	6
5	1	8	6	3	7	4	2	9
2	6	3	4	8	9	1	7	5
4	7	5	2	9	3	6	1	8
6	8	2	1	5	4	9	3	7
1	3	9	7	6	8	5	4	2
8	5	1	3	2	6	7	9	4
3	9	4	8	7	5	2	6	1
7	2	6	9	4	1	8	5	3

Solution # 637

4	5	3	1	8	9	6	7	2
7	8	6	4	2	3	9	1	5
1	2	9	5	7	6	8	3	4
8	6	4	3	5	1	7	2	9
3	9	5	7	4	2	1	6	8
2	7	1	6	9	8	5	4	3
6	3	2	8	1	5	4	9	7
9	4	8	2	6	7	3	5	1
5	1	7	9	3	4	2	8	6

Solution # 638

6	8	3	1	9	4	7	2	5
9	7	1	5	2	6	3	4	8
2	5	4	8	3	7	9	6	1
1	9	8	2	7	3	6	5	4
7	2	6	4	5	9	1	8	3
3	4	5	6	1	8	2	9	7
5	3	2	9	4	1	8	7	6
8	1	9	7	6	5	4	3	2
4	6	7	3	8	2	5	1	9

Solution # 639

2	7	5	1	6	3	9	8	4
9	6	4	5	8	2	3	7	1
3	8	1	9	7	4	6	2	5
6	5	3	8	2	9	1	4	7
4	1	7	6	3	5	8	9	2
8	9	2	7	4	1	5	3	6
1	2	6	4	9	8	7	5	3
5	4	8	3	1	7	2	6	9
7	3	9	2	5	6	4	1	8

Solution # 640

3	9	5	8	1	7	4	6	2
8	7	4	2	6	9	1	5	3
1	6	2	3	5	4	9	8	7
9	2	8	5	7	1	6	3	4
7	4	6	9	2	3	5	1	8
5	1	3	4	8	6	7	2	9
2	8	7	6	9	5	3	4	1
4	5	1	7	3	2	8	9	6
6	3	9	1	4	8	2	7	5

Solution # 641

4	5	2	3	8	1	7	9	6
6	8	1	7	4	9	3	5	2
3	7	9	2	5	6	8	4	1
9	2	8	1	6	7	4	3	5
5	4	6	8	3	2	9	1	7
1	3	7	5	9	4	6	2	8
7	9	4	6	2	5	1	8	3
8	6	5	9	1	3	2	7	4
2	1	3	4	7	8	5	6	9

Solution # 642

8	2	1	4	5	3	9	7	6
4	7	5	8	9	6	3	2	1
3	9	6	1	7	2	5	8	4
5	3	7	2	4	8	6	1	9
9	6	2	7	3	1	4	5	8
1	4	8	9	6	5	7	3	2
6	1	3	5	2	9	8	4	7
2	5	4	6	8	7	1	9	3
7	8	9	3	1	4	2	6	5

Solution # 643

8	9	3	1	7	5	6	2	4
1	2	4	9	3	6	5	7	8
7	6	5	2	4	8	9	3	1
5	3	8	6	9	7	4	1	2
6	1	2	8	5	4	3	9	7
9	4	7	3	1	2	8	5	6
3	8	6	7	2	9	1	4	5
4	7	9	5	8	1	2	6	3
2	5	1	4	6	3	7	8	9

Solution # 644

1	6	2	9	3	4	5	7	8
7	5	3	1	8	2	9	4	6
4	9	8	6	7	5	3	2	1
8	1	7	4	2	3	6	5	9
6	4	5	8	1	9	7	3	2
2	3	9	5	6	7	8	1	4
3	8	6	7	4	1	2	9	5
5	2	1	3	9	8	4	6	7
9	7	4	2	5	6	1	8	3

Solution # 645

1	3	4	8	5	7	9	2	6
9	7	5	3	2	6	1	4	8
6	2	8	4	1	9	3	7	5
8	6	1	2	7	5	4	3	9
2	5	9	1	3	4	8	6	7
7	4	3	9	6	8	5	1	2
3	8	2	6	9	1	7	5	4
4	1	7	5	8	2	6	9	3
5	9	6	7	4	3	2	8	1

Solution # 646

7	9	4	8	6	5	1	2	3
2	1	8	7	9	3	4	6	5
3	6	5	4	1	2	9	7	8
8	4	6	1	2	9	3	5	7
5	7	9	6	3	4	8	1	2
1	2	3	5	7	8	6	9	4
9	3	7	2	8	1	5	4	6
6	5	1	3	4	7	2	8	9
4	8	2	9	5	6	7	3	1

Solution # 647

3	8	6	1	4	7	9	5	2
1	9	4	8	5	2	7	3	6
2	7	5	3	9	6	8	1	4
4	1	9	7	3	8	2	6	5
6	3	8	2	1	5	4	7	9
7	5	2	9	6	4	3	8	1
8	4	1	5	2	3	6	9	7
5	6	3	4	7	9	1	2	8
9	2	7	6	8	1	5	4	3

Solution # 648

7	8	2	6	4	5	9	3	1
9	1	6	2	3	7	4	8	5
4	5	3	8	1	9	2	7	6
1	4	8	3	9	2	6	5	7
5	3	7	4	8	6	1	2	9
6	2	9	5	7	1	8	4	3
8	9	4	1	5	3	7	6	2
2	7	5	9	6	8	3	1	4
3	6	1	7	2	4	5	9	8

Solution # 649

4	6	9	1	3	5	7	2	8
8	5	1	9	7	2	4	6	3
7	3	2	6	8	4	9	1	5
2	8	4	5	9	7	1	3	6
3	9	6	2	1	8	5	4	7
1	7	5	4	6	3	8	9	2
6	2	7	8	4	1	3	5	9
9	1	3	7	5	6	2	8	4
5	4	8	3	2	9	6	7	1

Solution # 650

1	5	4	9	6	2	8	7	3
8	2	3	4	7	1	5	9	6
7	9	6	3	8	5	1	2	4
2	3	8	6	1	9	4	5	7
4	6	1	2	5	7	3	8	9
5	7	9	8	4	3	6	1	2
9	8	2	1	3	4	7	6	5
6	4	7	5	2	8	9	3	1
3	1	5	7	9	6	2	4	8

Solution # 651

3	8	9	4	5	2	1	6	7
2	1	5	7	6	9	3	4	8
7	4	6	8	3	1	9	2	5
5	9	4	3	2	8	6	7	1
8	7	3	5	1	6	4	9	2
6	2	1	9	4	7	5	8	3
4	3	7	2	9	5	8	1	6
9	6	2	1	8	3	7	5	4
1	5	8	6	7	4	2	3	9

Solution # 652

3	1	4	9	5	2	8	7	6
6	5	2	1	7	8	3	4	9
7	8	9	6	3	4	5	1	2
9	2	5	8	4	6	1	3	7
8	4	3	2	1	7	6	9	5
1	6	7	5	9	3	4	2	8
2	9	8	4	6	1	7	5	3
4	3	6	7	2	5	9	8	1
5	7	1	3	8	9	2	6	4

Solution # 653

4	3	1	2	9	5	8	6	7
8	2	6	4	1	7	9	5	3
5	9	7	8	3	6	1	2	4
9	6	3	1	7	8	2	4	5
7	4	8	9	5	2	3	1	6
1	5	2	3	6	4	7	8	9
2	7	9	6	4	1	5	3	8
6	8	5	7	2	3	4	9	1
3	1	4	5	8	9	6	7	2

Solution # 654

9	8	2	4	5	7	1	3	6
4	5	7	1	6	3	2	8	9
1	3	6	9	8	2	7	5	4
6	9	8	3	2	1	5	4	7
2	4	1	8	7	5	9	6	3
3	7	5	6	4	9	8	2	1
8	1	4	2	9	6	3	7	5
5	6	9	7	3	8	4	1	2
7	2	3	5	1	4	6	9	8

Solution # 655

6	8	9	7	5	2	4	1	3
4	5	7	3	1	6	8	2	9
1	3	2	9	4	8	5	7	6
8	7	6	4	9	5	1	3	2
2	9	5	8	3	1	7	6	4
3	4	1	6	2	7	9	5	8
5	6	8	2	7	4	3	9	1
7	2	3	1	8	9	6	4	5
9	1	4	5	6	3	2	8	7

Solution # 656

9	5	6	1	2	7	4	8	3
7	4	2	8	6	3	1	5	9
8	3	1	4	9	5	7	6	2
1	8	7	6	4	9	2	3	5
5	6	3	7	1	2	9	4	8
4	2	9	5	3	8	6	1	7
3	1	8	9	7	4	5	2	6
6	7	5	2	8	1	3	9	4
2	9	4	3	5	6	8	7	1

Solution # 657

2	6	1	4	3	5	9	7	8
7	4	3	8	2	9	5	1	6
9	5	8	7	1	6	3	2	4
4	8	5	2	9	3	7	6	1
6	9	7	5	8	1	2	4	3
3	1	2	6	4	7	8	5	9
1	2	6	3	7	8	4	9	5
8	7	9	1	5	4	6	3	2
5	3	4	9	6	2	1	8	7

Solution # 658

1	4	7	6	9	8	5	2	3
5	8	9	2	1	3	4	7	6
3	6	2	7	4	5	1	9	8
9	3	1	4	8	7	2	6	5
8	7	4	5	2	6	3	1	9
2	5	6	1	3	9	8	4	7
4	9	5	3	6	2	7	8	1
6	2	3	8	7	1	9	5	4
7	1	8	9	5	4	6	3	2

Solution # 659

8	6	9	2	1	5	4	3	7
7	1	3	9	6	4	5	2	8
2	5	4	3	8	7	9	1	6
5	4	2	6	9	1	8	7	3
9	8	6	7	4	3	1	5	2
1	3	7	5	2	8	6	9	4
3	9	5	8	7	6	2	4	1
4	7	8	1	5	2	3	6	9
6	2	1	4	3	9	7	8	5

Solution # 660

6	1	3	4	9	5	7	8	2
8	5	4	2	7	1	3	9	6
9	7	2	3	6	8	1	5	4
7	3	9	5	8	2	4	6	1
1	6	5	9	3	4	8	2	7
4	2	8	7	1	6	9	3	5
5	9	7	1	2	3	6	4	8
2	8	1	6	4	9	5	7	3
3	4	6	8	5	7	2	1	9

Solution # 661

8	4	5	7	2	9	1	6	3
3	1	7	4	6	5	8	2	9
6	9	2	8	1	3	5	4	7
1	6	8	5	3	4	7	9	2
9	7	4	2	8	6	3	5	1
5	2	3	9	7	1	4	8	6
2	3	1	6	5	8	9	7	4
4	5	6	1	9	7	2	3	8
7	8	9	3	4	2	6	1	5

Solution # 662

5	2	1	4	9	7	3	6	8
8	4	6	5	3	2	7	1	9
3	9	7	1	8	6	2	4	5
6	1	2	7	4	8	9	5	3
4	3	8	9	1	5	6	7	2
9	7	5	6	2	3	1	8	4
7	5	3	8	6	9	4	2	1
1	6	9	2	5	4	8	3	7
2	8	4	3	7	1	5	9	6

Solution # 663

7	9	5	3	8	6	4	2	1
4	6	3	7	2	1	8	5	9
8	1	2	5	4	9	6	7	3
1	5	9	8	6	4	7	3	2
3	4	8	2	7	5	1	9	6
2	7	6	1	9	3	5	4	8
9	8	7	4	1	2	3	6	5
5	2	1	6	3	7	9	8	4
6	3	4	9	5	8	2	1	7

Solution # 664

2	3	1	4	5	9	8	6	7
5	8	9	7	1	6	3	2	4
6	4	7	8	2	3	5	1	9
9	1	8	5	6	7	4	3	2
3	5	2	1	8	4	9	7	6
4	7	6	9	3	2	1	8	5
8	9	4	6	7	1	2	5	3
7	2	5	3	9	8	6	4	1
1	6	3	2	4	5	7	9	8

Solution # 665

3	5	6	4	8	7	9	2	1
4	2	1	6	5	9	8	7	3
8	7	9	2	1	3	5	4	6
9	3	7	5	4	1	6	8	2
5	8	2	3	9	6	4	1	7
6	1	4	8	7	2	3	9	5
7	9	5	1	6	8	2	3	4
2	4	8	7	3	5	1	6	9
1	6	3	9	2	4	7	5	8

Solution # 666
```
3 9 7 4 2 1 5 8 6
5 4 1 6 3 8 9 7 2
2 8 6 5 7 9 3 4 1
9 5 4 8 1 6 7 2 3
6 2 3 9 5 7 4 1 8
7 1 8 3 4 2 6 9 5
4 7 2 1 6 3 8 5 9
8 3 5 2 9 4 1 6 7
1 6 9 7 8 5 2 3 4
```

Solution # 667
```
3 5 4 6 7 9 8 1 2
8 7 9 2 5 1 3 4 6
1 6 2 3 4 8 7 5 9
4 9 6 8 1 7 2 3 5
2 3 8 5 6 4 9 7 1
7 1 5 9 3 2 6 8 4
5 8 3 4 2 6 1 9 7
9 2 7 1 8 5 4 6 3
6 4 1 7 9 3 5 2 8
```

Solution # 668
```
4 8 7 6 1 3 5 9 2
1 3 2 8 5 9 6 4 7
6 5 9 7 2 4 8 3 1
7 1 5 9 8 2 4 6 3
3 2 4 5 7 6 9 1 8
9 6 8 3 4 1 7 2 5
8 9 3 1 6 5 2 7 4
5 4 1 2 9 7 3 8 6
2 7 6 4 3 8 1 5 9
```

Solution # 669
```
6 7 4 2 3 9 1 5 8
1 5 2 7 6 8 3 9 4
9 3 8 1 4 5 6 2 7
3 1 5 6 9 7 8 4 2
8 2 7 3 1 4 9 6 5
4 9 6 5 8 2 7 1 3
5 6 3 8 2 1 4 7 9
2 4 1 9 7 3 5 8 6
7 8 9 4 5 6 2 3 1
```

Solution # 670
```
5 7 9 1 3 6 4 8 2
2 1 8 4 7 5 3 6 9
3 4 6 2 9 8 7 1 5
9 3 7 6 8 2 1 5 4
8 5 4 3 1 9 2 7 6
6 2 1 7 5 4 9 3 8
4 6 3 5 2 7 8 9 1
7 8 2 9 6 1 5 4 3
1 9 5 8 4 3 6 2 7
```

Solution # 671
```
9 2 4 8 7 5 3 6 1
8 7 1 2 3 6 4 9 5
3 5 6 1 9 4 7 8 2
1 4 5 7 8 9 6 2 3
7 9 2 5 6 3 8 1 4
6 8 3 4 1 2 9 5 7
4 1 9 3 2 8 5 7 6
2 3 8 6 5 7 1 4 9
5 6 7 9 4 1 2 3 8
```

Solution # 672
```
8 7 9 4 5 6 2 1 3
1 6 4 9 3 2 5 7 8
5 2 3 1 7 8 4 9 6
9 4 1 6 2 5 8 3 7
3 5 2 8 9 7 6 4 1
7 8 6 3 4 1 9 2 5
4 3 8 7 6 9 1 5 2
6 9 5 2 1 3 7 8 4
2 1 7 5 8 4 3 6 9
```

Solution # 673
```
4 1 3 2 6 8 7 9 5
7 2 9 3 4 5 1 6 8
6 8 5 7 1 9 4 2 3
9 7 4 5 2 6 8 3 1
1 3 6 8 7 4 9 5 2
8 5 2 9 3 1 6 7 4
2 6 7 1 8 3 5 4 9
3 9 1 4 5 7 2 8 6
5 4 8 6 9 2 3 1 7
```

Solution # 674
```
6 3 4 2 1 7 5 9 8
9 8 1 6 5 3 4 2 7
7 5 2 8 4 9 1 3 6
4 2 9 1 3 8 6 7 5
8 1 3 5 7 6 9 4 2
5 7 6 4 9 2 8 1 3
2 9 5 7 8 1 3 6 4
1 6 8 3 2 4 7 5 9
3 4 7 9 6 5 2 8 1
```

Solution # 675
```
1 9 8 4 3 2 6 5 7
7 2 6 8 5 9 3 1 4
4 3 5 1 6 7 9 2 8
8 4 2 6 9 5 7 3 1
6 1 7 2 8 3 4 9 5
3 5 9 7 1 4 8 6 2
9 8 3 5 4 1 2 7 6
5 7 4 3 2 6 1 8 9
2 6 1 9 7 8 5 4 3
```

Solution # 676
```
9 6 7 2 4 1 5 8 3
1 2 5 7 8 3 6 9 4
8 4 3 9 6 5 2 7 1
4 9 2 8 3 6 7 1 5
5 3 6 1 7 9 4 2 8
7 1 8 4 5 2 3 6 9
6 5 1 3 9 7 8 4 2
2 7 4 5 1 8 9 3 6
3 8 9 6 2 4 1 5 7
```

Solution # 677
```
8 9 6 3 1 4 2 5 7
7 5 3 2 8 9 1 6 4
1 4 2 6 5 7 8 3 9
4 1 5 7 2 6 3 9 8
6 3 7 8 9 5 4 1 2
2 8 9 1 4 3 6 7 5
9 6 1 4 7 2 5 8 3
5 2 8 9 3 1 7 4 6
3 7 4 5 6 8 9 2 1
```

Solution # 678
```
5 9 1 6 8 2 7 3 4
7 6 3 5 4 9 1 2 8
2 4 8 7 1 3 5 6 9
3 8 7 1 2 4 6 9 5
6 1 9 8 3 5 2 4 7
4 2 5 9 6 7 8 1 3
1 3 4 2 7 8 9 5 6
8 5 2 3 9 6 4 7 1
9 7 6 4 5 1 3 8 2
```

Solution # 679
```
6 2 5 3 8 1 4 7 9
7 4 3 6 9 5 1 2 8
8 9 1 7 4 2 5 6 3
5 7 9 4 6 3 2 8 1
2 1 6 5 7 8 9 3 4
4 3 8 2 1 9 6 5 7
3 8 2 1 5 4 7 9 6
9 6 4 8 2 7 3 1 5
1 5 7 9 3 6 8 4 2
```

Solution # 680
```
8 5 4 1 7 3 6 2 9
7 3 2 6 5 9 8 4 1
1 9 6 2 8 4 5 3 7
9 1 7 4 3 8 2 5 6
3 6 5 7 1 2 9 8 4
2 4 8 5 9 6 7 1 3
6 7 3 8 4 5 1 9 2
5 2 9 3 6 1 4 7 8
4 8 1 9 2 7 3 6 5
```

Solution # 681
```
4 3 2 7 6 5 1 9 8
5 7 9 3 8 1 4 2 6
8 1 6 4 2 9 3 7 5
6 2 7 1 9 3 5 8 4
3 4 8 5 7 2 9 6 1
1 9 5 8 4 6 2 3 7
7 6 1 2 3 4 8 5 9
2 8 4 9 5 7 6 1 3
9 5 3 6 1 8 7 4 2
```

Solution # 682
```
2 3 7 6 4 8 5 1 9
9 4 6 3 5 1 7 8 2
5 8 1 9 2 7 6 3 4
8 1 2 7 6 9 3 4 5
4 6 5 8 3 2 9 7 1
7 9 3 5 1 4 8 2 6
1 5 8 2 9 3 4 6 7
6 7 4 1 8 5 2 9 3
3 2 9 4 7 6 1 5 8
```

Solution # 683
```
2 9 8 3 1 6 5 4 7
6 5 1 8 4 7 3 9 2
7 3 4 9 2 5 6 8 1
3 8 2 5 7 9 4 1 6
9 4 5 1 6 2 8 7 3
1 7 6 4 8 3 2 5 9
4 6 9 2 5 1 7 3 8
8 2 3 7 9 4 1 6 5
5 1 7 6 3 8 9 2 4
```

Solution # 684
```
8 2 9 4 3 5 6 1 7
1 6 4 9 2 7 5 8 3
7 3 5 1 6 8 4 9 2
2 4 8 5 9 3 1 7 6
5 7 6 8 1 2 9 3 4
9 1 3 7 4 6 8 2 5
3 9 1 6 7 4 2 5 8
4 5 2 3 8 9 7 6 1
6 8 7 2 5 1 3 4 9
```

Solution # 685
```
3 2 5 8 6 4 7 1 9
8 7 1 9 2 5 6 3 4
4 6 9 1 7 3 2 5 8
2 4 7 6 3 8 1 9 5
9 3 8 5 1 2 4 7 6
5 1 6 4 9 7 3 8 2
7 9 4 2 8 1 5 6 3
1 8 2 3 5 6 9 4 7
6 5 3 7 4 9 8 2 1
```

Solution # 686
```
9 8 6 7 2 1 3 5 4
4 3 2 9 8 5 7 1 6
1 7 5 4 6 3 8 2 9
3 2 1 8 4 6 9 7 5
7 4 9 1 5 2 6 8 3
6 5 8 3 7 9 2 4 1
5 9 3 2 1 8 4 6 7
2 6 7 5 9 4 1 3 8
8 1 4 6 3 7 5 9 2
```

Solution # 687
```
2 6 4 3 1 7 9 5 8
7 5 1 9 8 4 6 3 2
3 9 8 5 2 6 4 1 7
8 3 5 4 9 2 1 7 6
6 7 2 1 5 3 8 9 4
1 4 9 6 7 8 3 2 5
5 8 6 7 3 9 2 4 1
9 2 7 8 4 1 5 6 3
4 1 3 2 6 5 7 8 9
```

Solution # 688
```
2 7 1 6 4 3 8 5 9
8 3 6 1 5 9 2 4 7
9 5 4 2 8 7 1 3 6
7 9 3 5 2 6 4 1 8
1 6 5 4 3 8 9 7 2
4 8 2 7 9 1 3 6 5
5 1 9 3 7 2 6 8 4
3 2 7 8 6 4 5 9 1
6 4 8 9 1 5 7 2 3
```

Solution # 689
```
6 7 8 4 3 2 9 1 5
2 9 4 7 5 1 8 6 3
1 5 3 9 8 6 4 2 7
7 8 2 3 6 5 1 9 4
3 6 9 8 1 4 7 5 2
5 4 1 2 9 7 6 3 8
8 1 6 5 4 3 2 7 9
4 3 7 1 2 9 5 8 6
9 2 5 6 7 8 3 4 1
```

Solution # 690
```
3 9 7 8 4 1 2 6 5
6 8 2 9 3 5 7 1 4
5 1 4 6 2 7 9 3 8
2 6 9 3 1 4 5 8 7
7 3 5 2 9 8 1 4 6
8 4 1 5 7 6 3 9 2
9 2 8 4 5 3 6 7 1
4 7 3 1 6 2 8 5 9
1 5 6 7 8 9 4 2 3
```

Solution # 691
```
2 6 9 7 5 1 8 3 4
7 1 3 6 8 4 9 2 5
5 4 8 2 9 3 6 7 1
1 2 6 3 7 9 4 5 8
3 5 7 4 6 8 2 1 9
8 9 4 1 2 5 3 6 7
4 7 2 8 1 6 5 9 3
9 8 1 5 3 2 7 4 6
6 3 5 9 4 7 1 8 2
```

Solution # 692
```
6 8 7 4 3 2 5 9 1
3 5 9 8 7 1 6 2 4
1 2 4 9 6 5 3 7 8
5 6 3 2 1 4 7 8 9
7 1 2 3 8 9 4 5 6
4 9 8 6 5 7 1 3 2
2 4 5 1 9 3 8 6 7
9 7 6 5 4 8 2 1 3
8 3 1 7 2 6 9 4 5
```

Solution # 693
```
6 8 3 9 1 5 7 2 4
1 4 9 8 2 7 6 5 3
7 5 2 6 3 4 9 1 8
9 6 8 2 7 3 1 4 5
3 7 4 1 5 6 2 8 9
5 2 1 4 9 8 3 6 7
8 1 5 7 6 9 4 3 2
4 9 6 3 8 2 5 7 1
2 3 7 5 4 1 8 9 6
```

Solution # 694
```
6 8 3 4 2 1 9 7 5
5 9 2 8 6 7 4 3 1
1 7 4 9 5 3 2 8 6
3 6 9 1 8 5 7 4 2
2 5 8 7 4 9 6 1 3
7 4 1 6 3 2 5 9 8
4 1 6 5 9 8 3 2 7
8 2 5 3 7 4 1 6 9
9 3 7 2 1 6 8 5 4
```

Solution # 695
```
3 4 8 1 9 6 7 2 5
7 9 2 5 4 8 1 3 6
1 5 6 2 3 7 4 9 8
8 3 4 6 7 2 9 5 1
2 6 1 4 5 9 8 7 3
5 7 9 8 1 3 6 4 2
9 2 7 3 8 1 5 6 4
4 1 3 9 6 5 2 8 7
6 8 5 7 2 4 3 1 9
```

Solution # 696
```
8 6 1 3 9 7 2 5 4
5 4 3 1 6 2 9 8 7
7 9 2 5 8 4 1 6 3
6 2 8 7 1 9 3 4 5
4 1 7 2 3 5 8 9 6
9 3 5 8 4 6 7 1 2
1 8 4 6 2 3 5 7 9
2 7 6 9 5 1 4 3 8
3 5 9 4 7 8 6 2 1
```

Solution # 697
```
7 4 6 5 1 3 8 9 2
8 3 5 6 9 2 7 4 1
1 9 2 8 4 7 6 3 5
9 6 8 3 5 4 2 1 7
4 2 3 7 6 1 5 8 9
5 7 1 2 8 9 3 6 4
3 1 7 9 2 6 4 5 8
6 5 9 4 7 8 1 2 3
2 8 4 1 3 5 9 7 6
```

Solution # 698
```
9 6 8 2 7 1 5 4 3
3 5 2 8 9 4 7 1 6
4 1 7 3 5 6 2 8 9
6 7 3 5 8 2 1 9 4
2 4 9 1 6 7 8 3 5
1 8 5 9 4 3 6 7 2
8 3 1 4 2 5 9 6 7
7 2 4 6 1 9 3 5 8
5 9 6 7 3 8 4 2 1
```

Solution # 699
```
8 2 7 1 9 4 5 6 3
5 1 3 7 6 8 2 9 4
6 4 9 2 3 5 1 7 8
4 9 5 3 7 1 6 8 2
1 6 8 5 2 9 3 4 7
3 7 2 8 4 6 9 5 1
9 8 4 6 1 3 7 2 5
7 3 6 4 5 2 8 1 9
2 5 1 9 8 7 4 3 6
```

Solution # 700
```
4 7 8 1 6 3 2 5 9
1 2 9 7 5 8 6 4 3
6 5 3 4 9 2 8 1 7
3 4 5 2 8 9 1 7 6
7 1 2 3 4 6 5 9 8
9 8 6 5 1 7 4 3 2
2 6 4 9 3 1 7 8 5
5 3 7 8 2 4 9 6 1
8 9 1 6 7 5 3 2 4
```

Solution # 701

```
2 3 7 5 9 4 8 6 1
9 4 5 1 8 6 7 2 3
1 8 6 7 2 3 4 5 9
7 6 9 2 1 8 5 3 4
3 5 2 9 4 7 6 1 8
4 1 8 6 3 5 2 9 7
8 2 4 3 5 1 9 7 6
6 9 3 8 7 2 1 4 5
5 7 1 4 6 9 3 8 2
```

Solution # 702

```
9 8 5 4 3 1 7 2 6
3 6 2 8 9 7 1 5 4
4 7 1 6 2 5 3 8 9
2 1 9 7 5 4 8 6 3
8 3 4 2 6 9 5 1 7
7 5 6 3 1 8 9 4 2
6 9 8 1 4 3 2 7 5
5 2 7 9 8 6 4 3 1
1 4 3 5 7 2 6 9 8
```

Solution # 703

```
8 9 6 4 3 7 1 5 2
3 1 7 6 5 2 4 8 9
2 5 4 9 8 1 7 6 3
4 6 5 7 1 9 2 3 8
7 3 8 5 2 4 6 9 1
9 2 1 3 6 8 5 4 7
5 4 9 1 7 3 8 2 6
6 7 2 8 9 5 3 1 4
1 8 3 2 4 6 9 7 5
```

Solution # 704

```
6 5 9 7 2 3 1 4 8
8 7 2 9 1 4 5 6 3
1 4 3 6 8 5 9 7 2
7 1 6 8 3 9 4 2 5
4 2 8 1 5 7 6 3 9
3 9 5 2 4 6 7 8 1
2 6 7 3 9 1 8 5 4
5 8 1 4 7 2 3 9 6
9 3 4 5 6 8 2 1 7
```

Solution # 705

```
4 6 7 5 9 1 8 2 3
1 3 8 6 2 4 7 9 5
9 5 2 8 7 3 6 1 4
7 4 3 2 6 8 1 5 9
2 8 9 1 5 7 4 3 6
5 1 6 3 4 9 2 7 8
6 9 1 7 8 5 3 4 2
8 7 5 4 3 2 9 6 1
3 2 4 9 1 6 5 8 7
```

Solution # 706

```
5 9 7 1 3 2 6 4 8
1 4 2 8 6 7 5 3 9
8 3 6 4 5 9 1 7 2
6 8 1 7 2 5 3 9 4
9 7 4 3 1 8 2 6 5
2 5 3 9 4 6 8 1 7
4 6 8 5 7 1 9 2 3
7 1 9 2 8 3 4 5 6
3 2 5 6 9 4 7 8 1
```

Solution # 707

```
9 1 5 3 6 8 4 7 2
4 3 7 1 5 2 8 6 9
6 2 8 4 9 7 3 1 5
1 5 4 2 8 3 6 9 7
3 8 6 7 1 9 5 2 4
2 7 9 6 4 5 1 3 8
8 9 3 5 7 6 2 4 1
7 4 2 8 3 1 9 5 6
5 6 1 9 2 4 7 8 3
```

Solution # 708

```
1 8 6 9 5 4 2 7 3
9 2 7 1 3 6 8 5 4
5 4 3 8 2 7 9 6 1
3 1 2 6 4 9 7 8 5
4 6 9 7 8 5 1 3 2
8 7 5 2 1 3 6 4 9
2 3 1 4 6 8 5 9 7
7 5 8 3 9 1 4 2 6
6 9 4 5 7 2 3 1 8
```

Solution # 709

```
7 6 1 4 5 2 9 3 8
9 2 3 6 7 8 1 5 4
8 5 4 3 9 1 7 2 6
2 1 6 7 8 9 5 4 3
4 8 7 5 1 3 2 6 9
5 3 9 2 6 4 8 1 7
1 4 2 8 3 7 6 9 5
6 9 8 1 4 5 3 7 2
3 7 5 9 2 6 4 8 1
```

Solution # 710

```
8 1 4 2 5 7 6 9 3
9 3 5 4 6 1 8 7 2
6 2 7 9 8 3 5 1 4
5 9 2 7 1 8 4 3 6
7 8 3 6 9 4 2 5 1
1 4 6 3 2 5 9 8 7
2 7 8 5 3 6 1 4 9
3 6 1 8 4 9 7 2 5
4 5 9 1 7 2 3 6 8
```

Solution # 711

```
2 4 9 1 6 3 8 5 7
5 8 6 2 4 7 3 1 9
7 1 3 9 5 8 6 2 4
8 2 1 7 3 6 9 4 5
6 3 7 4 9 5 2 8 1
4 9 5 8 2 1 7 6 3
9 6 8 5 7 4 1 3 2
1 7 4 3 8 2 5 9 6
3 5 2 6 1 9 4 7 8
```

Solution # 712

```
1 9 6 5 7 2 8 4 3
4 5 8 9 6 3 7 2 1
2 7 3 1 8 4 6 9 5
3 4 1 2 9 6 5 8 7
9 6 7 4 5 8 1 3 2
8 2 5 3 1 7 4 6 9
7 3 4 8 2 5 9 1 6
6 8 9 7 3 1 2 5 4
5 1 2 6 4 9 3 7 8
```

Solution # 713

```
8 1 5 2 3 6 4 9 7
2 6 7 4 1 9 8 5 3
4 3 9 8 7 5 1 6 2
9 2 1 7 6 8 3 4 5
5 7 4 1 2 3 9 8 6
6 8 3 9 5 4 2 7 1
3 5 8 6 9 1 7 2 4
7 4 6 3 8 2 5 1 9
1 9 2 5 4 7 6 3 8
```

Solution # 714

```
7 8 3 9 1 6 2 4 5
4 1 6 8 2 5 9 3 7
5 9 2 3 7 4 8 6 1
2 4 5 6 8 9 7 1 3
3 7 9 1 5 2 4 8 6
8 6 1 7 4 3 5 2 9
6 3 4 2 9 7 1 5 8
9 5 8 4 3 1 6 7 2
1 2 7 5 6 8 3 9 4
```

Solution # 715

```
9 2 4 1 7 3 6 8 5
6 5 7 2 9 8 1 3 4
3 8 1 5 6 4 2 9 7
7 4 8 3 1 6 9 5 2
5 6 3 9 4 2 8 7 1
1 9 2 7 8 5 3 4 6
8 7 9 6 5 1 4 2 3
4 3 6 8 2 7 5 1 9
2 1 5 4 3 9 7 6 8
```

Solution # 716

```
9 5 1 8 4 2 3 6 7
3 7 2 1 5 6 8 4 9
8 4 6 7 9 3 1 5 2
4 1 9 6 8 5 7 2 3
6 3 8 4 2 7 5 9 1
5 2 7 3 1 9 4 8 6
7 8 4 2 6 1 9 3 5
2 9 3 5 7 8 6 1 4
1 6 5 9 3 4 2 7 8
```

Solution # 717

```
5 1 4 9 3 8 2 6 7
2 8 7 5 6 4 3 9 1
3 9 6 1 2 7 8 5 4
1 3 2 4 9 5 7 8 6
9 6 5 8 7 2 4 1 3
7 4 8 3 1 6 5 2 9
8 7 1 6 5 3 9 4 2
6 5 3 2 4 9 1 7 8
4 2 9 7 8 1 6 3 5
```

Solution # 718

```
3 7 4 9 8 6 2 1 5
8 2 5 4 1 3 6 7 9
6 9 1 5 2 7 4 8 3
4 5 7 2 6 1 9 3 8
9 1 6 8 3 4 7 5 2
2 8 3 7 5 9 1 4 6
1 3 2 6 4 8 5 9 7
5 4 9 3 7 2 8 6 1
7 6 8 1 9 5 3 2 4
```

Solution # 719

```
9 1 8 3 2 5 4 7 6
7 5 2 4 8 6 9 3 1
4 3 6 1 9 7 8 2 5
5 4 1 2 7 8 3 6 9
6 9 7 5 3 4 2 1 8
8 2 3 9 6 1 7 5 4
3 7 4 6 1 9 5 8 2
1 8 9 7 5 2 6 4 3
2 6 5 8 4 3 1 9 7
```

Solution # 720

```
8 2 3 7 9 6 5 1 4
6 9 7 1 5 4 8 3 2
5 1 4 8 2 3 9 7 6
1 8 5 3 6 7 4 2 9
2 4 6 9 1 8 7 5 3
3 7 9 2 4 5 6 8 1
7 6 1 5 3 9 2 4 8
4 3 8 6 7 2 1 9 5
9 5 2 4 8 1 3 6 7
```

Solution # 721

```
1 2 6 5 9 7 4 3 8
5 4 7 6 8 3 9 2 1
9 3 8 1 2 4 6 7 5
6 1 9 3 4 2 5 8 7
7 5 3 8 1 6 2 9 4
2 8 4 7 5 9 1 6 3
8 9 2 4 3 5 7 1 6
3 7 5 9 6 1 8 4 2
4 6 1 2 7 8 3 5 9
```

Solution # 722

```
2 9 3 8 4 7 1 5 6
1 4 5 6 3 2 8 7 9
7 8 6 5 9 1 4 3 2
9 5 8 4 7 6 3 2 1
4 1 2 3 5 9 7 6 8
3 6 7 1 2 8 5 9 4
8 3 9 2 1 5 6 4 7
5 7 1 9 6 4 2 8 3
6 2 4 7 8 3 9 1 5
```

Solution # 723

```
1 4 7 9 3 8 5 6 2
3 5 9 6 2 7 1 4 8
8 6 2 1 5 4 9 7 3
5 3 8 2 7 1 6 9 4
7 9 1 4 6 3 8 2 5
6 2 4 8 9 5 3 1 7
9 8 6 3 4 2 7 5 1
4 7 3 5 1 9 2 8 6
2 1 5 7 8 6 4 3 9
```

Solution # 724

```
3 6 7 4 8 1 5 9 2
5 8 9 2 3 6 7 4 1
2 1 4 9 5 7 8 6 3
1 2 3 8 7 9 6 5 4
8 4 5 3 6 2 1 7 9
9 7 6 1 4 5 3 2 8
7 9 2 5 1 8 4 3 6
6 3 8 7 9 4 2 1 5
4 5 1 6 2 3 9 8 7
```

Solution # 725

```
1 5 8 3 7 4 6 9 2
6 7 4 9 2 1 3 5 8
2 9 3 8 5 6 7 4 1
3 1 5 4 8 2 9 7 6
4 8 9 7 6 3 1 2 5
7 2 6 5 1 9 8 3 4
9 3 2 1 4 8 5 6 7
5 6 1 2 3 7 4 8 9
8 4 7 6 9 5 2 1 3
```

Solution # 726

```
9 4 1 8 7 6 3 2 5
7 3 6 2 1 5 4 9 8
2 8 5 3 9 4 6 1 7
4 5 7 1 2 3 9 8 6
8 2 3 4 6 9 7 5 1
1 6 9 5 8 7 2 4 3
6 9 2 7 5 1 8 3 4
5 7 4 9 3 8 1 6 2
3 1 8 6 4 2 5 7 9
```

Solution # 727

```
1 8 4 7 2 5 6 9 3
2 5 6 3 1 9 8 7 4
9 7 3 8 6 4 1 5 2
6 3 8 9 5 2 4 1 7
7 4 9 6 8 1 3 2 5
5 1 2 4 3 7 9 8 6
8 9 7 2 4 3 5 6 1
3 2 1 5 9 6 7 4 8
4 6 5 1 7 8 2 3 9
```

Solution # 728

```
2 7 3 1 5 9 6 4 8
8 5 9 4 2 6 7 3 1
4 1 6 7 8 3 2 5 9
5 4 2 6 3 8 9 1 7
9 3 7 5 1 2 8 6 4
1 6 8 9 4 7 5 2 3
6 9 1 3 7 5 4 8 2
3 2 5 8 9 4 1 7 6
7 8 4 2 6 1 3 9 5
```

Solution # 729

```
5 8 2 1 7 3 9 4 6
1 4 7 6 8 9 2 3 5
6 3 9 2 4 5 7 8 1
2 5 8 4 9 6 3 1 7
4 7 6 8 3 1 5 9 2
9 1 3 5 2 7 8 6 4
8 6 4 9 5 2 1 7 3
7 2 1 3 6 8 4 5 9
3 9 5 7 1 4 6 2 8
```

Solution # 730

```
6 9 1 4 7 5 8 3 2
7 4 3 9 2 8 6 1 5
5 8 2 6 1 3 4 9 7
4 6 7 8 5 1 3 2 9
8 3 5 2 4 9 1 7 6
2 1 9 3 6 7 5 4 8
3 2 8 1 9 6 7 5 4
1 7 4 5 8 2 9 6 3
9 5 6 7 3 4 2 8 1
```

Solution # 731

```
3 4 8 9 5 1 6 2 7
7 2 5 3 6 8 9 4 1
1 9 6 4 2 7 8 5 3
5 6 7 8 1 2 3 9 4
9 3 2 6 7 4 1 8 5
8 1 4 5 3 9 7 6 2
2 8 9 1 4 3 5 7 6
4 5 3 7 8 6 2 1 9
6 7 1 2 9 5 4 3 8
```

Solution # 732

```
8 7 6 3 1 5 4 9 2
1 2 5 9 4 6 8 3 7
3 9 4 8 7 2 5 1 6
6 8 1 5 9 4 7 2 3
7 4 3 2 8 1 6 5 9
2 5 9 6 3 7 1 8 4
4 3 8 1 6 9 2 7 5
9 6 2 7 5 8 3 4 1
5 1 7 4 2 3 9 6 8
```

Solution # 733

```
2 1 5 9 3 8 4 6 7
3 6 8 5 4 7 9 2 1
4 9 7 1 2 6 3 8 5
9 8 4 7 6 5 2 1 3
7 3 2 4 8 1 5 9 6
6 5 1 2 9 3 7 4 8
8 2 6 3 5 4 1 7 9
1 4 3 8 7 9 6 5 2
5 7 9 6 1 2 8 3 4
```

Solution # 734

```
4 5 7 1 8 6 9 2 3
9 8 1 2 3 5 6 7 4
2 3 6 9 7 4 5 1 8
6 9 2 3 5 8 1 4 7
3 4 5 7 9 1 2 8 6
1 7 8 4 6 2 3 5 9
5 6 9 8 2 7 4 3 1
8 1 3 5 4 9 7 6 2
7 2 4 6 1 3 8 9 5
```

Solution # 735

```
6 7 9 3 1 8 2 4 5
1 4 3 5 6 2 7 8 9
8 5 2 7 9 4 3 6 1
2 8 7 9 4 5 6 1 3
4 3 5 6 7 1 8 9 2
9 6 1 8 2 3 4 5 7
5 9 6 4 3 7 1 2 8
7 1 8 2 5 6 9 3 4
3 2 4 1 8 9 5 7 6
```

Solution # 736
```
7 8 4 5 1 3 2 9 6
1 2 5 7 6 9 8 4 3
6 3 9 8 4 2 1 5 7
8 5 1 4 2 6 3 7 9
2 7 6 9 3 8 4 1 5
9 4 3 1 7 5 6 2 8
4 1 8 6 5 7 9 3 2
5 6 2 3 9 1 7 8 4
3 9 7 2 8 4 5 6 1
```

Solution # 737
```
1 5 2 9 8 6 4 3 7
7 8 3 2 4 5 9 6 1
9 4 6 7 3 1 8 2 5
4 7 8 5 2 9 6 1 3
2 9 5 6 1 3 7 4 8
6 3 1 8 7 4 5 9 2
3 6 9 1 5 8 2 7 4
5 2 4 3 6 7 1 8 9
8 1 7 4 9 2 3 5 6
```

Solution # 738
```
4 2 7 6 5 8 1 9 3
8 1 3 7 9 2 5 4 6
6 5 9 3 1 4 8 2 7
3 7 6 8 2 5 9 1 4
9 8 2 4 6 1 7 3 5
1 4 5 9 7 3 6 8 2
5 3 4 1 8 7 2 6 9
7 9 8 2 4 6 3 5 1
2 6 1 5 3 9 4 7 8
```

Solution # 739
```
2 7 6 9 5 1 3 8 4
8 5 1 2 3 4 7 9 6
4 3 9 8 7 6 1 5 2
3 4 7 1 2 8 5 6 9
1 6 8 7 9 5 2 4 3
5 9 2 6 4 3 8 1 7
6 8 4 3 1 7 9 2 5
7 2 5 4 8 9 6 3 1
9 1 3 5 6 2 4 7 8
```

Solution # 740
```
1 6 5 4 2 7 8 3 9
2 4 3 8 9 6 1 7 5
7 8 9 5 1 3 2 4 6
5 3 8 7 4 1 6 9 2
6 7 1 2 8 9 3 5 4
4 9 2 3 6 5 7 8 1
8 1 4 9 3 2 5 6 7
9 2 7 6 5 8 4 1 3
3 5 6 1 7 4 9 2 8
```

Solution # 741
```
7 8 2 6 9 5 4 3 1
3 5 9 1 4 7 8 6 2
1 6 4 8 3 2 9 5 7
4 3 1 9 2 8 5 7 6
9 7 6 3 5 1 2 4 8
5 2 8 4 7 6 1 9 3
8 1 7 5 6 9 3 2 4
6 4 5 2 1 3 7 8 9
2 9 3 7 8 4 6 1 5
```

Solution # 742
```
7 2 4 5 1 6 8 9 3
1 3 5 8 9 4 6 2 7
9 8 6 7 3 2 5 1 4
8 1 3 2 6 5 7 4 9
5 4 9 1 8 7 3 6 2
2 6 7 9 4 3 1 5 8
3 7 1 4 5 9 2 8 6
4 5 2 6 7 8 9 3 1
6 9 8 3 2 1 4 7 5
```

Solution # 743
```
8 9 5 2 4 3 6 7 1
2 1 6 7 8 5 9 4 3
3 7 4 6 1 9 5 2 8
7 2 8 4 5 1 3 6 9
4 3 9 8 7 6 1 5 2
6 5 1 9 3 2 4 8 7
1 4 3 5 2 7 8 9 6
9 8 2 3 6 4 7 1 5
5 6 7 1 9 8 2 3 4
```

Solution # 744
```
9 2 5 3 4 7 8 1 6
3 8 4 5 6 1 2 9 7
7 1 6 9 2 8 5 4 3
5 7 1 8 3 4 6 2 9
8 6 3 1 9 2 7 5 4
4 9 2 6 7 5 3 8 1
1 4 8 7 5 3 9 6 2
6 5 7 2 1 9 4 3 8
2 3 9 4 8 6 1 7 5
```

Solution # 745
```
9 5 4 7 3 1 6 8 2
8 3 7 2 9 6 1 4 5
6 1 2 8 4 5 3 7 9
3 7 8 1 5 4 2 9 6
4 2 9 6 7 3 5 1 8
5 6 1 9 8 2 4 3 7
1 9 3 5 6 7 8 2 4
7 4 6 3 2 8 9 5 1
2 8 5 4 1 9 7 6 3
```

Solution # 746
```
8 1 2 4 3 6 9 7 5
5 7 4 1 8 9 2 3 6
3 9 6 5 7 2 1 4 8
2 5 8 6 9 7 3 1 4
7 4 1 3 2 5 6 8 9
9 6 3 8 1 4 5 2 7
6 8 9 2 4 1 7 5 3
1 3 7 9 5 8 4 6 2
4 2 5 7 6 3 8 9 1
```

Solution # 747
```
8 4 2 1 6 3 9 7 5
5 7 6 4 8 9 3 2 1
3 1 9 5 7 2 8 4 6
9 2 5 8 3 4 6 1 7
4 6 8 7 2 1 5 9 3
7 3 1 6 9 5 4 8 2
6 9 7 3 1 8 2 5 4
2 5 3 9 4 7 1 6 8
1 8 4 2 5 6 7 3 9
```

Solution # 748
```
3 8 6 5 2 4 7 1 9
7 1 2 9 8 6 3 5 4
5 4 9 1 7 3 8 2 6
2 9 3 8 4 1 6 7 5
1 5 7 6 3 9 2 4 8
8 6 4 2 5 7 9 3 1
4 2 1 7 6 8 5 9 3
9 7 8 3 1 5 4 6 2
6 3 5 4 9 2 1 8 7
```

Solution # 749
```
9 6 4 3 7 2 8 1 5
5 7 1 6 9 8 3 2 4
8 3 2 4 1 5 7 9 6
2 8 3 1 4 6 9 5 7
7 4 5 2 3 9 1 6 8
1 9 6 5 8 7 2 4 3
4 2 7 8 6 1 5 3 9
3 5 9 7 2 4 6 8 1
6 1 8 9 5 3 4 7 2
```

Solution # 750
```
8 5 3 2 6 7 4 9 1
4 6 9 1 5 3 7 8 2
1 2 7 8 4 9 6 3 5
3 9 6 5 2 1 8 7 4
5 7 8 4 9 6 2 1 3
2 4 1 7 3 8 5 6 9
6 1 2 9 8 4 3 5 7
7 3 5 6 1 2 9 4 8
9 8 4 3 7 5 1 2 6
```

Solution # 751
```
6 9 5 7 1 3 4 2 8
1 3 7 2 4 8 6 5 9
8 2 4 5 9 6 1 3 7
7 4 1 6 8 5 2 9 3
5 8 9 3 2 1 7 4 6
2 6 3 4 7 9 8 1 5
3 7 8 1 5 2 9 6 4
4 5 2 9 6 7 3 8 1
9 1 6 8 3 4 5 7 2
```

Solution # 752
```
8 9 3 6 4 5 7 1 2
7 4 5 3 1 2 9 8 6
1 6 2 8 9 7 3 4 5
9 3 8 7 6 4 5 2 1
4 1 6 2 5 3 8 7 9
2 5 7 1 8 9 6 3 4
3 7 1 5 2 6 4 9 8
5 2 4 9 3 8 1 6 7
6 8 9 4 7 1 2 5 3
```

Solution # 753
```
1 3 4 5 8 6 2 9 7
6 2 9 7 4 1 5 3 8
5 8 7 3 2 9 4 1 6
7 9 1 8 5 4 3 6 2
3 5 8 1 6 2 7 4 9
4 6 2 9 7 3 1 8 5
8 7 3 4 9 5 6 2 1
2 1 5 6 3 8 9 7 4
9 4 6 2 1 7 8 5 3
```

Solution # 754
```
4 9 3 2 7 1 5 8 6
2 8 1 6 9 5 4 3 7
5 7 6 8 3 4 9 2 1
9 2 8 5 1 3 6 7 4
7 1 5 4 8 6 2 9 3
6 3 4 9 2 7 8 1 5
8 6 7 1 4 2 3 5 9
1 4 9 3 5 8 7 6 2
3 5 2 7 6 9 1 4 8
```

Solution # 755
```
7 1 9 5 8 6 2 3 4
8 4 5 3 2 1 7 6 9
6 2 3 9 7 4 5 8 1
1 6 4 2 3 9 8 7 5
5 7 2 4 1 8 3 9 6
3 9 8 7 6 5 4 1 2
2 3 6 1 5 7 9 4 8
4 8 7 6 9 2 1 5 3
9 5 1 8 4 3 6 2 7
```

Solution # 756
```
1 7 5 3 2 6 8 4 9
4 8 3 9 7 5 1 6 2
2 6 9 1 8 4 3 5 7
9 2 6 5 1 8 4 7 3
8 5 4 7 6 3 2 9 1
7 3 1 4 9 2 5 8 6
6 1 8 2 4 9 7 3 5
5 4 7 6 3 1 9 2 8
3 9 2 8 5 7 6 1 4
```

Solution # 757
```
5 9 6 7 1 2 8 4 3
7 4 8 3 9 6 2 1 5
1 2 3 4 5 8 6 7 9
3 6 9 2 8 4 7 5 1
2 7 1 5 3 9 4 6 8
4 8 5 6 7 1 3 9 2
8 3 7 1 6 5 9 2 4
9 1 4 8 2 7 5 3 6
6 5 2 9 4 3 1 8 7
```

Solution # 758
```
9 5 8 1 6 2 4 3 7
6 3 2 8 7 4 5 1 9
4 7 1 9 5 3 8 6 2
3 6 7 4 8 5 9 2 1
8 4 9 7 2 1 6 5 3
2 1 5 3 9 6 7 8 4
7 2 6 5 1 9 3 4 8
5 8 4 2 3 7 1 9 6
1 9 3 6 4 8 2 7 5
```

Solution # 759
```
9 8 1 4 5 6 2 3 7
2 5 7 1 9 3 6 4 8
4 6 3 2 8 7 1 5 9
1 4 9 5 3 2 7 8 6
5 7 8 6 4 1 3 9 2
6 3 2 9 7 8 4 1 5
3 9 4 7 2 5 8 6 1
7 1 5 8 6 4 9 2 3
8 2 6 3 1 9 5 7 4
```

Solution # 760
```
9 2 4 3 6 5 1 8 7
1 5 7 8 4 9 2 3 6
8 3 6 7 1 2 5 4 9
2 9 3 1 8 4 6 7 5
5 7 8 2 9 6 3 1 4
6 4 1 5 3 7 9 2 8
7 6 9 4 2 1 8 5 3
3 1 5 9 7 8 4 6 2
4 8 2 6 5 3 7 9 1
```

Solution # 761
```
9 3 6 8 2 1 7 4 5
4 8 7 5 9 6 1 2 3
2 1 5 7 3 4 9 8 6
6 2 1 3 4 7 8 5 9
8 5 4 2 1 9 3 6 7
3 7 9 6 8 5 2 1 4
7 4 8 1 6 3 5 9 2
5 6 2 9 7 8 4 3 1
1 9 3 4 5 2 6 7 8
```

Solution # 762
```
8 6 2 1 5 7 3 9 4
7 9 4 8 3 2 1 5 6
5 1 3 4 9 6 8 7 2
3 4 9 7 8 5 2 6 1
2 5 8 6 1 9 7 4 3
6 7 1 2 4 3 5 8 9
1 8 7 3 6 4 9 2 5
4 2 5 9 7 1 6 3 8
9 3 6 5 2 8 4 1 7
```

Solution # 763
```
4 1 9 7 5 6 3 8 2
6 2 8 3 9 4 1 7 5
3 5 7 8 2 1 4 9 6
1 3 2 4 7 8 6 5 9
8 6 5 1 3 9 2 4 7
7 9 4 5 6 2 8 1 3
2 4 6 9 8 5 7 3 1
9 8 3 6 1 7 5 2 4
5 7 1 2 4 3 9 6 8
```

Solution # 764
```
7 5 4 6 8 2 9 3 1
3 9 2 7 1 5 8 6 4
8 6 1 9 4 3 5 2 7
9 2 6 5 7 8 4 1 3
1 3 8 4 2 9 7 5 6
4 7 5 1 3 6 2 9 8
2 1 7 3 9 4 6 8 5
6 4 9 8 5 1 3 7 2
5 8 3 2 6 7 1 4 9
```

Solution # 765
```
1 8 5 2 4 6 3 9 7
3 6 9 8 7 1 5 4 2
4 7 2 9 5 3 8 6 1
9 1 3 5 6 2 4 7 8
8 4 6 3 1 7 9 2 5
2 5 7 4 8 9 1 3 6
6 2 8 1 9 4 7 5 3
7 9 1 6 3 5 2 8 4
5 3 4 7 2 8 6 1 9
```

Solution # 766
```
2 6 3 9 4 8 1 7 5
7 9 4 1 5 6 3 8 2
5 8 1 2 7 3 6 4 9
6 3 5 8 1 2 7 9 4
4 2 7 6 9 5 8 1 3
8 1 9 7 3 4 2 5 6
9 5 8 3 6 7 4 2 1
3 4 2 5 8 1 9 6 7
1 7 6 4 2 9 5 3 8
```

Solution # 767
```
7 5 9 8 1 4 2 6 3
2 6 4 5 3 9 8 1 7
8 1 3 6 2 7 4 5 9
4 2 1 7 9 8 5 3 6
5 3 7 4 6 2 9 8 1
6 9 8 3 5 1 7 2 4
1 4 6 2 7 5 3 9 8
9 7 5 1 8 3 6 4 2
3 8 2 9 4 6 1 7 5
```

Solution # 768
```
2 4 6 5 7 3 9 8 1
5 8 1 9 2 6 7 3 4
7 3 9 4 8 1 6 5 2
1 5 4 8 9 2 3 7 6
6 2 8 3 4 7 5 1 9
9 7 3 1 6 5 4 2 8
8 1 5 6 3 4 2 9 7
3 6 7 2 1 9 8 4 5
4 9 2 7 5 8 1 6 3
```

Solution # 769
```
9 7 1 8 4 3 6 5 2
6 2 8 5 7 1 9 4 3
4 5 3 2 9 6 7 1 8
3 4 5 7 8 9 1 2 6
2 1 7 3 6 5 4 8 9
8 6 9 4 1 2 5 3 7
7 8 2 6 5 4 3 9 1
5 9 6 1 3 8 2 7 4
1 3 4 9 2 7 8 6 5
```

Solution # 770
```
7 3 9 6 8 5 4 2 1
8 2 4 9 1 7 6 3 5
1 6 5 4 3 2 9 7 8
9 8 2 1 7 4 3 5 6
4 7 3 8 5 6 1 9 2
6 5 1 2 9 3 8 4 7
3 1 6 5 2 9 7 8 4
5 9 8 7 4 1 2 6 3
2 4 7 3 6 8 5 1 9
```

Solution # 771

9	3	7	4	2	1	6	5	8
1	4	5	6	8	3	2	9	7
6	8	2	9	7	5	4	1	3
2	1	4	8	5	6	3	7	9
5	7	3	2	9	4	8	6	1
8	9	6	1	3	7	5	4	2
4	5	8	7	1	2	9	3	6
7	6	9	3	4	8	1	2	5
3	2	1	5	6	9	7	8	4

Solution # 772

3	4	1	7	5	6	8	9	2
9	7	5	3	8	2	1	4	6
8	2	6	4	9	1	3	5	7
5	3	4	6	2	9	7	1	8
1	8	2	5	3	7	4	6	9
7	6	9	1	4	8	5	2	3
6	9	3	8	1	5	2	7	4
2	5	8	9	7	4	6	3	1
4	1	7	2	6	3	9	8	5

Solution # 773

6	8	3	9	7	2	1	4	5
5	9	2	6	4	1	7	3	8
4	1	7	3	8	5	2	6	9
1	7	9	5	6	4	8	2	3
8	4	6	1	2	3	9	5	7
3	2	5	8	9	7	4	1	6
2	6	8	4	3	9	5	7	1
7	3	1	2	5	8	6	9	4
9	5	4	7	1	6	3	8	2

Solution # 774

9	5	6	7	2	4	8	3	1
3	1	7	8	6	5	2	9	4
4	2	8	3	1	9	7	6	5
8	3	5	6	4	7	1	2	9
7	6	9	1	3	2	5	4	8
2	4	1	9	5	8	3	7	6
6	8	2	4	7	1	9	5	3
5	9	4	2	8	3	6	1	7
1	7	3	5	9	6	4	8	2

Solution # 775

7	1	2	5	4	3	9	6	8
8	4	3	9	6	7	5	1	2
5	9	6	1	2	8	4	3	7
1	6	7	8	9	2	3	4	5
4	5	9	3	7	6	8	2	1
3	2	8	4	5	1	6	7	9
9	3	4	7	1	5	2	8	6
6	8	1	2	3	9	7	5	4
2	7	5	6	8	4	1	9	3

Solution # 776

2	8	5	9	4	3	7	6	1
1	9	3	8	7	6	2	5	4
7	6	4	1	2	5	8	3	9
9	2	1	5	8	4	3	7	6
5	3	6	2	1	7	9	4	8
4	7	8	3	6	9	5	1	2
6	5	9	4	3	8	1	2	7
3	1	7	6	9	2	4	8	5
8	4	2	7	5	1	6	9	3

Solution # 777

7	9	6	4	1	3	5	8	2
3	2	8	9	5	6	7	1	4
5	1	4	2	7	8	9	3	6
8	3	5	1	4	7	2	6	9
2	6	1	5	3	9	4	7	8
4	7	9	6	8	2	1	5	3
1	5	2	8	6	4	3	9	7
6	4	3	7	9	5	8	2	1
9	8	7	3	2	1	6	4	5

Solution # 778

3	7	2	1	5	4	6	9	8
8	5	6	7	9	3	1	4	2
9	4	1	8	6	2	7	3	5
1	8	7	2	3	9	5	6	4
4	3	9	5	1	6	2	8	7
2	6	5	4	8	7	9	1	3
7	1	3	9	2	8	4	5	6
5	2	8	6	4	1	3	7	9
6	9	4	3	7	5	8	2	1

Solution # 779

7	4	6	8	5	2	3	1	9
9	8	5	6	1	3	2	4	7
1	2	3	4	7	9	8	6	5
3	6	2	7	4	1	9	5	8
4	9	8	3	6	5	1	7	2
5	1	7	9	2	8	6	3	4
2	3	4	5	8	6	7	9	1
6	7	1	2	9	4	5	8	3
8	5	9	1	3	7	4	2	6

Solution # 780

5	9	6	1	2	8	4	3	7
1	3	8	4	7	6	9	2	5
2	4	7	3	5	9	1	8	6
9	8	4	7	3	1	5	6	2
3	5	1	6	4	2	8	7	9
7	6	2	9	8	5	3	1	4
4	1	3	2	9	7	6	5	8
6	2	5	8	1	4	7	9	3
8	7	9	5	6	3	2	4	1

Solution # 781

9	7	3	5	2	8	4	6	1
2	6	8	3	1	4	9	7	5
4	5	1	6	7	9	8	2	3
1	2	9	8	4	7	3	5	6
3	8	5	1	6	2	7	4	9
7	4	6	9	5	3	1	8	2
5	9	4	2	8	1	6	3	7
8	1	2	7	3	6	5	9	4
6	3	7	4	9	5	2	1	8

Solution # 782

4	9	5	6	3	7	8	2	1
1	3	8	2	5	9	7	4	6
2	6	7	8	1	4	9	3	5
6	7	2	4	9	1	3	5	8
5	8	9	3	7	6	4	1	2
3	4	1	5	8	2	6	7	9
7	5	6	1	4	8	2	9	3
9	2	3	7	6	5	1	8	4
8	1	4	9	2	3	5	6	7

Solution # 783

7	1	8	6	4	2	5	3	9
9	2	4	3	7	5	1	6	8
5	6	3	1	8	9	4	7	2
2	4	5	9	3	7	8	1	6
3	8	6	4	5	1	2	9	7
1	9	7	8	2	6	3	5	4
4	7	2	5	9	3	6	8	1
8	5	1	7	6	4	9	2	3
6	3	9	2	1	8	7	4	5

Solution # 784

7	9	8	1	3	5	4	6	2
4	1	5	2	6	9	3	7	8
6	3	2	4	8	7	9	5	1
3	2	9	8	7	4	5	1	6
8	4	6	5	1	2	7	9	3
1	5	7	3	9	6	2	8	4
2	7	3	6	5	1	8	4	9
5	8	1	9	4	3	6	2	7
9	6	4	7	2	8	1	3	5

Solution # 785

9	5	3	1	2	8	4	6	7
4	1	6	3	9	7	5	2	8
2	8	7	6	4	5	9	1	3
1	2	9	8	5	3	7	4	6
5	6	4	7	1	2	8	3	9
7	3	8	4	6	9	2	5	1
8	7	5	2	3	6	1	9	4
3	9	1	5	7	4	6	8	2
6	4	2	9	8	1	3	7	5

Solution # 786

8	4	6	3	9	7	2	1	5
2	1	9	4	5	6	8	3	7
7	5	3	2	1	8	9	6	4
5	7	2	9	8	3	1	4	6
9	8	1	6	7	4	3	5	2
3	6	4	1	2	5	7	9	8
4	3	7	8	6	1	5	2	9
1	9	8	5	4	2	6	7	3
6	2	5	7	3	9	4	8	1

Solution # 787

1	8	9	3	6	7	5	2	4
7	4	2	8	9	5	3	1	6
6	3	5	4	2	1	7	9	8
8	1	6	7	5	3	2	4	9
2	9	7	1	4	6	8	5	3
3	5	4	2	8	9	1	6	7
5	6	3	9	7	2	4	8	1
9	7	8	5	1	4	6	3	2
4	2	1	6	3	8	9	7	5

Solution # 788

6	1	3	8	7	9	4	5	2
7	4	8	2	3	5	6	9	1
9	5	2	6	4	1	8	7	3
1	8	9	3	5	6	7	2	4
3	7	5	4	9	2	1	8	6
4	2	6	1	8	7	5	3	9
5	6	7	9	1	3	2	4	8
2	9	4	5	6	8	3	1	7
8	3	1	7	2	4	9	6	5

Solution # 789

8	5	1	3	9	4	7	2	6
7	6	4	1	2	8	3	5	9
2	9	3	5	7	6	8	4	1
1	2	8	7	6	3	5	9	4
5	3	7	9	4	2	6	1	8
9	4	6	8	5	1	2	3	7
6	7	2	4	3	9	1	8	5
4	8	5	2	1	7	9	6	3
3	1	9	6	8	5	4	7	2

Solution # 790

1	2	7	8	4	6	3	5	9
6	4	9	3	2	5	8	7	1
8	3	5	1	7	9	4	2	6
7	8	1	5	6	3	9	4	2
9	6	4	7	8	2	1	3	5
2	5	3	9	1	4	6	8	7
5	7	6	4	9	8	2	1	3
4	1	2	6	3	7	5	9	8
3	9	8	2	5	1	7	6	4

Solution # 791

5	4	7	3	6	1	9	2	8
9	1	2	8	7	5	4	3	6
3	6	8	4	2	9	1	5	7
1	5	3	9	8	4	7	6	2
6	7	9	2	5	3	8	4	1
2	8	4	7	1	6	3	9	5
8	9	1	5	3	2	6	7	4
4	2	6	1	9	7	5	8	3
7	3	5	6	4	8	2	1	9

Solution # 792

7	1	6	5	4	9	8	2	3
3	8	5	7	2	6	9	1	4
4	2	9	8	1	3	7	6	5
8	7	4	3	6	5	2	9	1
6	9	2	1	7	4	3	5	8
1	5	3	9	8	2	4	7	6
5	4	8	6	9	7	1	3	2
9	3	1	2	5	8	6	4	7
2	6	7	4	3	1	5	8	9

Solution # 793

5	4	9	8	2	1	3	7	6
6	2	3	9	4	7	1	5	8
8	7	1	3	5	6	4	9	2
1	8	7	2	9	3	5	6	4
2	3	6	4	7	5	8	1	9
4	9	5	6	1	8	7	2	3
3	1	8	7	6	2	9	4	5
7	6	4	5	3	9	2	8	1
9	5	2	1	8	4	6	3	7

Solution # 794

5	7	4	8	2	6	1	9	3
9	2	3	1	4	5	8	7	6
6	1	8	7	3	9	4	5	2
8	3	7	5	1	4	6	2	9
2	4	6	9	7	3	5	8	1
1	9	5	2	6	8	3	4	7
3	6	9	4	8	7	2	1	5
7	8	1	6	5	2	9	3	4
4	5	2	3	9	1	7	6	8

Solution # 795

9	4	5	7	8	3	1	6	2
8	3	6	9	1	2	5	7	4
1	7	2	4	6	5	8	9	3
4	6	7	8	3	9	2	1	5
3	5	9	1	2	4	6	8	7
2	8	1	5	7	6	4	3	9
7	2	3	6	5	8	9	4	1
5	9	8	3	4	1	7	2	6
6	1	4	2	9	7	3	5	8

Solution # 796

7	4	2	8	3	6	1	9	5
9	5	3	1	2	4	7	6	8
1	6	8	9	7	5	2	3	4
6	8	5	7	1	3	9	4	2
2	1	9	4	5	8	3	7	6
4	3	7	6	9	2	8	5	1
8	7	1	5	4	9	6	2	3
3	9	4	2	6	1	5	8	7
5	2	6	3	8	7	4	1	9

Solution # 797

4	6	9	1	3	7	8	2	5
3	5	8	4	2	9	1	7	6
1	7	2	6	5	8	3	4	9
8	4	3	5	9	6	2	1	7
5	1	7	3	8	2	9	6	4
2	9	6	7	1	4	5	3	8
7	2	5	9	4	3	6	8	1
9	8	4	2	6	1	7	5	3
6	3	1	8	7	5	4	9	2

Solution # 798

9	4	7	6	1	3	5	2	8
2	8	5	4	7	9	1	3	6
3	1	6	8	5	2	9	7	4
7	2	3	9	4	5	8	6	1
1	5	8	7	3	6	2	4	9
6	9	4	2	8	1	7	5	3
4	6	9	5	2	8	3	1	7
5	7	1	3	9	4	6	8	2
8	3	2	1	6	7	4	9	5

Solution # 799

5	6	1	8	7	4	9	3	2
9	4	8	3	6	2	5	1	7
2	3	7	5	9	1	4	8	6
3	9	4	2	1	6	7	5	8
8	5	2	7	4	3	1	6	9
1	7	6	9	5	8	2	4	3
4	1	3	6	2	7	8	9	5
6	2	9	4	8	5	3	7	1
7	8	5	1	3	9	6	2	4

Solution # 800

2	1	4	8	3	9	5	6	7
3	6	7	1	5	4	8	2	9
8	5	9	2	7	6	3	4	1
4	8	6	5	1	3	7	9	2
9	7	5	4	6	2	1	3	8
1	3	2	9	8	7	6	5	4
5	9	3	7	2	1	4	8	6
7	2	8	6	4	5	9	1	3
6	4	1	3	9	8	2	7	5

Solution # 801

9	6	7	3	1	5	4	2	8
5	4	2	8	7	9	1	6	3
1	8	3	4	2	6	9	7	5
4	1	9	5	6	7	8	3	2
2	7	6	1	3	8	5	9	4
8	3	5	9	4	2	7	1	6
6	2	8	7	5	1	3	4	9
7	5	4	2	9	3	6	8	1
3	9	1	6	8	4	2	5	7

Solution # 802

8	6	3	2	7	4	9	1	5
7	2	4	5	1	9	6	8	3
9	5	1	3	8	6	7	4	2
6	7	2	9	4	5	8	3	1
1	4	8	7	3	2	5	6	9
3	9	5	1	6	8	2	7	4
5	1	6	4	9	7	3	2	8
4	8	9	6	2	3	1	5	7
2	3	7	8	5	1	4	9	6

Solution # 803

4	1	9	3	6	5	8	7	2
6	8	3	4	7	2	9	5	1
7	2	5	9	1	8	4	6	3
1	7	4	6	2	9	5	3	8
9	5	2	7	8	3	6	1	4
8	3	6	5	4	1	7	2	9
2	6	1	8	9	7	3	4	5
3	9	7	2	5	4	1	8	6
5	4	8	1	3	6	2	9	7

Solution # 804

1	3	9	2	4	5	8	6	7
4	2	8	1	6	7	9	5	3
5	6	7	3	9	8	2	4	1
7	9	4	8	1	6	3	2	5
8	1	3	9	5	2	4	7	6
2	5	6	7	3	4	1	8	9
6	7	1	4	8	3	5	9	2
9	8	5	6	2	1	7	3	4
3	4	2	5	7	9	6	1	8

Solution # 805

4	7	2	5	9	3	6	1	8
3	9	1	2	6	8	5	7	4
5	6	8	7	4	1	9	3	2
2	5	4	6	1	9	7	8	3
8	1	9	3	7	4	2	5	6
6	3	7	8	2	5	1	4	9
9	8	3	1	5	2	4	6	7
1	4	6	9	3	7	8	2	5
7	2	5	4	8	6	3	9	1

Solution # 806

```
7 8 5 6 2 9 4 1 3
9 2 4 1 8 3 7 6 5
3 1 6 4 5 7 8 9 2
4 6 9 8 1 2 3 5 7
8 3 7 9 6 5 1 2 4
2 5 1 3 7 4 9 8 6
5 9 2 7 4 1 6 3 8
1 7 8 5 3 6 2 4 9
6 4 3 2 9 8 5 7 1
```

Solution # 807

```
9 3 1 2 7 5 6 4 8
4 2 5 9 6 8 7 1 3
7 6 8 1 3 4 9 5 2
6 8 7 3 1 2 5 9 4
1 9 3 5 4 7 8 2 6
2 5 4 6 8 9 3 7 1
5 1 9 8 2 6 4 3 7
8 7 2 4 9 3 1 6 5
3 4 6 7 5 1 2 8 9
```

Solution # 808

```
4 6 9 8 7 1 5 2 3
3 2 1 5 9 4 6 8 7
7 5 8 3 2 6 1 4 9
1 7 2 6 3 8 4 9 5
5 8 6 7 4 9 2 3 1
9 4 3 2 1 5 8 7 6
2 1 4 9 5 7 3 6 8
8 3 7 1 6 2 9 5 4
6 9 5 4 8 3 7 1 2
```

Solution # 809

```
1 2 3 5 9 7 6 4 8
8 6 9 2 4 3 7 1 5
7 4 5 8 1 6 9 3 2
4 9 2 1 5 8 3 7 6
5 1 6 7 3 9 8 2 4
3 7 8 6 2 4 1 5 9
9 3 1 4 8 2 5 6 7
2 5 7 9 6 1 4 8 3
6 8 4 3 7 5 2 9 1
```

Solution # 810

```
5 4 9 3 6 2 1 7 8
1 3 2 4 7 8 5 6 9
8 6 7 1 9 5 4 2 3
4 9 1 7 8 6 3 5 2
3 5 8 2 4 1 7 9 6
7 2 6 5 3 9 8 4 1
2 7 3 9 1 4 6 8 5
6 1 5 8 2 7 9 3 4
9 8 4 6 5 3 2 1 7
```

Solution # 811

```
3 4 6 9 1 7 8 2 5
8 7 1 4 5 2 3 9 6
9 2 5 3 6 8 7 4 1
1 6 7 2 9 5 4 8 3
2 9 3 8 4 1 6 5 7
4 5 8 7 3 6 2 1 9
7 8 9 1 2 3 5 6 4
6 1 2 5 7 4 9 3 8
5 3 4 6 8 9 1 7 2
```

Solution # 812

```
6 3 9 8 2 5 7 4 1
1 8 2 7 4 9 6 5 3
4 5 7 1 3 6 8 9 2
9 1 6 3 5 7 4 2 8
5 7 4 2 6 8 3 1 9
8 2 3 9 1 4 5 7 6
7 6 8 5 9 1 2 3 4
3 4 1 6 7 2 9 8 5
2 9 5 4 8 3 1 6 7
```

Solution # 813

```
8 7 3 4 6 5 1 9 2
4 6 2 9 1 7 8 5 3
1 5 9 3 8 2 7 6 4
2 8 5 6 7 4 9 3 1
9 4 7 8 3 1 5 2 6
3 1 6 5 2 9 4 8 7
5 2 1 7 9 6 3 4 8
7 9 8 2 4 3 6 1 5
6 3 4 1 5 8 2 7 9
```

Solution # 814

```
8 7 9 6 5 3 1 2 4
1 2 6 9 4 8 5 3 7
5 4 3 7 1 2 8 6 9
9 5 1 8 2 7 6 4 3
4 3 2 1 6 9 7 5 8
7 6 8 4 3 5 2 9 1
6 8 7 5 9 4 3 1 2
2 9 5 3 8 1 4 7 6
3 1 4 2 7 6 9 8 5
```

Solution # 815

```
2 6 5 4 7 3 1 9 8
3 9 4 8 1 5 6 7 2
7 8 1 2 9 6 4 5 3
1 3 6 5 2 9 8 4 7
8 4 9 7 6 1 2 3 5
5 7 2 3 8 4 9 1 6
6 1 7 9 5 8 3 2 4
4 5 8 1 3 2 7 6 9
9 2 3 6 4 7 5 8 1
```

Solution # 816

```
7 8 1 5 4 2 9 6 3
3 2 9 8 7 6 1 5 4
5 6 4 1 9 3 8 7 2
4 3 8 2 6 9 5 1 7
6 5 7 4 8 1 2 3 9
9 1 2 3 5 7 4 8 6
1 4 3 6 2 5 7 9 8
8 7 6 9 1 4 3 2 5
2 9 5 7 3 8 6 4 1
```

Solution # 817

```
8 9 6 7 2 4 3 5 1
4 7 5 1 3 9 6 2 8
2 1 3 5 8 6 7 4 9
1 4 2 8 7 5 9 6 3
7 6 8 3 9 2 4 1 5
3 5 9 4 6 1 2 8 7
6 8 4 9 1 7 5 3 2
5 3 7 2 4 8 1 9 6
9 2 1 6 5 3 8 7 4
```

Solution # 818

```
4 8 3 2 1 7 6 9 5
5 6 2 8 4 9 3 7 1
7 9 1 6 3 5 2 8 4
3 4 9 1 8 2 7 5 6
6 1 8 5 7 4 9 3 2
2 7 5 3 9 6 4 1 8
1 3 4 9 6 8 5 2 7
9 5 6 7 2 1 8 4 3
8 2 7 4 5 3 1 6 9
```

Solution # 819

```
5 7 2 4 3 6 8 9 1
3 8 9 5 1 7 4 2 6
4 1 6 8 9 2 7 5 3
6 5 8 9 2 4 1 3 7
1 9 7 3 5 8 6 4 2
2 4 3 7 6 1 9 8 5
9 3 1 6 8 5 2 7 4
8 6 4 2 7 3 5 1 9
7 2 5 1 4 9 3 6 8
```

Solution # 820

```
8 6 3 1 2 9 7 4 5
7 9 2 5 8 4 6 3 1
4 5 1 6 3 7 2 8 9
3 2 4 7 6 5 1 9 8
5 1 6 4 9 8 3 7 2
9 8 7 3 1 2 4 5 6
2 4 5 9 7 6 8 1 3
1 7 8 2 5 3 9 6 4
6 3 9 8 4 1 5 2 7
```

Solution # 821

```
7 2 5 4 9 1 8 3 6
4 6 9 7 3 8 1 2 5
1 8 3 6 5 2 7 4 9
9 5 1 2 6 3 4 7 8
2 3 8 9 7 4 5 6 1
6 7 4 8 1 5 3 9 2
8 4 7 1 2 9 6 5 3
5 1 2 3 4 6 9 8 7
3 9 6 5 8 7 2 1 4
```

Solution # 822

```
1 5 9 3 8 2 4 7 6
7 3 2 4 1 6 8 9 5
6 8 4 5 7 9 3 2 1
9 4 5 2 6 3 1 8 7
3 6 1 8 9 7 5 4 2
2 7 8 1 4 5 6 3 9
5 9 7 6 3 8 2 1 4
4 2 3 9 5 1 7 6 8
8 1 6 7 2 4 9 5 3
```

Solution # 823

```
1 4 6 3 9 5 7 8 2
5 7 2 1 8 6 9 3 4
8 3 9 4 2 7 6 1 5
6 8 4 2 7 3 1 5 9
7 5 3 9 1 8 2 4 6
2 9 1 6 5 4 3 7 8
3 2 5 7 4 9 8 6 1
4 1 7 8 6 2 5 9 3
9 6 8 5 3 1 4 2 7
```

Solution # 824

```
6 4 1 8 2 3 5 7 9
5 2 9 6 7 1 4 3 8
7 8 3 5 4 9 6 1 2
9 6 8 4 3 5 1 2 7
4 3 7 2 1 8 9 5 6
2 1 5 7 9 6 8 4 3
8 7 4 1 6 2 3 9 5
1 9 6 3 5 7 2 8 4
3 5 2 9 8 4 7 6 1
```

Solution # 825

```
4 5 2 8 9 3 7 1 6
9 3 6 1 5 7 4 8 2
7 1 8 4 6 2 5 9 3
5 4 9 2 7 6 8 3 1
8 6 3 5 4 1 2 7 9
2 7 1 3 8 9 6 4 5
3 9 5 7 2 4 1 6 8
6 8 4 9 1 5 3 2 7
1 2 7 6 3 8 9 5 4
```

Solution # 826

```
5 6 1 4 2 9 8 3 7
2 7 4 5 8 3 1 9 6
8 9 3 1 7 6 4 5 2
3 5 8 9 4 7 2 6 1
4 1 9 3 6 2 7 8 5
6 2 7 8 1 5 3 4 9
1 8 2 6 5 4 9 7 3
9 4 6 7 3 1 5 2 8
7 3 5 2 9 8 6 1 4
```

Solution # 827

```
1 3 8 6 9 2 7 4 5
2 7 4 1 5 3 8 6 9
9 6 5 8 4 7 1 2 3
4 9 2 7 3 8 5 1 6
3 8 1 5 2 6 4 9 7
6 5 7 4 1 9 3 8 2
5 4 9 3 6 1 2 7 8
7 2 3 9 8 4 6 5 1
8 1 6 2 7 5 9 3 4
```

Solution # 828

```
6 8 7 5 4 3 2 9 1
1 5 9 8 7 2 4 6 3
4 3 2 6 9 1 5 8 7
8 1 5 3 2 7 9 4 6
7 6 4 9 5 8 3 1 2
2 9 3 1 6 4 8 7 5
3 2 1 4 8 6 7 5 9
9 4 6 7 3 5 1 2 8
5 7 8 2 1 9 6 3 4
```

Solution # 829

```
4 6 8 7 2 5 9 3 1
5 3 2 4 1 9 8 7 6
9 1 7 8 3 6 5 2 4
7 9 5 3 6 4 1 8 2
2 8 3 1 9 7 6 4 5
1 4 6 5 8 2 3 9 7
6 7 4 9 5 8 2 1 3
8 5 1 2 4 3 7 6 9
3 2 9 6 7 1 4 5 8
```

Solution # 830

```
4 1 2 8 7 9 6 3 5
3 8 7 5 6 4 2 9 1
5 9 6 1 3 2 4 7 8
2 7 8 3 9 6 1 5 4
9 4 1 2 8 5 3 6 7
6 5 3 7 4 1 9 8 2
8 2 5 6 1 3 7 4 9
7 3 4 9 2 8 5 1 6
1 6 9 4 5 7 8 2 3
```

Solution # 831

```
1 6 8 9 7 4 3 2 5
9 4 3 1 2 5 8 7 6
2 5 7 3 8 6 1 9 4
3 1 6 8 4 2 7 5 9
7 8 4 5 9 3 6 1 2
5 9 2 6 1 7 4 3 8
8 3 1 2 6 9 5 4 7
4 2 5 7 3 8 9 6 1
6 7 9 4 5 1 2 8 3
```

Solution # 832

```
3 9 1 2 4 6 8 7 5
8 4 7 9 1 5 6 2 3
5 6 2 7 8 3 4 9 1
7 2 6 4 5 8 1 3 9
4 3 5 1 7 9 2 8 6
9 1 8 6 3 2 7 5 4
2 7 4 3 9 1 5 6 8
1 5 9 8 6 7 3 4 2
6 8 3 5 2 4 9 1 7
```

Solution # 833

```
1 4 3 8 9 2 5 6 7
2 6 9 5 4 7 3 1 8
8 5 7 1 3 6 9 4 2
6 7 8 3 1 9 2 5 4
4 3 1 7 2 5 8 9 6
9 2 5 4 6 8 7 3 1
7 8 4 6 5 3 1 2 9
3 1 2 9 7 4 6 8 5
5 9 6 2 8 1 4 7 3
```

Solution # 834

```
5 4 2 1 9 7 6 8 3
7 9 6 8 5 3 4 1 2
8 1 3 4 6 2 9 7 5
2 6 9 5 8 1 7 3 4
1 3 7 2 4 6 8 5 9
4 8 5 3 7 9 1 2 6
6 7 8 9 2 5 3 4 1
3 2 4 6 1 8 5 9 7
9 5 1 7 3 4 2 6 8
```

Solution # 835

```
7 5 2 1 3 4 8 6 9
6 9 1 8 7 2 4 5 3
3 4 8 5 6 9 1 7 2
8 2 6 9 1 3 7 4 5
4 1 7 2 8 5 9 3 6
9 3 5 7 4 6 2 8 1
2 6 3 4 9 7 5 1 8
1 7 9 6 5 8 3 2 4
5 8 4 3 2 1 6 9 7
```

Solution # 836

```
7 1 5 6 9 4 3 8 2
9 4 8 5 2 3 6 7 1
2 6 3 7 1 8 5 9 4
3 9 7 2 4 6 8 1 5
4 8 6 1 7 5 2 3 9
5 2 1 3 8 9 7 4 6
8 3 9 4 6 2 1 5 7
1 5 2 9 3 7 4 6 8
6 7 4 8 5 1 9 2 3
```

Solution # 837

```
1 7 3 8 6 5 4 9 2
9 6 2 4 3 1 5 7 8
8 4 5 9 7 2 1 6 3
4 5 7 3 1 8 9 2 6
6 8 1 2 9 7 3 5 4
2 3 9 5 4 6 8 1 7
3 2 6 1 8 9 7 4 5
7 9 4 6 5 3 2 8 1
5 1 8 7 2 4 6 3 9
```

Solution # 838

```
6 3 4 9 8 5 1 7 2
7 5 2 3 6 1 8 4 9
8 1 9 7 2 4 5 3 6
3 9 7 1 5 8 2 6 4
2 6 8 4 3 7 9 1 5
5 4 1 2 9 6 7 8 3
9 2 6 8 1 3 4 5 7
4 8 3 5 7 2 6 9 1
1 7 5 6 4 9 3 2 8
```

Solution # 839

```
3 6 7 8 4 2 1 9 5
9 5 8 6 1 3 4 2 7
1 4 2 9 7 5 3 8 6
6 1 4 7 2 8 9 5 3
8 2 3 5 6 9 7 1 4
5 7 9 4 3 1 8 6 2
2 9 5 3 8 4 6 7 1
7 3 1 2 9 6 5 4 8
4 8 6 1 5 7 2 3 9
```

Solution # 840

```
7 2 9 4 1 5 3 6 8
1 8 5 6 9 3 2 4 7
4 6 3 2 7 8 1 5 9
3 4 7 9 8 2 5 1 6
2 1 8 5 3 6 9 7 4
5 9 6 7 4 1 8 3 2
6 5 4 3 2 9 7 8 1
9 7 1 8 5 4 6 2 3
8 3 2 1 6 7 4 9 5
```

Solution # 841
```
2 9 4 1 8 6 5 7 3
1 7 3 9 2 5 6 8 4
5 8 6 7 4 3 1 2 9
8 1 9 2 5 4 7 3 6
4 2 5 6 3 7 8 9 1
6 3 7 8 1 9 2 4 5
7 5 1 3 9 2 4 6 8
3 4 2 5 6 8 9 1 7
9 6 8 4 7 1 3 5 2
```

Solution # 842
```
4 1 9 8 6 7 5 2 3
3 5 8 2 4 9 1 7 6
7 2 6 1 3 5 8 9 4
6 8 3 9 5 2 4 1 7
2 4 1 3 7 8 6 5 9
5 9 7 4 1 6 3 8 2
1 3 2 5 9 4 7 6 8
9 6 5 7 8 3 2 4 1
8 7 4 6 2 1 9 3 5
```

Solution # 843
```
6 4 5 3 9 7 1 2 8
7 9 8 6 2 1 4 5 3
2 3 1 8 4 5 6 7 9
8 1 6 9 3 2 5 4 7
3 5 7 1 8 4 2 9 6
4 2 9 7 5 6 3 8 1
5 7 3 2 1 8 9 6 4
9 8 2 4 6 3 7 1 5
1 6 4 5 7 9 8 3 2
```

Solution # 844
```
8 5 4 7 3 1 2 6 9
3 9 1 6 8 2 4 5 7
6 7 2 9 5 4 1 3 8
2 6 7 4 1 5 9 8 3
5 4 3 8 7 9 6 1 2
1 8 9 3 2 6 7 4 5
4 3 8 2 6 7 5 9 1
9 2 5 1 4 3 8 7 6
7 1 6 5 9 8 3 2 4
```

Solution # 845
```
5 6 4 7 3 9 2 8 1
7 8 1 2 6 5 9 3 4
2 9 3 1 8 4 7 6 5
9 1 7 8 5 2 3 4 6
6 4 8 3 1 7 5 2 9
3 2 5 9 4 6 1 7 8
8 5 2 6 9 3 4 1 7
1 7 9 4 2 8 6 5 3
4 3 6 5 7 1 8 9 2
```

Solution # 846
```
2 8 5 9 1 3 4 7 6
4 1 9 2 7 6 8 5 3
7 6 3 5 8 4 2 9 1
5 9 7 6 4 2 1 3 8
1 2 8 3 9 7 6 4 5
3 4 6 1 5 8 9 2 7
8 3 4 7 6 9 5 1 2
6 7 1 4 2 5 3 8 9
9 5 2 8 3 1 7 6 4
```

Solution # 847
```
8 2 6 7 9 1 4 3 5
9 1 5 8 3 4 6 2 7
4 3 7 6 5 2 1 8 9
5 6 4 2 7 9 8 1 3
2 9 3 1 6 8 5 7 4
7 8 1 3 4 5 9 6 2
6 7 9 4 1 3 2 5 8
3 5 8 9 2 6 7 4 1
1 4 2 5 8 7 3 9 6
```

Solution # 848
```
1 5 6 8 9 2 4 7 3
7 4 8 6 3 1 9 5 2
2 3 9 7 5 4 8 1 6
5 9 1 2 4 7 6 3 8
3 8 4 1 6 5 7 2 9
6 2 7 3 8 9 1 4 5
4 6 2 9 1 3 5 8 7
9 7 5 4 2 8 3 6 1
8 1 3 5 7 6 2 9 4
```

Solution # 849
```
3 8 9 2 1 7 5 4 6
1 4 7 8 6 5 9 2 3
6 2 5 4 9 3 1 7 8
7 9 8 5 3 1 4 6 2
2 1 6 9 8 4 7 3 5
5 3 4 7 2 6 8 9 1
9 5 3 6 7 8 2 1 4
4 7 1 3 5 2 6 8 9
8 6 2 1 4 9 3 5 7
```

Solution # 850
```
8 9 5 7 3 2 4 1 6
7 6 1 9 4 8 5 3 2
2 3 4 5 1 6 8 7 9
5 8 3 2 6 4 1 9 7
9 1 2 8 7 5 6 4 3
4 7 6 3 9 1 2 5 8
3 5 8 1 2 7 9 6 4
1 4 9 6 8 3 7 2 5
6 2 7 4 5 9 3 8 1
```

Solution # 851
```
4 2 9 7 1 5 6 8 3
3 8 7 2 6 9 1 5 4
6 5 1 3 4 8 9 2 7
2 1 4 6 9 3 8 7 5
8 9 3 5 7 4 2 1 6
5 7 6 8 2 1 3 4 9
1 6 8 9 5 7 4 3 2
7 3 2 4 8 6 5 9 1
9 4 5 1 3 2 7 6 8
```

Solution # 852
```
9 6 1 4 7 3 8 2 5
5 4 3 8 2 9 1 7 6
8 7 2 5 6 1 4 9 3
2 1 6 3 4 8 7 5 9
4 3 8 7 9 5 6 1 2
7 9 5 2 1 6 3 4 8
3 2 9 1 8 4 5 6 7
1 8 7 6 5 2 9 3 4
6 5 4 9 3 7 2 8 1
```

Solution # 853
```
6 8 2 1 9 7 5 4 3
7 9 4 6 3 5 8 1 2
3 5 1 4 2 8 7 9 6
8 1 9 5 6 3 4 2 7
2 7 3 8 4 9 1 6 5
4 6 5 7 1 2 3 8 9
9 2 7 3 8 1 6 5 4
5 4 8 2 7 6 9 3 1
1 3 6 9 5 4 2 7 8
```

Solution # 854
```
2 8 3 4 7 9 1 6 5
1 9 6 2 5 8 4 3 7
7 4 5 6 3 1 2 9 8
9 6 4 7 2 5 8 1 3
5 7 8 3 1 6 9 4 2
3 1 2 9 8 4 7 5 6
8 3 9 1 6 7 5 2 4
6 5 1 8 4 2 3 7 9
4 2 7 5 9 3 6 8 1
```

Solution # 855
```
6 4 8 5 3 2 7 9 1
7 1 5 9 8 6 3 4 2
2 3 9 7 4 1 8 6 5
9 7 4 8 1 3 5 2 6
5 8 6 2 7 4 1 3 9
3 2 1 6 5 9 4 7 8
1 6 3 4 2 8 9 5 7
8 9 7 3 6 5 2 1 4
4 5 2 1 9 7 6 8 3
```

Solution # 856
```
1 4 9 6 3 2 5 8 7
5 3 2 8 7 4 1 9 6
8 7 6 1 9 5 3 2 4
7 1 4 2 5 9 8 6 3
9 2 8 3 1 6 4 7 5
6 5 3 7 4 8 9 1 2
3 9 7 5 6 1 2 4 8
2 6 1 4 8 3 7 5 9
4 8 5 9 2 7 6 3 1
```

Solution # 857
```
1 2 7 3 6 5 9 8 4
5 4 8 2 9 1 6 7 3
3 9 6 4 7 8 5 2 1
9 6 2 7 5 4 3 1 8
7 3 1 8 2 9 4 6 5
4 8 5 6 1 3 2 9 7
8 7 9 5 4 2 1 3 6
6 1 4 9 3 7 8 5 2
2 5 3 1 8 6 7 4 9
```

Solution # 858
```
6 9 1 5 8 2 4 3 7
8 3 5 7 4 9 1 6 2
2 4 7 3 6 1 8 9 5
9 6 8 2 7 3 5 4 1
1 5 2 8 9 4 6 7 3
4 7 3 6 1 5 2 8 9
5 8 9 4 2 7 3 1 6
3 1 4 9 5 6 7 2 8
7 2 6 1 3 8 9 5 4
```

Solution # 859
```
8 9 5 7 4 6 2 3 1
6 2 3 1 5 8 7 9 4
4 7 1 2 3 9 6 5 8
2 1 6 8 9 4 3 7 5
9 3 8 5 6 7 1 4 2
7 5 4 3 1 2 9 8 6
3 6 7 4 8 1 5 2 9
1 8 2 9 7 5 4 6 3
5 4 9 6 2 3 8 1 7
```

Solution # 860
```
6 4 9 8 1 5 2 7 3
1 7 5 6 3 2 8 4 9
2 3 8 7 9 4 6 1 5
9 6 4 5 8 3 7 2 1
8 1 3 2 6 7 9 5 4
7 5 2 9 4 1 3 6 8
5 9 6 1 2 8 4 3 7
4 2 1 3 7 9 5 8 6
3 8 7 4 5 6 1 9 2
```

Solution # 861
```
4 9 3 6 7 2 8 1 5
8 7 6 5 9 1 3 4 2
2 1 5 4 8 3 9 6 7
9 5 7 8 1 4 2 3 6
3 8 4 9 2 6 5 7 1
6 2 1 7 3 5 4 9 8
5 4 2 3 6 7 1 8 9
7 3 8 1 5 9 6 2 4
1 6 9 2 4 8 7 5 3
```

Solution # 862
```
4 6 2 9 1 7 8 5 3
8 7 3 6 5 4 2 1 9
1 5 9 2 3 8 7 4 6
3 1 7 5 6 9 4 2 8
5 9 4 1 8 2 6 3 7
2 8 6 4 7 3 5 9 1
9 2 8 3 4 6 1 7 5
6 4 1 7 9 5 3 8 2
7 3 5 8 2 1 9 6 4
```

Solution # 863
```
8 4 2 7 6 9 5 1 3
9 5 3 1 2 4 6 8 7
7 1 6 3 8 5 9 2 4
3 2 4 5 9 6 8 7 1
5 7 8 2 3 1 4 9 6
1 6 9 4 7 8 3 5 2
6 3 1 8 5 2 7 4 9
2 8 7 9 4 3 1 6 5
4 9 5 6 1 7 2 3 8
```

Solution # 864
```
8 3 4 9 2 5 7 6 1
1 9 5 7 6 4 8 2 3
6 7 2 8 1 3 4 5 9
9 8 1 2 5 7 3 4 6
2 4 3 1 8 6 9 7 5
5 6 7 4 3 9 1 8 2
7 1 8 5 9 2 6 3 4
4 5 6 3 7 1 2 9 8
3 2 9 6 4 8 5 1 7
```

Solution # 865
```
5 4 9 1 3 7 8 2 6
3 2 8 6 5 4 1 9 7
7 6 1 2 9 8 4 3 5
8 9 4 3 6 2 5 7 1
1 3 6 7 8 5 9 4 2
2 5 7 4 1 9 6 8 3
9 8 2 5 7 6 3 1 4
6 7 3 8 4 1 2 5 9
4 1 5 9 2 3 7 6 8
```

Solution # 866
```
4 9 5 7 8 6 2 3 1
1 6 8 3 9 2 7 5 4
7 2 3 5 4 1 8 6 9
6 4 7 8 3 5 1 9 2
5 8 1 9 2 7 3 4 6
2 3 9 6 1 4 5 7 8
9 1 2 4 7 3 6 8 5
3 5 4 1 6 8 9 2 7
8 7 6 2 5 9 4 1 3
```

Solution # 867
```
7 3 9 1 5 6 8 2 4
1 8 5 2 4 3 9 7 6
4 6 2 7 9 8 1 5 3
5 9 7 4 6 1 3 8 2
8 4 1 5 3 2 6 9 7
3 2 6 9 8 7 4 1 5
6 1 3 8 7 5 2 4 9
2 7 4 6 1 9 5 3 8
9 5 8 3 2 4 7 6 1
```

Solution # 868
```
3 1 6 9 2 5 8 4 7
7 4 9 3 6 8 2 5 1
8 2 5 4 1 7 6 3 9
2 9 3 5 8 1 4 7 6
5 8 7 6 4 9 1 2 3
1 6 4 7 3 2 9 8 5
9 5 2 8 7 6 3 1 4
6 3 1 2 5 4 7 9 8
4 7 8 1 9 3 5 6 2
```

Solution # 869
```
2 7 4 6 1 5 3 8 9
8 6 5 3 9 4 7 2 1
9 3 1 8 7 2 4 6 5
6 8 2 1 4 3 5 9 7
3 1 7 5 6 9 8 4 2
4 5 9 7 2 8 6 1 3
7 9 8 4 3 1 2 5 6
5 2 6 9 8 7 1 3 4
1 4 3 2 5 6 9 7 8
```

Solution # 870
```
1 7 6 8 4 9 2 3 5
8 2 9 3 1 5 7 4 6
4 5 3 7 6 2 8 9 1
9 8 7 6 5 3 4 1 2
5 1 4 2 9 8 3 6 7
3 6 2 1 7 4 9 5 8
6 3 8 4 2 1 5 7 9
7 4 5 9 8 6 1 2 3
2 9 1 5 3 7 6 8 4
```

Solution # 871
```
8 1 4 5 2 6 7 3 9
6 9 2 3 4 7 5 8 1
7 5 3 1 9 8 4 6 2
1 7 5 2 8 4 6 9 3
2 8 9 6 7 3 1 5 4
3 4 6 9 5 1 8 2 7
9 2 7 4 6 5 3 1 8
4 6 1 8 3 9 2 7 5
5 3 8 7 1 2 9 4 6
```

Solution # 872
```
8 1 3 2 4 5 9 6 7
2 4 6 9 7 8 3 1 5
5 7 9 6 3 1 8 4 2
9 8 4 5 1 3 7 2 6
7 3 1 4 6 2 5 9 8
6 2 5 8 9 7 4 3 1
4 9 7 1 5 6 2 8 3
1 5 8 3 2 9 6 7 4
3 6 2 7 8 4 1 5 9
```

Solution # 873
```
1 2 3 7 4 5 8 6 9
7 8 5 6 1 9 4 3 2
9 4 6 8 2 3 5 1 7
6 9 8 1 3 4 7 2 5
3 1 7 2 5 8 9 4 6
2 5 4 9 7 6 1 8 3
4 6 1 5 9 2 3 7 8
5 3 2 4 8 7 6 9 1
8 7 9 3 6 1 2 5 4
```

Solution # 874
```
8 7 9 5 1 4 3 6 2
6 4 2 9 8 3 7 5 1
1 3 5 6 7 2 8 9 4
4 5 3 8 2 7 9 1 6
7 2 6 1 9 5 4 3 8
9 1 8 4 3 6 5 2 7
5 9 4 2 6 8 1 7 3
2 8 7 3 5 1 6 4 9
3 6 1 7 4 9 2 8 5
```

Solution # 875
```
3 2 4 7 6 5 8 1 9
7 5 8 4 1 9 3 2 6
6 1 9 3 2 8 7 4 5
8 9 7 5 4 1 6 3 2
5 6 1 8 3 2 9 7 4
4 3 2 9 7 6 1 5 8
9 4 3 6 5 7 2 8 1
1 8 5 2 9 3 4 6 7
2 7 6 1 8 4 5 9 3
```

Solution # 876

9	3	8	1	7	5	6	2	4
5	1	4	8	6	2	7	3	9
7	2	6	4	9	3	1	5	8
4	6	1	3	2	7	9	8	5
3	7	5	6	8	9	4	1	2
2	8	9	5	4	1	3	6	7
6	5	2	9	3	4	8	7	1
1	9	3	7	5	8	2	4	6
8	4	7	2	1	6	5	9	3

Solution # 877

8	7	6	3	4	9	1	5	2
5	4	9	7	1	2	3	6	8
1	3	2	8	5	6	9	7	4
9	8	1	4	6	7	2	3	5
6	2	4	9	3	5	8	1	7
3	5	7	2	8	1	4	9	6
4	9	8	5	7	3	6	2	1
2	1	5	6	9	4	7	8	3
7	6	3	1	2	8	5	4	9

Solution # 878

2	5	9	8	4	6	7	3	1
3	6	7	1	9	5	4	2	8
8	1	4	3	7	2	9	6	5
7	9	6	4	2	1	8	5	3
5	2	8	7	6	3	1	4	9
4	3	1	9	5	8	2	7	6
6	7	3	2	1	9	5	8	4
1	8	2	5	3	4	6	9	7
9	4	5	6	8	7	3	1	2

Solution # 879

2	1	5	4	3	7	9	6	8
7	4	9	6	1	8	5	3	2
6	8	3	9	5	2	7	4	1
5	6	4	7	2	3	8	1	9
3	7	8	1	6	9	4	2	5
1	9	2	8	4	5	6	7	3
4	5	6	2	8	1	3	9	7
9	3	1	5	7	6	2	8	4
8	2	7	3	9	4	1	5	6

Solution # 880

7	6	8	2	5	9	4	1	3
1	9	4	7	6	3	8	5	2
2	3	5	1	4	8	9	6	7
8	1	7	9	2	5	6	3	4
3	5	6	8	1	4	7	2	9
9	4	2	3	7	6	1	8	5
5	2	1	6	9	7	3	4	8
6	8	9	4	3	2	5	7	1
4	7	3	5	8	1	2	9	6

Solution # 881

3	5	4	9	2	8	1	6	7
7	2	8	3	1	6	9	5	4
9	1	6	7	4	5	3	8	2
5	9	3	8	6	2	4	7	1
6	8	1	4	9	7	5	2	3
2	4	7	1	5	3	8	9	6
8	3	5	6	7	1	2	4	9
4	7	2	5	3	9	6	1	8
1	6	9	2	8	4	7	3	5

Solution # 882

6	8	5	7	2	4	1	9	3
9	7	3	1	8	5	6	2	4
1	2	4	6	9	3	5	8	7
4	6	9	5	3	2	8	7	1
7	3	8	4	6	1	9	5	2
2	5	1	9	7	8	4	3	6
3	1	2	8	4	9	7	6	5
8	4	7	3	5	6	2	1	9
5	9	6	2	1	7	3	4	8

Solution # 883

7	8	3	2	1	4	5	9	6
9	2	1	6	5	7	4	8	3
5	4	6	8	3	9	7	1	2
1	3	2	9	6	5	8	7	4
8	5	9	7	4	3	6	2	1
6	7	4	1	8	2	3	5	9
4	1	8	5	2	6	9	3	7
3	9	5	4	7	1	2	6	8
2	6	7	3	9	8	1	4	5

Solution # 884

8	4	7	5	3	9	6	1	2
2	5	6	7	1	8	4	3	9
3	1	9	2	4	6	8	7	5
7	9	3	6	8	1	5	2	4
6	2	1	4	7	5	3	9	8
5	8	4	3	9	2	1	6	7
4	7	8	9	6	3	2	5	1
9	3	2	1	5	4	7	8	6
1	6	5	8	2	7	9	4	3

Solution # 885

3	1	5	2	7	9	8	4	6
4	6	2	1	8	3	9	7	5
9	7	8	5	4	6	3	2	1
8	3	4	7	9	5	1	6	2
1	9	6	4	2	8	5	3	7
2	5	7	3	6	1	4	8	9
5	4	1	6	3	7	2	9	8
6	2	9	8	5	4	7	1	3
7	8	3	9	1	2	6	5	4

Solution # 886

1	2	9	3	8	6	5	4	7
4	5	8	7	1	9	6	3	2
3	6	7	2	5	4	8	1	9
7	4	5	6	9	1	2	8	3
9	1	2	8	4	3	7	6	5
6	8	3	5	2	7	1	9	4
5	3	1	9	6	2	4	7	8
2	7	4	1	3	8	9	5	6
8	9	6	4	7	5	3	2	1

Solution # 887

8	4	5	9	6	3	1	2	7
9	1	6	2	7	4	3	5	8
2	7	3	8	1	5	6	9	4
3	6	8	1	4	9	5	7	2
4	5	7	6	3	2	8	1	9
1	2	9	7	5	8	4	6	3
5	9	2	4	8	6	7	3	1
7	3	4	5	9	1	2	8	6
6	8	1	3	2	7	9	4	5

Solution # 888

4	2	3	1	8	7	6	5	9
7	5	9	6	2	4	1	3	8
6	8	1	3	5	9	7	2	4
3	6	2	7	1	8	9	4	5
8	9	5	4	6	2	3	1	7
1	7	4	9	3	5	8	6	2
5	3	7	8	4	1	2	9	6
9	4	6	2	7	3	5	8	1
2	1	8	5	9	6	4	7	3

Solution # 889

7	9	4	6	2	1	3	8	5
2	8	5	9	7	3	4	1	6
6	3	1	8	4	5	9	2	7
1	7	9	2	3	8	5	6	4
3	4	2	5	6	7	1	9	8
5	6	8	4	1	9	7	3	2
4	1	7	3	8	2	6	5	9
9	2	6	1	5	4	8	7	3
8	5	3	7	9	6	2	4	1

Solution # 890

1	9	7	3	8	4	5	6	2
8	3	2	6	5	9	7	1	4
4	6	5	1	7	2	9	8	3
9	2	1	8	3	6	4	5	7
6	7	3	9	4	5	1	2	8
5	4	8	7	2	1	3	9	6
3	1	4	5	6	8	2	7	9
7	8	9	2	1	3	6	4	5
2	5	6	4	9	7	8	3	1

Solution # 891

8	6	5	2	4	7	3	1	9
4	9	7	6	3	1	8	2	5
2	3	1	8	5	9	7	4	6
1	7	2	9	8	5	4	6	3
6	5	3	7	2	4	1	9	8
9	8	4	1	6	3	5	7	2
7	2	8	5	1	6	9	3	4
5	4	9	3	7	2	6	8	1
3	1	6	4	9	8	2	5	7

Solution # 892

9	5	3	8	4	1	2	7	6
4	1	2	7	3	6	5	8	9
7	8	6	5	9	2	1	3	4
8	9	4	1	5	7	6	2	3
2	3	5	4	6	9	7	1	8
1	6	7	3	2	8	9	4	5
5	4	9	2	7	3	8	6	1
3	7	8	6	1	5	4	9	2
6	2	1	9	8	4	3	5	7

Solution # 893

6	4	1	2	3	9	7	8	5
9	7	8	4	5	6	3	1	2
2	5	3	1	8	7	4	6	9
4	9	2	5	1	3	6	7	8
3	8	6	7	2	4	9	5	1
7	1	5	6	9	8	2	3	4
8	2	7	9	6	5	1	4	3
1	3	4	8	7	2	5	9	6
5	6	9	3	4	1	8	2	7

Solution # 894

5	1	7	4	2	3	8	9	6
4	9	3	1	6	8	7	5	2
2	8	6	5	7	9	1	4	3
3	6	9	8	1	7	4	2	5
8	4	5	6	9	2	3	1	7
1	7	2	3	5	4	9	6	8
7	3	1	2	4	6	5	8	9
6	5	8	9	3	1	2	7	4
9	2	4	7	8	5	6	3	1

Solution # 895

2	1	6	8	3	5	4	9	7
9	8	4	1	7	2	5	6	3
7	3	5	9	4	6	1	2	8
3	2	8	5	9	4	7	1	6
5	6	1	2	8	7	3	4	9
4	7	9	6	1	3	8	5	2
6	4	2	3	5	8	9	7	1
1	5	3	7	6	9	2	8	4
8	9	7	4	2	1	6	3	5

Solution # 896

1	6	8	4	9	5	3	7	2
4	9	2	1	3	7	6	8	5
7	5	3	8	6	2	9	4	1
9	8	5	6	4	1	7	2	3
6	3	1	7	2	9	8	5	4
2	7	4	5	8	3	1	9	6
3	2	6	9	5	8	4	1	7
5	1	9	3	7	4	2	6	8
8	4	7	2	1	6	5	3	9

Solution # 897

4	3	8	1	5	6	9	7	2
5	7	9	4	2	3	1	6	8
6	2	1	9	8	7	5	4	3
9	4	2	8	6	5	7	3	1
1	8	6	3	7	9	2	5	4
7	5	3	2	4	1	8	9	6
3	6	5	7	1	8	4	2	9
8	9	4	5	3	2	6	1	7
2	1	7	6	9	4	3	8	5

Solution # 898

6	7	2	4	8	3	1	9	5
4	9	3	6	5	1	8	2	7
8	1	5	9	7	2	3	4	6
5	3	7	2	9	4	6	8	1
9	6	4	1	3	8	5	7	2
2	8	1	7	6	5	4	3	9
7	5	9	8	4	6	2	1	3
3	2	8	5	1	9	7	6	4
1	4	6	3	2	7	9	5	8

Solution # 899

4	3	9	6	5	8	7	1	2
7	2	6	4	3	1	8	9	5
8	1	5	7	9	2	6	4	3
9	4	8	2	1	7	3	5	6
6	7	2	3	4	5	9	8	1
3	5	1	8	6	9	4	2	7
2	8	3	1	7	4	5	6	9
5	6	4	9	2	3	1	7	8
1	9	7	5	8	6	2	3	4

Solution # 900

6	3	4	2	7	5	8	9	1
5	9	1	8	3	4	7	2	6
7	2	8	6	1	9	5	4	3
2	4	5	7	8	1	6	3	9
1	8	6	4	9	3	2	7	5
3	7	9	5	6	2	1	8	4
8	6	3	1	4	7	9	5	2
9	1	2	3	5	8	4	6	7
4	5	7	9	2	6	3	1	8

Solution # 901

2	4	6	1	7	8	5	9	3
7	8	5	4	9	3	1	2	6
9	3	1	6	5	2	7	8	4
6	1	9	5	2	7	4	3	8
8	2	4	3	1	6	9	7	5
3	5	7	8	4	9	6	1	2
4	6	3	9	8	1	2	5	7
1	7	8	2	6	5	3	4	9
5	9	2	7	3	4	8	6	1

Solution # 902

4	2	1	9	7	8	3	6	5
9	8	6	3	1	5	2	7	4
7	3	5	2	6	4	9	8	1
5	6	3	8	2	1	7	4	9
1	7	8	4	3	9	5	2	6
2	4	9	6	5	7	1	3	8
8	1	4	7	9	2	6	5	3
3	9	7	5	4	6	8	1	2
6	5	2	1	8	3	4	9	7

Solution # 903

5	9	8	7	3	2	1	4	6
4	6	7	5	1	9	3	2	8
1	3	2	6	8	4	7	5	9
8	5	1	9	4	3	2	6	7
6	2	9	1	7	8	4	3	5
7	4	3	2	6	5	8	9	1
2	8	6	3	5	7	9	1	4
9	1	4	8	2	6	5	7	3
3	7	5	4	9	1	6	8	2

Solution # 904

6	7	8	2	1	3	4	9	5
9	4	2	6	8	5	1	7	3
3	1	5	4	9	7	2	6	8
7	5	3	1	4	9	6	8	2
1	6	4	8	3	2	9	5	7
2	8	9	5	7	6	3	1	4
4	2	1	9	5	8	7	3	6
8	9	7	3	6	4	5	2	1
5	3	6	7	2	1	8	4	9

Solution # 905

5	9	3	2	8	7	4	1	6
4	7	2	6	9	1	3	8	5
8	1	6	4	3	5	2	7	9
3	4	9	8	7	2	6	5	1
6	5	7	3	1	4	9	2	8
2	8	1	9	5	6	7	3	4
9	6	8	1	2	3	5	4	7
1	2	5	7	4	9	8	6	3
7	3	4	5	6	8	1	9	2

Solution # 906

8	4	1	6	2	7	5	9	3
9	3	2	4	1	5	8	7	6
5	6	7	8	9	3	4	1	2
3	1	8	7	5	2	6	4	9
4	5	9	3	8	6	7	2	1
7	2	6	1	4	9	3	8	5
1	8	5	9	6	4	2	3	7
6	9	3	2	7	8	1	5	4
2	7	4	5	3	1	9	6	8

Solution # 907

3	5	7	2	9	4	1	8	6
1	4	2	5	8	6	9	7	3
9	6	8	7	1	3	5	4	2
7	8	3	6	4	9	2	1	5
4	9	5	1	3	2	7	6	8
2	1	6	8	7	5	4	3	9
8	3	9	4	2	7	6	5	1
6	7	1	9	5	8	3	2	4
5	2	4	3	6	1	8	9	7

Solution # 908

5	3	4	8	6	2	9	1	7
1	9	8	3	7	4	2	5	6
7	2	6	1	5	9	3	8	4
6	1	9	4	2	5	8	7	3
4	7	5	9	8	3	1	6	2
2	8	3	7	1	6	4	9	5
9	5	7	2	4	8	6	3	1
3	4	1	6	9	7	5	2	8
8	6	2	5	3	1	7	4	9

Solution # 909

9	6	2	7	5	1	4	8	3
7	8	3	9	4	2	5	6	1
5	4	1	6	8	3	7	2	9
6	1	4	5	3	8	2	9	7
8	9	5	2	7	6	1	3	4
2	3	7	1	9	4	6	5	8
3	2	9	4	1	5	8	7	6
4	5	8	3	6	7	9	1	2
1	7	6	8	2	9	3	4	5

Solution # 910

8	9	4	3	1	7	5	2	6
1	6	5	4	9	2	7	8	3
7	2	3	6	5	8	1	9	4
9	7	8	1	4	3	2	6	5
5	3	1	9	2	6	4	7	8
6	4	2	7	8	5	3	1	9
3	8	7	2	6	4	9	5	1
2	1	6	5	3	9	8	4	7
4	5	9	8	7	1	6	3	2

Solution # 911

1	4	3	9	8	2	5	6	7
8	6	7	5	3	4	9	1	2
9	2	5	7	6	1	3	4	8
3	5	9	8	1	6	2	7	4
2	8	6	3	4	7	1	9	5
4	7	1	2	9	5	8	3	6
6	9	4	1	2	8	7	5	3
7	3	8	6	5	9	4	2	1
5	1	2	4	7	3	6	8	9

Solution # 912

1	8	9	2	6	4	5	7	3
4	5	6	8	3	7	1	9	2
2	3	7	1	9	5	8	6	4
9	4	3	5	7	8	2	1	6
6	2	5	4	1	9	3	8	7
8	7	1	6	2	3	4	5	9
5	9	4	7	8	2	6	3	1
3	1	2	9	5	6	7	4	8
7	6	8	3	4	1	9	2	5

Solution # 913

7	3	6	1	9	5	4	8	2
9	2	4	6	8	7	5	1	3
5	1	8	2	4	3	7	6	9
6	8	3	9	7	1	2	5	4
1	4	7	8	5	2	3	9	6
2	5	9	4	3	6	8	7	1
8	9	1	5	2	4	6	3	7
4	7	5	3	6	9	1	2	8
3	6	2	7	1	8	9	4	5

Solution # 914

9	4	7	8	1	3	2	6	5
5	1	6	4	2	7	3	8	9
8	2	3	5	9	6	4	1	7
7	3	2	9	6	4	8	5	1
4	5	1	7	8	2	6	9	3
6	9	8	3	5	1	7	2	4
1	8	4	2	7	9	5	3	6
3	6	5	1	4	8	9	7	2
2	7	9	6	3	5	1	4	8

Solution # 915

8	2	3	5	4	9	6	1	7
5	1	4	7	6	2	8	9	3
6	7	9	1	8	3	4	5	2
9	4	1	8	7	6	2	3	5
7	5	8	3	2	4	9	6	1
2	3	6	9	1	5	7	8	4
3	9	7	4	5	8	1	2	6
4	8	2	6	3	1	5	7	9
1	6	5	2	9	7	3	4	8

Solution # 916

8	7	1	3	9	6	4	2	5
3	2	9	7	4	5	1	8	6
6	5	4	1	8	2	3	7	9
1	3	8	4	2	9	6	5	7
9	6	5	8	3	7	2	1	4
7	4	2	6	5	1	9	3	8
5	1	7	2	6	4	8	9	3
2	8	6	9	7	3	5	4	1
4	9	3	5	1	8	7	6	2

Solution # 917

3	9	5	8	1	7	4	6	2
4	1	6	5	2	3	8	9	7
7	2	8	9	6	4	3	1	5
9	6	3	2	8	1	5	7	4
8	4	1	7	9	5	6	2	3
5	7	2	4	3	6	1	8	9
6	8	9	3	5	2	7	4	1
1	3	4	6	7	9	2	5	8
2	5	7	1	4	8	9	3	6

Solution # 918

7	8	6	9	4	3	1	5	2
5	9	2	1	7	6	4	8	3
3	1	4	8	5	2	6	7	9
2	4	8	7	3	5	9	6	1
1	7	5	2	6	9	8	3	4
9	6	3	4	8	1	5	2	7
4	2	7	6	9	8	3	1	5
8	5	9	3	1	7	2	4	6
6	3	1	5	2	4	7	9	8

Solution # 919

5	8	3	2	9	1	4	6	7
1	2	4	8	6	7	9	3	5
9	6	7	5	4	3	8	2	1
6	4	8	3	1	9	5	7	2
3	9	5	7	8	2	1	4	6
2	7	1	6	5	4	3	9	8
7	3	9	1	2	5	6	8	4
4	5	6	9	7	8	2	1	3
8	1	2	4	3	6	7	5	9

Solution # 920

3	6	2	7	5	8	4	1	9
1	8	5	4	9	2	6	7	3
4	9	7	6	3	1	2	8	5
8	1	6	5	4	7	9	3	2
7	4	9	2	1	3	5	6	8
5	2	3	9	8	6	1	4	7
9	5	8	3	6	4	7	2	1
6	7	1	8	2	9	3	5	4
2	3	4	1	7	5	8	9	6

Solution # 921

4	9	8	2	7	6	1	5	3
1	5	6	9	8	3	4	7	2
2	7	3	1	4	5	8	9	6
5	3	2	6	9	4	7	1	8
8	4	9	7	3	1	2	6	5
7	6	1	5	2	8	9	3	4
9	8	5	3	1	2	6	4	7
6	1	4	8	5	7	3	2	9
3	2	7	4	6	9	5	8	1

Solution # 922

3	1	7	6	5	9	8	2	4
8	6	4	1	2	3	7	9	5
5	9	2	4	8	7	6	1	3
1	8	3	7	4	6	9	5	2
6	2	9	3	1	5	4	7	8
7	4	5	2	9	8	3	6	1
4	5	6	8	7	1	2	3	9
2	7	1	9	3	4	5	8	6
9	3	8	5	6	2	1	4	7

Solution # 923

6	8	2	3	9	5	4	7	1
5	9	4	2	1	7	3	6	8
1	7	3	4	8	6	5	9	2
3	4	1	5	7	8	6	2	9
7	5	9	6	4	2	1	8	3
8	2	6	9	3	1	7	5	4
9	6	7	1	2	4	8	3	5
4	3	8	7	5	9	2	1	6
2	1	5	8	6	3	9	4	7

Solution # 924

3	8	9	1	4	7	2	5	6
1	7	5	2	6	8	9	4	3
6	2	4	3	9	5	1	7	8
2	1	7	5	8	4	3	6	9
9	4	3	7	2	6	5	8	1
8	5	6	9	3	1	4	2	7
4	6	1	8	5	9	7	3	2
5	9	2	6	7	3	8	1	4
7	3	8	4	1	2	6	9	5

Solution # 925

9	6	5	4	7	2	8	1	3
2	4	7	1	3	8	6	9	5
3	1	8	5	9	6	2	7	4
6	7	1	9	5	4	3	8	2
8	5	9	2	1	3	7	4	6
4	3	2	6	8	7	9	5	1
1	9	3	7	2	5	4	6	8
7	8	6	3	4	1	5	2	9
5	2	4	8	6	9	1	3	7

Solution # 926

7	2	4	1	3	6	5	8	9
1	5	8	4	2	9	6	7	3
3	6	9	7	5	8	4	2	1
4	9	3	2	6	7	8	1	5
5	7	6	8	1	4	9	3	2
8	1	2	3	9	5	7	4	6
9	3	7	6	4	2	1	5	8
6	8	1	5	7	3	2	9	4
2	4	5	9	8	1	3	6	7

Solution # 927

7	2	3	8	1	6	4	5	9
9	1	6	4	5	7	8	2	3
5	8	4	2	3	9	1	7	6
6	9	8	1	7	3	2	4	5
2	5	7	9	4	8	3	6	1
3	4	1	5	6	2	9	8	7
8	3	5	7	9	4	6	1	2
1	6	2	3	8	5	7	9	4
4	7	9	6	2	1	5	3	8

Solution # 928

3	1	8	6	7	2	5	4	9
4	9	2	1	8	5	6	3	7
6	5	7	4	3	9	2	1	8
8	6	1	5	4	7	3	9	2
9	2	5	3	1	8	4	7	6
7	4	3	2	9	6	1	8	5
1	7	6	8	2	4	9	5	3
2	3	9	7	5	1	8	6	4
5	8	4	9	6	3	7	2	1

Solution # 929

6	9	5	2	4	3	8	7	1
1	7	2	5	9	8	3	6	4
3	4	8	7	6	1	2	5	9
4	6	7	8	1	9	5	3	2
2	1	3	6	5	4	7	9	8
8	5	9	3	7	2	1	4	6
5	2	6	9	8	7	4	1	3
9	8	4	1	3	5	6	2	7
7	3	1	4	2	6	9	8	5

Solution # 930

4	8	9	5	3	6	1	2	7
5	6	3	7	2	1	9	4	8
1	2	7	9	4	8	6	5	3
7	5	1	2	8	4	3	9	6
2	9	6	1	5	3	7	8	4
3	4	8	6	9	7	2	1	5
8	1	5	3	6	2	4	7	9
6	7	4	8	1	9	5	3	2
9	3	2	4	7	5	8	6	1

Solution # 931

3	5	8	9	6	1	4	7	2
4	7	1	2	8	5	3	6	9
2	9	6	7	4	3	1	8	5
7	1	2	8	5	4	6	9	3
9	3	4	6	1	7	2	5	8
8	6	5	3	9	2	7	4	1
1	4	7	5	3	9	8	2	6
5	8	3	4	2	6	9	1	7
6	2	9	1	7	8	5	3	4

Solution # 932

1	7	3	9	4	8	6	2	5
6	4	5	7	2	3	8	9	1
9	2	8	5	6	1	7	4	3
3	6	7	8	1	2	9	5	4
8	9	1	4	5	6	3	7	2
4	5	2	3	9	7	1	8	6
7	1	6	2	8	5	4	3	9
5	3	9	6	7	4	2	1	8
2	8	4	1	3	9	5	6	7

Solution # 933

5	3	1	8	2	4	7	6	9
2	7	4	6	9	1	5	8	3
8	6	9	5	7	3	4	1	2
7	8	5	9	1	2	6	3	4
3	9	6	4	5	7	8	2	1
1	4	2	3	6	8	9	7	5
9	5	3	2	8	6	1	4	7
4	1	8	7	3	5	2	9	6
6	2	7	1	4	9	3	5	8

Solution # 934

9	1	7	2	6	8	4	5	3
6	8	4	9	3	5	7	2	1
5	2	3	7	1	4	6	9	8
4	3	9	8	2	1	5	7	6
1	7	6	4	5	3	9	8	2
2	5	8	6	9	7	3	1	4
8	9	1	5	4	6	2	3	7
7	4	5	3	8	2	1	6	9
3	6	2	1	7	9	8	4	5

Solution # 935

7	5	3	6	8	2	9	4	1
8	9	4	3	5	1	6	7	2
1	6	2	7	9	4	3	5	8
5	4	9	2	1	8	7	6	3
2	8	6	5	7	3	4	1	9
3	7	1	4	6	9	8	2	5
9	1	7	8	4	5	2	3	6
4	2	8	1	3	6	5	9	7
6	3	5	9	2	7	1	8	4

Solution # 936

9	1	5	2	8	3	7	6	4
8	4	6	9	5	7	3	1	2
3	2	7	6	1	4	9	8	5
1	6	9	7	4	2	8	5	3
2	7	3	8	6	5	4	9	1
5	8	4	3	9	1	2	7	6
7	5	2	1	3	9	6	4	8
4	9	8	5	2	6	1	3	7
6	3	1	4	7	8	5	2	9

Solution # 937

3	5	7	4	9	2	6	8	1
8	2	9	6	3	1	4	5	7
1	4	6	5	7	8	2	3	9
7	9	4	1	5	6	8	2	3
2	1	8	7	4	3	5	9	6
6	3	5	2	8	9	7	1	4
9	6	1	8	2	7	3	4	5
5	8	3	9	6	4	1	7	2
4	7	2	3	1	5	9	6	8

Solution # 938

8	9	1	6	5	2	3	4	7
3	5	2	1	4	7	8	9	6
6	4	7	8	3	9	5	2	1
5	7	4	3	9	6	2	1	8
9	8	6	7	2	1	4	3	5
2	1	3	5	8	4	6	7	9
4	6	9	2	1	8	7	5	3
1	3	8	4	7	5	9	6	2
7	2	5	9	6	3	1	8	4

Solution # 939

4	3	9	1	7	2	5	8	6
8	7	2	4	6	5	3	1	9
1	6	5	8	9	3	4	2	7
3	9	7	2	1	6	8	4	5
5	4	6	3	8	9	2	7	1
2	8	1	5	4	7	6	9	3
9	5	8	7	3	4	1	6	2
6	1	3	9	2	8	7	5	4
7	2	4	6	5	1	9	3	8

Solution # 940

4	3	8	6	9	5	7	1	2
6	9	2	4	7	1	5	3	8
7	1	5	8	3	2	9	4	6
1	2	3	9	4	7	6	8	5
9	8	4	5	2	6	3	7	1
5	7	6	1	8	3	4	2	9
8	4	7	2	6	9	1	5	3
3	5	9	7	1	8	2	6	4
2	6	1	3	5	4	8	9	7

Solution # 941

6	4	8	9	5	2	1	3	7
5	7	9	8	1	3	6	4	2
1	3	2	4	6	7	5	9	8
7	9	5	6	3	4	2	8	1
2	8	3	5	7	1	4	6	9
4	1	6	2	8	9	7	5	3
8	6	1	7	9	5	3	2	4
9	2	7	3	4	6	8	1	5
3	5	4	1	2	8	9	7	6

Solution # 942

9	5	3	1	4	6	8	7	2
4	8	2	9	3	7	1	6	5
7	1	6	8	5	2	4	9	3
1	9	8	4	2	3	6	5	7
2	6	5	7	8	9	3	1	4
3	4	7	6	1	5	2	8	9
8	7	1	2	9	4	5	3	6
5	2	9	3	6	8	7	4	1
6	3	4	5	7	1	9	2	8

Solution # 943

7	6	3	4	8	9	1	2	5
2	4	8	1	5	7	6	3	9
5	1	9	2	6	3	7	4	8
6	3	7	8	9	5	4	1	2
4	8	2	7	1	6	5	9	3
9	5	1	3	4	2	8	7	6
8	7	5	9	2	1	3	6	4
3	9	4	6	7	8	2	5	1
1	2	6	5	3	4	9	8	7

Solution # 944

9	2	5	3	8	4	6	1	7
4	8	3	1	6	7	9	5	2
7	1	6	9	5	2	8	4	3
8	6	1	7	4	9	2	3	5
2	3	4	5	1	6	7	8	9
5	9	7	2	3	8	1	6	4
3	5	2	8	7	1	4	9	6
1	4	9	6	2	3	5	7	8
6	7	8	4	9	5	3	2	1

Solution # 945

8	3	4	1	5	2	9	7	6
6	9	5	4	7	8	1	3	2
2	7	1	9	6	3	4	8	5
4	5	8	7	1	9	6	2	3
1	6	7	3	2	5	8	9	4
3	2	9	6	8	4	7	5	1
9	1	2	8	3	6	5	4	7
7	4	3	5	9	1	2	6	8
5	8	6	2	4	7	3	1	9

Solution # 946
```
7 3 4 2 8 1 5 9 6
8 6 1 5 4 9 2 3 7
2 9 5 7 3 6 1 4 8
4 2 9 6 1 7 8 5 3
5 1 7 8 9 3 4 6 2
3 8 6 4 2 5 9 7 1
1 7 8 9 6 4 3 2 5
9 5 3 1 7 2 6 8 4
6 4 2 3 5 8 7 1 9
```

Solution # 947
```
8 9 7 4 1 6 5 3 2
3 6 1 2 7 5 8 4 9
5 2 4 3 9 8 1 7 6
7 4 2 8 6 1 3 9 5
9 1 3 5 2 4 7 6 8
6 5 8 9 3 7 4 2 1
1 3 5 6 4 9 2 8 7
4 8 6 7 5 2 9 1 3
2 7 9 1 8 3 6 5 4
```

Solution # 948
```
7 8 6 5 3 2 4 1 9
3 2 4 1 8 9 7 6 5
1 9 5 6 7 4 2 3 8
6 4 1 7 2 5 8 9 3
8 5 2 4 9 3 1 7 6
9 7 3 8 6 1 5 4 2
5 3 8 9 1 7 6 2 4
2 6 7 3 4 8 9 5 1
4 1 9 2 5 6 3 8 7
```

Solution # 949
```
1 7 3 6 5 8 2 9 4
8 4 5 7 9 2 1 6 3
6 9 2 1 3 4 5 8 7
3 6 1 8 4 5 9 7 2
9 5 8 2 1 7 4 3 6
4 2 7 3 6 9 8 5 1
2 3 4 9 8 6 7 1 5
7 8 6 5 2 1 3 4 9
5 1 9 4 7 3 6 2 8
```

Solution # 950
```
5 1 8 3 7 2 4 6 9
4 3 2 6 5 9 7 8 1
9 7 6 8 1 4 5 3 2
6 5 1 4 8 3 2 9 7
3 2 7 1 9 5 8 4 6
8 4 9 7 2 6 1 5 3
1 9 4 5 3 7 6 2 8
7 6 3 2 4 8 9 1 5
2 8 5 9 6 1 3 7 4
```

Solution # 951
```
4 7 5 9 6 2 1 8 3
6 9 8 7 1 3 2 5 4
3 1 2 8 4 5 7 9 6
5 6 1 4 9 7 8 3 2
8 2 9 1 3 6 4 7 5
7 4 3 2 5 8 9 6 1
1 5 4 3 8 9 6 2 7
2 8 6 5 7 1 3 4 9
9 3 7 6 2 4 5 1 8
```

Solution # 952
```
8 7 6 2 9 5 4 1 3
3 2 9 4 1 6 8 5 7
1 5 4 8 3 7 2 6 9
6 1 8 9 5 3 7 2 4
4 9 2 1 7 8 6 3 5
7 3 5 6 4 2 9 8 1
5 8 3 7 6 4 1 9 2
9 6 7 3 2 1 5 4 8
2 4 1 5 8 9 3 7 6
```

Solution # 953
```
1 4 8 5 9 3 6 2 7
9 2 3 8 6 7 5 4 1
7 5 6 1 2 4 3 8 9
4 8 2 6 1 5 9 7 3
6 9 1 7 3 8 4 5 2
3 7 5 2 4 9 1 6 8
5 1 4 3 7 2 8 9 6
2 6 9 4 8 1 7 3 5
8 3 7 9 5 6 2 1 4
```

Solution # 954
```
8 3 6 9 2 1 5 4 7
9 1 2 7 5 4 3 8 6
7 5 4 8 6 3 9 1 2
3 4 9 5 8 7 2 6 1
1 2 5 3 4 6 7 9 8
6 8 7 2 1 9 4 5 3
4 9 3 6 7 8 1 2 5
5 6 1 4 3 2 8 7 9
2 7 8 1 9 5 6 3 4
```

Solution # 955
```
5 7 1 8 2 3 6 9 4
8 3 4 6 9 5 2 7 1
9 2 6 4 7 1 5 8 3
7 4 2 3 5 9 8 1 6
1 5 9 7 6 8 4 3 2
3 6 8 1 4 2 9 5 7
4 8 3 9 1 6 7 2 5
2 1 7 5 8 4 3 6 9
6 9 5 2 3 7 1 4 8
```

Solution # 956
```
8 3 1 7 4 2 5 6 9
9 5 7 6 3 8 4 2 1
6 2 4 1 5 9 7 3 8
3 7 6 4 1 5 9 8 2
5 1 2 8 9 7 3 4 6
4 8 9 3 2 6 1 5 7
1 6 8 5 7 4 2 9 3
7 9 5 2 8 3 6 1 4
2 4 3 9 6 1 8 7 5
```

Solution # 957
```
5 2 8 1 6 9 4 3 7
1 4 3 8 7 2 9 6 5
9 7 6 3 4 5 8 2 1
8 9 4 7 2 3 1 5 6
2 6 7 9 5 1 3 8 4
3 5 1 4 8 6 7 9 2
4 3 2 5 9 7 6 1 8
7 1 5 6 3 8 2 4 9
6 8 9 2 1 4 5 7 3
```

Solution # 958
```
1 8 7 9 6 3 5 4 2
2 6 9 1 4 5 3 8 7
5 4 3 8 2 7 9 1 6
6 1 4 5 3 9 2 7 8
9 7 5 4 8 2 1 6 3
3 2 8 6 7 1 4 9 5
8 5 6 2 1 4 7 3 9
7 9 1 3 5 6 8 2 4
4 3 2 7 9 8 6 5 1
```

Solution # 959
```
5 7 6 4 1 9 8 2 3
4 1 8 7 3 2 6 5 9
2 3 9 8 5 6 4 1 7
3 8 7 2 6 4 5 9 1
6 4 1 5 9 7 3 8 2
9 5 2 1 8 3 7 4 6
8 9 3 6 4 1 2 7 5
7 6 4 9 2 5 1 3 8
1 2 5 3 7 8 9 6 4
```

Solution # 960
```
6 3 4 8 5 9 1 2 7
2 5 7 4 6 1 8 3 9
8 1 9 3 2 7 6 4 5
1 2 8 9 4 5 7 6 3
9 7 6 2 1 3 5 8 4
5 4 3 7 8 6 9 1 2
4 6 1 5 9 2 3 7 8
3 9 2 1 7 8 4 5 6
7 8 5 6 3 4 2 9 1
```

Solution # 961
```
4 9 5 3 2 6 8 1 7
1 6 8 5 7 4 3 9 2
3 7 2 1 9 8 6 4 5
5 2 1 7 8 3 9 6 4
6 3 9 2 4 1 7 5 8
8 4 7 9 6 5 2 3 1
9 1 3 8 5 7 4 2 6
7 5 4 6 3 2 1 8 9
2 8 6 4 1 9 5 7 3
```

Solution # 962
```
2 3 6 1 9 8 4 5 7
1 8 5 4 7 2 3 9 6
4 7 9 5 6 3 8 2 1
7 2 3 9 8 1 5 6 4
6 5 1 2 3 4 9 7 8
8 9 4 6 5 7 1 3 2
5 6 8 7 4 9 2 1 3
3 1 7 8 2 5 6 4 9
9 4 2 3 1 6 7 8 5
```

Solution # 963
```
2 3 6 9 1 4 5 7 8
8 4 7 6 5 3 2 9 1
1 5 9 7 8 2 4 3 6
6 8 4 5 3 9 7 1 2
3 7 5 4 2 1 8 6 9
9 1 2 8 7 6 3 5 4
5 6 8 1 4 7 9 2 3
7 9 3 2 6 8 1 4 5
4 2 1 3 9 5 6 8 7
```

Solution # 964
```
2 9 7 4 3 6 8 1 5
5 6 4 1 2 8 9 7 3
8 3 1 9 7 5 4 6 2
6 5 3 7 4 9 1 2 8
4 1 8 5 6 2 7 3 9
9 7 2 8 1 3 5 4 6
1 2 5 6 9 4 3 8 7
3 4 9 2 8 7 6 5 1
7 8 6 3 5 1 2 9 4
```

Solution # 965
```
6 4 3 2 8 7 1 5 9
9 2 7 4 1 5 8 6 3
8 1 5 3 6 9 7 4 2
1 7 2 9 5 8 4 3 6
5 8 4 6 7 3 9 2 1
3 6 9 1 2 4 5 7 8
4 5 1 8 3 2 6 9 7
2 9 6 7 4 1 3 8 5
7 3 8 5 9 6 2 1 4
```

Solution # 966
```
3 2 4 8 5 9 7 1 6
5 1 8 7 6 3 9 2 4
9 6 7 1 4 2 8 5 3
2 8 3 9 1 4 5 6 7
1 5 6 2 8 7 4 3 9
7 4 9 6 3 5 2 8 1
4 9 1 5 2 6 3 7 8
6 7 5 3 9 8 1 4 2
8 3 2 4 7 1 6 9 5
```

Solution # 967
```
5 2 4 8 7 6 3 9 1
8 1 6 9 2 3 5 4 7
7 9 3 5 1 4 6 8 2
1 8 9 6 3 2 7 5 4
2 6 5 4 8 7 1 3 9
3 4 7 1 5 9 2 6 8
9 5 2 3 4 1 8 7 6
4 7 8 2 6 5 9 1 3
6 3 1 7 9 8 4 2 5
```

Solution # 968
```
7 8 9 4 2 6 1 3 5
2 5 4 9 1 3 8 7 6
1 3 6 8 5 7 4 9 2
4 9 3 6 8 5 2 1 7
5 1 8 7 4 2 9 6 3
6 2 7 3 9 1 5 4 8
3 4 2 1 7 8 6 5 9
8 6 1 5 3 9 7 2 4
9 7 5 2 6 4 3 8 1
```

Solution # 969
```
9 5 6 8 7 2 1 4 3
8 7 4 3 6 1 5 2 9
1 3 2 9 4 5 8 6 7
5 8 7 6 2 3 4 9 1
2 9 1 4 8 7 6 3 5
6 4 3 5 1 9 7 8 2
7 1 8 2 9 6 3 5 4
3 6 9 1 5 4 2 7 8
4 2 5 7 3 8 9 1 6
```

Solution # 970
```
9 5 7 4 6 1 2 3 8
4 2 3 7 8 9 5 6 1
1 8 6 2 3 5 4 9 7
6 1 9 5 4 3 7 8 2
3 4 8 9 2 7 1 5 6
2 7 5 6 1 8 3 4 9
8 3 2 1 9 4 6 7 5
7 6 4 8 5 2 9 1 3
5 9 1 3 7 6 8 2 4
```

Solution # 971
```
2 1 6 8 7 3 9 4 5
4 7 5 2 1 9 3 8 6
3 9 8 4 5 6 7 1 2
9 6 7 1 3 8 2 5 4
5 3 2 6 4 7 8 9 1
8 4 1 9 2 5 6 3 7
1 5 9 7 8 2 4 6 3
6 2 4 3 9 1 5 7 8
7 8 3 5 6 4 1 2 9
```

Solution # 972
```
5 1 3 6 2 8 7 9 4
4 6 8 7 9 5 1 3 2
7 9 2 4 1 3 5 6 8
1 4 6 3 5 2 8 7 9
3 8 9 1 7 6 4 2 5
2 7 5 8 4 9 3 1 6
6 3 1 9 8 4 2 5 7
8 2 7 5 6 1 9 4 3
9 5 4 2 3 7 6 8 1
```

Solution # 973
```
9 7 4 2 6 8 1 5 3
2 6 1 3 5 9 8 7 4
5 3 8 1 4 7 6 2 9
3 1 6 4 8 2 7 9 5
8 9 2 7 3 5 4 1 6
4 5 7 9 1 6 2 3 8
7 2 5 6 9 4 3 8 1
1 4 9 8 7 3 5 6 2
6 8 3 5 2 1 9 4 7
```

Solution # 974
```
6 1 8 5 4 7 3 9 2
7 2 4 3 9 6 8 5 1
3 5 9 8 1 2 4 6 7
4 7 5 6 8 9 2 1 3
2 3 6 1 7 4 9 8 5
8 9 1 2 3 5 7 4 6
1 8 2 4 5 3 6 7 9
5 6 7 9 2 8 1 3 4
9 4 3 7 6 1 5 2 8
```

Solution # 975
```
1 9 4 6 3 8 7 2 5
7 8 6 5 4 2 9 3 1
2 5 3 7 1 9 6 8 4
8 7 5 9 2 3 4 1 6
6 2 9 1 7 4 8 5 3
3 4 1 8 6 5 2 7 9
9 6 8 2 5 1 3 4 7
5 3 2 4 9 7 1 6 8
4 1 7 3 8 6 5 9 2
```

Solution # 976
```
1 3 8 4 5 2 6 9 7
9 4 5 6 7 8 2 1 3
7 2 6 3 9 1 5 4 8
8 1 2 5 6 9 7 3 4
5 6 4 8 3 7 9 2 1
3 7 9 2 1 4 8 5 6
2 5 3 7 4 6 1 8 9
4 9 7 1 8 5 3 6 2
6 8 1 9 2 3 4 7 5
```

Solution # 977
```
5 4 3 8 6 2 9 7 1
7 8 9 4 1 5 3 6 2
2 6 1 7 9 3 5 4 8
1 9 4 5 3 8 7 2 6
3 7 6 2 4 9 1 8 5
8 5 2 6 7 1 4 3 9
4 1 5 3 2 6 8 9 7
6 3 8 9 5 7 2 1 4
9 2 7 1 8 4 6 5 3
```

Solution # 978
```
6 1 7 5 2 4 3 8 9
2 5 3 7 9 8 4 1 6
9 4 8 3 1 6 7 2 5
5 3 6 9 4 2 1 7 8
4 7 9 1 8 3 6 5 2
1 8 2 6 5 7 9 4 3
8 6 1 4 3 5 2 9 7
3 9 5 2 7 1 8 6 4
7 2 4 8 6 9 5 3 1
```

Solution # 979
```
1 9 7 3 8 6 4 2 5
4 5 8 9 2 1 3 7 6
3 2 6 5 4 7 1 8 9
9 7 1 8 5 2 6 3 4
5 6 4 7 1 3 2 9 8
8 3 2 4 6 9 7 5 1
2 8 5 6 7 4 9 1 3
6 1 3 2 9 8 5 4 7
7 4 9 1 3 5 8 6 2
```

Solution # 980
```
9 5 2 1 7 6 4 3 8
3 4 7 5 8 9 6 2 1
6 8 1 4 3 2 9 7 5
5 1 4 6 2 3 8 9 7
7 2 9 8 1 4 3 5 6
8 6 3 9 5 7 1 4 2
4 3 5 2 6 8 7 1 9
1 7 6 3 9 5 2 8 4
2 9 8 7 4 1 5 6 3
```

Solution # 981

6	7	2	4	5	3	8	9	1
3	5	8	1	9	7	4	6	2
1	9	4	6	2	8	7	3	5
8	4	3	9	6	5	1	2	7
5	2	6	8	7	1	9	4	3
9	1	7	3	4	2	5	8	6
2	8	9	5	1	6	3	7	4
4	6	1	7	3	9	2	5	8
7	3	5	2	8	4	6	1	9

Solution # 982

4	6	3	2	9	8	1	7	5
9	1	5	6	7	3	8	2	4
2	8	7	4	1	5	6	3	9
1	4	9	7	5	2	3	8	6
8	5	2	3	4	6	7	9	1
7	3	6	9	8	1	5	4	2
5	7	8	1	2	9	4	6	3
6	2	4	5	3	7	9	1	8
3	9	1	8	6	4	2	5	7

Solution # 983

1	3	8	6	7	2	4	9	5
5	2	9	1	4	3	6	8	7
4	7	6	9	8	5	3	1	2
3	4	5	2	1	7	9	6	8
7	9	2	8	3	6	1	5	4
6	8	1	5	9	4	7	2	3
8	6	3	7	5	1	2	4	9
9	1	7	4	2	8	5	3	6
2	5	4	3	6	9	8	7	1

Solution # 984

3	4	9	6	2	1	8	5	7
8	7	1	5	4	3	9	6	2
5	6	2	8	9	7	4	3	1
1	5	6	4	8	9	7	2	3
2	8	3	7	5	6	1	4	9
4	9	7	1	3	2	5	8	6
7	3	8	2	1	4	6	9	5
6	2	4	9	7	5	3	1	8
9	1	5	3	6	8	2	7	4

Solution # 985

7	2	8	6	1	4	5	9	3
1	3	5	2	7	9	4	6	8
9	4	6	5	8	3	7	1	2
3	9	2	8	6	5	1	7	4
4	6	1	9	2	7	8	3	5
5	8	7	4	3	1	9	2	6
8	1	9	3	5	2	6	4	7
6	7	3	1	4	8	2	5	9
2	5	4	7	9	6	3	8	1

Solution # 986

3	5	1	8	7	2	9	6	4
6	2	7	4	9	5	1	3	8
8	9	4	1	3	6	7	2	5
1	7	6	5	8	3	2	4	9
2	8	3	6	4	9	5	7	1
9	4	5	2	1	7	3	8	6
4	3	2	9	6	1	8	5	7
7	6	9	3	5	8	4	1	2
5	1	8	7	2	4	6	9	3

Solution # 987

5	8	1	7	9	6	2	4	3
2	4	6	8	3	1	7	5	9
7	9	3	5	2	4	1	8	6
8	7	5	9	6	2	3	1	4
9	3	4	1	8	7	6	2	5
6	1	2	3	4	5	9	7	8
4	6	8	2	1	9	5	3	7
1	5	9	4	7	3	8	6	2
3	2	7	6	5	8	4	9	1

Solution # 988

6	1	8	4	3	7	9	5	2
9	5	4	8	1	2	7	3	6
3	2	7	6	5	9	4	1	8
4	3	5	1	7	6	2	8	9
8	7	6	2	9	3	5	4	1
2	9	1	5	8	4	3	6	7
7	4	9	3	6	1	8	2	5
1	8	3	9	2	5	6	7	4
5	6	2	7	4	8	1	9	3

Solution # 989

9	2	3	7	4	5	6	1	8
8	1	7	9	2	6	4	5	3
5	6	4	3	1	8	9	2	7
6	8	9	5	3	1	2	7	4
3	7	2	8	9	4	1	6	5
4	5	1	2	6	7	8	3	9
1	3	8	6	7	9	5	4	2
7	9	6	4	5	2	3	8	1
2	4	5	1	8	3	7	9	6

Solution # 990

7	9	4	8	3	6	1	5	2
5	3	6	1	2	4	7	8	9
8	1	2	9	5	7	4	6	3
3	5	8	6	7	1	9	2	4
1	4	9	2	8	3	6	7	5
6	2	7	4	9	5	3	1	8
9	6	5	7	4	8	2	3	1
2	8	1	3	6	9	5	4	7
4	7	3	5	1	2	8	9	6

Solution # 991

1	6	4	2	7	5	9	3	8
8	5	7	3	9	1	4	2	6
3	2	9	4	6	8	7	1	5
6	3	1	5	4	9	8	7	2
2	9	5	8	1	7	6	4	3
4	7	8	6	3	2	5	9	1
9	8	3	7	2	6	1	5	4
7	4	6	1	5	3	2	8	9
5	1	2	9	8	4	3	6	7

Solution # 992

3	6	4	1	9	2	8	7	5
8	1	2	4	5	7	9	3	6
5	9	7	3	8	6	2	1	4
4	5	8	6	7	9	1	2	3
2	7	1	8	4	3	6	5	9
9	3	6	5	2	1	4	8	7
6	2	5	7	1	4	3	9	8
7	4	9	2	3	8	5	6	1
1	8	3	9	6	5	7	4	2

Solution # 993

7	9	3	2	8	1	4	6	5
2	1	6	5	7	4	9	3	8
5	4	8	3	6	9	1	7	2
6	2	9	1	4	3	8	5	7
8	3	1	9	5	7	6	2	4
4	7	5	8	2	6	3	1	9
1	5	4	7	3	8	2	9	6
3	8	7	6	9	2	5	4	1
9	6	2	4	1	5	7	8	3

Solution # 994

6	7	3	4	1	2	5	9	8
4	8	9	3	7	5	6	1	2
1	2	5	8	9	6	4	7	3
2	4	7	6	8	9	3	5	1
3	5	8	7	2	1	9	4	6
9	1	6	5	3	4	8	2	7
8	3	4	1	5	7	2	6	9
7	6	2	9	4	8	1	3	5
5	9	1	2	6	3	7	8	4

Solution # 995

1	8	2	4	5	7	3	6	9
5	9	6	1	2	3	8	4	7
7	3	4	6	8	9	5	1	2
2	6	7	5	3	8	1	9	4
9	1	3	2	4	6	7	5	8
4	5	8	7	9	1	2	3	6
3	2	5	8	6	4	9	7	1
8	4	1	9	7	5	6	2	3
6	7	9	3	1	2	4	8	5

Solution # 996

1	9	2	3	8	5	4	7	6
5	8	6	7	2	4	9	1	3
3	7	4	9	1	6	2	8	5
6	5	7	2	3	1	8	4	9
2	4	9	6	7	8	5	3	1
8	1	3	5	4	9	6	2	7
7	3	5	8	9	2	1	6	4
9	2	1	4	6	3	7	5	8
4	6	8	1	5	7	3	9	2

Solution # 997

3	5	7	2	9	1	6	4	8
2	8	4	5	6	3	7	1	9
9	1	6	8	7	4	5	2	3
5	7	3	4	2	6	8	9	1
6	4	1	9	5	8	3	7	2
8	2	9	1	3	7	4	6	5
7	9	2	6	8	5	1	3	4
4	3	5	7	1	2	9	8	6
1	6	8	3	4	9	2	5	7

Solution # 998

6	5	3	9	1	2	4	7	8
2	7	1	4	5	8	6	3	9
4	9	8	6	3	7	2	1	5
8	4	2	1	9	3	7	5	6
5	3	6	2	7	4	8	9	1
7	1	9	5	8	6	3	4	2
9	2	7	8	4	5	1	6	3
3	8	5	7	6	1	9	2	4
1	6	4	3	2	9	5	8	7

Solution # 999

5	8	3	7	4	1	2	9	6
9	6	4	2	3	8	5	1	7
2	7	1	9	6	5	8	3	4
8	1	6	5	7	3	9	4	2
3	9	5	1	2	4	7	6	8
7	4	2	8	9	6	1	5	3
6	2	9	4	5	7	3	8	1
1	3	7	6	8	9	4	2	5
4	5	8	3	1	2	6	7	9

Solution # 1000

3	7	9	4	1	5	6	8	2
4	5	6	7	8	2	9	1	3
1	2	8	3	9	6	7	5	4
9	4	3	2	5	8	1	6	7
5	8	2	6	7	1	3	4	9
7	6	1	9	4	3	5	2	8
2	1	4	5	3	9	8	7	6
6	9	5	8	2	7	4	3	1
8	3	7	1	6	4	2	9	5

Solution # 1001

9	7	4	2	6	3	8	1	5
3	2	5	1	8	4	6	9	7
1	6	8	7	5	9	2	4	3
5	1	2	8	4	6	3	7	9
7	4	9	3	2	1	5	8	6
6	8	3	9	7	5	1	2	4
4	5	1	6	9	8	7	3	2
8	9	7	5	3	2	4	6	1
2	3	6	4	1	7	9	5	8

Solution # 1002

1	5	4	6	8	9	2	7	3
9	8	3	2	1	7	5	6	4
7	2	6	5	3	4	8	9	1
8	4	5	1	7	6	9	3	2
3	9	2	8	4	5	6	1	7
6	7	1	3	9	2	4	8	5
2	3	8	4	6	1	7	5	9
5	6	7	9	2	3	1	4	8
4	1	9	7	5	8	3	2	6

Solution # 1003

7	9	5	3	4	1	6	2	8
4	1	8	6	5	2	3	7	9
6	3	2	9	7	8	4	5	1
2	8	1	5	3	6	9	4	7
5	6	9	7	1	4	8	3	2
3	7	4	8	2	9	1	6	5
8	5	3	1	6	7	2	9	4
9	4	6	2	8	5	7	1	3
1	2	7	4	9	3	5	8	6

Solution # 1004

2	7	3	4	9	8	1	5	6
4	6	9	1	3	5	7	8	2
8	5	1	6	7	2	3	4	9
9	4	6	7	1	3	5	2	8
1	8	7	5	2	4	6	9	3
3	2	5	9	8	6	4	1	7
5	9	8	3	4	7	2	6	1
7	1	4	2	6	9	8	3	5
6	3	2	8	5	1	9	7	4

Solution # 1005

9	5	6	3	8	7	4	2	1
2	8	4	1	5	9	6	7	3
3	7	1	4	2	6	8	9	5
6	4	7	8	3	1	2	5	9
8	3	2	5	9	4	7	1	6
5	1	9	6	7	2	3	4	8
1	9	8	2	4	3	5	6	7
7	2	5	9	6	8	1	3	4
4	6	3	7	1	5	9	8	2

Solution # 1006

7	8	2	4	5	9	6	3	1
3	9	6	1	7	2	8	4	5
4	5	1	6	8	3	2	7	9
1	6	4	3	9	5	7	2	8
5	7	8	2	6	4	9	1	3
2	3	9	8	1	7	4	5	6
8	1	7	5	2	6	3	9	4
9	4	5	7	3	8	1	6	2
6	2	3	9	4	1	5	8	7

Solution # 1007

8	4	5	6	7	9	2	1	3
6	1	9	3	2	5	7	8	4
3	2	7	4	8	1	9	5	6
7	6	2	8	3	4	1	9	5
1	9	8	5	6	2	4	3	7
5	3	4	1	9	7	8	6	2
2	7	1	9	5	6	3	4	8
9	8	6	7	4	3	5	2	1
4	5	3	2	1	8	6	7	9

Solution # 1008

6	1	9	7	4	2	3	5	8
4	3	7	8	5	9	1	2	6
5	8	2	3	6	1	9	7	4
1	7	8	5	9	3	6	4	2
2	9	6	1	8	4	7	3	5
3	5	4	2	7	6	8	1	9
8	4	1	6	3	5	2	9	7
7	2	5	9	1	8	4	6	3
9	6	3	4	2	7	5	8	1

Solution # 1009

1	9	6	7	2	5	8	3	4
4	2	5	8	3	9	6	1	7
8	7	3	1	6	4	9	2	5
2	6	4	3	9	1	7	5	8
5	3	7	6	4	8	1	9	2
9	8	1	5	7	2	4	6	3
3	1	8	4	5	6	2	7	9
7	4	9	2	1	3	5	8	6
6	5	2	9	8	7	3	4	1

Solution # 1010

8	9	3	1	2	5	7	6	4
5	6	4	9	7	8	3	1	2
1	2	7	3	6	4	5	8	9
7	1	5	6	4	3	2	9	8
4	3	9	7	8	2	6	5	1
2	8	6	5	9	1	4	3	7
3	5	8	4	1	7	9	2	6
6	7	1	2	3	9	8	4	5
9	4	2	8	5	6	1	7	3

Solution # 1011

9	2	5	3	4	7	8	6	1
8	7	6	1	9	2	4	5	3
3	4	1	6	8	5	9	7	2
6	1	3	4	7	9	5	2	8
5	9	4	2	1	8	7	3	6
7	8	2	5	3	6	1	9	4
4	3	9	7	2	1	6	8	5
2	6	8	9	5	4	3	1	7
1	5	7	8	6	3	2	4	9

Solution # 1012

8	1	5	3	9	2	6	7	4
6	9	4	8	5	7	1	2	3
3	2	7	1	4	6	9	5	8
9	7	1	6	2	3	4	8	5
5	3	6	4	8	9	7	1	2
2	4	8	7	1	5	3	6	9
7	6	2	9	3	8	5	4	1
1	5	9	2	7	4	8	3	6
4	8	3	5	6	1	2	9	7

Solution # 1013

3	2	8	5	1	4	6	9	7
5	9	4	6	7	2	3	1	8
1	7	6	3	8	9	2	5	4
2	8	1	4	5	3	9	7	6
7	6	5	8	9	1	4	2	3
4	3	9	7	2	6	1	8	5
9	5	3	2	6	7	8	4	1
8	4	2	1	3	5	7	6	9
6	1	7	9	4	8	5	3	2

Solution # 1014

6	5	1	4	7	2	8	3	9
8	4	2	1	9	3	5	6	7
9	7	3	8	6	5	2	1	4
4	2	8	6	3	7	1	9	5
3	9	7	5	2	1	4	8	6
1	6	5	9	4	8	7	2	3
2	1	6	7	5	9	3	4	8
7	3	4	2	8	6	9	5	1
5	8	9	3	1	4	6	7	2

Solution # 1015

1	5	8	7	2	3	4	6	9
2	7	4	5	9	6	1	3	8
3	9	6	8	1	4	7	5	2
6	8	9	2	4	7	5	1	3
5	2	3	1	6	8	9	4	7
7	4	1	3	5	9	8	2	6
9	6	2	4	7	1	3	8	5
8	1	5	9	3	2	6	7	4
4	3	7	6	8	5	2	9	1

Solution # 1016

5	7	1	2	8	9	3	6	4
8	9	6	4	1	3	5	7	2
2	3	4	7	6	5	9	1	8
3	1	5	8	9	4	6	2	7
4	2	8	5	7	6	1	3	9
7	6	9	1	3	2	4	8	5
9	8	2	6	5	1	7	4	3
6	5	7	3	4	8	2	9	1
1	4	3	9	2	7	8	5	6

Solution # 1017

3	7	8	6	2	5	1	9	4
2	4	5	9	1	8	6	7	3
6	1	9	4	3	7	2	8	5
5	3	6	7	4	9	8	2	1
8	9	4	1	5	2	7	3	6
1	2	7	3	8	6	4	5	9
4	5	2	8	9	1	3	6	7
7	8	3	5	6	4	9	1	2
9	6	1	2	7	3	5	4	8

Solution # 1018

1	6	9	8	2	3	7	5	4
4	3	2	9	5	7	8	6	1
5	7	8	1	4	6	9	3	2
6	9	1	7	3	4	2	8	5
7	8	3	2	1	5	4	9	6
2	5	4	6	9	8	1	7	3
3	2	5	4	8	9	6	1	7
8	1	7	3	6	2	5	4	9
9	4	6	5	7	1	3	2	8

Solution # 1019

7	6	5	1	2	3	4	9	8
8	1	2	4	7	9	6	5	3
4	9	3	8	6	5	2	1	7
2	4	7	9	1	6	8	3	5
6	8	9	3	5	7	1	2	4
3	5	1	2	4	8	7	6	9
9	7	8	6	3	1	5	4	2
1	3	4	5	8	2	9	7	6
5	2	6	7	9	4	3	8	1

Solution # 1020

1	8	2	6	3	7	4	9	5
9	4	5	8	1	2	6	3	7
3	7	6	9	5	4	2	1	8
8	6	9	7	2	1	3	5	4
2	5	1	4	8	3	9	7	6
4	3	7	5	6	9	8	2	1
6	1	8	3	9	5	7	4	2
7	2	3	1	4	6	5	8	9
5	9	4	2	7	8	1	6	3

Solution # 1021

4	7	6	3	8	5	1	2	9
3	8	2	6	9	1	5	4	7
9	1	5	4	2	7	3	8	6
6	9	7	5	3	8	4	1	2
8	3	4	1	6	2	7	9	5
2	5	1	7	4	9	8	6	3
7	6	9	8	1	3	2	5	4
5	2	8	9	7	4	6	3	1
1	4	3	2	5	6	9	7	8

Solution # 1022

6	7	4	8	1	2	9	5	3
8	9	3	5	6	7	2	1	4
2	5	1	9	3	4	8	6	7
5	8	7	3	9	1	4	2	6
3	2	9	4	8	6	1	7	5
4	1	6	2	7	5	3	8	9
1	3	5	6	4	8	7	9	2
7	4	2	1	5	9	6	3	8
9	6	8	7	2	3	5	4	1

Solution # 1023

5	1	8	3	7	6	9	4	2
2	7	4	1	9	5	8	3	6
6	9	3	2	4	8	5	1	7
4	2	6	5	8	3	7	9	1
1	8	5	9	2	7	3	6	4
7	3	9	6	1	4	2	5	8
8	4	1	7	5	9	6	2	3
3	5	2	8	6	1	4	7	9
9	6	7	4	3	2	1	8	5

Solution # 1024

6	8	5	4	9	3	1	7	2
3	7	2	5	6	1	9	8	4
4	9	1	2	8	7	6	3	5
9	2	8	3	5	4	7	6	1
1	5	4	8	7	6	3	2	9
7	3	6	1	2	9	4	5	8
2	6	9	7	1	5	8	4	3
8	4	7	9	3	2	5	1	6
5	1	3	6	4	8	2	9	7

Solution # 1025

2	3	6	1	9	7	8	5	4
1	8	9	5	2	4	6	7	3
7	4	5	3	6	8	1	2	9
4	9	7	2	8	6	5	3	1
6	1	2	4	5	3	7	9	8
8	5	3	9	7	1	4	6	2
9	2	8	7	1	5	3	4	6
5	6	4	8	3	2	9	1	7
3	7	1	6	4	9	2	8	5

Solution # 1026

6	8	1	9	4	2	7	3	5
4	7	3	6	8	5	9	1	2
5	2	9	1	7	3	8	6	4
7	9	2	8	3	6	5	4	1
8	6	5	4	1	7	3	2	9
1	3	4	2	5	9	6	7	8
2	1	6	7	9	8	4	5	3
9	5	7	3	2	4	1	8	6
3	4	8	5	6	1	2	9	7

Solution # 1027

2	4	9	7	1	5	3	6	8
7	6	5	3	8	2	9	1	4
3	8	1	4	9	6	7	5	2
9	5	4	1	6	8	2	7	3
1	7	8	5	2	3	6	4	9
6	2	3	9	7	4	1	8	5
4	9	7	8	3	1	5	2	6
8	1	2	6	5	9	4	3	7
5	3	6	2	4	7	8	9	1

Solution # 1028

4	5	8	1	9	3	7	6	2
3	2	7	4	6	8	9	1	5
9	6	1	2	5	7	4	3	8
6	4	3	8	1	9	5	2	7
2	7	5	6	3	4	1	8	9
8	1	9	5	7	2	6	4	3
7	8	6	9	2	1	3	5	4
5	3	4	7	8	6	2	9	1
1	9	2	3	4	5	8	7	6

Solution # 1029

1	2	3	8	4	9	6	5	7
8	5	7	6	3	2	1	4	9
9	6	4	1	7	5	8	2	3
6	3	9	5	1	8	2	7	4
5	4	8	2	6	7	9	3	1
7	1	2	3	9	4	5	6	8
3	8	6	4	2	1	7	9	5
2	9	5	7	8	3	4	1	6
4	7	1	9	5	6	3	8	2

Solution # 1030

8	3	9	7	2	5	4	6	1
4	5	1	8	6	3	7	9	2
2	6	7	9	4	1	5	8	3
6	8	5	4	9	2	1	3	7
1	4	3	5	8	7	9	2	6
7	9	2	1	3	6	8	5	4
9	1	6	3	7	8	2	4	5
3	7	4	2	5	9	6	1	8
5	2	8	6	1	4	3	7	9

Solution # 1031

4	1	3	7	5	9	8	2	6
7	8	6	3	4	2	9	1	5
9	2	5	8	6	1	4	7	3
1	3	2	9	7	4	5	6	8
8	5	7	1	3	6	2	9	4
6	9	4	2	8	5	1	3	7
2	4	8	6	1	3	7	5	9
5	6	9	4	2	7	3	8	1
3	7	1	5	9	8	6	4	2

Solution # 1032

6	2	7	9	5	1	8	4	3
9	4	3	6	2	8	1	5	7
5	1	8	4	7	3	2	6	9
7	8	9	1	4	5	6	3	2
1	3	4	8	6	2	9	7	5
2	5	6	3	9	7	4	1	8
4	7	1	5	8	9	3	2	6
3	9	5	2	1	6	7	8	4
8	6	2	7	3	4	5	9	1

Solution # 1033

6	4	2	8	9	5	1	3	7
3	8	1	6	7	4	2	5	9
7	9	5	3	1	2	8	4	6
8	2	6	9	5	3	4	7	1
5	3	4	7	8	1	9	6	2
1	7	9	2	4	6	5	8	3
2	1	8	5	6	7	3	9	4
4	5	7	1	3	9	6	2	8
9	6	3	4	2	8	7	1	5

Solution # 1034

2	8	7	3	6	1	9	5	4
9	3	1	7	5	4	8	6	2
4	6	5	9	8	2	1	3	7
3	2	6	1	9	7	4	8	5
1	5	4	8	2	3	7	9	6
7	9	8	6	4	5	2	1	3
6	1	3	4	7	9	5	2	8
5	7	9	2	3	8	6	4	1
8	4	2	5	1	6	3	7	9

Solution # 1035

2	3	8	9	6	7	4	1	5
1	4	6	2	5	8	3	9	7
7	5	9	4	1	3	8	6	2
4	7	1	3	9	5	2	8	6
5	9	2	6	8	4	7	3	1
6	8	3	7	2	1	5	4	9
3	1	7	5	4	9	6	2	8
8	2	5	1	3	6	9	7	4
9	6	4	8	7	2	1	5	3

Solution # 1036

3	4	2	8	1	9	6	7	5
5	9	6	4	7	2	8	1	3
7	8	1	5	6	3	4	2	9
2	7	8	3	9	5	1	4	6
4	6	9	2	8	1	3	5	7
1	5	3	7	4	6	9	8	2
6	2	4	1	3	7	5	9	8
9	1	5	6	2	8	7	3	4
8	3	7	9	5	4	2	6	1

Solution # 1037

8	4	7	3	9	5	6	1	2
3	9	6	4	1	2	5	8	7
1	5	2	8	6	7	9	4	3
9	8	1	5	7	4	2	3	6
5	6	3	2	8	9	1	7	4
2	7	4	1	3	6	8	5	9
4	1	5	9	2	3	7	6	8
6	3	9	7	5	8	4	2	1
7	2	8	6	4	1	3	9	5

Solution # 1038

4	2	3	8	6	1	5	9	7
1	5	7	3	9	2	6	8	4
8	6	9	5	7	4	2	3	1
5	9	8	1	4	3	7	2	6
6	4	2	7	8	9	3	1	5
3	7	1	2	5	6	8	4	9
7	3	5	4	1	8	9	6	2
2	1	6	9	3	5	4	7	8
9	8	4	6	2	7	1	5	3

Solution # 1039

8	1	7	2	5	3	6	9	4
3	4	2	9	6	8	1	5	7
9	5	6	7	1	4	2	3	8
2	8	4	6	7	5	9	1	3
7	6	3	8	9	1	4	2	5
1	9	5	4	3	2	8	7	6
6	3	1	5	8	9	7	4	2
5	2	8	1	4	7	3	6	9
4	7	9	3	2	6	5	8	1

Solution # 1040

7	8	5	1	4	9	2	3	6
1	3	2	8	7	6	4	9	5
4	6	9	2	3	5	1	8	7
2	1	4	9	6	3	7	5	8
8	5	6	4	1	7	9	2	3
3	9	7	5	8	2	6	4	1
5	2	8	6	9	1	3	7	4
6	4	3	7	2	8	5	1	9
9	7	1	3	5	4	8	6	2

Solution # 1041

8	3	6	9	4	5	1	2	7
2	5	4	3	7	1	9	8	6
7	1	9	2	8	6	3	4	5
4	2	7	8	1	3	5	6	9
3	9	8	6	5	2	7	1	4
5	6	1	4	9	7	8	3	2
1	4	3	5	2	9	6	7	8
6	8	5	7	3	4	2	9	1
9	7	2	1	6	8	4	5	3

Solution # 1042

6	8	1	9	2	7	4	5	3
7	4	3	6	1	5	2	8	9
5	9	2	8	4	3	7	6	1
8	1	5	3	7	2	9	4	6
9	2	6	5	8	4	1	3	7
3	7	4	1	9	6	8	2	5
2	6	9	4	3	1	5	7	8
4	5	8	7	6	9	3	1	2
1	3	7	2	5	8	6	9	4

Solution # 1043

4	8	6	5	2	1	7	9	3
7	2	1	6	9	3	4	5	8
3	5	9	7	4	8	1	2	6
2	4	8	3	5	7	9	6	1
9	6	3	4	1	2	5	8	7
1	7	5	8	6	9	2	3	4
8	3	2	9	7	4	6	1	5
6	9	7	1	3	5	8	4	2
5	1	4	2	8	6	3	7	9

Solution # 1044

6	9	5	8	4	3	1	7	2
4	3	2	9	7	1	5	6	8
7	1	8	5	6	2	9	4	3
9	2	3	4	8	5	6	1	7
8	7	6	2	1	9	4	3	5
5	4	1	6	3	7	8	2	9
3	8	7	1	9	6	2	5	4
1	5	4	7	2	8	3	9	6
2	6	9	3	5	4	7	8	1

Solution # 1045

4	5	9	2	6	7	3	8	1
8	3	2	4	5	1	7	6	9
7	1	6	8	3	9	5	4	2
9	8	3	7	1	6	4	2	5
5	7	1	3	2	4	6	9	8
2	6	4	9	8	5	1	3	7
6	4	7	5	9	8	2	1	3
3	9	5	1	4	2	8	7	6
1	2	8	6	7	3	9	5	4

Solution # 1046

4	6	5	7	1	9	2	3	8
3	1	8	2	5	6	7	9	4
9	2	7	4	8	3	1	6	5
5	8	2	9	6	1	3	4	7
6	7	9	3	4	8	5	1	2
1	3	4	5	2	7	9	8	6
8	5	6	1	3	2	4	7	9
2	9	1	8	7	4	6	5	3
7	4	3	6	9	5	8	2	1

Solution # 1047

5	7	6	2	3	1	4	9	8
9	8	4	7	6	5	3	1	2
2	1	3	4	8	9	7	6	5
8	6	9	5	7	4	2	3	1
3	4	7	1	2	8	9	5	6
1	5	2	3	9	6	8	7	4
4	9	1	8	5	3	6	2	7
6	2	5	9	4	7	1	8	3
7	3	8	6	1	2	5	4	9

Solution # 1048

9	6	8	7	3	5	4	1	2
1	7	2	4	6	8	9	3	5
4	3	5	2	9	1	6	8	7
7	4	1	3	5	6	8	2	9
8	9	3	1	2	7	5	4	6
2	5	6	8	4	9	1	7	3
6	2	7	9	8	4	3	5	1
3	8	9	5	1	2	7	6	4
5	1	4	6	7	3	2	9	8

Solution # 1049

3	7	4	9	1	2	6	5	8
5	6	1	8	3	4	7	2	9
8	9	2	5	7	6	1	3	4
1	8	3	7	6	9	5	4	2
6	4	9	2	5	3	8	7	1
2	5	7	4	8	1	9	6	3
4	2	8	6	9	5	3	1	7
7	1	6	3	4	8	2	9	5
9	3	5	1	2	7	4	8	6

Solution # 1050

6	5	9	8	2	4	3	1	7
7	3	4	5	1	9	2	6	8
1	8	2	7	3	6	9	4	5
3	2	5	1	7	8	4	9	6
4	1	8	6	9	2	5	7	3
9	7	6	4	5	3	1	8	2
5	9	1	2	8	7	6	3	4
8	6	3	9	4	5	7	2	1
2	4	7	3	6	1	8	5	9

Solution # 1051

8	6	9	4	1	5	7	3	2
7	5	3	8	9	2	1	4	6
2	4	1	7	6	3	9	5	8
3	9	8	1	7	6	4	2	5
4	7	6	2	5	9	8	1	3
5	1	2	3	8	4	6	9	7
1	3	5	6	4	8	2	7	9
9	8	7	5	2	1	3	6	4
6	2	4	9	3	7	5	8	1

Solution # 1052

5	4	9	3	6	8	1	2	7
6	1	7	5	2	9	8	4	3
2	8	3	7	4	1	6	9	5
9	7	1	2	8	3	4	5	6
3	6	8	9	5	4	2	7	1
4	2	5	6	1	7	3	8	9
1	9	4	8	3	5	7	6	2
7	3	2	4	9	6	5	1	8
8	5	6	1	7	2	9	3	4

Solution # 1053

7	4	2	8	9	1	5	6	3
5	9	3	4	7	6	2	8	1
8	1	6	5	3	2	4	9	7
6	5	4	3	8	9	1	7	2
1	2	8	6	5	7	9	3	4
3	7	9	2	1	4	8	5	6
9	3	7	1	4	8	6	2	5
2	8	1	7	6	5	3	4	9
4	6	5	9	2	3	7	1	8

Solution # 1054

1	8	3	4	5	2	6	7	9
7	4	2	6	9	1	8	5	3
6	9	5	3	7	8	4	1	2
9	1	4	7	6	3	5	2	8
2	5	8	1	4	9	7	3	6
3	6	7	8	2	5	1	9	4
5	3	1	9	8	4	2	6	7
4	2	6	5	3	7	9	8	1
8	7	9	2	1	6	3	4	5

Solution # 1055

6	8	1	7	3	5	9	4	2
5	9	3	4	6	2	8	1	7
7	2	4	9	8	1	6	5	3
9	7	6	8	1	3	4	2	5
8	4	2	5	7	9	3	6	1
1	3	5	6	2	4	7	8	9
4	1	8	2	9	7	5	3	6
2	6	7	3	5	8	1	9	4
3	5	9	1	4	6	2	7	8

Solution # 1056

9	7	5	4	1	8	3	6	2
6	3	4	5	9	2	1	7	8
8	1	2	7	3	6	4	9	5
1	4	3	6	7	5	8	2	9
5	2	8	9	4	1	7	3	6
7	6	9	8	2	3	5	1	4
3	8	6	1	5	9	2	4	7
2	9	7	3	8	4	6	5	1
4	5	1	2	6	7	9	8	3

Solution # 1057

2	5	6	1	4	8	7	9	3
8	9	4	6	3	7	1	2	5
3	1	7	2	9	5	4	8	6
7	2	9	3	1	4	5	6	8
1	8	3	5	7	6	9	4	2
4	6	5	8	2	9	3	7	1
9	3	1	4	8	2	6	5	7
6	7	2	9	5	3	8	1	4
5	4	8	7	6	1	2	3	9

Solution # 1058

9	2	1	6	8	4	7	5	3
4	3	8	7	9	5	6	1	2
5	7	6	2	1	3	8	9	4
8	1	4	9	2	7	5	3	6
7	6	3	8	5	1	4	2	9
2	5	9	3	4	6	1	7	8
1	9	2	5	6	8	3	4	7
3	8	5	4	7	9	2	6	1
6	4	7	1	3	2	9	8	5

Solution # 1059

2	1	6	3	5	7	4	8	9
8	3	4	6	9	2	5	1	7
5	9	7	8	4	1	3	2	6
4	5	1	9	7	6	8	3	2
9	2	3	4	8	5	6	7	1
6	7	8	1	2	3	9	5	4
3	6	9	7	1	8	2	4	5
1	8	2	5	6	4	7	9	3
7	4	5	2	3	9	1	6	8

Solution # 1060

4	1	3	2	8	7	9	5	6
7	5	6	1	4	9	3	8	2
2	9	8	5	6	3	1	4	7
8	6	1	4	3	5	2	7	9
9	7	5	8	1	2	6	3	4
3	2	4	9	7	6	5	1	8
5	3	7	6	2	8	4	9	1
1	8	2	3	9	4	7	6	5
6	4	9	7	5	1	8	2	3

Solution # 1061

5	8	7	1	2	9	6	4	3
4	2	9	6	8	3	1	5	7
3	1	6	5	4	7	9	2	8
7	6	2	8	9	1	5	3	4
1	4	5	3	6	2	7	8	9
9	3	8	7	5	4	2	1	6
2	5	3	9	7	8	4	6	1
6	9	1	4	3	5	8	7	2
8	7	4	2	1	6	3	9	5

Solution # 1062

6	8	9	1	5	4	2	3	7
7	4	5	3	2	8	1	9	6
2	3	1	7	6	9	5	8	4
8	5	3	9	1	6	4	7	2
1	7	4	8	3	2	6	5	9
9	2	6	5	4	7	8	1	3
4	9	7	6	8	5	3	2	1
3	6	8	2	9	1	7	4	5
5	1	2	4	7	3	9	6	8

Solution # 1063

3	1	5	8	6	9	7	4	2
6	4	8	2	7	5	3	1	9
9	7	2	1	3	4	6	5	8
8	5	3	4	1	2	9	6	7
1	9	7	3	5	6	8	2	4
2	6	4	9	8	7	5	3	1
4	2	6	5	9	8	1	7	3
5	3	9	7	4	1	2	8	6
7	8	1	6	2	3	4	9	5

Solution # 1064

1	9	2	6	7	3	4	5	8
4	3	7	5	8	1	2	6	9
8	6	5	9	4	2	1	7	3
3	7	1	2	6	8	9	4	5
9	8	6	1	5	4	3	2	7
5	2	4	3	9	7	8	1	6
2	4	8	7	3	5	6	9	1
6	5	3	4	1	9	7	8	2
7	1	9	8	2	6	5	3	4

Solution # 1065

7	4	6	5	8	2	1	9	3
9	1	5	3	6	7	4	8	2
8	2	3	4	1	9	7	5	6
2	9	4	6	7	8	5	3	1
3	8	1	2	4	5	6	7	9
5	6	7	1	9	3	8	2	4
1	5	9	8	3	6	2	4	7
6	7	2	9	5	4	3	1	8
4	3	8	7	2	1	9	6	5

Solution # 1066

1	4	2	9	7	5	8	6	3
3	9	8	1	2	6	4	7	5
5	7	6	8	3	4	2	9	1
9	3	1	6	8	7	5	4	2
8	6	4	2	5	9	3	1	7
2	5	7	3	4	1	6	8	9
6	2	9	5	1	8	7	3	4
4	8	3	7	9	2	1	5	6
7	1	5	4	6	3	9	2	8

Solution # 1067

2	4	7	9	8	6	5	3	1
3	8	1	4	7	5	9	6	2
5	9	6	1	3	2	8	7	4
6	7	5	3	1	4	2	9	8
8	2	4	5	6	9	7	1	3
1	3	9	8	2	7	4	5	6
9	1	3	2	5	8	6	4	7
4	6	8	7	9	1	3	2	5
7	5	2	6	4	3	1	8	9

Solution # 1068

8	5	4	3	9	7	2	6	1
1	2	7	6	4	5	8	3	9
9	3	6	8	1	2	4	5	7
3	4	1	7	5	6	9	2	8
2	8	9	1	3	4	6	7	5
7	6	5	2	8	9	1	4	3
5	9	8	4	6	3	7	1	2
4	7	3	9	2	1	5	8	6
6	1	2	5	7	8	3	9	4

Solution # 1069

7	4	9	6	2	3	8	1	5
3	1	2	4	5	8	7	9	6
6	5	8	9	7	1	2	3	4
2	9	6	8	1	7	5	4	3
1	3	4	5	6	2	9	8	7
8	7	5	3	9	4	6	2	1
5	8	1	2	4	6	3	7	9
4	6	3	7	8	9	1	5	2
9	2	7	1	3	5	4	6	8

Solution # 1070

1	7	2	5	3	6	9	8	4
9	5	4	8	7	2	3	6	1
8	6	3	4	1	9	5	2	7
4	1	7	9	8	3	2	5	6
3	8	5	6	2	4	1	7	9
6	2	9	1	5	7	8	4	3
2	9	6	3	4	8	7	1	5
7	3	1	2	6	5	4	9	8
5	4	8	7	9	1	6	3	2

Solution # 1071

7	1	4	3	9	5	6	8	2
9	2	8	6	1	7	3	5	4
3	6	5	8	2	4	7	1	9
1	3	9	4	7	8	5	2	6
6	5	7	1	3	2	4	9	8
4	8	2	5	6	9	1	7	3
2	7	1	9	4	6	8	3	5
8	9	6	7	5	3	2	4	1
5	4	3	2	8	1	9	6	7

Solution # 1072

9	8	7	4	3	2	6	5	1
3	1	6	8	5	9	4	2	7
5	2	4	1	6	7	3	8	9
8	6	3	2	7	1	9	4	5
1	4	9	3	8	5	7	6	2
7	5	2	6	9	4	1	3	8
2	3	1	7	4	8	5	9	6
4	9	8	5	1	6	2	7	3
6	7	5	9	2	3	8	1	4

Solution # 1073

1	8	5	9	7	4	6	2	3
4	7	3	6	2	1	8	5	9
6	2	9	8	5	3	4	7	1
7	6	4	1	8	2	9	3	5
8	3	1	4	9	5	2	6	7
5	9	2	3	6	7	1	4	8
2	1	6	7	3	8	5	9	4
3	5	8	2	4	9	7	1	6
9	4	7	5	1	6	3	8	2

Solution # 1074

7	1	4	9	3	8	6	5	2
2	9	5	1	6	7	8	3	4
8	6	3	2	5	4	7	9	1
5	7	1	8	2	3	9	4	6
4	2	8	6	9	5	1	7	3
6	3	9	4	7	1	2	8	5
9	5	2	3	8	6	4	1	7
3	4	6	7	1	9	5	2	8
1	8	7	5	4	2	3	6	9

Solution # 1075

2	6	9	4	3	8	1	7	5
1	8	3	6	7	5	9	4	2
7	4	5	9	2	1	8	6	3
9	3	8	2	1	6	7	5	4
6	7	4	8	5	9	3	2	1
5	2	1	3	4	7	6	8	9
8	5	6	1	9	4	2	3	7
3	9	7	5	6	2	4	1	8
4	1	2	7	8	3	5	9	6

Solution # 1076

9	7	4	5	2	6	8	1	3
3	2	6	8	1	9	7	5	4
1	5	8	3	4	7	6	9	2
4	3	7	6	9	1	5	2	8
8	6	9	2	5	3	1	4	7
2	1	5	7	8	4	3	6	9
6	4	2	1	7	8	9	3	5
7	9	3	4	6	5	2	8	1
5	8	1	9	3	2	4	7	6

Solution # 1077

8	9	4	7	2	5	1	6	3
5	2	1	8	3	6	7	9	4
3	6	7	9	1	4	8	2	5
7	1	6	4	5	8	9	3	2
4	8	9	3	6	2	5	7	1
2	3	5	1	9	7	4	8	6
9	5	2	6	7	1	3	4	8
6	7	8	5	4	3	2	1	9
1	4	3	2	8	9	6	5	7

Solution # 1078

4	7	3	2	6	8	5	1	9
6	1	8	4	5	9	7	2	3
5	2	9	3	7	1	6	4	8
9	3	2	7	1	4	8	5	6
8	6	7	5	9	2	1	3	4
1	5	4	6	8	3	9	7	2
7	4	5	8	3	6	2	9	1
2	8	1	9	4	5	3	6	7
3	9	6	1	2	7	4	8	5

Solution # 1079

5	2	6	3	8	1	7	4	9
4	7	3	2	6	9	1	8	5
1	8	9	4	5	7	2	3	6
3	1	8	7	9	5	4	6	2
7	9	4	8	2	6	5	1	3
2	6	5	1	3	4	9	7	8
8	4	2	9	1	3	6	5	7
6	3	7	5	4	2	8	9	1
9	5	1	6	7	8	3	2	4

Solution # 1080

1	9	5	6	3	2	8	7	4
2	7	4	1	5	8	6	9	3
3	6	8	4	7	9	2	5	1
5	4	6	3	2	7	9	1	8
8	2	7	9	1	4	5	3	6
9	3	1	8	6	5	4	2	7
4	8	3	5	9	1	7	6	2
7	1	9	2	4	6	3	8	5
6	5	2	7	8	3	1	4	9

Solution # 1081

6	1	4	7	3	2	8	9	5
5	7	2	1	9	8	4	6	3
9	3	8	6	4	5	7	1	2
3	4	7	8	6	9	5	2	1
8	2	5	3	1	7	6	4	9
1	9	6	2	5	4	3	7	8
2	5	9	4	7	3	1	8	6
7	8	1	5	2	6	9	3	4
4	6	3	9	8	1	2	5	7

Solution # 1082

3	1	7	9	8	5	6	2	4
8	9	5	6	2	4	1	7	3
6	4	2	1	3	7	9	8	5
1	8	9	4	6	2	3	5	7
5	3	4	7	9	1	8	6	2
2	7	6	3	5	8	4	9	1
4	2	1	8	7	6	5	3	9
9	5	8	2	4	3	7	1	6
7	6	3	5	1	9	2	4	8

Solution # 1083

1	3	9	2	5	8	4	6	7
5	7	2	6	4	9	3	8	1
8	4	6	1	3	7	9	2	5
9	2	1	8	6	3	7	5	4
6	5	4	9	7	2	1	3	8
3	8	7	4	1	5	6	9	2
2	6	8	7	9	1	5	4	3
7	9	5	3	8	4	2	1	6
4	1	3	5	2	6	8	7	9

Solution # 1084

7	3	4	8	1	9	6	5	2
1	2	5	6	3	7	8	9	4
8	6	9	2	4	5	1	3	7
9	7	3	5	8	4	2	1	6
2	4	8	1	9	6	3	7	5
6	5	1	3	7	2	4	8	9
4	8	6	9	5	3	7	2	1
3	9	7	4	2	1	5	6	8
5	1	2	7	6	8	9	4	3

Solution # 1085

8	6	9	2	5	1	7	3	4
3	5	2	7	4	8	6	1	9
1	4	7	9	6	3	8	5	2
6	3	8	4	1	7	9	2	5
9	7	1	8	2	5	4	6	3
4	2	5	3	9	6	1	8	7
5	9	6	1	7	2	3	4	8
7	1	3	5	8	4	2	9	6
2	8	4	6	3	9	5	7	1

Solution # 1086

```
1 3 9 7 4 6 8 2 5
6 8 4 1 2 5 7 3 9
5 7 2 8 9 3 1 4 6
3 9 8 4 7 1 6 5 2
4 1 7 5 6 2 9 8 3
2 6 5 3 8 9 4 1 7
7 2 3 9 1 8 5 6 4
8 4 6 2 5 7 3 9 1
9 5 1 6 3 4 2 7 8
```

Solution # 1087

```
6 3 7 2 5 4 8 1 9
2 4 9 8 7 1 3 5 6
8 5 1 3 6 9 4 2 7
9 8 3 1 2 6 7 4 5
1 7 2 4 8 5 6 9 3
4 6 5 7 9 3 1 8 2
5 1 8 6 3 2 9 7 4
3 9 4 5 1 7 2 6 8
7 2 6 9 4 8 5 3 1
```

Solution # 1088

```
7 6 2 1 5 3 9 8 4
9 8 3 2 4 7 5 6 1
4 1 5 9 8 6 7 2 3
3 2 6 5 1 8 4 9 7
8 9 4 3 7 2 6 1 5
1 5 7 6 9 4 8 3 2
2 3 9 7 6 5 1 4 8
5 4 1 8 2 9 3 7 6
6 7 8 4 3 1 2 5 9
```

Solution # 1089

```
2 7 1 3 6 9 5 8 4
5 4 3 1 8 2 7 6 9
8 6 9 4 5 7 3 1 2
3 5 4 8 9 1 2 7 6
9 8 7 6 2 5 4 3 1
1 2 6 7 4 3 9 5 8
4 9 8 5 7 6 1 2 3
6 1 5 2 3 4 8 9 7
7 3 2 9 1 8 6 4 5
```

Solution # 1090

```
2 3 4 8 6 7 9 5 1
6 8 1 9 5 3 4 7 2
9 5 7 1 4 2 6 8 3
1 4 5 2 3 9 7 6 8
7 9 3 4 8 6 1 2 5
8 2 6 7 1 5 3 9 4
3 1 9 6 2 8 5 4 7
5 7 2 3 9 4 8 1 6
4 6 8 5 7 1 2 3 9
```

Solution # 1091

```
2 4 1 7 6 8 9 5 3
6 3 9 2 4 5 8 7 1
8 5 7 9 1 3 4 6 2
7 9 3 1 5 2 6 8 4
4 6 8 3 9 7 1 2 5
5 1 2 4 8 6 3 9 7
9 2 4 6 7 1 5 3 8
1 7 5 8 3 9 2 4 6
3 8 6 5 2 4 7 1 9
```

Solution # 1092

```
4 6 8 3 9 7 1 5 2
9 3 5 8 2 1 6 7 4
7 1 2 5 6 4 9 8 3
1 8 7 9 5 3 4 2 6
2 5 9 4 8 6 7 3 1
3 4 6 7 1 2 5 9 8
5 2 1 6 7 8 3 4 9
8 7 4 1 3 9 2 6 5
6 9 3 2 4 5 8 1 7
```

Solution # 1093

```
4 3 1 8 9 5 7 6 2
2 6 8 1 4 7 9 5 3
7 9 5 6 3 2 4 8 1
6 2 9 4 8 1 5 3 7
5 4 3 2 7 9 6 1 8
8 1 7 3 5 6 2 9 4
9 5 4 7 1 3 8 2 6
1 7 2 5 6 8 3 4 9
3 8 6 9 2 4 1 7 5
```

Solution # 1094

```
8 4 5 6 1 7 9 3 2
2 3 6 5 8 9 4 7 1
1 7 9 4 3 2 5 8 6
3 1 2 9 6 8 7 4 5
6 8 4 3 7 5 2 1 9
9 5 7 1 2 4 3 6 8
4 9 8 7 5 6 1 2 3
5 6 1 2 4 3 8 9 7
7 2 3 8 9 1 6 5 4
```

Solution # 1095

```
5 1 6 7 9 8 4 3 2
7 2 4 3 6 1 9 5 8
8 3 9 5 2 4 1 6 7
4 7 3 9 5 2 6 8 1
9 5 8 1 4 6 7 2 3
1 6 2 8 3 7 5 9 4
3 8 1 6 7 9 2 4 5
2 9 7 4 8 5 3 1 6
6 4 5 2 1 3 8 7 9
```

Solution # 1096

```
6 9 7 2 3 5 8 1 4
8 4 5 7 1 6 2 3 9
3 1 2 8 4 9 5 7 6
5 2 4 3 8 1 9 6 7
1 6 8 5 9 7 3 4 2
9 7 3 4 6 2 1 8 5
4 5 6 1 2 8 7 9 3
7 8 9 6 5 3 4 2 1
2 3 1 9 7 4 6 5 8
```

Solution # 1097

```
8 1 7 3 6 2 5 4 9
9 4 3 8 7 5 6 1 2
2 5 6 9 4 1 3 8 7
1 9 4 5 2 6 8 7 3
3 2 5 7 1 8 9 6 4
7 6 8 4 9 3 1 2 5
4 3 1 6 5 7 2 9 8
5 7 2 1 8 9 4 3 6
6 8 9 2 3 4 7 5 1
```

Solution # 1098

```
7 6 4 8 2 1 5 3 9
3 9 5 4 6 7 2 8 1
1 2 8 3 9 5 4 6 7
4 5 3 6 1 9 7 2 8
8 7 6 5 4 2 1 9 3
9 1 2 7 3 8 6 4 5
5 3 7 2 8 6 9 1 4
6 4 1 9 5 3 8 7 2
2 8 9 1 7 4 3 5 6
```

Solution # 1099

```
7 8 1 6 5 4 3 2 9
4 5 3 2 8 9 1 6 7
6 2 9 7 1 3 4 8 5
1 7 2 4 6 8 5 9 3
8 9 5 3 2 1 7 4 6
3 6 4 9 7 5 8 1 2
2 3 6 1 4 7 9 5 8
5 4 7 8 9 6 2 3 1
9 1 8 5 3 2 6 7 4
```

Solution # 1100

```
1 9 4 6 5 2 3 7 8
5 8 3 7 9 1 4 2 6
7 6 2 4 8 3 1 5 9
2 7 8 5 3 9 6 1 4
6 1 5 2 4 8 9 3 7
3 4 9 1 7 6 5 8 2
8 2 6 3 1 4 7 9 5
9 3 7 8 6 5 2 4 1
4 5 1 9 2 7 8 6 3
```

Solution # 1101

```
9 1 2 8 3 5 6 4 7
3 5 4 1 6 7 9 2 8
8 6 7 2 4 9 1 5 3
4 9 3 6 5 2 8 7 1
1 8 5 7 9 3 4 6 2
7 2 6 4 8 1 3 9 5
5 7 9 3 1 4 2 8 6
2 3 8 9 7 6 5 1 4
6 4 1 5 2 8 7 3 9
```

Solution # 1102

```
7 6 9 5 3 1 8 2 4
8 3 4 7 2 6 1 9 5
5 1 2 9 8 4 6 3 7
6 4 1 3 9 2 5 7 8
9 2 8 1 5 7 4 6 3
3 5 7 6 4 8 9 1 2
1 7 5 4 6 3 2 8 9
4 8 6 2 7 9 3 5 1
2 9 3 8 1 5 7 4 6
```

Solution # 1103

```
1 3 2 5 4 9 7 6 8
5 8 9 6 1 7 3 2 4
4 6 7 8 3 2 9 5 1
6 2 5 4 7 3 8 1 9
9 7 1 2 6 8 4 3 5
8 4 3 1 9 5 2 7 6
7 1 8 3 5 4 6 9 2
3 5 4 9 2 6 1 8 7
2 9 6 7 8 1 5 4 3
```

Solution # 1104

```
3 1 9 2 7 5 6 4 8
7 5 8 1 6 4 9 3 2
2 4 6 9 3 8 1 7 5
5 8 1 6 4 2 3 9 7
4 9 7 3 8 1 2 5 6
6 3 2 7 5 9 8 1 4
8 7 3 5 1 6 4 2 9
9 6 5 4 2 3 7 8 1
1 2 4 8 9 7 5 6 3
```

Solution # 1105

```
4 2 8 5 1 7 9 6 3
6 1 7 9 8 3 4 2 5
5 3 9 6 2 4 7 1 8
9 7 4 3 5 6 1 8 2
1 5 6 8 9 2 3 4 7
3 8 2 7 4 1 6 5 9
8 9 1 4 7 5 2 3 6
7 4 3 2 6 8 5 9 1
2 6 5 1 3 9 8 7 4
```

Solution # 1106

```
7 5 3 1 8 6 4 2 9
2 4 6 9 3 5 8 7 1
1 9 8 7 4 2 6 3 5
9 1 4 8 5 3 7 6 2
8 7 2 6 1 4 9 5 3
3 6 5 2 7 9 1 4 8
4 8 1 3 2 7 5 9 6
5 3 9 4 6 1 2 8 7
6 2 7 5 9 8 3 1 4
```

Solution # 1107

```
9 4 8 5 6 1 7 3 2
3 2 5 8 9 7 4 1 6
7 1 6 3 4 2 8 5 9
5 3 4 9 7 6 2 8 1
2 8 7 1 5 3 9 6 4
6 9 1 2 8 4 5 7 3
1 5 3 7 2 9 6 4 8
8 6 2 4 1 5 3 9 7
4 7 9 6 3 8 1 2 5
```

Solution # 1108

```
7 1 8 3 5 2 4 6 9
4 3 9 8 7 6 1 5 2
6 2 5 4 1 9 8 7 3
5 4 7 9 3 1 6 2 8
2 8 1 6 4 5 3 9 7
3 9 6 2 8 7 5 4 1
1 7 2 5 6 8 9 3 4
9 6 4 1 2 3 7 8 5
8 5 3 7 9 4 2 1 6
```

Solution # 1109

```
2 3 5 8 9 6 1 7 4
9 8 6 4 1 7 2 3 5
1 4 7 3 2 5 6 9 8
5 9 2 1 4 3 8 6 7
8 1 4 6 7 9 5 2 3
6 7 3 5 8 2 4 1 9
7 6 8 9 5 1 3 4 2
3 5 9 2 6 4 7 8 1
4 2 1 7 3 8 9 5 6
```

Solution # 1110

```
1 9 3 7 8 2 5 6 4
4 8 6 1 3 5 9 2 7
2 7 5 9 4 6 1 3 8
7 6 8 2 1 4 3 9 5
9 4 1 5 7 3 6 8 2
5 3 2 6 9 8 7 4 1
8 5 4 3 6 1 2 7 9
6 1 9 8 2 7 4 5 3
3 2 7 4 5 9 8 1 6
```

Solution # 1111

```
7 2 4 8 3 9 5 1 6
9 8 5 4 6 1 3 2 7
3 6 1 5 2 7 8 9 4
1 3 7 9 4 5 2 6 8
8 4 6 3 1 2 9 7 5
2 5 9 7 8 6 4 3 1
6 9 8 1 5 3 7 4 2
5 7 2 6 9 4 1 8 3
4 1 3 2 7 8 6 5 9
```

Solution # 1112

```
7 5 3 4 1 2 8 6 9
8 9 6 7 5 3 2 1 4
1 2 4 8 6 9 7 3 5
6 8 2 3 4 5 1 9 7
5 4 9 1 8 7 3 2 6
3 7 1 2 9 6 4 5 8
4 6 7 5 2 1 9 8 3
2 3 5 9 7 8 6 4 1
9 1 8 6 3 4 5 7 2
```

Solution # 1113

```
5 7 2 8 3 9 6 4 1
6 4 3 1 2 5 9 8 7
8 1 9 7 6 4 2 5 3
2 5 4 3 9 7 1 6 8
9 3 1 5 8 6 7 2 4
7 8 6 2 4 1 3 9 5
3 9 7 6 5 8 4 1 2
4 2 8 9 1 3 5 7 6
1 6 5 4 7 2 8 3 9
```

Solution # 1114

```
5 6 7 2 4 8 9 1 3
3 8 1 5 7 9 6 4 2
4 9 2 6 1 3 8 5 7
8 7 9 3 6 4 1 2 5
2 4 3 8 5 1 7 6 9
1 5 6 9 2 7 4 3 8
9 3 4 1 8 2 5 7 6
6 1 8 7 3 5 2 9 4
7 2 5 4 9 6 3 8 1
```

Solution # 1115

```
1 5 4 2 8 3 7 9 6
7 2 9 1 4 6 8 3 5
6 3 8 9 5 7 1 2 4
4 7 1 3 6 8 2 5 9
5 9 2 7 1 4 6 8 3
3 8 6 5 2 9 4 7 1
9 4 3 8 7 1 5 6 2
8 6 5 4 3 2 9 1 7
2 1 7 6 9 5 3 4 8
```

Solution # 1116

```
8 5 1 7 9 2 4 3 6
4 3 7 6 1 8 2 9 5
9 2 6 4 3 5 7 1 8
3 7 4 2 6 9 8 5 1
1 8 2 5 7 3 6 4 9
5 6 9 8 4 1 3 7 2
6 9 3 1 2 4 5 8 7
7 1 5 3 8 6 9 2 4
2 4 8 9 5 7 1 6 3
```

Solution # 1117

```
4 2 1 7 3 6 8 5 9
3 9 5 1 2 8 4 7 6
6 8 7 9 5 4 1 3 2
9 4 6 3 8 7 5 2 1
8 5 3 4 1 2 9 6 7
7 1 2 6 9 5 3 8 4
2 7 9 8 4 3 6 1 5
1 6 8 5 7 9 2 4 3
5 3 4 2 6 1 7 9 8
```

Solution # 1118

```
5 1 2 6 8 9 4 3 7
7 8 4 2 3 1 6 5 9
6 9 3 4 7 5 1 8 2
9 4 7 3 6 8 2 1 5
2 5 6 1 4 7 3 9 8
1 3 8 5 9 2 7 4 6
3 7 5 9 2 4 8 6 1
8 6 1 7 5 3 9 2 4
4 2 9 8 1 6 5 7 3
```

Solution # 1119

```
9 8 6 4 1 3 5 2 7
4 3 5 9 2 7 8 6 1
2 1 7 5 6 8 9 3 4
8 4 9 2 5 6 1 7 3
6 5 1 3 7 4 2 8 9
7 2 3 8 9 1 4 5 6
3 6 8 1 4 5 7 9 2
1 7 2 6 8 9 3 4 5
5 9 4 7 3 2 6 1 8
```

Solution # 1120

```
6 7 9 8 4 1 5 2 3
3 5 8 9 2 7 1 4 6
4 1 2 6 3 5 9 7 8
7 3 6 5 1 9 2 8 4
8 4 1 3 7 2 6 5 9
2 9 5 4 6 8 3 1 7
9 8 4 1 5 6 7 3 2
5 2 3 7 9 4 8 6 1
1 6 7 2 8 3 4 9 5
```

Solution # 1121
```
1 8 6 9 5 7 4 2 3
2 7 4 8 1 3 6 5 9
5 9 3 4 6 2 7 1 8
3 1 8 7 4 6 5 9 2
9 2 7 3 8 5 1 6 4
6 4 5 2 9 1 8 3 7
4 5 9 6 3 8 2 7 1
8 6 2 1 7 9 3 4 5
7 3 1 5 2 4 9 8 6
```

Solution # 1122
```
2 7 4 8 1 6 5 9 3
8 1 9 3 5 4 2 6 7
5 3 6 7 9 2 1 8 4
7 9 5 1 6 3 8 4 2
1 4 8 2 7 5 6 3 9
6 2 3 4 8 9 7 1 5
9 5 2 6 3 8 4 7 1
4 6 1 9 2 7 3 5 8
3 8 7 5 4 1 9 2 6
```

Solution # 1123
```
5 6 4 9 8 3 2 7 1
7 1 3 5 4 2 6 8 9
9 2 8 1 7 6 3 5 4
1 3 6 2 9 5 8 4 7
4 5 7 6 3 8 1 9 2
2 8 9 7 1 4 5 6 3
8 7 2 3 5 9 4 1 6
6 9 5 4 2 1 7 3 8
3 4 1 8 6 7 9 2 5
```

Solution # 1124
```
6 1 9 5 4 2 8 3 7
4 5 7 3 6 8 2 9 1
3 8 2 9 7 1 5 6 4
2 3 8 4 9 6 7 1 5
7 9 5 1 8 3 4 2 6
1 6 4 7 2 5 9 8 3
5 7 3 8 1 9 6 4 2
8 4 6 2 3 7 1 5 9
9 2 1 6 5 4 3 7 8
```

Solution # 1125
```
4 5 9 1 2 7 8 3 6
7 2 8 4 3 6 1 5 9
6 1 3 8 9 5 7 2 4
5 3 1 6 7 9 2 4 8
2 6 7 5 8 4 9 1 3
8 9 4 3 1 2 6 7 5
1 4 2 9 6 3 5 8 7
3 7 6 2 5 8 4 9 1
9 8 5 7 4 1 3 6 2
```

Solution # 1126
```
3 6 9 7 8 2 1 5 4
8 4 1 6 9 5 2 7 3
5 7 2 1 3 4 8 9 6
7 5 8 9 2 3 6 4 1
6 9 4 8 5 1 3 2 7
1 2 3 4 6 7 5 8 9
2 3 7 5 4 6 9 1 8
9 1 6 2 7 8 4 3 5
4 8 5 3 1 9 7 6 2
```

Solution # 1127
```
4 1 5 6 2 7 8 9 3
6 3 7 5 9 8 2 4 1
8 9 2 1 3 4 7 6 5
5 8 1 9 7 3 6 2 4
7 6 4 2 8 5 3 1 9
9 2 3 4 1 6 5 8 7
1 5 8 7 4 2 9 3 6
3 4 6 8 5 9 1 7 2
2 7 9 3 6 1 4 5 8
```

Solution # 1128
```
4 5 3 7 1 2 9 8 6
8 7 2 6 9 3 1 4 5
6 9 1 4 8 5 7 3 2
1 6 5 2 7 4 8 9 3
7 2 4 8 3 9 5 6 1
3 8 9 1 5 6 4 2 7
9 4 7 3 6 1 2 5 8
5 1 6 9 2 8 3 7 4
2 3 8 5 4 7 6 1 9
```

Solution # 1129
```
2 1 3 4 8 7 9 6 5
6 4 9 5 3 2 8 7 1
5 7 8 6 9 1 4 2 3
9 8 4 1 7 6 5 3 2
3 6 1 8 2 5 7 9 4
7 2 5 9 4 3 6 1 8
8 3 2 7 5 9 1 4 6
1 5 7 2 6 4 3 8 9
4 9 6 3 1 8 2 5 7
```

Solution # 1130
```
4 5 2 8 3 9 1 7 6
9 1 6 2 7 5 8 3 4
8 3 7 4 1 6 2 5 9
3 8 5 1 9 7 6 4 2
1 6 4 3 5 2 9 8 7
7 2 9 6 4 8 5 1 3
6 7 3 9 8 1 4 2 5
2 4 8 5 6 3 7 9 1
5 9 1 7 2 4 3 6 8
```

Solution # 1131
```
7 8 9 6 4 3 5 1 2
1 6 5 9 8 2 4 3 7
4 3 2 5 1 7 6 9 8
6 5 7 1 2 4 3 8 9
9 4 3 8 7 5 2 6 1
2 1 8 3 6 9 7 4 5
3 2 6 7 9 1 8 5 4
8 7 1 4 5 6 9 2 3
5 9 4 2 3 8 1 7 6
```

Solution # 1132
```
5 4 8 6 1 3 2 9 7
1 9 6 4 2 7 3 8 5
3 7 2 8 5 9 6 4 1
8 1 7 5 9 6 4 2 3
2 5 9 3 4 1 8 7 6
6 3 4 7 8 2 1 5 9
4 6 3 9 7 8 5 1 2
9 2 5 1 3 4 7 6 8
7 8 1 2 6 5 9 3 4
```

Solution # 1133
```
4 6 7 3 1 2 5 8 9
3 1 5 9 8 7 2 6 4
8 2 9 5 6 4 1 7 3
7 4 6 1 9 5 3 2 8
2 5 3 4 7 8 9 1 6
1 9 8 2 3 6 4 5 7
5 7 2 6 4 3 8 9 1
9 8 4 7 5 1 6 3 2
6 3 1 8 2 9 7 4 5
```

Solution # 1134
```
7 2 6 8 3 1 4 9 5
3 4 1 7 5 9 2 8 6
8 5 9 2 4 6 7 3 1
5 1 4 9 7 2 8 6 3
2 9 8 4 6 3 5 1 7
6 3 7 5 1 8 9 2 4
1 7 2 3 9 5 6 4 8
9 6 5 1 8 4 3 7 2
4 8 3 6 2 7 1 5 9
```

Solution # 1135
```
4 1 5 7 9 6 3 2 8
2 6 7 1 8 3 9 4 5
3 9 8 2 4 5 6 1 7
1 2 4 3 5 8 7 9 6
6 8 3 4 7 9 1 5 2
7 5 9 6 2 1 4 8 3
9 7 6 5 1 2 8 3 4
5 4 1 8 3 7 2 6 9
8 3 2 9 6 4 5 7 1
```

Solution # 1136
```
6 2 8 7 1 3 4 9 5
4 3 7 5 9 8 6 1 2
9 1 5 2 6 4 7 3 8
3 5 6 9 4 7 2 8 1
8 9 2 6 5 1 3 4 7
1 7 4 3 8 2 9 5 6
7 4 3 8 2 5 1 6 9
5 6 1 4 7 9 8 2 3
2 8 9 1 3 6 5 7 4
```

Solution # 1137
```
9 2 5 6 1 8 3 4 7
6 8 4 7 9 3 1 5 2
3 1 7 5 4 2 6 9 8
7 6 1 3 5 9 8 2 4
2 4 9 8 7 1 5 3 6
5 3 8 4 2 6 9 7 1
8 9 2 1 3 4 7 6 5
4 5 6 9 8 7 2 1 3
1 7 3 2 6 5 4 8 9
```

Solution # 1138
```
7 3 6 4 9 5 8 2 1
9 1 8 2 7 3 5 4 6
4 5 2 1 6 8 7 9 3
8 4 1 3 5 2 6 7 9
6 2 7 8 1 9 3 5 4
5 9 3 6 4 7 1 8 2
1 6 5 7 2 4 9 3 8
2 8 9 5 3 1 4 6 7
3 7 4 9 8 6 2 1 5
```

Solution # 1139
```
8 4 7 9 2 1 6 3 5
2 6 9 5 4 3 1 7 8
1 5 3 8 6 7 4 9 2
4 9 6 1 7 8 5 2 3
7 1 2 3 5 6 9 8 4
3 8 5 4 9 2 7 1 6
9 3 8 6 1 5 2 4 7
6 2 4 7 3 9 8 5 1
5 7 1 2 8 4 3 6 9
```

Solution # 1140
```
6 9 2 4 7 8 1 3 5
1 8 3 6 9 5 7 4 2
4 5 7 3 2 1 6 9 8
2 1 4 9 8 7 5 6 3
7 3 9 5 6 4 8 2 1
5 6 8 1 3 2 4 7 9
8 4 6 2 1 9 3 5 7
3 2 1 7 5 6 9 8 4
9 7 5 8 4 3 2 1 6
```

Solution # 1141
```
5 2 1 6 4 7 8 9 3
7 9 6 5 3 8 1 4 2
8 3 4 9 2 1 5 6 7
1 6 8 3 7 9 4 2 5
3 5 9 4 6 2 7 8 1
2 4 7 8 1 5 9 3 6
6 8 3 1 5 4 2 7 9
4 1 2 7 9 3 6 5 8
9 7 5 2 8 6 3 1 4
```

Solution # 1142
```
8 3 4 6 9 1 2 5 7
6 2 1 4 7 5 3 9 8
9 7 5 8 2 3 1 6 4
7 5 8 3 1 6 4 2 9
1 9 3 2 4 7 6 8 5
4 6 2 5 8 9 7 1 3
5 1 7 9 3 2 8 4 6
3 4 9 1 6 8 5 7 2
2 8 6 7 5 4 9 3 1
```

Solution # 1143
```
4 1 3 8 5 6 9 7 2
6 9 5 1 2 7 4 8 3
8 2 7 4 9 3 1 5 6
3 6 8 2 4 9 7 1 5
5 4 2 7 1 8 6 3 9
9 7 1 6 3 5 2 4 8
7 8 9 5 6 1 3 2 4
1 3 4 9 8 2 5 6 7
2 5 6 3 7 4 8 9 1
```

Solution # 1144
```
9 5 3 1 2 8 4 6 7
2 4 6 5 7 3 9 8 1
8 7 1 6 9 4 3 5 2
6 2 4 9 3 7 5 1 8
1 8 5 4 6 2 7 3 9
7 3 9 8 1 5 2 4 6
5 1 2 7 4 6 8 9 3
3 6 8 2 5 9 1 7 4
4 9 7 3 8 1 6 2 5
```

Solution # 1145
```
2 4 3 6 8 9 5 1 7
7 6 8 3 1 5 4 2 9
9 5 1 4 2 7 8 3 6
5 1 9 7 3 4 2 6 8
8 7 2 9 6 1 3 4 5
4 3 6 2 5 8 9 7 1
3 8 4 1 9 6 7 5 2
1 9 7 5 4 2 6 8 3
6 2 5 8 7 3 1 9 4
```

Solution # 1146
```
3 1 9 7 2 8 6 4 5
2 5 7 6 4 9 1 3 8
4 8 6 3 5 1 2 7 9
7 4 3 2 8 6 9 5 1
8 2 1 5 9 7 3 6 4
6 9 5 4 1 3 7 8 2
1 3 8 9 6 5 4 2 7
5 6 4 1 7 2 8 9 3
9 7 2 8 3 4 5 1 6
```

Solution # 1147
```
4 8 9 5 7 1 6 3 2
6 1 7 3 4 2 9 8 5
5 3 2 8 9 6 1 7 4
1 2 6 4 8 9 7 5 3
3 4 8 1 5 7 2 6 9
7 9 5 6 2 3 4 1 8
8 5 1 9 6 4 3 2 7
9 7 3 2 1 5 8 4 6
2 6 4 7 3 8 5 9 1
```

Solution # 1148
```
2 4 3 8 6 1 5 9 7
1 9 6 5 7 2 3 4 8
8 5 7 9 3 4 2 1 6
5 3 8 6 4 9 1 7 2
4 6 1 7 2 5 8 3 9
9 7 2 1 8 3 6 5 4
6 8 5 3 9 7 4 2 1
3 2 9 4 1 6 7 8 5
7 1 4 2 5 8 9 6 3
```

Solution # 1149
```
7 9 1 4 2 6 8 3 5
3 2 8 1 9 5 6 4 7
4 5 6 7 8 3 2 1 9
1 7 4 3 5 8 9 2 6
8 3 9 2 6 4 7 5 1
5 6 2 9 7 1 3 8 4
2 1 7 8 4 9 5 6 3
6 8 3 5 1 7 4 9 2
9 4 5 6 3 2 1 7 8
```

Solution # 1150
```
4 5 7 3 1 6 9 8 2
3 6 8 5 2 9 4 1 7
2 9 1 4 7 8 6 3 5
9 4 6 2 8 3 5 7 1
8 2 5 7 6 1 3 4 9
7 1 3 9 5 4 2 6 8
5 3 9 1 4 7 8 2 6
1 8 4 6 9 2 7 5 3
6 7 2 8 3 5 1 9 4
```

Solution # 1151
```
2 1 3 8 9 5 7 6 4
8 5 6 2 4 7 1 9 3
7 4 9 6 3 1 2 5 8
4 9 1 5 6 3 8 7 2
6 8 7 1 2 9 3 4 5
5 3 2 4 7 8 6 1 9
1 7 8 3 5 4 9 2 6
9 6 5 7 8 2 4 3 1
3 2 4 9 1 6 5 8 7
```

Solution # 1152
```
3 1 5 4 8 7 2 6 9
7 8 9 2 6 5 3 1 4
6 4 2 3 1 9 7 8 5
8 6 3 5 4 2 1 9 7
5 9 7 8 3 1 6 4 2
4 2 1 7 9 6 8 5 3
9 3 6 1 2 4 5 7 8
1 7 8 9 5 3 4 2 6
2 5 4 6 7 8 9 3 1
```

Solution # 1153
```
5 6 7 3 8 9 2 1 4
8 9 1 4 2 5 7 3 6
4 3 2 7 1 6 9 5 8
6 8 4 2 7 1 3 9 5
7 2 3 5 9 4 8 6 1
9 1 5 8 6 3 4 7 2
1 4 8 6 3 7 5 2 9
2 7 9 1 5 8 6 4 3
3 5 6 9 4 2 1 8 7
```

Solution # 1154
```
6 5 3 9 2 7 1 8 4
4 8 9 1 6 3 5 7 2
1 2 7 8 5 4 9 6 3
7 3 5 4 8 9 6 2 1
9 6 1 3 7 2 8 4 5
2 4 8 5 1 6 7 3 9
8 7 4 2 9 1 3 5 6
5 1 2 6 3 8 4 9 7
3 9 6 7 4 5 2 1 8
```

Solution # 1155
```
7 8 9 6 5 3 2 1 4
1 6 4 8 7 2 5 9 3
3 5 2 1 9 4 7 8 6
6 1 5 7 2 9 3 4 8
2 4 8 3 1 6 9 5 7
9 3 7 4 8 5 6 2 1
8 9 3 5 4 7 1 6 2
4 2 6 9 3 1 8 7 5
5 7 1 2 6 8 4 3 9
```

Solution # 1156

1	2	5	8	3	6	7	4	9
3	9	4	5	2	7	6	8	1
6	8	7	9	1	4	5	3	2
4	6	9	2	5	1	3	7	8
7	1	3	4	6	8	2	9	5
2	5	8	3	7	9	1	6	4
8	3	2	7	4	5	9	1	6
9	7	1	6	8	2	4	5	3
5	4	6	1	9	3	8	2	7

Solution # 1157

9	4	1	8	6	2	7	5	3
3	5	8	4	9	7	1	6	2
7	2	6	3	5	1	4	9	8
4	7	2	6	1	8	9	3	5
8	1	5	9	7	3	2	4	6
6	9	3	5	2	4	8	1	7
5	6	4	7	8	9	3	2	1
2	8	9	1	3	5	6	7	4
1	3	7	2	4	6	5	8	9

Solution # 1158

8	2	9	3	1	4	7	6	5
1	4	6	7	5	8	3	2	9
3	5	7	6	9	2	8	4	1
7	9	1	5	3	6	4	8	2
2	3	4	9	8	1	5	7	6
6	8	5	4	2	7	1	9	3
5	1	8	2	4	9	6	3	7
4	7	2	1	6	3	9	5	8
9	6	3	8	7	5	2	1	4

Solution # 1159

9	3	6	7	5	1	4	2	8
4	2	7	3	6	8	9	1	5
1	5	8	4	9	2	7	3	6
7	9	3	1	8	6	2	5	4
8	1	2	5	4	7	6	9	3
6	4	5	2	3	9	8	7	1
3	6	1	9	7	4	5	8	2
2	7	4	8	1	5	3	6	9
5	8	9	6	2	3	1	4	7

Solution # 1160

6	8	5	4	9	2	1	7	3
2	3	9	1	7	6	4	8	5
7	4	1	3	5	8	6	2	9
8	5	6	9	2	3	7	4	1
3	9	7	8	4	1	2	5	6
1	2	4	5	6	7	3	9	8
4	1	3	2	8	9	5	6	7
9	7	2	6	1	5	8	3	4
5	6	8	7	3	4	9	1	2

Solution # 1161

8	6	7	1	9	3	4	5	2
3	2	9	5	4	7	6	1	8
1	4	5	6	2	8	3	9	7
5	9	6	2	8	4	1	7	3
2	7	8	3	1	5	9	4	6
4	1	3	7	6	9	2	8	5
7	8	2	9	3	1	5	6	4
9	3	4	8	5	6	7	2	1
6	5	1	4	7	2	8	3	9

Solution # 1162

8	2	5	9	1	6	4	3	7
6	7	4	8	2	3	1	9	5
1	9	3	4	5	7	6	8	2
3	4	8	6	7	9	2	5	1
9	6	2	1	4	5	8	7	3
5	1	7	2	3	8	9	6	4
4	5	9	3	8	2	7	1	6
2	3	6	7	9	1	5	4	8
7	8	1	5	6	4	3	2	9

Solution # 1163

7	9	2	1	6	4	5	8	3
5	8	1	9	2	3	6	7	4
4	6	3	5	7	8	1	2	9
3	5	6	8	9	2	7	4	1
9	7	8	6	4	1	2	3	5
2	1	4	3	5	7	9	6	8
8	2	7	4	1	9	3	5	6
6	3	9	2	8	5	4	1	7
1	4	5	7	3	6	8	9	2

Solution # 1164

9	4	8	1	5	2	6	7	3
6	3	1	7	4	8	5	2	9
5	2	7	6	9	3	8	1	4
3	8	4	2	6	5	7	9	1
2	7	6	8	1	9	4	3	5
1	9	5	4	3	7	2	8	6
8	1	9	5	2	6	3	4	7
4	5	2	3	7	1	9	6	8
7	6	3	9	8	4	1	5	2

Solution # 1165

6	4	3	1	5	2	8	9	7
8	9	5	7	4	6	1	2	3
1	7	2	8	9	3	5	6	4
7	3	1	6	8	5	2	4	9
2	8	9	4	1	7	3	5	6
4	5	6	3	2	9	7	1	8
3	1	4	2	6	8	9	7	5
9	2	8	5	7	4	6	3	1
5	6	7	9	3	1	4	8	2

Solution # 1166

4	5	2	8	1	7	6	9	3
1	6	8	2	9	3	7	5	4
3	7	9	5	4	6	2	8	1
9	8	5	3	2	4	1	6	7
2	1	7	9	6	8	3	4	5
6	3	4	1	7	5	8	2	9
5	9	1	7	8	2	4	3	6
8	4	3	6	5	1	9	7	2
7	2	6	4	3	9	5	1	8

Solution # 1167

1	4	7	3	2	5	8	9	6
8	2	9	4	6	7	5	1	3
5	6	3	8	1	9	2	7	4
9	8	6	2	5	1	3	4	7
3	1	5	7	8	4	9	6	2
2	7	4	9	3	6	1	8	5
7	3	8	1	4	2	6	5	9
4	5	1	6	9	3	7	2	8
6	9	2	5	7	8	4	3	1

Solution # 1168

2	4	5	1	6	9	7	8	3
9	8	6	3	7	4	5	1	2
3	1	7	8	2	5	6	9	4
4	6	3	7	9	8	2	5	1
1	7	9	6	5	2	4	3	8
8	5	2	4	3	1	9	7	6
7	3	1	5	4	6	8	2	9
6	9	8	2	1	7	3	4	5
5	2	4	9	8	3	1	6	7

Solution # 1169

5	4	9	1	6	2	3	7	8
6	7	3	5	8	9	1	2	4
2	8	1	7	4	3	9	6	5
8	5	7	4	3	1	2	9	6
1	6	2	9	7	5	4	8	3
9	3	4	6	2	8	5	1	7
3	1	8	2	5	7	6	4	9
4	2	5	8	9	6	7	3	1
7	9	6	3	1	4	8	5	2

Solution # 1170

8	3	7	1	5	6	9	4	2
4	5	6	9	2	8	1	3	7
9	2	1	3	7	4	8	6	5
3	1	8	7	6	2	4	5	9
6	7	4	5	9	1	3	2	8
2	9	5	4	8	3	6	7	1
1	6	2	8	4	5	7	9	3
5	8	9	6	3	7	2	1	4
7	4	3	2	1	9	5	8	6

Solution # 1171

8	2	5	6	1	9	7	3	4
6	4	9	2	3	7	8	1	5
7	1	3	8	4	5	6	9	2
5	8	2	7	9	3	1	4	6
1	6	7	4	8	2	3	5	9
3	9	4	5	6	1	2	7	8
9	3	6	1	2	4	5	8	7
4	5	8	3	7	6	9	2	1
2	7	1	9	5	8	4	6	3

Solution # 1172

5	4	7	1	9	3	8	6	2
1	9	8	5	2	6	4	7	3
6	2	3	4	7	8	1	9	5
2	3	1	7	8	9	5	4	6
4	7	6	3	5	2	9	8	1
9	8	5	6	1	4	2	3	7
3	1	4	9	6	5	7	2	8
7	6	2	8	4	1	3	5	9
8	5	9	2	3	7	6	1	4

Solution # 1173

5	8	9	7	1	6	4	3	2
2	4	3	5	9	8	1	6	7
6	1	7	3	2	4	5	9	8
3	9	1	2	6	7	8	4	5
7	5	4	1	8	3	6	2	9
8	6	2	9	4	5	7	1	3
9	2	6	8	5	1	3	7	4
1	7	5	4	3	2	9	8	6
4	3	8	6	7	9	2	5	1

Solution # 1174

4	1	6	9	7	2	8	5	3
7	3	5	8	1	4	2	9	6
8	9	2	6	5	3	4	7	1
3	5	4	2	9	7	6	1	8
1	2	9	4	8	6	5	3	7
6	7	8	1	3	5	9	2	4
9	6	7	3	2	8	1	4	5
2	4	3	5	6	1	7	8	9
5	8	1	7	4	9	3	6	2

Solution # 1175

8	6	9	1	3	4	7	2	5
3	2	1	8	7	5	9	4	6
4	5	7	9	2	6	8	3	1
5	3	2	4	6	7	1	9	8
6	7	8	3	9	1	4	5	2
1	9	4	2	5	8	3	6	7
2	1	5	7	4	3	6	8	9
7	4	6	5	8	9	2	1	3
9	8	3	6	1	2	5	7	4

Solution # 1176

2	5	4	7	6	3	9	8	1
7	3	1	4	8	9	6	2	5
9	8	6	2	5	1	4	7	3
5	9	7	8	3	4	1	6	2
4	1	2	5	9	6	7	3	8
3	6	8	1	2	7	5	4	9
1	7	3	9	4	8	2	5	6
6	4	5	3	1	2	8	9	7
8	2	9	6	7	5	3	1	4

Solution # 1177

1	7	4	9	3	2	5	6	8
5	3	8	6	4	7	2	1	9
6	9	2	1	8	5	7	3	4
7	8	9	5	1	6	4	2	3
2	1	3	8	7	4	9	5	6
4	6	5	3	2	9	8	7	1
8	2	6	4	5	3	1	9	7
3	4	7	2	9	1	6	8	5
9	5	1	7	6	8	3	4	2

Solution # 1178

5	3	2	7	1	6	8	4	9
1	4	9	2	8	3	6	5	7
7	8	6	4	5	9	1	2	3
4	1	7	9	6	2	5	3	8
9	2	3	5	4	8	7	1	6
6	5	8	3	7	1	4	9	2
3	7	5	8	9	4	2	6	1
2	6	4	1	3	7	9	8	5
8	9	1	6	2	5	3	7	4

Solution # 1179

8	6	1	2	5	9	7	3	4
9	4	5	1	7	3	6	8	2
3	2	7	8	6	4	9	1	5
6	8	9	4	3	5	2	7	1
1	7	4	6	8	2	3	5	9
5	3	2	9	1	7	4	6	8
2	5	6	7	9	8	1	4	3
7	9	8	3	4	1	5	2	6
4	1	3	5	2	6	8	9	7

Solution # 1180

8	6	1	9	4	3	7	2	5
4	9	7	5	2	6	8	1	3
5	2	3	1	7	8	6	4	9
7	1	8	4	6	5	3	9	2
9	4	6	7	3	2	5	8	1
3	5	2	8	9	1	4	7	6
1	8	9	3	5	4	2	6	7
2	3	4	6	1	7	9	5	8
6	7	5	2	8	9	1	3	4

Solution # 1181

9	4	7	8	6	1	2	5	3
1	6	2	3	4	5	9	7	8
5	8	3	7	9	2	6	1	4
7	1	4	9	2	6	3	8	5
2	5	9	1	3	8	4	6	7
6	3	8	5	7	4	1	9	2
8	9	6	4	5	3	7	2	1
3	2	5	6	1	7	8	4	9
4	7	1	2	8	9	5	3	6

Solution # 1182

8	6	9	4	3	2	5	1	7
5	3	4	7	6	1	9	8	2
1	2	7	8	9	5	3	4	6
9	7	8	2	4	6	1	3	5
4	1	6	3	5	9	7	2	8
2	5	3	1	8	7	4	6	9
7	4	2	9	1	8	6	5	3
6	8	1	5	7	3	2	9	4
3	9	5	6	2	4	8	7	1

Solution # 1183

7	3	8	4	5	2	9	6	1
5	1	9	6	8	7	2	3	4
6	4	2	3	9	1	5	8	7
4	5	6	8	2	9	7	1	3
8	2	3	7	1	6	4	5	9
9	7	1	5	3	4	6	2	8
3	6	4	1	7	5	8	9	2
2	8	7	9	6	3	1	4	5
1	9	5	2	4	8	3	7	6

Solution # 1184

4	2	1	8	7	9	5	3	6
8	3	6	1	5	4	2	7	9
7	9	5	6	3	2	4	1	8
6	5	4	7	2	3	9	8	1
3	1	7	9	8	5	6	2	4
9	8	2	4	1	6	3	5	7
2	7	9	3	6	1	8	4	5
1	4	3	5	9	8	7	6	2
5	6	8	2	4	7	1	9	3

Solution # 1185

8	3	4	1	2	9	5	7	6
7	2	6	4	8	5	9	3	1
5	9	1	3	7	6	2	4	8
4	7	3	9	1	8	6	2	5
2	5	9	6	4	7	1	8	3
1	6	8	5	3	2	4	9	7
6	8	7	2	5	4	3	1	9
3	4	5	8	9	1	7	6	2
9	1	2	7	6	3	8	5	4

Solution # 1186

1	8	5	3	4	6	7	9	2
4	3	9	7	5	2	1	8	6
2	6	7	8	1	9	4	5	3
7	9	3	4	8	1	6	2	5
8	2	1	5	6	7	9	3	4
6	5	4	9	2	3	8	1	7
9	7	2	1	3	4	5	6	8
5	4	6	2	9	8	3	7	1
3	1	8	6	7	5	2	4	9

Solution # 1187

9	4	8	7	2	6	1	5	3
6	3	5	1	8	9	7	2	4
1	7	2	5	4	3	8	9	6
8	9	4	2	6	1	5	3	7
3	5	1	9	7	4	2	6	8
2	6	7	3	5	8	9	4	1
5	8	3	4	1	2	6	7	9
7	1	9	6	3	5	4	8	2
4	2	6	8	9	7	3	1	5

Solution # 1188

1	8	9	4	7	6	2	5	3
2	3	6	9	8	5	4	1	7
5	7	4	1	2	3	8	6	9
9	1	8	7	3	2	5	4	6
4	2	3	5	6	9	1	7	8
6	5	7	8	1	4	9	3	2
8	6	1	2	4	7	3	9	5
3	9	2	6	5	1	7	8	4
7	4	5	3	9	8	6	2	1

Solution # 1189

7	4	1	6	5	3	9	2	8
5	3	2	9	7	8	1	6	4
8	6	9	1	2	4	5	3	7
3	9	7	4	6	2	8	1	5
2	8	6	5	9	1	7	4	3
4	1	5	8	3	7	2	9	6
9	7	3	2	8	6	4	5	1
1	2	8	3	4	5	6	7	9
6	5	4	7	1	9	3	8	2

Solution # 1190

8	6	4	3	5	9	1	2	7
3	9	7	2	1	8	6	5	4
2	5	1	7	4	6	3	8	9
1	2	6	8	9	4	5	7	3
9	7	8	1	3	5	2	4	6
4	3	5	6	2	7	9	1	8
6	1	9	4	8	2	7	3	5
7	4	2	5	6	3	8	9	1
5	8	3	9	7	1	4	6	2

Solution # 1191

3	1	2	6	7	8	9	5	4
6	5	4	3	2	9	7	8	1
9	7	8	4	1	5	2	3	6
7	4	1	9	8	2	3	6	5
2	6	5	1	3	7	8	4	9
8	9	3	5	4	6	1	7	2
5	3	6	8	9	1	4	2	7
4	2	9	7	5	3	6	1	8
1	8	7	2	6	4	5	9	3

Solution # 1192

5	8	6	1	4	2	7	9	3
1	9	2	3	6	7	5	4	8
7	4	3	8	9	5	6	1	2
3	2	7	5	8	4	1	6	9
8	6	5	2	1	9	3	7	4
4	1	9	6	7	3	8	2	5
6	3	4	9	5	1	2	8	7
2	7	8	4	3	6	9	5	1
9	5	1	7	2	8	4	3	6

Solution # 1193

7	4	5	1	9	3	8	6	2
1	9	6	5	2	8	7	3	4
2	3	8	7	6	4	1	5	9
3	7	2	4	8	9	5	1	6
8	1	4	6	5	7	2	9	3
6	5	9	3	1	2	4	7	8
9	6	1	8	4	5	3	2	7
5	8	7	2	3	6	9	4	1
4	2	3	9	7	1	6	8	5

Solution # 1194

3	7	1	5	2	9	4	6	8
2	6	9	7	4	8	1	5	3
5	8	4	1	6	3	9	7	2
7	5	6	2	9	1	3	8	4
1	9	8	3	7	4	6	2	5
4	2	3	6	8	5	7	1	9
9	1	2	8	3	7	5	4	6
6	3	7	4	5	2	8	9	1
8	4	5	9	1	6	2	3	7

Solution # 1195

7	1	2	5	9	8	3	6	4
8	5	4	7	3	6	1	2	9
6	9	3	1	2	4	7	5	8
2	7	9	4	8	1	6	3	5
1	3	8	2	6	5	9	4	7
4	6	5	3	7	9	8	1	2
9	2	1	6	4	7	5	8	3
5	4	7	8	1	3	2	9	6
3	8	6	9	5	2	4	7	1

Solution # 1196

8	3	5	7	1	2	4	6	9
2	1	7	9	6	4	3	5	8
4	9	6	5	8	3	7	2	1
5	8	1	6	4	9	2	3	7
7	4	3	1	2	5	9	8	6
9	6	2	8	3	7	1	4	5
6	2	8	4	9	1	5	7	3
3	5	9	2	7	6	8	1	4
1	7	4	3	5	8	6	9	2

Solution # 1197

9	6	7	8	2	3	4	1	5
5	1	8	9	7	4	6	3	2
2	3	4	5	1	6	8	7	9
8	2	9	7	4	1	3	5	6
3	7	1	2	6	5	9	8	4
6	4	5	3	8	9	7	2	1
1	8	3	4	9	2	5	6	7
4	5	6	1	3	7	2	9	8
7	9	2	6	5	8	1	4	3

Solution # 1198

2	8	1	9	7	3	4	6	5
4	3	9	6	1	5	8	2	7
7	5	6	8	4	2	1	3	9
8	1	2	5	9	4	6	7	3
3	9	7	2	8	6	5	4	1
6	4	5	1	3	7	9	8	2
9	7	3	4	5	8	2	1	6
5	2	8	3	6	1	7	9	4
1	6	4	7	2	9	3	5	8

Solution # 1199

6	3	9	1	5	4	8	7	2
5	7	2	8	6	9	1	4	3
8	1	4	7	3	2	5	6	9
9	8	7	2	1	6	3	5	4
1	5	6	4	8	3	2	9	7
2	4	3	5	9	7	6	8	1
7	9	1	6	2	5	4	3	8
3	6	8	9	4	1	7	2	5
4	2	5	3	7	8	9	1	6

Solution # 1200

1	7	5	9	6	2	8	3	4
3	2	6	4	5	8	9	7	1
8	9	4	1	7	3	2	6	5
9	5	8	6	3	7	1	4	2
4	3	1	5	2	9	6	8	7
2	6	7	8	1	4	5	9	3
7	8	3	2	9	1	4	5	6
6	1	9	7	4	5	3	2	8
5	4	2	3	8	6	7	1	9

Solution # 1201

5	6	9	1	3	2	7	8	4
3	2	7	5	8	4	1	6	9
4	8	1	7	6	9	3	2	5
8	5	3	6	1	7	4	9	2
1	9	2	3	4	8	6	5	7
7	4	6	2	9	5	8	1	3
2	7	8	4	5	1	9	3	6
9	3	5	8	7	6	2	4	1
6	1	4	9	2	3	5	7	8

Solution # 1202

4	6	2	9	8	1	3	7	5
1	7	3	5	6	2	9	4	8
9	8	5	4	3	7	2	1	6
8	1	6	7	2	5	4	3	9
7	3	9	1	4	6	8	5	2
2	5	4	8	9	3	1	6	7
5	4	1	2	7	9	6	8	3
6	2	8	3	5	4	7	9	1
3	9	7	6	1	8	5	2	4

Solution # 1203

7	2	5	8	1	6	9	4	3
8	4	6	3	5	9	1	2	7
9	1	3	2	4	7	5	8	6
5	3	2	4	9	1	6	7	8
6	9	7	5	3	8	4	1	2
4	8	1	6	7	2	3	5	9
1	7	4	9	8	3	2	6	5
3	6	8	1	2	5	7	9	4
2	5	9	7	6	4	8	3	1

Solution # 1204

3	7	8	4	9	1	2	6	5
9	2	4	8	6	5	7	3	1
5	6	1	3	7	2	9	4	8
6	4	5	9	1	3	8	2	7
8	9	3	2	5	7	6	1	4
2	1	7	6	8	4	5	9	3
7	8	6	1	4	9	3	5	2
1	3	9	5	2	8	4	7	6
4	5	2	7	3	6	1	8	9

Solution # 1205

1	2	6	5	8	9	7	4	3
5	7	4	1	6	3	2	9	8
9	8	3	7	4	2	6	5	1
4	9	8	2	3	1	5	6	7
3	1	2	6	5	7	4	8	9
7	6	5	8	9	4	1	3	2
6	5	7	9	1	8	3	2	4
2	3	9	4	7	6	8	1	5
8	4	1	3	2	5	9	7	6

Solution # 1206

6	4	5	7	2	9	1	3	8
9	2	8	3	6	1	7	5	4
3	1	7	8	4	5	2	9	6
4	8	9	1	5	7	3	6	2
1	3	6	9	8	2	5	4	7
5	7	2	4	3	6	9	8	1
8	9	4	2	1	3	6	7	5
7	6	1	5	9	8	4	2	3
2	5	3	6	7	4	8	1	9

Solution # 1207

9	5	7	8	6	4	2	1	3
4	1	2	3	7	5	8	9	6
3	8	6	1	2	9	4	7	5
8	4	9	7	5	2	6	3	1
2	7	3	9	1	6	5	4	8
1	6	5	4	8	3	9	2	7
5	3	8	2	9	7	1	6	4
6	2	4	5	3	1	7	8	9
7	9	1	6	4	8	3	5	2

Solution # 1208

3	9	6	4	8	7	5	2	1
2	8	4	1	3	5	6	7	9
7	5	1	6	9	2	3	8	4
9	4	3	5	7	6	2	1	8
5	2	7	8	1	4	9	3	6
6	1	8	9	2	3	4	5	7
1	6	9	3	5	8	7	4	2
8	7	5	2	4	9	1	6	3
4	3	2	7	6	1	8	9	5

Solution # 1209

9	3	5	7	8	6	2	4	1
1	6	7	3	4	2	5	9	8
2	8	4	9	1	5	7	3	6
6	7	3	8	2	4	1	5	9
8	1	2	6	5	9	4	7	3
4	5	9	1	7	3	8	6	2
5	9	8	4	6	1	3	2	7
7	2	6	5	3	8	9	1	4
3	4	1	2	9	7	6	8	5

Solution # 1210

3	9	8	1	4	7	5	2	6
5	1	6	2	9	3	7	8	4
4	7	2	6	5	8	9	3	1
8	6	4	5	3	9	2	1	7
1	5	7	4	6	2	8	9	3
9	2	3	7	8	1	4	6	5
7	8	9	3	1	4	6	5	2
2	3	5	9	7	6	1	4	8
6	4	1	8	2	5	3	7	9

Solution # 1211

6	2	9	1	8	5	4	3	7
3	5	8	4	7	6	1	2	9
1	7	4	3	9	2	8	6	5
5	9	7	2	3	1	6	8	4
4	6	3	8	5	7	2	9	1
2	8	1	9	6	4	7	5	3
9	4	6	5	1	8	3	7	2
8	3	2	7	4	9	5	1	6
7	1	5	6	2	3	9	4	8

Solution # 1212

6	3	4	8	2	9	7	5	1
8	7	2	4	1	5	9	3	6
5	9	1	3	6	7	2	8	4
3	6	8	9	7	2	1	4	5
9	2	5	6	4	1	8	7	3
1	4	7	5	8	3	6	9	2
4	1	9	2	3	8	5	6	7
7	8	6	1	5	4	3	2	9
2	5	3	7	9	6	4	1	8

Solution # 1213

4	7	8	3	9	2	1	5	6
2	9	6	1	5	7	3	4	8
5	1	3	4	6	8	9	2	7
6	8	7	5	2	1	4	3	9
1	3	5	9	8	4	7	6	2
9	2	4	6	7	3	5	8	1
8	4	1	2	3	9	6	7	5
7	5	9	8	4	6	2	1	3
3	6	2	7	1	5	8	9	4

Solution # 1214

2	4	8	6	3	9	7	1	5
3	6	7	5	1	2	8	9	4
5	1	9	7	4	8	6	2	3
9	5	4	1	8	7	3	6	2
7	8	6	3	2	5	9	4	1
1	2	3	9	6	4	5	8	7
4	3	2	8	5	6	1	7	9
8	9	5	4	7	1	2	3	6
6	7	1	2	9	3	4	5	8

Solution # 1215

5	1	3	8	9	4	6	2	7
7	8	4	6	3	2	5	9	1
6	9	2	1	7	5	3	8	4
9	7	5	4	1	6	8	3	2
3	6	1	2	8	9	7	4	5
4	2	8	3	5	7	1	6	9
8	3	7	9	2	1	4	5	6
2	5	6	7	4	3	9	1	8
1	4	9	5	6	8	2	7	3

Solution # 1216

5	4	9	7	1	8	2	3	6
6	8	7	2	5	3	9	4	1
3	2	1	6	4	9	5	7	8
9	5	4	1	3	7	6	8	2
1	3	6	5	8	2	7	9	4
2	7	8	9	6	4	1	5	3
4	6	2	3	7	5	8	1	9
7	9	3	8	2	1	4	6	5
8	1	5	4	9	6	3	2	7

Solution # 1217

4	2	6	9	7	1	8	5	3
1	8	7	2	5	3	6	4	9
5	9	3	4	6	8	7	2	1
2	6	5	8	4	9	1	3	7
7	1	9	5	3	6	2	8	4
3	4	8	7	1	2	9	6	5
8	5	4	1	2	7	3	9	6
9	3	1	6	8	4	5	7	2
6	7	2	3	9	5	4	1	8

Solution # 1218

5	1	4	7	2	6	8	3	9
6	9	3	4	1	8	5	2	7
2	7	8	5	3	9	6	4	1
7	6	2	8	9	3	4	1	5
4	3	1	2	5	7	9	6	8
8	5	9	1	6	4	2	7	3
3	8	6	9	7	2	1	5	4
1	4	7	6	8	5	3	9	2
9	2	5	3	4	1	7	8	6

Solution # 1219

3	8	9	1	2	4	6	5	7
2	4	6	5	8	7	1	3	9
5	7	1	3	6	9	8	4	2
7	6	5	8	9	3	2	1	4
8	9	2	4	5	1	7	6	3
4	1	3	2	7	6	9	8	5
1	5	8	9	3	2	4	7	6
6	2	4	7	1	5	3	9	8
9	3	7	6	4	8	5	2	1

Solution # 1220

2	4	1	8	3	6	5	7	9
3	7	6	1	5	9	8	2	4
8	9	5	4	2	7	1	6	3
1	8	2	6	7	4	3	9	5
7	6	9	3	8	5	4	1	2
4	5	3	2	9	1	7	8	6
9	1	4	5	6	8	2	3	7
5	2	7	9	1	3	6	4	8
6	3	8	7	4	2	9	5	1

Solution # 1221

1	5	7	6	9	2	4	3	8
2	8	3	1	4	7	9	5	6
9	4	6	8	3	5	7	2	1
8	7	5	2	1	6	3	4	9
3	9	1	7	8	4	2	6	5
4	6	2	9	5	3	8	1	7
5	3	8	4	7	1	6	9	2
7	2	4	5	6	9	1	8	3
6	1	9	3	2	8	5	7	4

Solution # 1222

2	7	9	1	3	8	6	4	5
5	4	1	6	2	9	8	3	7
3	8	6	7	5	4	1	9	2
4	5	7	9	8	6	3	2	1
8	9	2	3	1	7	4	5	6
1	6	3	2	4	5	9	7	8
9	3	5	8	6	2	7	1	4
6	1	4	5	7	3	2	8	9
7	2	8	4	9	1	5	6	3

Solution # 1223

7	6	9	5	2	8	3	4	1
3	5	2	1	4	9	8	7	6
4	1	8	7	3	6	5	9	2
9	4	3	2	8	7	1	6	5
8	7	5	9	6	1	4	2	3
6	2	1	4	5	3	9	8	7
5	8	6	3	7	4	2	1	9
1	3	4	6	9	2	7	5	8
2	9	7	8	1	5	6	3	4

Solution # 1224

8	1	7	6	5	3	9	4	2
3	5	9	2	7	4	1	6	8
6	2	4	8	9	1	5	7	3
7	9	2	5	4	8	3	1	6
5	3	6	1	2	9	7	8	4
4	8	1	3	6	7	2	9	5
1	6	8	7	3	2	4	5	9
9	7	3	4	8	5	6	2	1
2	4	5	9	1	6	8	3	7

Solution # 1225

6	1	2	4	3	7	5	8	9
7	3	4	8	5	9	2	6	1
5	8	9	6	1	2	7	4	3
4	2	8	1	9	5	6	3	7
3	9	6	7	8	4	1	5	2
1	5	7	2	6	3	8	9	4
2	6	1	9	4	8	3	7	5
9	7	3	5	2	6	4	1	8
8	4	5	3	7	1	9	2	6

Solution # 1226

```
5 1 3 2 7 8 9 4 6
2 4 6 9 1 3 8 7 5
7 8 9 4 5 6 1 2 3
9 2 5 8 4 1 6 3 7
6 3 8 5 9 7 4 1 2
4 7 1 6 3 2 5 8 9
3 6 7 1 8 5 2 9 4
8 5 4 3 2 9 7 6 1
1 9 2 7 6 4 3 5 8
```

Solution # 1227

```
4 8 6 1 3 2 7 9 5
2 1 7 9 8 5 6 4 3
3 9 5 7 6 4 8 2 1
1 3 4 5 7 6 2 8 9
6 7 9 3 2 8 5 1 4
8 5 2 4 1 9 3 6 7
9 4 8 6 5 3 1 7 2
5 6 1 2 4 7 9 3 8
7 2 3 8 9 1 4 5 6
```

Solution # 1228

```
8 2 3 4 9 6 7 1 5
5 9 7 3 1 8 4 6 2
6 4 1 2 7 5 3 9 8
9 1 2 8 6 3 5 7 4
3 5 4 7 2 1 6 8 9
7 6 8 9 5 4 1 2 3
4 3 6 1 8 2 9 5 7
2 7 5 6 4 9 8 3 1
1 8 9 5 3 7 2 4 6
```

Solution # 1229

```
9 5 1 3 7 8 2 6 4
4 3 2 6 1 5 9 8 7
7 6 8 2 9 4 5 1 3
2 4 9 1 5 7 8 3 6
6 1 7 9 8 3 4 2 5
3 8 5 4 6 2 1 7 9
1 2 6 7 4 9 3 5 8
8 9 3 5 2 6 7 4 1
5 7 4 8 3 1 6 9 2
```

Solution # 1230

```
6 2 4 8 9 5 3 1 7
7 9 8 1 4 3 6 2 5
1 5 3 7 6 2 9 8 4
8 4 7 9 2 6 5 3 1
9 1 5 3 8 7 4 6 2
3 6 2 5 1 4 7 9 8
2 7 9 4 3 8 1 5 6
5 8 1 6 7 9 2 4 3
4 3 6 2 5 1 8 7 9
```

Solution # 1231

```
3 8 4 6 5 7 9 1 2
6 1 9 8 3 2 7 4 5
2 5 7 1 4 9 8 3 6
9 7 8 2 6 1 3 5 4
5 6 1 4 9 3 2 8 7
4 2 3 7 8 5 1 6 9
8 9 5 3 2 6 4 7 1
7 3 2 5 1 4 6 9 8
1 4 6 9 7 8 5 2 3
```

Solution # 1232

```
1 2 8 9 3 7 5 6 4
4 3 6 8 1 5 7 9 2
5 7 9 6 2 4 1 8 3
9 1 7 3 5 8 4 2 6
2 6 5 1 4 9 3 7 8
8 4 3 2 7 6 9 5 1
7 9 2 4 6 1 8 3 5
3 8 4 5 9 2 6 1 7
6 5 1 7 8 3 2 4 9
```

Solution # 1233

```
5 2 6 3 7 9 8 1 4
4 1 9 8 6 2 5 3 7
7 8 3 1 4 5 6 9 2
1 9 5 4 2 8 7 6 3
2 7 8 9 3 6 1 4 5
3 6 4 5 1 7 2 8 9
8 3 7 2 9 1 4 5 6
6 4 1 7 5 3 9 2 8
9 5 2 6 8 4 3 7 1
```

Solution # 1234

```
9 4 3 5 1 7 8 6 2
1 7 5 2 6 8 3 9 4
2 8 6 3 4 9 7 1 5
3 2 1 9 8 5 6 4 7
4 9 8 6 7 1 2 5 3
6 5 7 4 2 3 9 8 1
5 1 9 8 3 2 4 7 6
8 6 2 7 5 4 1 3 9
7 3 4 1 9 6 5 2 8
```

Solution # 1235

```
4 3 9 7 6 2 5 1 8
8 7 2 5 3 1 6 9 4
1 5 6 8 4 9 7 3 2
9 2 1 3 5 6 4 8 7
7 6 8 9 1 4 3 2 5
5 4 3 2 7 8 1 6 9
3 9 4 6 8 5 2 7 1
2 1 7 4 9 3 8 5 6
6 8 5 1 2 7 9 4 3
```

Solution # 1236

```
9 2 8 1 6 4 7 5 3
4 5 7 9 8 3 6 2 1
1 6 3 2 5 7 8 4 9
2 1 4 8 3 6 5 9 7
8 7 9 5 2 1 4 3 6
6 3 5 4 7 9 2 1 8
7 9 1 6 4 5 3 8 2
5 8 6 3 1 2 9 7 4
3 4 2 7 9 8 1 6 5
```

Solution # 1237

```
9 5 4 3 8 6 7 1 2
3 7 8 9 1 2 5 4 6
1 6 2 5 7 4 3 9 8
2 9 7 6 3 5 1 8 4
5 3 1 4 9 8 2 6 7
4 8 6 1 2 7 9 5 3
8 1 9 2 4 3 6 7 5
6 4 3 7 5 9 8 2 1
7 2 5 8 6 1 4 3 9
```

Solution # 1238

```
4 2 7 8 1 5 3 6 9
6 9 1 3 4 2 5 8 7
5 3 8 9 6 7 2 1 4
2 1 3 7 8 6 4 9 5
9 8 5 1 3 4 6 7 2
7 4 6 2 5 9 1 3 8
1 7 9 4 2 3 8 5 6
8 5 4 6 7 1 9 2 3
3 6 2 5 9 8 7 4 1
```

Solution # 1239

```
4 7 1 8 6 2 5 9 3
2 3 9 1 4 5 8 7 6
5 6 8 3 7 9 2 1 4
9 5 4 7 2 3 1 6 8
1 2 6 5 9 8 3 4 7
7 8 3 6 1 4 9 2 5
8 4 7 9 3 1 6 5 2
6 1 5 2 8 7 4 3 9
3 9 2 4 5 6 7 8 1
```

Solution # 1240

```
6 3 9 5 2 8 4 1 7
7 8 1 4 6 9 5 3 2
5 4 2 7 1 3 9 6 8
2 6 5 9 3 7 1 8 4
9 1 8 6 4 2 3 7 5
4 7 3 1 8 5 2 9 6
3 5 7 8 9 4 6 2 1
8 9 6 2 5 1 7 4 3
1 2 4 3 7 6 8 5 9
```

Solution # 1241

```
4 6 5 8 7 2 1 3 9
2 3 7 1 5 9 8 6 4
1 9 8 6 3 4 7 5 2
7 8 3 9 2 5 4 1 6
9 5 1 4 8 6 2 7 3
6 2 4 3 1 7 9 8 5
5 4 6 7 9 1 3 2 8
3 1 9 2 6 8 5 4 7
8 7 2 5 4 3 6 9 1
```

Solution # 1242

```
1 9 7 6 5 8 2 3 4
6 3 2 9 1 4 5 7 8
4 5 8 2 7 3 6 9 1
3 4 6 1 9 2 7 8 5
2 8 5 4 6 7 3 1 9
7 1 9 8 3 5 4 6 2
8 7 1 5 4 6 9 2 3
5 2 3 7 8 9 1 4 6
9 6 4 3 2 1 8 5 7
```

Solution # 1243

```
7 1 9 6 2 5 3 8 4
4 5 3 7 8 1 9 6 2
8 2 6 3 9 4 1 7 5
3 6 7 1 4 2 8 5 9
5 8 4 9 7 6 2 3 1
2 9 1 5 3 8 6 4 7
6 4 5 8 1 9 7 2 3
9 7 8 2 5 3 4 1 6
1 3 2 4 6 7 5 9 8
```

Solution # 1244

```
3 2 1 5 4 9 6 7 8
7 6 8 3 2 1 4 9 5
5 9 4 7 8 6 1 2 3
4 3 2 1 9 8 7 5 6
9 1 7 6 5 4 8 3 2
8 5 6 2 3 7 9 1 4
6 8 5 9 1 2 3 4 7
1 4 3 8 7 5 2 6 9
2 7 9 4 6 3 5 8 1
```

Solution # 1245

```
4 9 2 3 5 8 1 6 7
3 7 8 4 1 6 5 9 2
1 6 5 7 2 9 8 4 3
9 2 1 6 4 5 7 3 8
5 4 7 1 8 3 6 2 9
8 3 6 2 9 7 4 5 1
7 1 9 5 3 4 2 8 6
2 8 4 9 6 1 3 7 5
6 5 3 8 7 2 9 1 4
```

Solution # 1246

```
4 3 8 1 6 9 2 5 7
2 9 6 3 7 5 8 1 4
1 5 7 8 2 4 6 9 3
7 1 3 5 8 6 9 4 2
6 4 9 2 3 1 5 7 8
8 2 5 9 4 7 1 3 6
9 6 4 7 5 2 3 8 1
3 7 1 6 9 8 4 2 5
5 8 2 4 1 3 7 6 9
```

Solution # 1247

```
7 3 2 4 5 8 9 6 1
4 8 6 3 1 9 7 2 5
5 1 9 7 6 2 4 8 3
8 9 5 2 3 4 6 1 7
1 4 7 5 8 6 2 3 9
2 6 3 1 9 7 5 4 8
9 5 1 6 4 3 8 7 2
3 2 4 8 7 5 1 9 6
6 7 8 9 2 1 3 5 4
```

Solution # 1248

```
1 4 7 8 9 6 5 2 3
2 8 9 3 1 5 7 4 6
3 6 5 2 4 7 8 9 1
7 9 1 4 8 2 3 6 5
4 5 6 9 7 3 2 1 8
8 3 2 5 6 1 9 7 4
5 7 4 6 2 8 1 3 9
6 1 8 7 3 9 4 5 2
9 2 3 1 5 4 6 8 7
```

Solution # 1249

```
8 2 4 3 1 9 7 6 5
1 5 7 4 6 8 9 3 2
3 6 9 5 2 7 4 8 1
2 1 3 7 9 6 8 5 4
6 4 8 1 5 3 2 9 7
9 7 5 8 4 2 6 1 3
7 3 1 6 8 4 5 2 9
5 9 6 2 7 1 3 4 8
4 8 2 9 3 5 1 7 6
```

Solution # 1250

```
5 1 8 2 6 9 4 3 7
3 4 2 8 5 7 9 6 1
7 6 9 1 3 4 5 8 2
8 2 1 5 4 3 6 7 9
4 7 6 9 1 2 8 5 3
9 3 5 6 7 8 2 1 4
1 8 4 7 2 5 3 9 6
2 9 7 3 8 6 1 4 5
6 5 3 4 9 1 7 2 8
```

Solution # 1251

```
8 6 1 7 9 2 4 3 5
3 2 4 5 1 8 7 6 9
7 5 9 3 4 6 1 2 8
5 8 6 1 7 4 2 9 3
9 4 3 8 2 5 6 1 7
2 1 7 9 6 3 8 5 4
6 9 2 4 5 7 3 8 1
1 7 8 6 3 9 5 4 2
4 3 5 2 8 1 9 7 6
```

Solution # 1252

```
2 4 1 9 6 8 7 3 5
9 3 7 5 2 1 8 6 4
6 8 5 4 7 3 9 1 2
8 5 9 3 1 6 2 4 7
1 7 6 8 4 2 3 5 9
4 2 3 7 5 9 6 8 1
7 6 4 2 8 5 1 9 3
5 9 8 1 3 7 4 2 6
3 1 2 6 9 4 5 7 8
```

Solution # 1253

```
5 4 6 9 7 2 1 8 3
1 2 9 8 4 3 5 7 6
8 7 3 1 6 5 4 9 2
9 3 1 4 5 8 2 6 7
4 8 7 2 1 6 9 3 5
6 5 2 7 3 9 8 4 1
7 9 5 3 2 4 6 1 8
3 6 4 5 8 1 7 2 9
2 1 8 6 9 7 3 5 4
```

Solution # 1254

```
5 3 9 2 4 8 6 1 7
8 4 7 9 6 1 5 3 2
6 1 2 7 3 5 8 9 4
2 5 4 6 1 9 7 8 3
7 8 1 3 5 2 4 6 9
9 6 3 4 8 7 2 5 1
3 7 8 5 9 4 1 2 6
1 2 6 8 7 3 9 4 5
4 9 5 1 2 6 3 7 8
```

Solution # 1255

```
7 4 2 1 3 5 8 6 9
8 5 3 6 9 2 7 1 4
1 9 6 4 8 7 3 2 5
3 7 4 9 2 6 5 8 1
9 2 5 7 1 8 6 4 3
6 8 1 5 4 3 2 9 7
5 1 7 2 6 9 4 3 8
2 3 9 8 5 4 1 7 6
4 6 8 3 7 1 9 5 2
```

Solution # 1256

```
5 9 2 4 3 8 1 6 7
1 4 8 6 9 7 2 5 3
7 3 6 1 5 2 8 9 4
9 7 1 8 2 4 5 3 6
2 6 3 5 7 1 4 8 9
8 5 4 3 6 9 7 1 2
3 2 5 7 8 6 9 4 1
6 1 9 2 4 5 3 7 8
4 8 7 9 1 3 6 2 5
```

Solution # 1257

```
6 3 5 1 7 2 9 4 8
1 2 9 4 6 8 5 7 3
8 7 4 3 5 9 6 1 2
3 5 8 6 9 1 4 2 7
2 4 7 8 3 5 1 6 9
9 6 1 2 4 7 8 3 5
5 9 3 7 1 6 2 8 4
7 8 6 5 2 4 3 9 1
4 1 2 9 8 3 7 5 6
```

Solution # 1258

```
1 6 7 2 5 3 8 4 9
4 5 9 1 6 8 3 2 7
8 2 3 4 9 7 5 6 1
2 4 6 8 7 1 9 5 3
3 8 5 9 4 6 1 7 2
7 9 1 5 3 2 4 8 6
6 7 8 3 1 4 2 9 5
5 3 2 7 8 9 6 1 4
9 1 4 6 2 5 7 3 8
```

Solution # 1259

```
7 8 9 4 6 2 3 1 5
4 5 6 3 7 1 8 2 9
3 1 2 5 9 8 7 4 6
9 6 8 1 5 3 4 7 2
5 3 7 2 4 6 1 9 8
2 4 1 9 8 7 5 6 3
8 9 4 7 2 5 6 3 1
1 2 5 6 3 4 9 8 7
6 7 3 8 1 9 2 5 4
```

Solution # 1260

```
3 5 2 4 8 6 1 7 9
6 9 1 7 3 5 8 2 4
7 8 4 2 1 9 3 6 5
5 1 9 8 2 4 6 3 7
8 7 6 1 9 3 5 4 2
4 2 3 5 6 7 9 8 1
9 4 7 6 5 8 2 1 3
2 3 8 9 7 1 4 5 6
1 6 5 3 4 2 7 9 8
```